压缩感知遥感成像技术

主　编　肖龙龙
副主编　马聪慧
参　编　刘　昆　黎胜亮　张　艳　李　强
　　　　焦　姣　李国靖

U0245748

北京航空航天大学出版社

内 容 简 介

本书主要介绍如何将压缩感知理论应用到遥感成像中，以实现遥感高分辨率图像成像、视频成像和去噪成像。全书分为两个部分：基于遥感成像的压缩感知理论和基于压缩感知的遥感成像技术。第 1 章主要介绍了压缩感知的基本思想、理论和成像应用方面的研究进展；第 2 章介绍了压缩感知理论的基础知识，包括信号稀疏表示、信号压缩测量和信号重构；第 3 章～第 5 章介绍了基于遥感成像的压缩感知理论，包括遥感图像稀疏表示理论、遥感图像压缩测量矩阵和遥感图像重构算法；第 6 章～第 10 章介绍了基于压缩感知的遥感成像技术，包括压缩感知遥感成像原理与系统建模、高分辨率红外遥感压缩成像方法、高分辨率 CMOS 压缩成像方法、遥感视频压缩成像方法及其实验验证，以及合成孔径雷达压缩成像方法。

本书可作为卫星遥感方向本科生、研究生的课程教材，也可供从事压缩感知遥感方面的技术人员参考。

图书在版编目(CIP)数据

压缩感知遥感成像技术 / 肖龙龙主编. -- 北京 ：北京航空航天大学出版社，2024.4

ISBN 978-7-5124-4381-5

Ⅰ. ①压… Ⅱ. ①肖… Ⅲ. ①遥感成像 Ⅳ. ①TP72

中国国家版本馆 CIP 数据核字(2024)第 067328 号

压缩感知遥感成像技术

主　编　肖龙龙

副主编　马聪慧

参　编　刘　昆　黎胜亮　张　艳　李　强　焦　姣　李国靖

策划编辑　杨国龙　　责任编辑　孙玉杰　杨国龙

*

北京航空航天大学出版社出版发行

北京市海淀区学院路 37 号(邮编 100191)　http://www.buaapress.com.cn

发行部电话：(010)82317024　传真：(010)82328026

读者信箱：qdpress@buaacm.com.cn　邮购电话：(010)82316936

天津画中画印刷有限公司印装　各地书店经销

*

开本：710×1 000　1/16　印张：16.25　字数：366 千字

2024 年 7 月第 1 版　2024 年 7 月第 1 次印刷

ISBN 978-7-5124-4381-5　定价：98.00 元

前　　言

卫星遥感成像是获取战场信息的重要手段，高分辨率光学成像已成为完成目标侦察、战场监视、精确打击和毁伤效果评估等任务的必要条件[1]。美国的光学成像侦察卫星可以分辨直径为 0.1 m 的地球表面物体。除了军用光学成像侦察卫星，国内外商用遥感卫星的分辨率已优于 1 m，许多没有空间力量的国家通过购买商业遥感照片等多种途径获取资源来满足军事需求。高分辨率成像系统必然产生庞大的数据量，给数据储存和实时传输系统带来巨大的压力：一方面，所需要的传输带宽非常宽，远远超出数据传输系统的传输能力和可以使用的频率资源；另一方面，由于数据量大大增加，因此在保证原始传输链路可靠性的基础上，必须大大提高卫星的发射功率[2]。由于对星载设备的体积、质量、成本、功耗等的限制非常苛刻，星载设备的存储容量和传送码率被降到最低，因此非常有必要将图像压缩后再传给地面站，以节省存储空间和时间资源。实际上，传统采样得到的大部分数据是不重要的，在遥感图像处理过程中，并不直接储存或传输探测器采集的原始数据，而是对原始图像进行特定的变换，只保留少部分非零数据，舍弃大量的冗余数据；然后在接收端利用少量数据重构出原始图像，重构后的图像并不会引起视觉上的差异。既然采集到的大部分数据都是不重要的，可以被丢弃，于是学者们提出一个构想：直接采集那部分重要的、最后没有被丢弃的数据，并且利用它们能够精确地重构原始图像，以节约获取全部数据所耗费的大量资源。因此，寻找一种新的图像数据采集、处理方法成为高分辨率遥感成像的迫切需要。

2006 年，Donoho 与 Candès 等人提出的压缩感知理论给出了新的信号采集、压缩和重构方法。该理论问世之后立即引起国际上众多学者的关注，迅速成为热门研究方向，并被美国科技评论评为 2007 年度十大科技进展之一，已成为数学领域和工程应用领域的一大研究热点。究其原因主要有：一是该理论的创新性和应用价值引起了学者广泛的共鸣，特别是该理论突破了传统的奈奎斯特-香农（Nyquist - Shannon）采样定理，可以利用数据的稀疏性通过采集远低于传统数量的数据而精确重构信号，在遥感成像、雷达成像、模/数转换、磁共振成像、天文数据处理、脉冲星信号重构、无线电通信、医疗成像、信号去噪、3D 成像等多个领域都引起了震动和关注；二是压缩感知理论虽然有一套相对比较完善的理论体系，但该体系在实际应用中仍有需要完善和发展的空间。本书主要介绍如何将压缩感知理论应用到遥感成像中，实现遥感高分辨率图像成像、视频成像和去噪成像。

本书的主要内容可分为两个大的方面：一是基于遥感成像的压缩感知理论，二是基于压缩感知的遥感成像技术。全书共设置 10 章内容：第 1 章为压缩感知概述，主要介绍压缩感知的基本思想、理论和成像应用方面的研究进展；第 2 章系统介绍压缩感知理论的基础知识，包括信号稀疏表示、信号压缩测量和信号重构；第 3～5 章介绍基于遥感成像的压缩感知理论，包括遥感图像稀疏表示理论、遥感图像压缩测量矩阵和遥感图像重构算法；第 6～10 章介绍基于压缩感知的遥感成像技术，包括压缩感知遥感成像原理、高分辨率红外遥感压缩成像方法、高分辨率 CMOS 压缩成像方法、遥感视频压缩成像方法和合成孔径雷达压缩成像方法。

本书主要是作者相关研究工作的总结，这些研究工作得到了国家自然科学基金的资助（资助项目“基于压缩感知的高分辨率红外成像理论和方法研究”），也得到了航天工程大学“双重”建设项目的支持。本书的出版得到了航天工程大学教研保障中心的大力支持，同时书中参考了许多学者的研究成果，在此一并表示衷心的感谢。

本书可作为卫星遥感相关专业的本科生、研究生教材，亦可供从事压缩感知遥感成像方面研究的技术人员参考。由于受编写时间和作者水平之限，本书难免存在不足和错误之处，希望读者在使用过程中提出宝贵意见，以便及时修改完善。

肖龙龙

2024 年 7 月

目　　录

第 1 章　压缩感知概述

人类正处于一场数字革命当中，这场数字革命推动了各种信息处理和应用从模拟领域向数字领域的发展，而奠定这场革命的理论基础是奈奎斯特（Nyquist）和香农（Shannon）等人在时间连续带限信号采样方面的开创性工作。1928 年，美国物理学家奈奎斯特提出了奈奎斯特采样定律。1948 年，信息论的创始人香农对这一理论加以明确并正式作为定理引用，因而该定律也被称为奈奎斯特-香农（Nyquist - Shannon）采样定理。该定理指出，“在模拟信号到数字信号的转换过程中，当采样频率大于信号中最高频率的两倍时，采样后的数字信号能够准确恢复原信号中的信息。”基于这一理论，很多信号处理已经从模拟领域转向了数字领域，数字化使得感知和处理系统更加健壮、灵活、便宜，而且与它的模拟信号比起来有更广泛的应用。然而，在许多重要和新兴的应用中，奈奎斯特采样频率太高，满足该采样频率要求将耗费巨大，甚至有时受客观条件限制根本无法实现。

为了解决处理多维海量数据时所面临的计算、处理、传输和存储问题，通常采用压缩技术。该技术的目的就是找到信号的一个最简洁表示，并且该表示的失真是能够接受的。信号压缩的一种最流行的方法就是变换域编码，它通过将原信号变换到某一个适当的变换域中来挖掘信号在该变换域中的稀疏性表达或可压缩表达形式。这里的“稀疏性表达”是指当信号长度为 N 时，它可以被 $K(K \ll N)$ 个较大非零系数很好地近似表达；“可压缩表达”是指信号可以被 K 个非零系数很好地近似表达。稀疏和压缩的信号都可以通过只保留该信号一些最大系数的值和位置而被高保真地表示，因而被诸多的压缩标准，如 JPEG、JPEG2000、MPEG 和 H. 264 等所采纳。然而，这种压缩方式首先还是完成整个信号长度的采样，然后通过变换去掉大量的冗余数据，再通过压缩算法实现压缩。这一过程其实造成了巨大的浪费，首先需要采集大量的冗余数据，而后在压缩过程中再把这些冗余数据去掉。既然采集到的大部分数据都是不重要的，可以被丢弃，于是学者们提出一个构想：直接采集那部分重要的、最后没有被丢弃的数据，并且利用它们能够精确地重构原信号，以节约获取全部数据所耗费的大量资源。这一构想在不断的实践和理论探索中得到了验证，并促进了一种新兴理论——压缩感知（compressed sensing，CS）理论的诞生。

1.1　压缩感知基本思想

压缩感知对信号同时进行采样和压缩编码，利用信号的稀疏性，以远低于奈奎斯特采样频率对信号进行非自适应的测量编码。测量值并非信号本身,而是从高维到低维的投影值。利用投影值通过优化重构算法在概率意义上实现信号的精确重构或者一定误差下的近似重构,重构所需测量值的数目远小于传统采样理论下的样本数[3]。压缩感知的优点在于信号的投影测量数据量远远小于传统采样方法所获得的数据量,突破了奈奎斯特-香农采样定理的瓶颈,使得高分辨率信号的采集成为可能。

压缩感知线性测量过程如图 1.1 所示。其中,f 为 N 维原信号且具有稀疏性,可以在某一稀疏基 $\boldsymbol{\Psi}$ 下表示为 $\boldsymbol{f}=\boldsymbol{\Psi x}$。如果 $\boldsymbol{x}$ 只有 $K(K\ll N)$个较大非零元素,其余 $N-K$ 个元素为零或接近于零,则称 $\boldsymbol{x}$ 为 f 的 K 稀疏表示。只要 $\boldsymbol{\Psi}$ 选取得合适,一般的自然信号/图像均满足可压缩性。如果能够通过变换得到信号稀疏表示,采用测量矩阵 $\boldsymbol{\Phi}(M\times N)$对 f 进行测量($M\ll N$),就可得到原信号的压缩采样为

$$\boldsymbol{y}=\boldsymbol{\Phi f}=\boldsymbol{\Phi\Psi x}=\boldsymbol{\Theta x}$$

其中,$\boldsymbol{y}$ 为 M 维测量数据;$\boldsymbol{\Phi}$ 为 $M\times N$ 测量矩阵;$\boldsymbol{\Psi}$ 为稀疏基;$\boldsymbol{\Theta}$ 为测量矩阵和稀疏基组成的复合矩阵,称为感知矩阵。

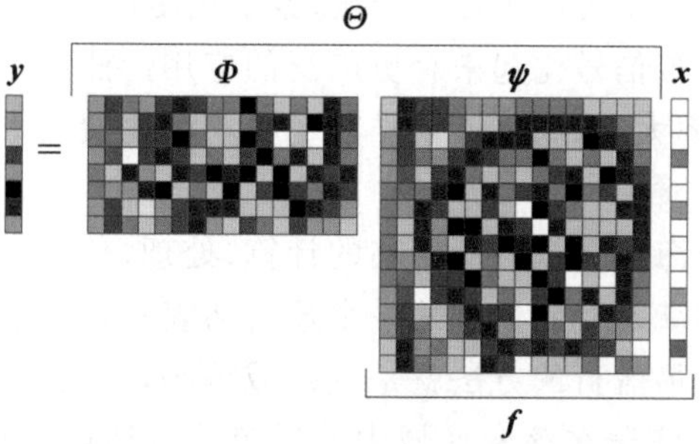

图 1.1 压缩感知线性测量过程

为了保证信号的精确重构,要求感知矩阵 $\boldsymbol{\Theta}$ 满足有限等距性质(restricted isometry property,RIP)[4],即对于任意 K 稀疏信号 $\boldsymbol{x}$ 和常数 $\delta_K\in(0,1)$,矩阵 $\boldsymbol{\Theta}$ 满足

$$1-\delta_K\leqslant\frac{\|\boldsymbol{\Theta x}\|_2^2}{\|\boldsymbol{x}\|_2^2}\leqslant 1+\delta_K$$

即可求解

$$\hat{x}=\min\|\boldsymbol{x}\|_0\quad \text{s. t.}\quad \boldsymbol{\Theta x}=\boldsymbol{y}\tag{1.1}$$

从而可从 M 个随机测量数据中恢复稀疏系数 $\boldsymbol{x}$,进而重构出原信号 f。

压缩感知理论主要包括信号稀疏表示、信号压缩测量和信号重构三个方面。信号稀疏表示就是将信号在某种基下进行变换得到稀疏信号,是压缩感知理论的基本前提;信号压缩测量就是选择稳定的测量矩阵,使感知矩阵满足有限等距性质,通过原信号与测量矩阵的乘积获得原信号的线性投影测量值,这是压缩感知理论走向应用的关键;信号重构就是利用重构算法从线性测量值 $\boldsymbol{y}$ 中恢复出原信号,是压缩感知理论的实现环节。

1.2 压缩感知理论研究进展

1.2.1 压缩感知理论来源

信号压缩的前提是信号的稀疏性。一个一维离散信号 f 可以看作一个 $\mathbf{R}^N$ 空间的 N 维向量，而 $\mathbf{R}^N$ 空间内的任何信号 f 均可用一个 $N\times N$ 稀疏基矩阵 $\boldsymbol{\Psi}=[\boldsymbol{\Psi}_1,\boldsymbol{\Psi}_2,\cdots,\boldsymbol{\Psi}_N]$ 中的基向量线性表示为

$$f=\sum_{i=1}^{N}x_i\boldsymbol{\Psi}_i \quad \text{或} \quad f=\boldsymbol{\Psi}\boldsymbol{x}$$

其中，$\boldsymbol{\Psi}$ 是一个 N 维列向量，表示投影矩阵；矩阵元素 $x_i=\langle f,\boldsymbol{\Psi}_i\rangle$ 表示投影系数。如果投影系数的非零个数 K 小于信号维数 N，则表明信号 f 是可压缩的，或者说是稀疏的。一般情况下，信号可压缩是指信号 f 可由 K 个较大的系数近似逼近，这种信号压缩称为有损压缩。这种压缩方式以奈奎斯特-香农采样定理为基本准则，先采样后压缩。这会造成大量采样资源和数据的浪费。因此，人们不禁会问：是否可以在采样的同时完成压缩？

CANDÈS 等人在 X 线断层摄影术实验中，采集到 256×256 phantom 图像在傅里叶(Fourier)变换域下均匀分布的 22 条直线上的变换系数，即仅仅利用 8.36%的采样值，在重构过程中引入带稀疏性的最小全变分方法，就可以高精度地重构原始图像[5]，如图 1.2 所示。

这个意外、惊喜的发现促进了压缩感知理论的诞生。压缩感知理论在 2004 年率先由 Donoho、Candès 和 Tao 等人提出，他们建立了压缩感知的理论基础，其研究成果于

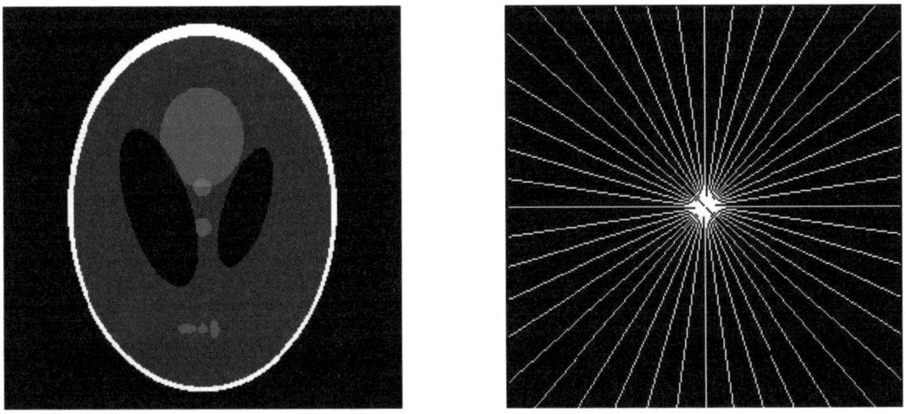

(a) phantom测试图　　(b) Phantom图像在傅里叶变换域下22条直线上的变换系数

图 1.2　phantom 图像重构

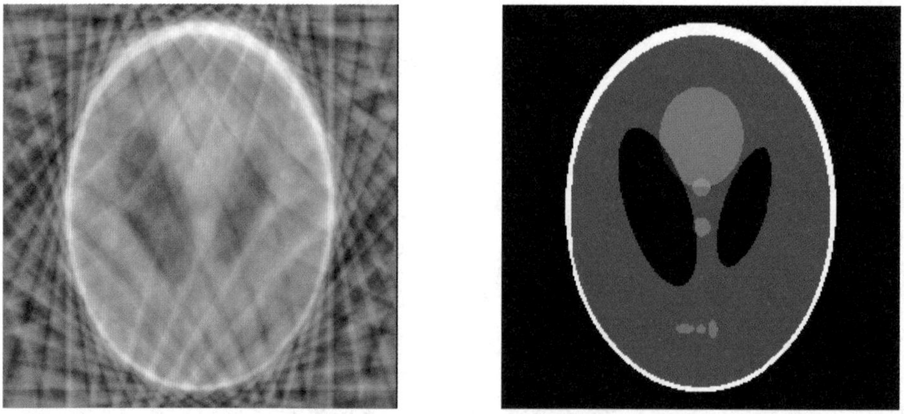

(c) 傅里叶逆变换重构图(8.36%采样值)　　(d) 最小全变分方法重构图(8.36%采样值)

图 1.2　phantom 图像重构(续)

2006 年正式发表。该理论一经提出,立刻引起业界的广泛关注,在国内外掀起了压缩感知理论的研究热潮。该理论表明,当信号具有稀疏性或可压缩性时,通过采集少量的信号投影值就可实现信号的精确或近似重构。压缩感知理论可从三方面进行描述,即信号稀疏表示、信号压缩测量以及信号重构。

1.2.2　信号稀疏表示方法

信号的稀疏性是压缩感知的先决条件,其发现早于压缩感知理论的提出。自从发现稀疏性,人们就从不同的角度寻找信号的稀疏表示,经过几十年的发展,稀疏变换经历了多次飞跃。从稀疏表示的发展历程来看,可以将稀疏表示分为两大类,即调和变换稀疏表示和基于样本训练的稀疏表示。

1.2.2.1　调和变换稀疏表示

调和变换稀疏表示分为完备表示和超完备表示两类。

傅里叶变换将能量有限的信号分解为多种谐波信号的叠加,把时域的信号映射到频域,是一种纯频域的分析方法。由于傅里叶变换反映的是整个时域信号的频率特性,而不能提供任何局部时间段信号的频率特性,因此它对于平稳信号的分析是十分有效的。为了分析在局部时间段内信号的频谱特征,1946 年伽博(D. Gabor)提出了著名的伽博(Gabor)变换[6-7],在此基础上又进一步发展出一种新的变换方法——短时傅里叶变换。其主要思路就是利用一个平滑的窗口把信号分割为一些局部的短时间段信号,然后分别进行傅里叶变换[8]。作为时频分析理论的基础,它在许多信号处理中发挥了巨大的作用,但是在时频分辨率的控制上仍然有些不足。傅里叶变换存在的最大问题是它的参数都是复数,在数据描述上相当于实数的两倍。为了克服这一问题,希望有一种能够实现相同功能但数据量又不大的变换,离散余弦变换(discrete cosine transform,DCT)就是在这种需求下产生的。离散余弦变换以一组不同频率和幅值的正弦函数和来近似某一信号,实际上它是傅里叶变换的实数部分。对于图像信号来说,离散余弦变换有一个特殊的性质,就是其大部分可视化信息集中在少量离散余弦变换系数上。基于这个特性,离散余弦变换常被用于图像压缩,如目前的国际压缩标准JPEG格式中就用到了离散余弦变换。为了克服上述变换在时频上的不足,一种新的信号分析方法——小波变换[9-10]应运而生。小波理论的研究始于哈尔(A. Haar)在1910年提出的哈尔(Haar)小波,哈尔小波基是已知最早的也是最简单的正交小波基,但是哈尔小波理论直到19世纪80年代中期才被人们关注和认识。小波变换以牺牲部分频域定位性能来取得时、频局部性的折衷,它不仅能提供较精确的时域定位,也能提供较精确的频域定位。自小波变换被提出以来,它已成功应用于诸多学科领域,尤其是在图像、视频等信号处理方面应用广泛。多尺度几何分析(multiscale geometric analysis,MGA)方法以"最优"图像表示理论为基础,较好地克服了小波变换的不足,能更加有效地表示和处理图像等高维空间数据。到目前为止,多尺度几何分析方法有:CANDÈS等人提出的脊波(ridgelet)[11]变换和曲波(curvelet)[12]变换、DONOHO等人提出的楔波(wedgelet)[13]变换和轮廓波(contourlet)[14]变换、PENNEC等人提出的条带波(bandelet)[15]变换、VELISAVLJEVIC等人提出的方向波(directionlet)[16]变换,以及YUE等人提出的表面波(surfacelet)[17]变换等。目前研究比较热门的是脊波变换和曲波变换。上述变换方法都属于完备表示。

超完备信号稀疏表示方法肇始于20世纪90年代,1993年,MALLAT和ZHANG首次提出了利用超完备字典对信号进行稀疏分解的思想,并引入了匹配追踪(marching pursuit,MP)算法,说明了超完备字典对信号表示的必要性,同时强调字典的构成应较好地符合信号本身所固有的特性,以实现匹配追踪算法的自适应分解[18]。超完备字典的构造方式主要有以下两种:

① 采用预先构造的函数集(或变换矩阵),如非抽取小波[19]、可控小波[20]等作为字典。选取预先构造的变换矩阵作为字典时,稀疏分解简单快速,受到研究者们的青睐。但这些字典通常仅适合于具有光滑边缘和分片光滑的"卡通"图像。

② 采用可调方式进行字典选取,即通过选取函数特定参数(连续或离散)的形式,如小波包[21]、条带波[22]等来构造基或字典。该方法适合实际应用中字典的构造,并且字典的可选性大。

1.2.2.2 基于样本训练的稀疏表示

基于样本训练的稀疏表示是目前比较热门的研究领域。它通过选取被稀疏表示的图像作为训练样本,对某一个超完备字典进行学习、训练,得到对目标图像稀疏表示更适应的字典。该方法主要有两方面研究要点:一是训练样本的选取,二是训练方法的研究。目前,训练样本的选取遵循两种思路:一是选取尽可能多的场景作为训练样本,使得生成的字典尽可能多地包含各个场景的特征向量,得到一个"全能字典",从而使各种被表示图像在该字典下都能得到较好的稀疏表示,该方法具有一定的盲目性;二是选取特定的场景作为训练样本，使训练得到的字典在某个特定场景下有很好的稀疏性，这种样本选取思路具有很好的针对性，但普适性不强，它主要应用于自适应训练或者在线训练等场合。字典训练方法是基于样本训练的稀疏表示的核心问题，目前的字典训练方法有：最大似然法[23-24]、最优方向算法[25]（method of optimal directions，MOD）、K-奇异值分解（K-singular value decomposition，K-SVD）算法、最大后验概率法[26]、最大期望值（expectation-maximization，EM）算法、康莱特估计法（KLT basis estimation）、主成分分析法（principal component analysis，PCA）。基于样本训练的稀疏表示对被表示的图像有很好的稀疏性，但是字典的原子之间没有固定的规律可循，结构性质较差，可重复性差，构建速度慢。

从稀疏表示的研究状况来看，基于样本训练的稀疏表示适用于在线训练场合，而压缩感知遥感成像中的图像稀疏表示特别适合采用在线训练的方法，所以压缩感知遥感成像的基于样本训练的稀疏表示方法将是研究重点之一。

1.2.3 信号压缩测量方法

如果说信号稀疏表示是压缩感知理论的前提，那么信号压缩测量则是压缩感知理论走向应用的第一步，它为压缩感知成像提供了可靠的理论保障。信号的压缩测量设计实际上就是设计压缩感知成像的压缩测量部分，它围绕测量矩阵的设计展开。

测量矩阵的设计就是设计一个 $M\times N(M\ll N)$投影矩阵，使得长度为 N 的信号得到 M 个采样值，并保证信号能从这 M 个采样值中被精确重构出来。所以在设计测量矩阵时必须考虑信号重构的可能性，即测量矩阵 $\boldsymbol{\Phi}$ 与字典 $\boldsymbol{\Psi}$ 组成的感知矩阵 $\boldsymbol{\Theta}$ 必须满足有限等距性质。

尽管有限等距性质的理论特性完美，然而很难用它来判断某一测量矩阵是否拥有这种特性，并且也很难用它来指导测量矩阵的设计。实际上，有限等距性质是测量矩阵满足可重构特性的一个充分条件，而非必要条件。DONOHO 在文献[3]中给出压缩感知概念的同时，定性地给出了测量矩阵需满足的三个条件：

① 由测量矩阵的列向量组成的子矩阵的最小奇异值必须大于一定常数，即测量矩阵的列向量满足一定的线性独立性。

② 测量矩阵的列向量体现某种类似噪声的独立随机性。

③ 满足稀疏度的解是满足 L_1 范数的最小向量。

这三个条件对矩阵的构造起着重要的作用。

根据测量矩阵的以上性质和条件，一些测量矩阵相继被提出来。文献[27]证明了高斯随机矩阵能以较大概率满足有限等距性质，因此它可以通过选择一个 $M\times N$ 高斯测量矩阵得到，其中每一个值都满足 $N(0,1/N)$的独立正态分布。高斯测量矩阵的优点在于它几乎与任意稀疏信号都不相关，因而所需的测量数最小。但其缺点是矩阵元素所需存储空间很大，并且其非结构化的本质导致其计算复杂。傅里叶矩阵[28]和部分阿达马矩阵[29]构造的主要方法是先构造 $N\times N$ 正交矩阵，然后从中随机抽取 M 行进行列归一化处理得到测量矩阵。这类矩阵通常具有构造时间短的特性，但是它们存在自身的限制条件。其中部分傅里叶矩阵仅与在时域或频域稀疏的信号不相关,因此限制了信号的重构精度;部分阿达马矩阵的大小 N 必须满足 $N=2^k(k=1,2,\cdots)$,这限制了其测量范围。其他常见的能使感知矩阵满足有限等距性质的测量矩阵还包括单位球矩阵[30]、二值随机矩阵[4]以及托普利兹矩阵[31]等,这些测量矩阵是根据某一特定信号而应用的矩阵。

上述测量矩阵大部分都是随机测量矩阵,有两个不足:一是在仿真实验中存在不确定性,二是在硬件电路中难以实现。因此,易于硬件实现的确定性测量矩阵成为新的研究方向。RONALD 提出了一种适用于压缩感知的确定性测量矩阵构造方法[32],并证明了该矩阵满足有限等距性质。北京交通大学赵瑞珍带领的团队在这方面做了一些研究,该团队研究了多项式确定性测量矩阵的构建以及相关性质,提出一种循环直积的确定性测量矩阵构造方法和基于正交基线性表示的测量矩阵动态构造方法[33-34]。其他学者也提出了循环矩阵、正交对称循环矩阵以及分块循环矩阵等比较有代表性的确定性测量矩阵,这些矩阵的最大优点是便于硬件实现,但是其独立元素比随机测量矩阵少,重构精度较随机测量矩阵差一些。

测量矩阵的硬件实现是将压缩感知理论应用于压缩成像的必备条件。比较有代表性的是伊利诺伊州立大学研制的 DNA 微阵列传感器[35-36]。此外,还有其他关于硬件实现的报道,例如,麻省理工学院研制的 MRI RF 脉冲设备和编码孔径相机,中国科学院研制的压缩感知滤波器和混沌器等。这些测量矩阵的硬件实现将压缩感知理论向实用化推进了一大步。

1.2.4 信号重构算法

信号重构是压缩感知理论的实现环节。根据重构模型的正则化约束,信号重构可以分为 L_0 范数重构、L_1 范数重构和 L_p 范数$(0<p<1)$重构,不同的正则化约束有不同的重构条件,对应着不同的重构算法。重构模型的正则化约束是指模型中的先验约束项,其中 L_0 范数、L_1 范数和 L_p 范数$(0<p<1)$重构模型在二维空间与三维空间的几何表示如图 1.3 所示,图 1.3(a)～图 1.3(c)分别为一维信号在 L_0 范数、L_1 范数、L_p 范数$(0<p<1)$约束下的几何表示,图 1.3(d)～图 1.3(f)分别为二维信号在 L_0 范数、L_1 范数、L_p 范数$(0<p<1)$约束下的几何表示。

L_0 范数重构模型:在式(1.1)中已经证明该模型为一个非确定性多项式(non-deterministic polynomial,NP)难题。贪婪算法是直接求解该模型的近似方法。该方法从字典中迭代地选择原子集合,使这些原子集合的线性组合与测量数据之间的距离减小,从而达到逼近原信号的目的。目前研究的比较典型的贪婪算法有:匹配追踪算法[20]、正交匹配追踪(orthogonal matching pursuit, OMP)[37]算法、分段正交匹配追踪(stagewise OMP, STOMP)算法[38]、正则化正交匹配追踪(regularize OMP, ROMP)算法[39]、压缩采样匹配追踪(compressed sampling MP, CoSaMP)算法[40]、最优正交匹配追踪(optimized OMP, OOMP)算法[41]、稀疏自适应匹配追踪(sparsity adaptive MP, SAMP)算法[42]和树形匹配追踪(tree MP, TMP)算法[43]等。L_0 范数重构模型

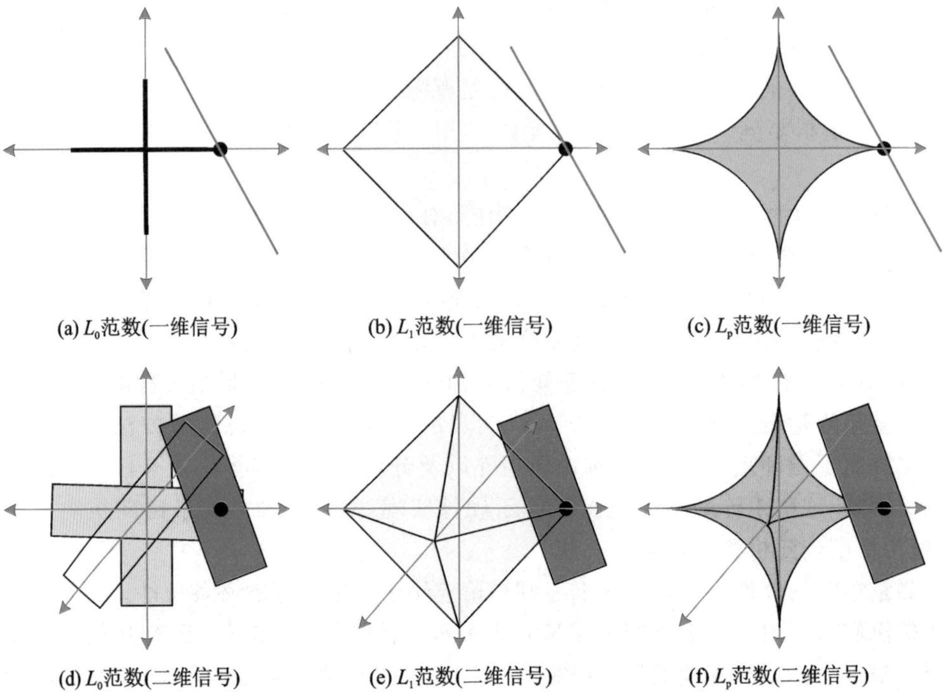

图 1.3 重构模型的正则化几何表示

直接求解投影系数的最稀疏表示，理论上该模型的稀疏性较好，重构所需要的测量数据较少。但它作为一个非确定性多项式难题很难求解，尽管对 L_0 范数约束重构的贪婪算法能够简单、容易地计算出最稀疏投影系数，但是精度较低。

L_1 范数重构模型：为了提高信号的重构精度，一些学者将模型式(1.1)中的正则化约束的 L_0 范数松弛为 L_1 范数进行求解。在满足可重构条件——有限等距性质的情况下，L_1 范数重构模型可描述为

$$\hat{x}=\min\|\boldsymbol{x}\|_1 \quad \text{s. t.} \quad \boldsymbol{y}=\boldsymbol{\Theta x} \tag{1.2}$$

L_1 范数重构模型将 L_0 范数重构模型松弛为一个凸优化问题。因此，一般的凸优化算法都能求解该优化模型，如基追踪(basis pursuit，BP)算法[44-45]、不动点延拓(fixed point continuation，FPC)算法、内点法[46](interior point methods)、梯度投影稀疏重建(gradient projection for sparse reconstruction，GPSR)算法[47]、谱投影梯度(spectreal projected-gradient，SPG)算法、阈值迭代算法[48-49]、增广拉格朗日(augmented Lagrangian)算法、结合帕累托(Pareto)曲线求根算法以及 Bregman 迭代算法等。基于 L_1 范数重构的凸优化算法重构精度高、误差小，但计算复杂、不易实现。另外，L_1 范数重构模型作为一个凸优化模型，其稀疏性相较于 L_0 范数重构模型要差，精确重构所需要的测量数据更多。

L_p 范数($0<p<1$)重构模型：L_0 范数重构模型稀疏性好，但重构精度差。L_1 范数重构模型重构精度高，但稀疏性不好。为了能够平衡二者的矛盾，一些学者提出了折中

的 L_p 范数($0<p<1$)重构模型,即

$$\hat{x}=\min\|\boldsymbol{x}\|_p \quad \text{s.t.} \quad \boldsymbol{y}=\boldsymbol{\Theta x}$$

L_p 范数($0<p<1$)为非凸函数,使得求解相对困难。目前对该模型的重构方法主要有两种:加权最小二乘迭代算法和加权 L_1 范数迭代算法。两种方法都是在迭代求解过程中通过加权处理将 L_p 范数($0<p<1$)转换成 L_1 范数进行求解。L_p 范数重构模型比 L_1 范数重构模型的稀疏性好,重构所需要的测量数据少,但它的非凸性使得其全局最优化结构比 L_1 范数重构模型的差。p -范数重构模型相较于 L_0 范数重构模型的情况则正好相反。值得一提的是,西安交通大学的徐宗本院士在压缩感知的 L_p 范数($0<p<1$)重构模型研究方面做出了较大的贡献。

1.3 压缩感知成像应用研究进展

压缩感知成像系统设计实质上就是将测量矩阵物化为压缩感知成像系统探测器的过程。它将测量矩阵寓于各种光路系统或电路系统中以实现信号的压缩测量,是压缩感知从理论走向应用的重要一步。从信号压缩测量的研究现状来看,测量矩阵的理论研究成熟,但是测量矩阵物理实现的研究并不充分,所以设计出适用于遥感成像的采样策略与方法将是一个主要研究方向。下面介绍 7 种典型的压缩感知成像系统、目标检测及压缩感知在其他领域中的应用。

1.3.1 单像素相机

压缩感知理论首次应用于光学成像的实例是莱斯(Rice)大学研制的单像素相机,其原理图与实际系统如图 1.4 所示[50]。

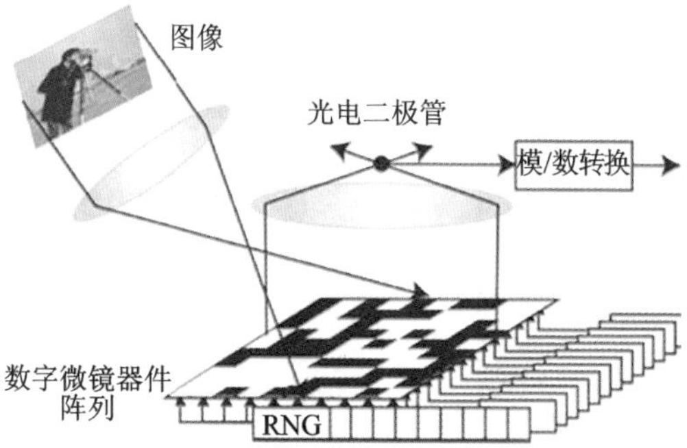

(a) 原理图

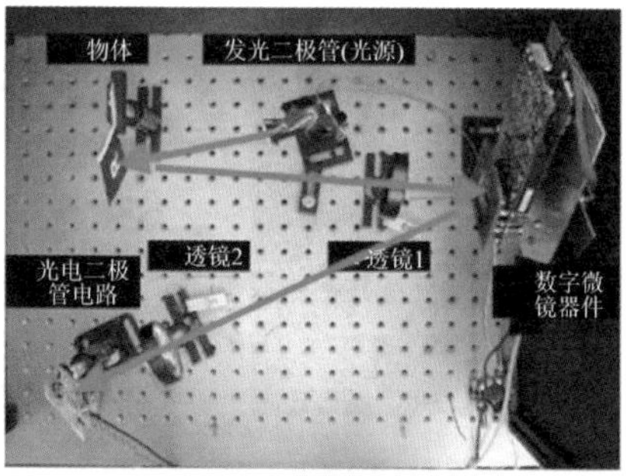

(b) 实际系统

图 1.4 单像素相机

数字微镜器件(digital micromirror device,DMD)作为测量矩阵的物理实现,接收经过透镜的入射光线,并将光线聚焦到单像素光电二极管上,光线经过模/数(A/D)转

换后以数字信号的形式被记录下来。数字微镜器件阵列由成千上万个(相当于普通探测器的像元数目)尺寸为微米量级的微小反射镜组成,每个反射镜的角度可被独立、快速控制,从而可将其上的反射光线聚焦到光电二极管上。每进行一次测量,就对所有小反射镜的角度实施一次控制,相当于产生 0-1 二值随机测量矩阵。在每个测量模式下,光电二极管探测、采集一个数字信号,测量值为许多像素的随机组合。测量系统可以建模为:

$$y = \boldsymbol{\Phi}^{(\mathrm{pinhole})} f + w$$

其中,测量矩阵 $\boldsymbol{\Phi}^{(\mathrm{pinhole})}$ 通常是一个随机伯努利矩阵,矩阵元素“0”和“1”可以分别通过物理掩模的通光与遮光设计实现,如图 1.5 所示。

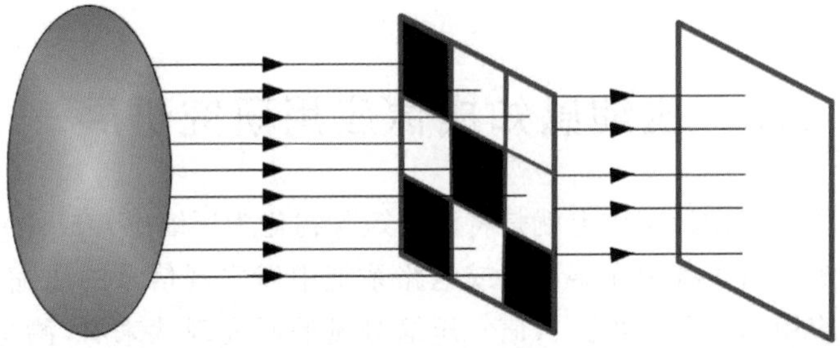

图 1.5　单像素掩模示意图

为了重构出被测物体,需要获得足够多的测量数据,这就需要进行多次测量。虽然可以通过连续控制反射镜的角度来实现多次测量,但是这一过程增加了测量噪声,影响了图像重构质量。单像素相机实际系统目前已获得原理验证性图像,如图 1.6 所示,图 1.6(a)为 64×64(4 096)像素的原始图像,图 1.6(b)为 820 次测量后重构的图像,图 1.6(c)为 1 638 次测量后重构的图像。

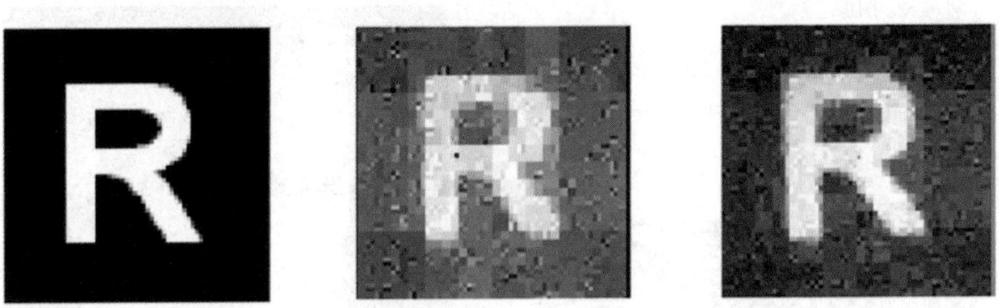

(a) 4 096像素的原始图像　(b) 820次测量后重构的图像　(c) 1 638次测量后重构的图像

图 1.6　单像素相机实际系统原理验证性图像

此系统的优点是结构只需要一个探测器,而且任何伯努利投影矩阵都可以在本系统中实现。然而,该成像系统需要连续对准一个场景很长一段时间,也就是要求光学系统和场景必须保持相对静态,可以理解为“时间换空间”。因此,单像素相机在快速运动的遥感成像系统中并不适用。

1.3.2 编码孔径成像

在编码孔径成像方面，MARCIA 和 WILLETT 等人提出了一种伪随机结构的编码掩模方法，并将其应用于视频成像系统[51-52]，利用伪随机编码掩模进行稀疏采样。编码掩模矩阵相当于测量矩阵，其伪随机结构特性使它满足有限等距性质，从而可以利用低分辨率图像传感器实现高分辨率视频的采集。在编码孔径掩模设计过程中，由它构成的测量矩阵具有特普利茨(Toeplitz)矩阵结构，从而增加了随机矩阵的构造速度并大大减轻了重构过程的计算负担。

ROBUCCI 等[53]人系统介绍了焦平面光学调制的压缩采样方法。其中，一种压缩采样方法是利用编码孔径掩模在成像系统的傅里叶光学平面进行光场编码，在数学上相当于对被测图像的光强和编码孔径的点扩散函数作卷积，然后利用探测器下采样编码后的光强获得低分辨率测量值，进而重构出高分辨率图像，如图 1.7(a)所示。另一种压缩采样方法是首先利用空间光调制器(spatial light modulator，SLM)在成像系统的傅里叶光学平面对光场进行相位调制，然后在像平面处再放置一相位调制器，相当于对调制后的光场进行编码测量，如图 1.7(b)所示。这种结构的好处是仅对光场的相位进行调制，不会降低进入相平面的光强，从而可以获得较高的信噪比。但这种结构在相位调制过程中涉及傅里叶变换和傅里叶逆变换，探测器需要能够接收复数信号，这些都增加了系统的复杂度。上述两种采样方法各有所长，固定编码孔径掩模方法结构简单、易于设计制造，但编码方式不能改变，对于焦距变化的成像系统不太适用；相位调制方法灵活，能够根据应用场景动态改变调制模式，应用较为广泛，但当前的技术工艺使得相位掩模的分辨率低于编码孔径的分辨率。成像系统实物图如图 1.8 所示。

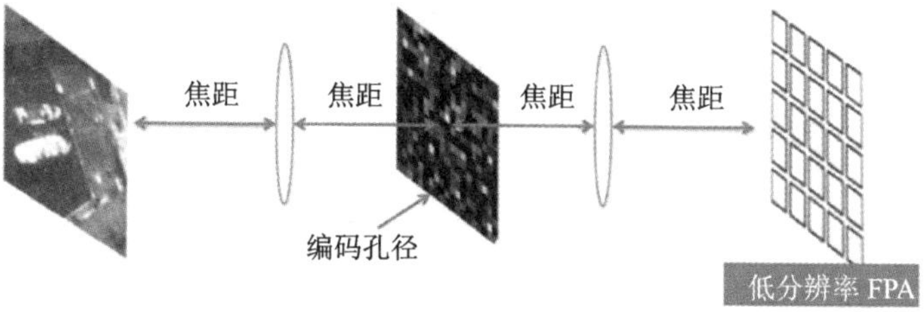

(a) 固定编码孔径掩模方法

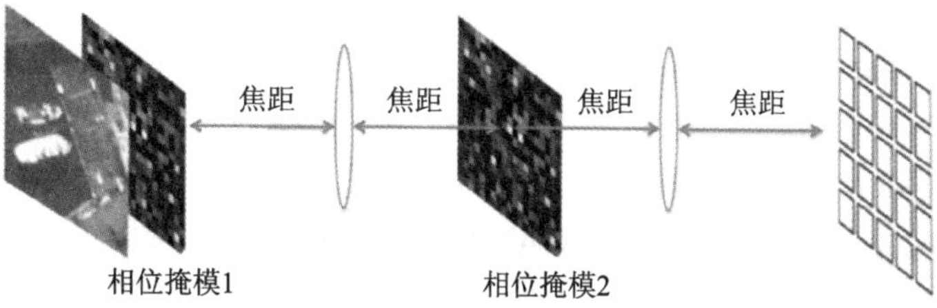

(b) 相位调制方法

图 1.7 成像系统傅里叶光场编码

图 1.8　成像系统实物图

1.3.3　CMOS 压缩成像

高分辨率成像系统产生的高码率给实时传输系统带来巨大的压力，需要对图像进行压缩后再传输。ROBUCCI 等人将压缩感知理论应用到互补金属氧化物半导体(complementary metal-oxide semiconductor，CMOS)图像传感器的研究中[53]，设计了一种可分离变换的 CMOS 图像传感器，利用 Noiselet 基实现图像的稀疏表示，并采用其二进制量化系数(−1,1)构造测量矩阵以实现投影测量。它将图像的采集、压缩和计算集成在同一电路中，在减小系统功耗的同时增加了帧频率。此方法设计的成像系统不需要对光场进行调制，而是利用附加电路来实现压缩测量，降低了光学测量带来的噪声。

可分离变换的 CMOS 图像传感器的压缩过程是在模拟域内完成的。在每一像素值的模/数转换之前，对每一行的像素值进行加权求和，相当于对图像进行行变化。然后再利用向量-矩阵乘法(vector-matrix multiplier，VMM)对求和后的结果进行加权，等价于对一维变换结果再进行列变换，实现图像的二维可分离变换，如图 1.9(a)所示。图 1.9(b)为图(a)电路结构，图像传感器电路集成在一块 PC 板上，板上有 ADC(analog-to-digital converters)、DAC(digital-to-analog converters)、电流测量单元、变换系数存储单元(random access memory，RAM)和其他一些电路接口。现场可编程门阵列(field programmable gate array，FPGA)作为核心处理单元，控制整个变换过程的时序，并设置了与外界的接口，便于对变换系数进行编程，以满足不同变换矩阵的需要。

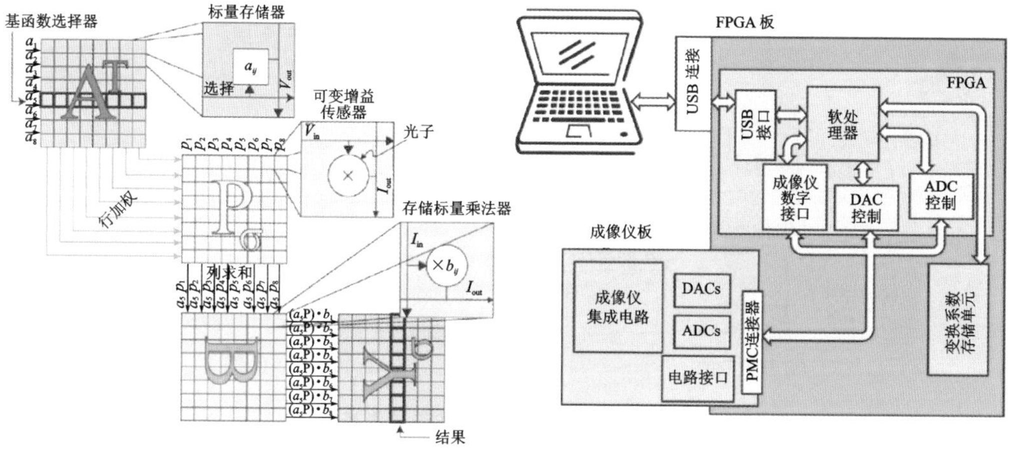

(a) 可分离变换原理

(b) 可分离变换电路结构

图 1.9 CMOS 压缩成像

1.3.4 光谱成像

光谱成像技术可以获得图像的二维空间信息和一维光谱信息，因此在科学实验和工程上得到广泛应用。但传统的光谱成像技术存在空间分辨率和光谱分辨率之间的矛盾，特别是在信号源较弱的情况下，光子利用率较低，大大降低了图像信号的信噪比。此外，这些成像系统一次曝光只能形成二维数据体，需要多次测量才能形成三维数据体，所需的测量数大于重构数据体的像素数。基于压缩感知理论的光谱成像可以用较少的测量数据来重构数据体，杜克(Duke)大学成像与光谱计划(imaging and spectroscopy program)研究小组开发了一种新的光谱成像系统——编码孔径快照光谱成像系统(coded aperture snapshot spectral imager，CASSI)[54]。编码孔径快照光谱成像系统不直接测量三维数据体的像素值，而是利用编码孔径和色散分光器在相应的空域位置对光谱信号进行投影，一个探测器获取三维数据体的二维、多路投影，采样稀疏重构算法从少量的编码测量数据中估计数据体。色散分光器将光谱信息在探测器平面上区分开来，因此空间信息和光谱信息均是多路的。编码孔径快照光谱成像系统又可以分为双色散的编码孔径快照光谱成像系统(dual disperser CASSI，DD - CASS[54](见图 1.10(a))和单色散的编码孔径快照光谱成像系统(single disperser CASSI，SD - CASSI)[55](见图 1.8(b))。它们各有优、缺点，其中前者使用的光学器件较多，在配准上难度较大，但没有使用空间多路技术，测量数据更少，适合高空间分辨率、低光谱分辨率的应用需求；后者使用了多路技术，使用的光学器件较少，易于配准，适合高光谱分辨率、低空间分辨率的应用需求。

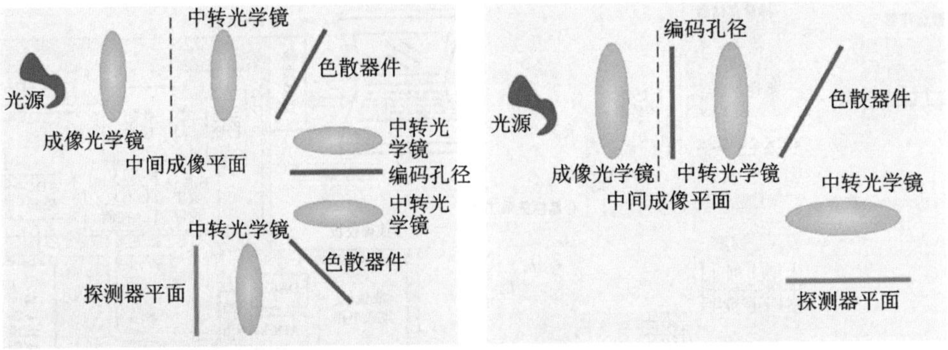

(a) 双色散的　　(b) 单色散的

图 1.10　编码孔径快照光谱成像系统

1.3.5　光子叠加成像

半帧叠加成像是以减少探测器数量和扩大探测视场为目的的成像方式[38]。如图 1.11 所示，半帧叠加成像的原理是将图像分为左、右半帧图像$[f_L, f_R]$，通过一个分光器和一个反射镜将两个半帧图像 f_L 和 f_R 叠加在一起，叠加后的图像进入探测器，然后利用计算机重构原始图像。

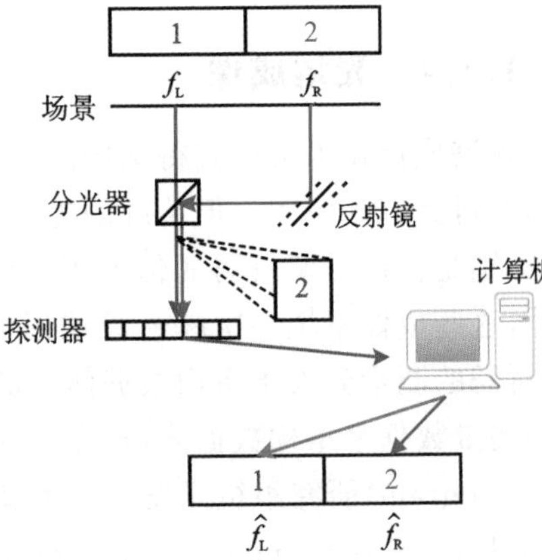

图 1.11　半帧叠加成像原理图

基于半帧叠加的压缩感知成像系统可以增加成像系统的视场(FOV)，该系统包括分光器和反射镜。每个帧 f_t 被划分成左、右两个半帧 $\boldsymbol{f}_t = [f_t^L, f_t^R]$，测量系统可以建模为：

$$y = D\,[h_L, h_R S_t] * \begin{bmatrix} f_t^L \\ f_t^R \end{bmatrix}$$

其中，* 表示卷积符号，S_t 表示一个半帧相对于另一个半帧的变换操作，h_L 和 h_R 分别是对应于编码掩模的点扩散函数，D 表示下采样。

基于半帧叠加的压缩感知成像系统的最大优点是降低了探测器的数量，有效地减少了测量数据量，相较于编码孔径的压缩感知成像系统增加了视场，在遥感成像系统中有一定的应用前景。缺点是该系统的测量矩阵是病态的，图像反解非常困难。另外，与编码掩模对应的点扩散函数 h_L 和 h_R 虽然可以使感知矩阵满足有限等距性质，但同样不能通过线性光学器件来实现。基于半帧叠加的压缩感知成像系统对相对运动场景的成像效果不好，容易导致图像重叠。

1.3.6 雷达压缩成像

随着稀疏信号处理技术的快速发展,非线性优化方法逐渐被应用在雷达成像领域中,特别是压缩感知理论的出现,掀起了合成孔径雷达(synthetic aperture radar,SAR)稀疏成像技术的巨大研究浪潮,众多学者期望能够通过利用更多的先验信息突破匹配滤波框架下成像性能的瓶颈。在雷达成像中,稀疏性是最常见的先验信息。稀疏微波成像是一种全新的雷达成像理论、体制和方法,将稀疏信号处理引入雷达成像应用中,利用非线性正则化的方法获取观测目标或场景的电磁散射特征,通过寻找观测对象在时域、频域、空域、极化域等表征空间的稀疏性,并将它们在优化重构模型中加以约束,突破了传统合成孔径雷达技术的瓶颈,在提升雷达成像质量、降低数据率和系统复杂度方面具有巨大的潜在优势,已经成为近年来微波成像领域中的研究前沿和热点。利用稀疏正则化提高雷达成像质量的想法早在2001年就已经由CETIN等人提出[56],但一直没有形成系统的成像理论体系。2012年,中国科学院吴一戎院士带领的团队成功研制出全球首部稀疏微波成像雷达样机[57]。由此可见,这种雷达成像新体制研究方兴未艾。表1.1简要总结了雷达成像技术的发展历程[58]。

表1.1 雷达成像技术的发展历程

时间	概念、技术与方法	理论基础	特点
1951年	多普勒波束锐化	模拟器件、匹配滤波	灵活性不高,成像质量差
1953年	合成孔径概念		
1957年	光学处理方法		
1978年	数字处理方法(RDA、CSA、ωKA、BPA)	奈奎斯特定理、线性匹配滤波	算法稳定、通用,分辨率受限,具有主瓣和旁瓣效应
2001年	正则化方法	先验信息、非线性正则化、贝叶斯估计	成像质量高,数据率要求低,重构计算量大
2007年	压缩感知方法		
2010年	稀疏微波成像概念		

下面重点对合成孔径雷达稀疏成像技术的发展现状进行归纳和总结。

合成孔径雷达稀疏成像技术主要基于正则化的思想,最早可追溯至2001年,CETIN等人将正则化模型应用在聚束式合成孔径雷达成像增强处理中,生成的合成孔径雷达图像具有更高的分辨率、更小的旁瓣以及更少的相干斑[56],并验证了正则化合成孔径雷达图像增强方法在自动目标识别(automatic target recognition,ATR)应用中的优势[59]。自DONOHO、CANDÈS、TAO等人提出压缩感知的概念以来,稀疏信号处理更加关注欠定线性系统的稀疏重构问题,促使它在雷达成像上的研究重点也由基于稀疏正则化的雷达超分辨率成像转向了基于压缩感知的欠定数据成像问题。BARANIUK等人在2007年首次将压缩感知理论应用在高分辨率雷达成像中,在降低回波接收采样频率的条件下,通过稀疏重构获取高分辨率图像,从而突破雷达设计中高速率模/数转化的瓶颈限制[60]，解决了海量数据采集和存储问题，显著降低了卫星图像处理的计算代价。这一研究成果引起了国内外学者的广泛关注，他们相继开展了大量的研究。STOJANOVIC 等人[61]对单态和多态合成孔径雷达进行了压缩感知建模，指出稀疏重构性能主要取决于空频域的采样模式，只要选取合适的采样频率，单态和多态合成孔径雷达结构都能达到相似的重构效果，单态合成孔径雷达采用随机采样方式效果较好，而多态合成孔径雷达采用随机采样和规则采样方式的效果相当。ENDER[62]较为综合地讨论了压缩感知理论在雷达系统中的应用，提出了在回波中随机选择部分数据的脉冲压缩采样方式。中国科学院电子学研究所、电子科技大学、国防科技大学[63-65]、西安电子科技大学[66-67]等单位率先展开了合成孔径雷达稀疏成像理论方法的研究。2010 年，由吴一戎院士率领团队承研的"稀疏微波成像的理论、体制和方法研究"项目正式列入国家重点基础研究发展计划。该团队正式提出了稀疏微波成像的概念[68]和基于 $L_{1/2}$ 正则化的雷达成像理论[69]，对合成孔径雷达稀疏成像原理和方法进行了系统研究，并开展了星载合成孔径雷达实测数据验证[70]（见图 1.12）和机载合成孔径雷达飞行实验验证[71]（见图 1.13），有效证明了合成孔径雷达稀疏成像在精细度、旁瓣抑制和降数据率方面的优势。

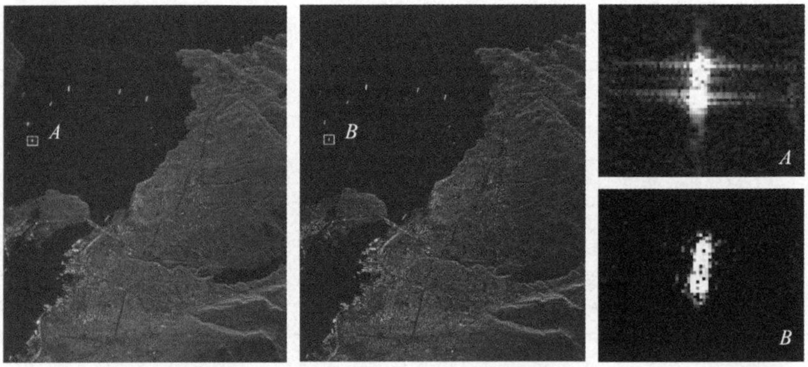

(a) 传统方法成像结果　(b) 合成孔径雷达稀疏成像结果　(c) 细节放大效果

图 1.12　星载合成孔径雷达实测数据验证效果

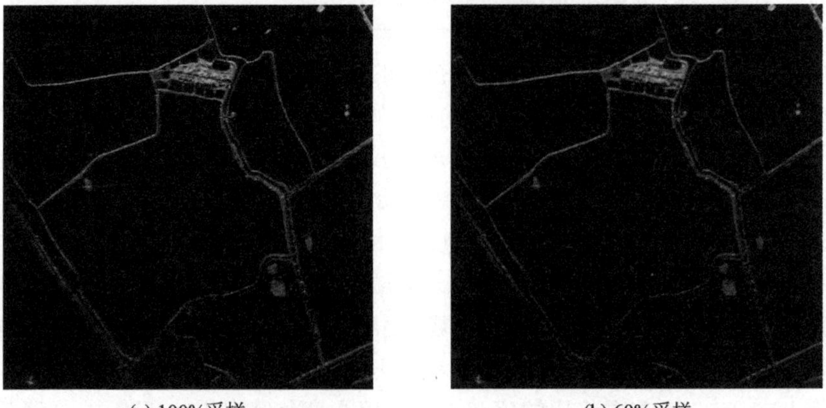

(a) 100%采样　(b) 60%采样

图 1.13　机载合成孔径雷达飞行实验验证效果

目前，稀疏成像技术在合成孔径雷达[72-73]、极化合成孔径雷达[74]、层析合成孔径雷达[75]、逆合成孔径雷达(ISAR)[76]、多输入多输出合成孔径雷达(MIMO - SAR)[77]、超宽带合成孔径雷达[78-79]、运动目标检测[80]等应用中都得到了广泛的研究。

1.3.7 目标检测

成像应用的最终目的是对目标进行识别和跟踪，并不需要对整幅图像进行重构。因此，可通过对比前后图像的稀疏测量值，利用相对简单的重构算法，从背景差分图像的稀疏测量值中恢复目标信息。Cevher 等人将压缩感知理论应用到背景差分图像中，根据背景差分图像的稀疏性，提出了一种基于稀疏背景差分法的目标检测方法。首先利用相同的测量矩阵对背景图像和当前图像进行投影测量，获得背景差分图像的稀疏测量值；然后根据稀疏测量值重构出目标信息。该方法的关键是对背景图像进行及时更新，文献[81]中针对背景可能存在的两种变化——背景中光线渐变引起的漂移和背景中明显突变引起的移动，提出了一种自适应的更新方法。对于背景漂移问题，根据前一时刻的差分图像压缩测量估值，利用学习速率取前一时刻的背景测量值和背景测量估值的加权平均。对于背景移动问题，在背景漂移更新的基础上，对图像中全部像素进行移动再平均来解决。背景差分图像目标检测如图 1.14 所示。

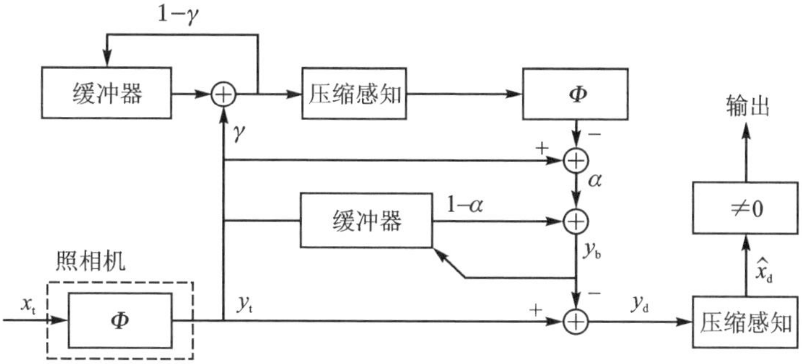

图 1.14 背景差分图像目标检测

文献[81]中实验证明，在充分利用背景差分图像稀疏性的前提下，通过多路测量技术，利用 40%的压缩信号就可以有效地重构出三维目标信息。这种方法降低了采样消耗，特别是对于遥感成像目标检测，大大减轻了数据存储和传输的压力。

1.3.8 压缩感知理论在其他领域中的应用

在信道编码、模拟/信息转换、生物传感等领域也展开了压缩感知的应用研究。

压缩感知理论中关于稀疏性、随机性和凸优化的结论可以直接应用于设计快速误差校正编码，这种编码方式在实时传输过程中不受误差的影响。WAKIN 等人研究了基于压缩感知理论的视频序列表示和编码方法[82]；STANKOVIC 和 MARCIA 分别发展和研究了视频压缩采样和压缩视频编码孔径重构问题[83-84]；为解决高维图像重构算法慢的问题，GAN 提出了基于块的压缩传感技术[85]。

对于带宽非常高的信号，根据奈奎斯特-香农采样定理，要获得完整的信号信息，所采用的模/数转换器必须有很高的采样频率。然而由于传感器及转换硬件性能的限制，获得的信号带宽远远低于实际信号的带宽，存在较大的信息丢失，为此 KRIOLOS 等人设计了基于压缩感知理论的模拟/信息转换器[86-88]。利用压缩感知理论中测量信息可以得到完整信号的原理，LASKA 等人进一步发展了基于随机采样系统的模拟/信息转换器，并给出了随采抽样系统的两种实现模型[88]。

生物传感中的传统 DNA 芯片能平行测量多个有机体，但是只能识别有限种类的有机体。SHEIKH 等人运用压缩感知和群组检测原理设计的压缩感知 DNA 芯片克服了这个缺点[35]，压缩感知 DNA 芯片中的每个探测点都能识别一组目标，从而明显减少了所需探测点的数量。此外，基于生物体基因序列稀疏性，SHEIKH 等人验证了可以通过置信传播的方法实现压缩感知 DNA 芯片中的信号重构[89]。

另外，压缩感知理论还应用于核磁共振成像[90]、信号检测和分类[91-93]、无线传感器网络[94]、数据通信[95-96]、地球物理数据分析[97]等众多领域。

第2章　压缩感知理论基础知识

压缩感知理论的基本思想是，若一个信号有稀疏表示，那么它可由一系列线性的、非自适应的测量值精确重构。这一基本思想包含了压缩感知理论三个方面的基础知识：一是信号必须是稀疏的，且这个信号不同于其他经典采样方式通常针对的无限长、连续的信号，而是一个有限维向量；二是测量值通过信号间的内容或者检验函数获得，这是现代采样理论的一个中心思想，类似于通过线性测量值获得信号；三是信号的重构与奈奎斯特-香农采样定理框架下的信号重构方式不同，它不是由 sinc 函数插值通过少量的线性运算得到的，而是一个典型的运用非线性方法求解的过程。本章主要介绍压缩感知理论三个方面的基础知识：信号稀疏表示、信号压缩测量和信号重构。

2.1　信号稀疏表示

压缩感知的前提条件是，信号是稀疏的或信号可通过一定的方法被稀疏表示。虽然现实中被称为可压缩信号的真实信号往往不是绝对稀疏的，但它却能在某个变换域下达到近似稀疏。理论上，在一定的稀疏空间下，信号常可被少数元素的线性组合很好地近似，这些元素往往来自一个已知的基底或者字典。如果这些表示是精确的，那么称信号是稀疏的。与传统的采样方式中数据的采样频率与信号的带宽和奈奎斯特采样频率密切相关不同，压缩感知理论中信号的稀疏性决定了它的压缩测量率以及可被精确重构的程度。在传统的采样方式中信号的最高频率越高，所需的均匀采样频率也越高；而在压缩感知中信号经稀疏表示后越稀疏，该信号的重构精度就越高。因此，稀疏度可以看作描述信号可压缩性的重要指标之一。常用的获得信号稀疏表示的方法有两种：正交变换法和超完备字典法。

2.1.1　信号稀疏度

从数学上来讲，如果一个信号 $\boldsymbol{f}$ 是稀疏的，且稀疏度为 K，那么这个信号最多只有 K 个非零元素，即 $\|\boldsymbol{f}\|_0 \leqslant K$，记

$$\boldsymbol{\Sigma}_K = \{\boldsymbol{f} \mid \|\boldsymbol{f}\|_0 \leqslant K\}$$

为所有 K 稀疏的信号集合。特别地，非稀疏的信号往往可在一组基底 $\boldsymbol{\Psi}$ 中表示为稀疏。此时，还称 $\boldsymbol{f}$ 是 K 稀疏的，只不过把 $\boldsymbol{f}$ 表示为 $\boldsymbol{f}=\boldsymbol{\Psi x}$，这里 $\|\boldsymbol{x}\|_0 \leqslant K$。

稀疏度这一概念在信息处理和近似理论中已被采用很久，特别是在大多数图像处理任务中，主要用于压缩和降噪。

2.1.2 正交变换法

集合$\{\boldsymbol{\psi}_{i|i=1,2,\cdots,N}\}$被称为$\mathbf{R}^N$的基底，如果这些向量可以扩张成空间$\mathbf{R}^N$且相互线性无关，则空间中的每一个向量都可被唯一地表示为这个基底的线性组合。特别地，对于任意的$\boldsymbol{f}\in\mathbf{R}^N$，存在唯一的系数$\{x_{i|i=1,2,\cdots,N}\}$，使得

$$\boldsymbol{f}=\sum_{i=1}^{N}x_i\boldsymbol{\psi}_i \tag{2.1}$$

如果将以$\boldsymbol{\psi}_i$为列向量生成的N阶矩阵表示为$\boldsymbol{\Psi}$，$\boldsymbol{x}$表示长度为N、元素为x_i的向量，则式(2.1)可以表示为

$$\boldsymbol{f}=\boldsymbol{\Psi x}$$

一种比较重要且特别的基底是正交基，其定义为一组满足下列条件的向量$\{\boldsymbol{\psi}_{i,\phi_j|i,j=1,2,\cdots,N}\}$

$$\langle\boldsymbol{\psi}_i,\boldsymbol{\psi}_j\rangle=\begin{cases}1, & i=j\\0, & i\neq j\end{cases} \tag{2.2}$$

正交基有一个好处是向量系数x_i可由下式直接得

$$x_i=\langle\boldsymbol{f},\boldsymbol{\psi}_i\rangle \text{ 或 } \boldsymbol{x}=\boldsymbol{\Psi}^{\mathrm{T}}\boldsymbol{f} \tag{2.3}$$

这是因为矩阵$\boldsymbol{\Psi}$的列之间是正交的，即$\boldsymbol{\Psi}^{\mathrm{T}}\boldsymbol{\Psi}=\boldsymbol{I}$，这里$\boldsymbol{I}$为$N$阶单位矩阵。

下面介绍最为常见的离散傅里叶变换(discrete fourier transform，DFT)[98]、离散余弦变换[99]、沃尔什-阿达马变换和离散小波变换(discrete wavelet transform，DWT)[100]，其他方法将在第3章中讨论。

2.1.2.1 离散傅里叶变换

傅里叶变换自从被法国著名学者傅里叶提出以来，就成为信号处理的重要分析工具，随着快速傅里叶算法的出现，傅里叶变换的应用变得更加广泛[98,100]。傅里叶变换揭示了时域与频域之间的内在联系，把时域的信号映射到频域，是一种纯频域的分析方法。由于傅里叶变换反映的是整个时域信号的频域特性，不能提供非平稳信号在局部时间段的频域特性及其对应关系，因此它对于平稳信号的分析十分有效。非平稳信号的时域特性和频域特性将以不可预知的方式出现，因而傅里叶变换对这些信号的稀疏就显得力不从心。

假设$f(m,n)$是一个包含两个离散空间变量m和n的函数，则该函数的二维傅里叶变换定义为

$$F(\omega_1,\omega_2)=\sum_{m=-\infty}^{+\infty}\sum_{n=-\infty}^{+\infty}f(m,n)\mathrm{e}^{-\mathrm{j}\omega_1 m}\mathrm{e}^{-j\omega_2 n}$$

其中，ω_1和ω_2为频域变量，其单位为弧度/采样单元。通常将函数$F(\omega_1,\omega_2)$称为函数$f(m,n)$的频域表征。$F(\omega_1,\omega_2)$为复变函数，其变量ω_1和ω_2的周期均为2π。因为这种周期性的存在，所以通常在图像显示时，这两个变量的取值范围为$-\pi\leqslant\omega_1,\omega_2\leqslant\pi$。

数字化导致数字信号处理领域的出现，傅里叶变换也随之出现离散形式——离散傅里叶变换。为了提高计算速度，同时产生了一种计算傅里叶变换的快速重构算

法[101]。它的设计思想是将原函数分为奇数项和偶数项，通过不断地将一个奇数项和一个偶数项相加减，得到需要的结果。图像的离散傅里叶正变换定义为

$$F(u,v)=\frac{1}{N}\sum_{m=0}^{N-1}\sum_{n=0}^{N-1}f(m,n)\mathrm{e}^{-\mathrm{j}\frac{2\pi}{N}mu}\mathrm{e}^{-\mathrm{j}\frac{2\pi}{N}nv}$$

其逆变换为

$$f(m,n)=\frac{1}{N}\sum_{u=0}^{N-1}\sum_{v=0}^{N-1}F(u,v)\mathrm{e}^{\mathrm{j}\frac{2\pi}{N}mu}\mathrm{e}^{\mathrm{j}\frac{2\pi}{N}nv}$$

二维傅里叶变换的运算复杂度为$O(N^4)$。二维傅里叶变换是行列可分离的，可以先对列进行一维傅里叶变换，然后对行进行一维傅里叶变换。在进行一维傅里叶变换时可采用快速重构算法来提高运算速度，其运算复杂度为$O(N^2\log N)$。

为了克服傅里叶变换的局限性，伽博提出了著名的伽博变换，在此基础上又进一步发展出一种新的变换方法——短时傅里叶变换[6,8]。它的基本思想是先对信号进行加窗，再对加窗后的信号进行傅里叶变换。由于所采用窗口的大小和形状是固定的，与时间和频率无关，因此它仍然是一种恒分辨率分析方法。在实际中，对于低频信号，必须用较宽的时间窗才能给出完全的信息；对于高频信号，则需要用较窄的时间窗进行信号定位。另外，短时傅里叶变换的一个不利方面就是其高冗余性，原因是短时傅里叶变换不能提供一组离散的正交基，冗余性与分割的时间窗数量和窗宽度相关。

2.1.2.2 离散余弦变换

傅里叶变换存在的最大问题是它的参数都是复数，数据量相当于实数的两倍，运算占用的时间比较多。为了解决这一问题，希望有一种能够实现相同功能但数据量又不大的变换。离散余弦变换就是在这种需求下产生的。离散余弦变换以一组不同频率和幅值的正弦函数和来近似一幅图像，它实际上是傅里叶变换的实数部分[102]。

离散余弦变换具有一个特殊性质，即对于一幅图像来说，大部分可视化信息集中在少数离散余弦变换系数上。基于这个性质，离散余弦变换常被用于图像压缩。国际压缩标准JPEG格式就采用了离散余弦变换算法。其基本原理是先将图像分成大小为8×8像素或16×16像素的小块；然后计算每一小块的二维离散余弦变换，进行量化、编码；变换后的图像能量大多集中在低频部分，舍弃系数接近于零的高频部分，在接收端解码量化后的离散余弦变换系数，计算每一块的二维离散余弦变换逆变换，并重组这些小块使它们成为一幅图像。由于高频部分的系数接近于零，因此，它们对于重构的影响很小，基本可以忽略不计[103]。

离散余弦变换的定义为

$$F(u,v)=a(u)a(v)\sum_{x=0}^{N-1}\sum_{y=0}^{N-1}f(x,y)\cos\frac{(2x+1)u\pi}{2N}\cos\frac{(2y+1)v\pi}{2N}\tag{2.4}$$

其逆变换可表示为

$$f(x,y)=\sum_{u=0}^{N-1}\sum_{v=0}^{N-1}a(u)a(v)F(u,v)\cos\frac{(2x+1)u\pi}{2N}\cos\frac{(2y+1)v\pi}{2N}\tag{2.5}$$

其中，空域和变换域元素矩阵维数为 N；$f(x,y)$是二维空域元素，$x,y=0,1,2,\cdots,N-1$；$F(u,v)$为经过二维离散余弦变换后的变换域元素，式(2.4)、式(2.5)中的系数为

$$a(u)=a(v)\begin{cases}\sqrt{\dfrac{1}{N}}, & u=v=0\\ \sqrt{\dfrac{2}{N}}, & 1\leqslant u,v\leqslant N-1\end{cases}$$

二维离散余弦变换还可以写成矩阵形式

$$\boldsymbol{F}(u,v)=\boldsymbol{A}\boldsymbol{f}(x,y)\boldsymbol{A}^{\mathrm{T}}$$

其逆变换的矩阵形式为

$$\boldsymbol{f}(x,y)=\boldsymbol{A}^{\mathrm{T}}\boldsymbol{F}(u,v)\boldsymbol{A}$$

其中，$\boldsymbol{f}(x,y)$是空域数据元素矩阵，$\boldsymbol{F}(u,v)$是变换稀疏矩阵，$\boldsymbol{A}$ 是变换矩阵。

二维离散余弦变换的快速重构算法主要有两种：行列分解法(row-column method,RCM)及非行列分解法(non row-column method,NRCM)。行列分解法是先将 $N\times N$ 的数据按行方向进行 N 个一维离散余弦变换计算，产生中间矩阵；然后对中间矩阵再按列方向进行 N 个一维离散余弦变换计算；最后得到二维离散余弦变换结果[104-107]。非行列分解法，即直接分解法，其典型算法是二维矢量基离散余弦变换，它实际上是一维离散余弦变换的二维扩展。采用矢量基算法，乘法数会减少至行列分解法的 75%。

2.1.2.3 沃尔什-阿达马变换

傅里叶变换和离散余弦变换在快速重构算法中都要用到复数乘法，占用的时间比较多。在某些应用领域中，需要更为便利有效的变换方法。沃尔什变换仅取两个数值+1 和−1 作为基本函数的级数展开而成，满足完备正交特性。它的主要优点在于存储空间小和运算速度快，尤其对于大量图像数据实时处理来说，它更能体现出明显的优势。沃尔什函数是完备的正交函数集，当对它的元素按顺序采样并以阿达马方式进行排列时，就得到沃尔什-阿达马变换。

在图像处理中广泛运用的是二维变换，二维沃尔什-阿达马变换的矩阵形式为

$$\boldsymbol{W}_{xy}(u,v)=\frac{1}{N_xN_y}\boldsymbol{H}_{nx}\boldsymbol{f}(x,y)\boldsymbol{H}_{ny}$$

其逆变换为

$$\boldsymbol{f}(x,y)=\boldsymbol{H}_{nx}\boldsymbol{W}_{xy}(u,v)\boldsymbol{H}_{ny}$$

其中，$\boldsymbol{f}(x,y)$代表图像像素矩阵，$\boldsymbol{W}_{xy}(u,v)$代表二维变换系数矩阵。由定义可知，二维变换系数矩阵可通过对一维变换系数矩阵 $\boldsymbol{W}_x(u,v)$的每一行再进行一次沃尔什-阿达马变换得到，结果产生 N_xN_y 个系数，即

$$\boldsymbol{W}_{xy}(u,v)=\begin{bmatrix} W_{xy}(0,0) & W_{xy}(0,1) & \cdots & W_{xy}(0,N_y-1)\\ W_{xy}(1,0) & W_{xy}(1,1) & \cdots & W_{xy}(1,N_y-1)\\ \vdots & \vdots & & \vdots\\ W_{xy}(N_x-1,0) & W_{xy}(N_x-1,1) & \cdots & W_{xy}(N_x-1,N_y-1)\end{bmatrix}$$

由此可见，二维沃尔什-阿达马变换可以通过一维沃尔什-阿达马变换分两步计算得到：

① 令 $N=N_x$，对 $\boldsymbol{f}(x,y)$ 中 N_y 个列中的每一列作一维沃尔什-阿达马变换，得到一维变换系数矩阵 $\boldsymbol{W}_x(u,v)$。

② 令 $N=N_y$，对 $\boldsymbol{W}_x(u,v)$ 中 N_x 个行中的每一行作一维沃尔什-阿达马变换，得到二维变换系数矩阵 $\boldsymbol{W}_{xy}(u,v)$。

另一种计算方法是将二维沃尔什-阿达马变换当作一维沃尔什-阿达马变换来计算，这种方法将图像像素矩阵 $\boldsymbol{f}(x,y)$ 按列顺序依次排列，形成有 N_xN_y 个元素的列矩阵，然后按照一维沃尔什-阿达马变换方法进行计算。

类似于离散傅里叶变换，离散沃尔什-阿达马变换也有快速重构算法。对于一般情况，$N=2^n(n=0,1,2,\cdots)$，变换矩阵可以为 n 个矩阵 $\boldsymbol{G}_n$ 的乘积，即

$$\boldsymbol{H}_N=\prod_{n=0}^{n-1}\boldsymbol{G}_n=\boldsymbol{G}_0\boldsymbol{G}_1\boldsymbol{G}_2\cdots\boldsymbol{G}_{n-1}$$

以8阶沃尔什-阿达马变换为例

$$\boldsymbol{G}_0=\begin{bmatrix}\boldsymbol{H}_2 & \mathbf{0} & \mathbf{0} & \mathbf{0}\\ \mathbf{0} & \boldsymbol{H}_2 & \mathbf{0} & \mathbf{0}\\ \mathbf{0} & \mathbf{0} & \boldsymbol{H}_2 & \mathbf{0}\\ \mathbf{0} & \mathbf{0} & \mathbf{0} & \boldsymbol{H}_2\end{bmatrix}$$

$$\boldsymbol{G}_1=\begin{bmatrix}\boldsymbol{I}_2 & \boldsymbol{I}_2 & \mathbf{0} & \mathbf{0}\\ \boldsymbol{I}_2 & -\boldsymbol{I}_2 & \mathbf{0} & \mathbf{0}\\ \mathbf{0} & \mathbf{0} & \boldsymbol{I}_2 & \boldsymbol{I}_2\\ \mathbf{0} & \mathbf{0} & \boldsymbol{I}_2 & -\boldsymbol{I}_2\end{bmatrix}$$

$$\boldsymbol{G}_2=\begin{bmatrix}\boldsymbol{I}_4 & \boldsymbol{I}_4\\ \boldsymbol{I}_4 & -\boldsymbol{I}_4\end{bmatrix}$$

由上面的分解得

$$\boldsymbol{W}_H(n)=\frac{1}{8}\boldsymbol{G}_0\boldsymbol{G}_1\boldsymbol{G}_2\boldsymbol{f}(t) \tag{2.6}$$

把 $\boldsymbol{H}_2$、$\boldsymbol{I}_2$、$\boldsymbol{I}_4$ 代入式(2.6)，可采用蝶形算法进行计算，实现沃尔什-阿达马变换的快速重构算法。利用快速重构算法，完成一次变换只需要 $N\log_2 N$ 次加法。

2.1.2.4 离散小波变换

小波变换的理论和方法是从短时傅里叶变换演变而来的[100]。小波变换以牺牲部分频域特性来取得时-频局部的折衷，不仅能提供较精确的时域定位，也能提供较精确的频域定位。它的基本思想是利用满足特定数学要求的函数(称为小波母函数)对信号进行多尺度/多分辨率分解，信号可以被小波母函数的平移及尺度伸缩的函数簇线性表示[7-9,108]。若记基本小波函数为 $h(x)$，伸缩和平移因子分别为 a 和 b，则小波是一个满足条件 $\int_{\mathbf{R}}h(x)\mathrm{d}x=0$ 的函数 $h(x)$ 通过平移和伸缩而产生的一个函数簇 $h_{a,b}(x)$，即

$$h_{a,b}(x)=|a|^{-1/2}h\left(\frac{x-b}{a}\right),a,b\in\mathbf{R},a\neq 0$$

令 $L^2(\mathbf{R})$为可测的平方可积函数 $f(x)$的矢量空间,$\mathbf{R}$ 为实数集,则任意的 $f(x)\in L^2(\mathbf{R})$的连续小波变换可定义为

$$W_{a,b}(x)=\int_{-\infty}^{+\infty}h_{a,b}(x)f(x)\mathrm{d}x=|a|^{-1/2}\int_{-\infty}^{+\infty}f(x)h\left(\frac{x-b}{a}\right)\mathrm{d}x=\langle f(x),h_{a,b}(x)\rangle$$

它对应于 $f(x)\in L^2(\mathbf{R})$在函数簇 $h_{a,b}(x)$上的分解,这个分解过程需满足下列可容性条件

$$W_h=\int_{-\infty}^{+\infty}\frac{|H(\omega)^2|}{|\omega|}\mathrm{d}\omega<\infty$$

其中,$H(\omega)$是 $h(x)$的傅里叶变换。这样的函数 $h(x)$称为解析小波。

小波变换的逆变换为

$$f(x)=\frac{1}{W_h}\int_{-\infty}^{+\infty}\int_{-\infty}^{+\infty}W_{a,b}(x)h_{a,b}(x)\mathrm{d}a\,\mathrm{d}b$$

连续小波变换的实质是将 $L^2(\mathbf{R})$空间中的任意函数 $f(x)$表示为在 $h_{a,b}(x)$的不同伸缩和平移分量上的投影之和。由于采用了性能独到的小波基函数,小波变换拥有对丰富信号的表达能力。这种表达的主要特点是:对于大的中心频率,窗变窄,分辨率在时域降低,而在频域增加;对于小的中心频率,窗变宽,分辨率在时域增加,而在频域降低。

在实际数字信号处理中,为了处理方便,需要使用离散小波变换,也就是要将小波变换和重构的积分形式展开为离散和的形式[109-111]。将伸缩因子 a 和平移因子 b 离散化采样,$a=a_0^m$,$b=nb_0a_0^m$,其中 $a_0>1$,$b_0\in\mathbf{R}$,$m,n\in\mathbf{Z}^2$,则有

$$h_{m,n}(x)=a_0^{-m/2}h(a_0^{-m}x-nb_0)$$

这样离散小波变换可定义为

$$DW_{m,n}=\int_{-\infty}^{+\infty}f(x)h_{m,n}(x)\mathrm{d}x=\langle f(x),h_{m,n}(x)\rangle,m,n\in\mathbf{Z}^2$$

当取 $a_0=2$,$b_0=1$ 及 $m=j$ 时,小波正交基的函数簇则为

$$\psi_{j,n}(x)=\{2^{\frac{-j}{2}}\psi(2^{-j}x-n)\mid j,n\in\mathbf{Z}^2\}$$

于是,可得到离散正交二进小波变换为

$$W_j=2^{\frac{-j}{2}}\int_{-\infty}^{+\infty}f(x)\psi(2^{-j}x-n)\mathrm{d}x=\langle f(x),\psi_{2^j}(x)\rangle$$

令 $\hat{\psi}_{2^j}(x)=\psi_{2^j}(-x)$,则 $f(x)$可由它的二进小波变换重构为

$$f(x)=\sum_{-\infty}^{+\infty}W_{j,n}\hat{\psi}_{j,n}(x)$$

将一维离散小波变换推广到二维,用于图像的小波分解和重构。只考虑尺度函数是可分离的情况,此时二维尺度函数 $\phi(x,y)\in L^2(\mathbf{R}^2)$可表示为两个一维尺度函数的乘积,即

$$\phi(x,y)=\phi(x)\phi(y)$$

令 $\phi(x)$，$\phi(y)$分别为 $\phi(x)$，$\phi(y)$的一维小波，下列 3 个二维基本小波是建立二维小波变换的基础，即

$$\psi^1(x,y)=\phi(x)\psi(y),\quad \psi^2(x,y)=\phi(y)\psi(x),\quad \psi^3(x,y)=\psi(x)\psi(y)$$

它们构成二维平方可积函数空间 $L^2(\mathbf{R}^2)$的正交归一基

$$\psi_{j,m,n}^l(x,y)=2^j\psi^l(x-2^jm,y-2^jn),\quad j\geqslant 0,\quad l=1,2,3,\quad j,l,m,n\text{ 都为整数}$$

对于一幅 $N\times N$ 图像 $f(x,y)$，若 $j=0$，则尺度 $2^j=1$，即原始图像的尺度不变。j 值的每增大一次都使尺度加倍，而使分辨率减半。在变换的每一个层次，图像都被分解为 4 个 1/4 大小的图像，它们都是由原图像与一个小波基图像内积后，再经过在行和列方向进行 2 倍的间隔采样而生成的。对于第 1 个层次($j=1$)，可写成

$$f_2^0(m,n)=\langle f_1(x,y),\phi(x-2m,y-2n)\rangle$$

$$f_2^1(m,n)=\langle f_1(x,y),\psi^1(x-2m,y-2n)\rangle$$

$$f_2^2(m,n)=\langle f_1(x,y),\psi^2(x-2m,y-2n)\rangle$$

$$f_2^3(m,n)=\langle f_1(x,y),\psi^3(x-2m,y-2n)\rangle$$

对于后续层次，可以此类推。若将内积改写成卷积形式，则有

$$f_{2^{j+1}}^0(m,n)=[f_{2^j}^0(x,y)*\phi(-x,-y)](2m,2n)$$

$$f_{2^{j+1}}^1(m,n)=[f_{2^j}^0(x,y)*\psi^1(-x,-y)](2m,2n)$$

$$f_{2^{j+1}}^2(m,n)=[f_{2^j}^0(x,y)*\psi^2(-x,-y)](2m,2n)$$

$$f_{2^{j+1}}^3(m,n)=[f_{2^j}^0(x,y)*\psi^3(-x,-y)](2m,2n)$$

因为尺度函数和小波函数都是可分离的，所以每个卷积都可分解成行和列上的一维卷积。例如，在第 1 层，首先用 $h_0(-x)$和 $h_1(-x)$分别与图像 $f(x,y)$的每行作卷积并丢弃奇数列(以最左列为第 0 列)；接着这个$(N\times N)/2$ 矩阵的每列再与 $h_0(-x)$和 $h_1(-x)$相卷积，丢弃奇数行(以最上一行为第 0 行)；结果就是该层变换所要求的 4 个$(N/2)\times(N/2)$的数组。二维离散小波变换分解步骤如图 2.1 所示，其中 $f_{2^j}^0(x,y)$对应于 $f_{2^{j-1}}^0(x,y)$的低频部分，为 $f_{2^{j-1}}^0(x,y)$的逼近图像；$f_{2^j}^1(x,y)$对应于水平方向的细节图像；$f_{2^j}^2(x,y)$对应于垂直方向的细节图像；$f_{2^j}^3(x,y)$对应于对角方向的细节图像。

逆变换过程与上述过程类似，在每一层，通过在每一列的左边插入一列零来增频采样前一层的 4 个矩阵；接着用 $h_0(-x)$和 $h_1(-x)$来卷积各行，再成对地把这几个$(N/2)\times(N/2)$矩阵加起来；然后通过在每行上面插入一行零来将前面所得的两个矩阵增频采样为 $N\times N$；最后利用 $h_0(-x)$和 $h_1(-x)$与这两个矩阵的每列卷积，这两个矩阵的和就是这一层重构的结果。图 2.2 给出了二维离散小波变换重构步骤。

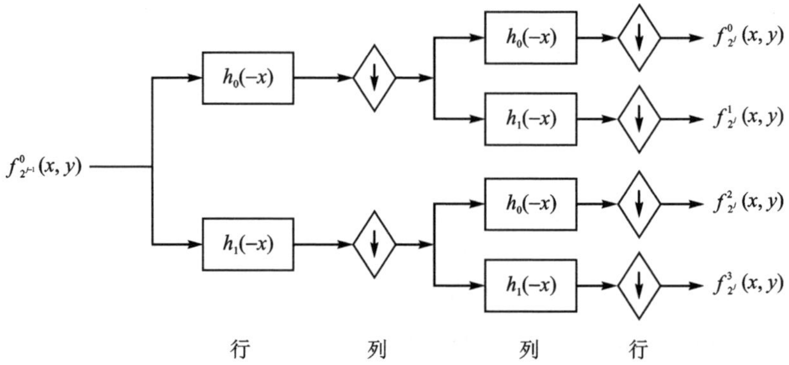

图 2.1　二维离散小波变换分解步骤

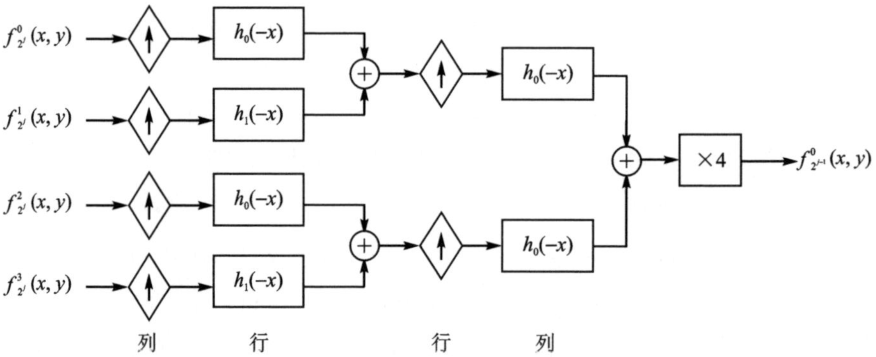

图 2.2　二维离散小波变换重构步骤

2.1.3　超完备字典法

基于超完备字典的信号稀疏表示可用数学语言描述为：给定一个集合 $D=\{\boldsymbol{g}_r \mid r=1,2,\cdots,\Gamma\}$，且希尔伯特（Hilbert）空间是其元素张成的整个空间 $H=\mathbf{R}^N=\mathrm{span}(D)$[45]。当 $\Gamma \gg N$ 时，称集合 D 为超完备字典，其元素 $\boldsymbol{g}_r$ 为带参数且长度为 N 的波形函数，称为原子或基函数，并对每个原子 $\boldsymbol{g}_r$ 都作归一化处理。对于任意给定的信号 $\boldsymbol{f}\in H$，取超完备字典的 m 个原子作线性逼近，都可以表示成原子 $\boldsymbol{g}_r$ 的迭加形式

$$\boldsymbol{f}_m=\sum_{r\in I_m}\boldsymbol{\alpha}_r\cdot\boldsymbol{g}_r \tag{2.7}$$

其中，$\boldsymbol{\alpha}_r$ 为展开系数，I_m 是 $\boldsymbol{g}_r$ 的下标集。定义逼近误差为

$$\sigma=\inf_{f_m}\|\boldsymbol{f}-\boldsymbol{f}_m\|$$

其中，σ 为 $\boldsymbol{f}_m$ 在字典 D 下的非线性逼近误差。对于不同的字典，信号的类型 $\boldsymbol{f}$ 不同，非线性逼近误差 σ 也不同。

由于字典的冗余性，原子 $\boldsymbol{g}_r$ 不再为线性独立的，因此信号的逼近表示方式也不是唯一的。从稀疏逼近的角度出发，希望在满足条件式(2.7)的前提下，从各种可能的组

合中挑选出分解系数最为稀疏的一个,或者说 m 取值为最小的一个。要找到最好的,也就是最稀疏的信号表示,等同于解决下述问题

$$\min \|\boldsymbol{\alpha}_r\|_0 \quad \text{s.t.} \quad \boldsymbol{f}=\sum_{r=0}^{K-1}\boldsymbol{\alpha}_r \cdot \boldsymbol{g}_r$$

当 D 是空间 H 的一个正交基时,求解上述问题就是一件显而易见的事情:保留与 $\boldsymbol{f}$ 内积 $|\langle \boldsymbol{f},\boldsymbol{g}_r\rangle|$ 最大的 m 个基原子。然而对于一个随机冗余的字典来说,这是一个非确定性多项式难题。为了得到超完备稀疏最优化问题的解,需要采取一些特殊方法。因此,对于待分解的信号,有两个因素决定信号稀疏分解的成败:

① 如何找到一个合适的字典 D,使得信号能够用这个字典中的原子稀疏表示,从而具有尽可能小的非线性逼近误差。

② 如何设计好的算法来快速、准确地进行信号稀疏分解。

这两个因素常常是相互联系的。超完备字典的构造问题将在第 3 章中详细介绍;至于稀疏分解算法,它与信号重构算法的思想一致,将在第 5 章中介绍。

2.2 信号压缩测量

传统的采样理论遵循奈奎斯特-香农采样定理,基于压缩感知的信号压缩测量则直接跳过传统采样理论,在信号获取的同时实现对信号的压缩采样。本节主要在采样理论的基础上引出压缩采样理论,通过压缩采样理论引申出信号的压缩感知测量,并总结压缩测量矩阵设计的条件。

2.2.1 采样理论和压缩采样理论

2.2.1.1 采样理论

在工程中,实际信号一般都是连续的,称为连续时间函数,记为 $x(t), t\in \mathbf{R}$ 从 $-\infty$ 到 $+\infty$ 变化。在计算机处理信号时,首先对信号进行采样,即按时间间隔 T_s 采样得到离散信号 $x_d(n)=x(nT_s), n\in \mathbf{Z}$。信号在频域内表示为

$$X(f)=\int_{-\infty}^{+\infty} x(t)\mathrm{e}^{-\mathrm{j}2\pi ft}\,\mathrm{d}t$$

令 f_c 为频谱 $X(f)$ 的截断频率,如果要从离散的采样信号 $x_d(n)$ 中恢复信号

$$x(t)=\int_{-\infty}^{+\infty} X(f)\mathrm{e}^{-\mathrm{j}2\pi ft}\,\mathrm{d}f$$

则需要满足奈奎斯特-香农采样定理的条件

$$T_s \leqslant \frac{1}{2f_c} \quad 或 \quad f_c \leqslant \frac{1}{2T_s}$$

如果信号不是带限信号,则采样间隔不满足奈奎斯特-香农采样定理的条件就会产生混叠现象。离散信号 $x_d(n)=x(nT_s)$, $n\in \mathbf{Z}$的傅里叶变换为

$$X_{\mathrm{d}}(\mathrm{j}\theta)=\sum_{n=-\infty}^{+\infty} x_{\mathrm{d}}(n)\mathrm{e}^{-\mathrm{j}\theta n}$$

X_{d} 与 X 之间的关系可以表示为

$$X_{\mathrm{d}}(\mathrm{j}\theta)=\frac{1}{T_{\mathrm{s}}}\sum_{m=-\infty}^{+\infty} X\left[\mathrm{j}\left(\frac{\theta}{T_{\mathrm{s}}}+m\frac{2\pi}{T_{\mathrm{s}}}\right)\right] \tag{2.8}$$

式(2.8)的求和项中,当 $m\neq 0$ 时,会出现频率混叠。对于带限信号来说,当 $|\omega|\geqslant 2\pi f_{\mathrm{c}}$ 时,有 $X(\mathrm{j}w)=0$,式(2.8)变为

$$X_{\mathrm{d}}(\mathrm{j}\theta)=\frac{1}{T_{\mathrm{s}}}\sum_{m=-\infty}^{+\infty} X\left[\mathrm{j}\left(\frac{\theta}{T_{\mathrm{s}}}\right)\right] \tag{2.9}$$

才没有混叠项。在满足奈奎斯特-香农采样定理的条件下,当 $|f|\geqslant f_{\mathrm{c}}\geqslant\frac{1}{2T_{\mathrm{s}}}$ 时,$X(f)=0$。这时式(2.9)离散化后表示为

$$x(nT_{\mathrm{s}})=\int_{-\frac{1}{2T_{\mathrm{s}}}}^{\frac{1}{2T_{\mathrm{s}}}} X(f)\mathrm{e}^{-\mathrm{j}2\pi fnT_{\mathrm{s}}}\mathrm{d}f$$

在区间 $\left[-\frac{1}{2T_{\mathrm{s}}},\frac{1}{2T_{\mathrm{s}}}\right]$ 上的傅里叶展开形式为

$$X(f)=\sum_{n=-\infty}^{+\infty} c_n\mathrm{e}^{-\mathrm{j}2\pi fnT_{\mathrm{s}}}$$

其中,$c_n=T_{\mathrm{s}}\int_{-\frac{1}{2T_{\mathrm{s}}}}^{\frac{1}{2T_{\mathrm{s}}}} X(f)\mathrm{e}^{-\mathrm{j}2\pi fnT_{\mathrm{s}}}\mathrm{d}f=T_{\mathrm{s}}x(nT_{\mathrm{s}})$ 。通过 $x(nT_{\mathrm{s}})$ 可以完全确定 $X(f)$,则 $x(t)$ 可得

$$x(t)=\int_{-\frac{1}{2T_{\mathrm{s}}}}^{\frac{1}{2T_{\mathrm{s}}}}\left(T_{\mathrm{s}}\sum_{n=-\infty}^{+\infty} x(nT_{\mathrm{s}})\mathrm{e}^{-\mathrm{j}2\pi fnT_{\mathrm{s}}}\right)\mathrm{e}^{-\mathrm{j}2\pi fnt}\mathrm{d}f=T_{\mathrm{s}}\sum_{n=-\infty}^{+\infty} x(nT_{\mathrm{s}})\frac{\operatorname{sinc}\frac{\pi}{T_{\mathrm{s}}}(t-nT_{\mathrm{s}})}{\frac{\pi}{T_{\mathrm{s}}}(t-nT_{\mathrm{s}})} \tag{2.10}$$

其中,将 sinc(·)函数称为插值函数。

把一维信号的采样理论推广到二维连续图像中,设二维图像 $f(x,y)$ 是一个二维信号,空间频谱 $F(f_x,f_y)$ 在 x 方向的截断频率为 f_{xc},在 y 方向的截断频率为 f_{yc}。设对 $f(x,y)$ 拉直网格进行均匀采样,在 x、y 方向的采样间隔分别为 Δx、Δy,则采样点的位置为 $x=m\Delta x,y=m\Delta y,m,n=0,1,2,\cdots$。定义采样函数

$$s(x,y)=\sum_{m=-\infty}^{+\infty}\sum_{n=-\infty}^{+\infty}\delta(x-m\Delta x,y-n\Delta y)$$

其中,δ 函数为冲击函数。采样函数沿 x、y 两个方向展开,如图 2.3 所示。

采样后的信号为

$$f_{\mathrm{s}}(x,y)=f(x,y)\cdot s(x,y)=$$

$$\sum_{m=-\infty}^{+\infty}\sum_{n=-\infty}^{+\infty} f(m\Delta x,n\Delta y)\delta(x-m\Delta x,y-n\Delta y)\triangleq$$

$$\sum_{m=-\infty}^{+\infty}\sum_{n=-\infty}^{+\infty} f(m,n)\delta(x-m\Delta x, y-n\Delta y)$$

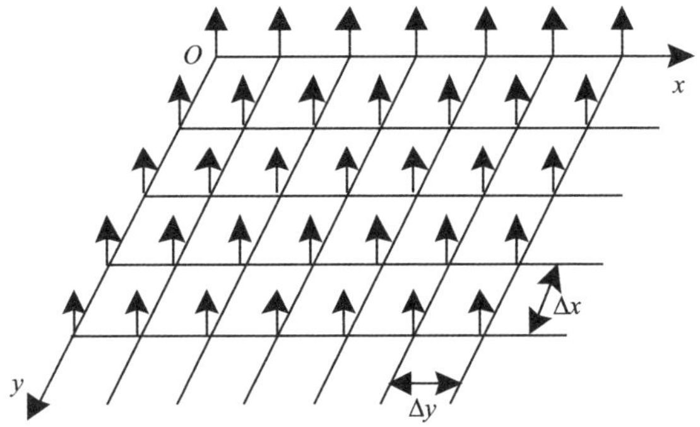

图 2.3 二维采样函数

根据一维信号重构的条件，采样信号 $f(\Delta x,\Delta y)f(m,n)$ 恢复原信号 $f_s(x,y)$ 必须满足奈奎斯特-香农采样定理的条件

$$\Delta x \leqslant \frac{1}{2f_{xc}} \quad , \quad \Delta y \leqslant \frac{1}{2f_{yc}}$$

所以，同样可以类比一维重构公式(2.10)，把二维重构描述为

$$f(x,y)=\sum_{m=-\infty}^{+\infty}\sum_{n=-\infty}^{+\infty} f(m\Delta x,n\Delta y)\frac{\operatorname{sinc}\left[\frac{\pi}{\Delta x}(x-m\Delta x)\right]}{\frac{\pi}{\Delta x}(x-m\Delta x)}\cdot\frac{\operatorname{sinc}\left[\frac{\pi}{\Delta y}(y-n\Delta y)\right]}{\frac{\pi}{\Delta y}(y-n\Delta y)}$$

2.2.1.2 压缩采样理论

压缩感知理论的最大突破就是：若信号(图像)在某一基(字典)下有稀疏表示，则可以突破奈奎斯特-香农采样定理的限制条件，通过压缩采样恢复原信号(图像)。对一个在时间域的基上有稀疏表示的信号 $x(t)$，考虑信号模型

$$x(t)=\sum_{k\in\mathbf{Z}} c_k\varphi\left(\frac{t-t_k}{T}\right) \tag{2.11}$$

其中，对给定的 $k\in\mathbf{Z}$，有 $t_k\in\mathbf{R}$ 表示一个任意平移变量，且 $c_k\in\mathbf{C}$ 表示稀疏系数。可以知道信号 $x(t)$ 为连续时间域内的稀疏信号。从压缩感知的理论可知，采样信号只需要通过采样数据求解信号的系数 c_k 和相应的参数 t_k，便能完全精确地重构原信号。所以信号的重构问题从某种意义上讲，已经变为对参数 c_k 和 t_k 的估计问题。

针对一个周期为 T 的信号 $x(t)=\sum_{k\in\mathbf{Z}} c_k\delta(t-t_k)$，有 $x(t+T)=x(t)$。可以看出，信号在连续时间域内是一个稀疏信号，满足式(2.11)的基本模型。由于信号是非带限信号，因此在奈奎斯特-香农采样定理的条件下需要无穷多个采样数据才能精确重构原信号，而在压缩采样的理论下只需要有限多个采样数据便能重构原信号。以下是该信号的压缩采样及重构理论分析的过程：

首先对信号 $x(t)=\sum_{k\in\mathbf{Z}}c_k\delta(t-t_k)$ 进行傅里叶级数展开,有

$$x(t)=\sum_{m\in\mathbf{Z}}X[m]\,\mathrm{e}^{\mathrm{j}2\pi mt/T}$$

其中,傅里叶系数为

$$X[m]=\frac{1}{\tau}\sum_{k=1}^{K}c_k\mathrm{e}^{-\mathrm{j}2\pi mt_k/T},\quad m\in\mathbf{Z} \tag{2.12}$$

用一个采样带宽为 f_c 的采样核函数 $h_{f_c}(t)=f_c\mathrm{sinc}(f_ct)$ 对信号进行频率截断,则

$$y(t)=h_{f_c}(t)*x(t)$$

其中,* 表示卷积符号,相当于对信号进行低通滤波。

然后对信号以采样周期 T_s、采样频率 $f_s=\frac{1}{T_s}\geqslant f_c$ 进行数据采样,则

$$y[n]\leqslant h_{f_c}(t-nT_s),x(t)\geqslant\sum_{m=-M}^{M}X[m]\,\mathrm{e}^{-\mathrm{j}2\pi mT_s/T} \tag{2.13}$$

其中,$M=\left[\frac{f_cT}{2}\right]$,[·]表示取整。

信号重构的条件讨论:对于周期信号 $x(t)$,在一个周期 $t\in[0,T]$ 内,由于对信号进行了低通滤波,因此滤波后的傅里叶系数个数为 $N_F=2M+1$,如果式(2.13)可逆,则需要采样点数 $N=f_sT$ 大于傅里叶稀疏的个数 N_F,即求解傅里叶系数时有唯一解的条件为

$$f_sT\geqslant 2\left[\frac{f_cT}{2}\right]+1$$

利用傅里叶系数 $X[m]$对参数 c_k 和 t_k 进行估计即可精确重构原信号。求解的傅里叶系数 $X[m]$以及求解参数 c_k 和 t_k 的过程如下:

可以通过零化滤波器 $A(z)=\sum_{k=1}^{K}A(k)z^{-k}$ 求解傅里叶系数 $X[m]$为

$$\sum_{k=1}^{K}A(k)X(n-k)=0,\quad\forall n\in\mathbf{Z} \tag{2.14}$$

由式(2.14)可以知道,当 $M\geqslant K$ 时,方程组有唯一解 $\{A(k)|k=1,2,\cdots,K|\}$,通过 Z 的逆变换求得原信号的 K 个时间支撑参数 $\{t_k|k=1,2,\cdots,K|\}$,然后将 $\{t_k|k=1,2,\cdots,K|\}$代到式(2.12)便可以求出傅里叶系数 $\{c_k|k=1,2,\cdots,K|\}$,从而实现了信号的重构。

但是,上述信号模型为时间域的稀疏信号,其支撑域所在的空间也是时域的,即支撑域所在空间与信号自变量所在空间是一致的。为了说明更一般的情况,下面讨论支撑域所在空间与信号自变量所在空间不一致的情况。时间域内的信号 $x(t)$在一参数空间的基函数簇 $\{\varphi_r(t,s_n^r)|r=0,1,\cdots,R|\}$下表示为

$$x(t)=\sum_{n\in\mathbf{Z}}\sum_{r=0}^{R}\varphi_r(t,s_n^r),\quad s_n^r\in S_0$$

其中，S_0 为一个不限于时间域的参数空间。如果要对参数域的信号进行采样，则需要先将信号的自变量所在空间变换到信号的参数空间。时间域内的信号 $x(t)=\sum_{k\in\mathbf{Z}}c_k\delta(t-t_k)$ 在参数空间的积分区域为$[a,b]$，利用积分核函数 $p(s,t)$进行空间变换后表示为

$$\rho_x(s)=\int_a^b x(t)p(s,t)\,\mathrm{d}t=\sum_{k\in\mathbf{Z}}c_k\delta(s-s_k)$$

其中，ρ_x 表示积分算子。利用参数域的采样核函数 $h_B(s)=B\mathrm{sinc}(Bs)$，以采样频率 $f_s=\frac{1}{T_s}\geqslant B$ 对信号采样，则采样数据为

$$\begin{aligned}y[n]=(h_B*\rho_x)(nT_s)\leqslant \rho_x(s),h_B(s-nT_s)\geqslant\\ \int_{-\infty}^{+\infty}\left(\int_{-\infty}^{+\infty}x(t)p(s,t)\,\mathrm{d}t\right)h_B(s-nT_s)\,\mathrm{d}s=\\ \int_{-\infty}^{+\infty}x(t)\left(\int_{-\infty}^{+\infty}p(s,t)h_B(s-nT_s)\,\mathrm{d}s\right)\mathrm{d}t\end{aligned}$$

定义 $\hbar_B(t,nT_s)=\int_{-\infty}^{+\infty}p(s,t)h_B(s-nT_s)\,\mathrm{d}s$，则采样数据可表示为

$$y[n]\leqslant x(t),\hbar_B(t-nT_s)> \tag{2.15}$$

因为式(2.15)的形式与式(2.13)的形式一致，所以参数空间的压缩采样实际上是对纯时间域内标准的压缩采样的推广。因此，信号的重构亦可以用标准的压缩采样重构方法完成。

2.2.2 信号的压缩感知测量

2.2.2.1 从压缩采样到压缩测量

压缩采样理论从原理上解释了信号(图像)的可压缩性，即信号采样可以突破奈奎斯特-香农采样定理的限制条件，实现信号的压缩采样。但是压缩采样往往是先进行稀疏变换，再对信号的稀疏系数进行编码以达到压缩采样的目的。这样带来的问题便是信号(图像)需要先存储，然后进行基变换以将系数旋转到少数基向量上，从而增加了存储和计算负担，特别是在星载系统中，这会使本来就珍贵的星上资源益发紧张。所以学者就提出一个问题：既然信号(图像)具有可压缩性，为什么不直接在信号(图像)成像或采样的同时实现压缩呢？压缩感知理论实现了这一构想，即在成像过程中或采样过程中实现压缩。它的实质是从信号的压缩采样变成了压缩测量。

针对一个信号 $\boldsymbol{f}\in\mathbf{R}$，如果说信号 $\boldsymbol{f}$ 是稀疏的，且稀疏度为 K，则假设通过一个测量矩阵 $\boldsymbol{\Phi}$ 获得 M 个线性测量值，即可通过下面的数学模型描述这个采样过程：

$$\boldsymbol{y}=\boldsymbol{\Phi f}$$

其中，$\boldsymbol{\Phi}$ 是一个 $M\times N$ 矩阵；$\boldsymbol{y}\in\mathbf{R}^M$，即采样所得的测量值。矩阵 $\boldsymbol{\Phi}$ 表示一个降维的投影操作，把 $\mathbf{R}^N$ 映射到 $\mathbf{R}^M$ 中，一般来说，$K<M\ll N$，即矩阵 $\boldsymbol{\Phi}$ 的列数远多于行数，这种数据表示也就是标准压缩感知框架的描述。这里说的“标准压缩感知框架”即表明

测量过程是非自适应的，也就是说，矩阵 $\boldsymbol{\Phi}$ 是预先固定的，并不随着前面获取的测量值的变化而变化。

上述讨论的目标信号 $\boldsymbol{f}$ 本身是稀疏的，即它本身仅包含少数个非零元素。然而，在现实世界中，很多目标信号本身并不是稀疏的，这些信号往往会在某个正交变换域 $\boldsymbol{\Psi}$ 或超完备字典 $\boldsymbol{D}$ 中表现出稀疏性。虽然目标信号 $\boldsymbol{f}$ 本身不是稀疏信号，但它在变换域 $\boldsymbol{\Psi}$ 中体现出稀疏性，即 $\boldsymbol{f}=\boldsymbol{\Psi x}$，其中 $\boldsymbol{x}$ 中存在少数个非零元素。假设合并矩阵 $\boldsymbol{\Phi}$ 和 $\boldsymbol{\Psi}$，即 $\boldsymbol{\Theta}=\boldsymbol{\Phi\Psi}$，称为感知矩阵，那么压缩感知的数学模型可以最终表述为

$$\boldsymbol{y}=\boldsymbol{\Phi f}=\boldsymbol{\Phi\Psi x}=\boldsymbol{\Theta x}$$

这里就涉及两个问题：一是如何设计测量矩阵 $\boldsymbol{\Phi}$ 使得它在采样过程中保存信号 $\boldsymbol{f}$ 的有效信息，二是如何基于测量信号 $\boldsymbol{y}$ 重构出目标信号 $\boldsymbol{f}$。为了保证信号的精确重构，要求感知矩阵 $\boldsymbol{\Theta}$ 满足压缩测量矩阵的设计条件，即有限等距性质。

2.2.2.2 测量矩阵设计条件

设计测量矩阵的目的是使在给定稀疏度 K 时，重构信号所需要的测量维数 M 最小，或者说在给定测量维数 M 时，信号的重构性能更好，即信号的稀疏度 K 最大。这就需要解决两个问题：一是测量矩阵满足什么条件，信号可重构？二是需要设计什么样的测量矩阵、测量矩阵维数 M 多大，才能精确重构原始图像？

压缩测量矩阵的可重构条件直接影响重构信号的性能，并关系着重构模型式(1.1)与式(1.2)之间的等价性能。目前应用最为广泛的重构条件称为有限等距性质。针对感知矩阵 $\boldsymbol{\Theta}=\boldsymbol{\Phi\Psi}$，信号可以用近似算法精确重构必须满足有限等距性质。

定义 2.1(有限等距性质)：对于稀疏度为 K 的系数向量 $\boldsymbol{x}$ 和常数 $\delta\in(0,1)$，如果感知矩阵 $\boldsymbol{\Theta}$ 满足不等式

$$1-\delta\leqslant\frac{\|\boldsymbol{\Theta x}\|_2^2}{\|\boldsymbol{x}\|_2^2}\leqslant 1+\delta$$

则称感知矩阵 $\boldsymbol{\Theta}$ 满足有限等距性质 RIP(K,δ)。在定义 2.1 中，$\|\boldsymbol{x}\|_2^2\overset{\text{def}}{=}\left(\sum_{i=1}^{N}x_i^2\right)^{\frac{1}{2}}$。例如，如果感知矩阵 $\boldsymbol{\Theta}$ 是一个独立同分布的随机变量且满足

$$\boldsymbol{\Theta}_{i,j}\sim N\left(0,\frac{1}{M}\right)\quad 或\quad \boldsymbol{\Theta}_{i,j}=\begin{cases}M^{-1/2}, & P=\dfrac{1}{2}\\ -M^{-1/2}, & P=\dfrac{1}{2}\end{cases}$$

则对于任何整数 $K=O(M/\log N)$，感知矩阵都以很高的概率满足 RIP(K,δ)。有限等距性质 RIP(K,δ) 是在信号测量没有噪声的情况下得到的可重构条件。对于含噪声的测量模型，则有

$$\boldsymbol{y}=\boldsymbol{\Theta x}^*+\boldsymbol{v}$$

其中，$\boldsymbol{v}$ 表示噪声，且 $\|\boldsymbol{v}\|_2\leqslant\varepsilon$。

定义 2.2(含噪声的有限等距性质)：令 $\boldsymbol{x}_K^*$ 表示 $\boldsymbol{x}^*$ 的近似 K 稀疏系数。若含噪声

的信号重构满足不等式

$$\| \boldsymbol{x}^* - \hat{\boldsymbol{x}} \| \leqslant C_{1,K}\varepsilon + C_{2,K} \frac{\| \boldsymbol{x}^* - \boldsymbol{x}_K^* \|_1}{\sqrt{K}} \tag{2.16}$$

则称感知矩阵 $\boldsymbol{\Theta}$ 满足含噪声的有限等距性质 RIP$(2K, \delta_{2K})$，其中 $\delta_{2K} \leqslant \sqrt{2} - 1$。$C_{1,K}$ 和 $C_{2,K}$ 是由稀疏度 K 决定的常数，其大小不受信号维数 N 和采样维数 M 的影响。在噪声较小的情况下，比如当 $\varepsilon = 0$ 时，$\boldsymbol{x}^* \equiv \boldsymbol{x}_K^*$，满足式(2.16)中的条件，可以精确重构信号。

上述重构条件能够保证重构质量的基本前提是感知矩阵 $\boldsymbol{\Theta} = \boldsymbol{\Phi\Psi}$ 是连续的。正式的，定义克莱蒙矩阵 $\boldsymbol{G} \overset{\text{def}}{=\!=\!=} \boldsymbol{\Theta}^{\mathrm{T}}\boldsymbol{\Theta}$，当感知矩阵的各列具有单位标准形式时，定义克莱蒙矩阵非对角线元素的最大值：

$$\mu(\boldsymbol{\Theta}) \overset{\text{def}}{=\!=\!=} \max_{1 \leqslant i,j \leqslant N} |\boldsymbol{G}_{i,j}|, \quad i \neq j$$

在设计感知矩阵时，要求压缩测量矩阵 $\boldsymbol{\Phi}$ 与基矩阵 $\boldsymbol{\Psi}$ 尽量使 $\mu \to 1/\sqrt{M}$。所以定义更一般的重构条件如下：

定义 2.3(不连续矩阵的噪声模型重构条件)：令 $\boldsymbol{y} = \boldsymbol{\Theta x}^* + \boldsymbol{v}$ 表示一个稀疏度为 K 的噪声信号的测量值，其中 $K \leqslant [\mu(\boldsymbol{\Theta})^{-1} + 1]/4$，$\boldsymbol{v}$ 表示噪声，且 $\| \boldsymbol{v} \|_2 \leqslant \varepsilon$，则不连续矩阵的噪声模型重构条件可以表示为

$$\| \boldsymbol{x}^* - \hat{\boldsymbol{x}} \| \leqslant \frac{4\varepsilon^2}{1 - \mu(\boldsymbol{\Theta})(4K - 1)}$$

根据测量矩阵研究的进展，测量矩阵可以分为随机测量矩阵和易于硬件实现的确定性测量矩阵。随机测量矩阵如高斯随机矩阵、部分傅里叶测量矩阵等基本上都能满足有限等距性质，但其硬件可实现性较差；确定性测量矩阵的硬件实现简单，但它们是否满足有限等距性质还有待研究证实，这部分的分析将在第 4 章展开。

2.3 信号重构

信号重构的目的就是从信号压缩的测量值中恢复出原信号，它是压缩感知理论得以实现的关键。信号重构算法有两方面的要求：一是恢复的信号尽可能高精度地逼近原信号，二是重构所需时间尽可能短。1.2.4 小节已经列举了 L_0 范数、L_1 范数、L_p 范数$(0<p<1)$重构模型的发展现状，这里主要详细介绍 L_0 范数和 L_1 范数的几种典型算法。

2.3.1 L_0 范数重构

L_0 范数重构就是通过贪婪算法直接求解 L_0 范数最优化问题来实现稀疏信号重构。L_0 范数最优化问题可描述为

$$\min \| \boldsymbol{x} \|_0 \quad \text{s.t.} \quad \boldsymbol{y} = \boldsymbol{\Phi x} \tag{2.17}$$

在实际应用中，允许存在一定小量的误差，因此，可将式(2.17)转化为一个较为简单的近似形式求解

$$\min \|\boldsymbol{x}\|_0 \quad \text{s.t.} \quad \|\boldsymbol{y}-\boldsymbol{\Phi x}\|_2^2 \leqslant \delta$$

其中，δ 为一极小的常量。贪婪算法以匹配追踪算法和正交匹配追踪算法为代表，它们也是最为简单的两种算法。下面将对这两种算法进行分析，以供读者理解其基本思路。

2.3.1.1 匹配追踪算法

基于匹配追踪算法的信号重构，是用逐渐逼近的思想来求信号的稀疏化表示，是目前信号稀疏分解和重构的最基础方法。匹配追踪算法是一种贪婪迭代算法，它在每次迭代过程中，根据残差向量和测量矩阵之间的相关性最大分量，逐步找到原信号的支撑集，从测量矩阵中选择与信号最为匹配的列向量进行稀疏逼近并求出残差向量，然后继续选出与残差向量最为匹配的列向量。经过反复迭代，直到迭代次数达到一定界限或迭代误差满足预设的误差要求，则停止迭代，信号便可以由一系列向量高精度地线性表示。

设测量矩阵为 $\boldsymbol{\Phi}$，测量向量为 $\boldsymbol{y}$，稀疏度为 K，残差向量为 $\boldsymbol{r}$，$\boldsymbol{x}$ 的 K 稀疏逼近为 $\hat{\boldsymbol{x}}$。匹配追踪算法的主要步骤如下：

① 初始化：令残差向量 $\boldsymbol{r}_0=\boldsymbol{y}$、迭代次数 $n=0$。

② 计算残差向量和测量矩阵的每一列的内积 $\boldsymbol{g}_n=\boldsymbol{\Phi}^{\mathrm{T}}\boldsymbol{r}_{n-1}$。

③ 找出 $\boldsymbol{g}_n$ 中绝对值最大的元素，令索引 $k=\arg\max\limits_{i=1,2,\cdots,N}|\boldsymbol{g}_n(i)|$。

④ 计算近似值和残差：$\boldsymbol{x}_n(k)=\boldsymbol{x}_{n-1}(k)+\boldsymbol{g}_n(k)$，$\boldsymbol{r}_n=\boldsymbol{r}_{n-1}-\boldsymbol{g}_n(k)\varphi_k$。

⑤ 更新迭代次数，$n=n+1$；如果满足迭代终止条件，则令 $\hat{\boldsymbol{x}}=\boldsymbol{x}_n$，$\boldsymbol{r}=\boldsymbol{r}_n$，否则转入步骤②。

匹配追踪算法简单，易于实现，作为最基础的稀疏重构算法之一，是其他优化算法的基础，有着不容忽视的作用。但是，匹配追踪算法有一个明显的缺点是在已选向量张成的空间上，信号的扩展可能不是最好的，因为它不是一个正交投影，所有匹配追踪算法要经过较多次迭代才能将信号的重构误差控制在允许的范围内。

2.3.1.2 正交匹配追踪算法

正交匹配追踪算法承袭了匹配追踪算法中的向量配准原则。匹配追踪算法仅能够保证信号的残余分量与每步迭代所选择的向量正交。而正交匹配追踪算法对所选择的所有向量先利用施密特正交化方法进行处理；再将信号在这些正交向量构成的空间上投影，得到信号在各个已选向量上的分量和残差；然后用相同方法分解残差。这就保证了每次迭代之后，信号残差分量都能与之前选择的向量正交，从而加快收敛速度，减少迭代次数[37]。正交匹配追踪算法的核心思想为：以迭代的方式选择测量矩阵的列向量，令每次迭代过程中选择的列向量与当前的残差向量尽可能相关，逐步找到原信号的索引集，并在与信号索引集相对应的支撑集上进行类似于最小二乘法的计算，在测量向量中去掉这一相关部分，进行迭代运算直至达到精度要求。

设测量矩阵为 $\boldsymbol{\Phi}$，测量向量为 $\boldsymbol{y}$，稀疏度为 K，残差向量为 $\boldsymbol{r}$，$\boldsymbol{x}$ 的 K 稀疏逼近

为 $\hat{\boldsymbol{x}}$。正交匹配追踪算法的主要步骤如下：

① 初始化：令残差向量 $\boldsymbol{r}_0=\boldsymbol{y}$、索引集 $\Gamma_0=\varnothing$、支撑集 $\Phi_{\Gamma_0}=\varnothing$、迭代次数 $n=0$。

② 计算残差向量和测量矩阵的每一列的内积 $\boldsymbol{g}_n=\boldsymbol{\Phi}^{\mathrm{T}}\boldsymbol{r}_{n-1}$。

③ 找出 $\boldsymbol{g}_n$ 中绝对值最大的元素，令索引 $k=\arg\max\limits_{i=1,2,\cdots,N}|\boldsymbol{g}_n(i)|$。

④ 更新索引集 $\Gamma_n=\Gamma_{n-1}\cup\{k\}$ 以及支撑集 $\Phi_{\Gamma_n}=\Phi_{\Gamma_{n-1}}\cup\{\varphi_k\}$。

⑤ 利用最小二乘法求得近似解 $\boldsymbol{x}_n=(\boldsymbol{\Phi}_{\Gamma_n}^{\mathrm{T}}\boldsymbol{\Phi}_{\Gamma_n})^{-1}\boldsymbol{\Phi}_{\Gamma_n}^{\mathrm{T}}\boldsymbol{y}$，更新残差 $\boldsymbol{r}_n=\boldsymbol{y}-\boldsymbol{\Phi}\boldsymbol{x}_n$。

⑥ 更新迭代次数，$n=n+1$；如果满足迭代终止条件，则令 $\hat{\boldsymbol{x}}=\boldsymbol{x}_n$，$\boldsymbol{r}=\boldsymbol{r}_n$，否则转入步骤②。

正交匹配追踪算法将信号投影在正交向量构成的空间上，使得计算过程不会重复地选择测量矩阵的列向量，保证了每次迭代的最优性。它经过有限次（K 次）迭代就能够收敛到信号的稀疏解，且在信号的重构质量上要好于匹配追踪算法。然而，由于要对向量进行正交化处理，且每次迭代中仅选取一个列向量来更新支撑集，因此这大大增加了正交匹配追踪算法的计算量，使得信号的重构时间消耗远远大于匹配追踪算法。

迭代次数与稀疏度 K 和采样数 M 密切相关，并随着其增大而增加，重构时间消耗也将大幅增加。基于此，学者们研究了一系列改进的匹配追踪算法。

2.3.2 L_1 范数重构

L_1 范数重构就是通过凸优化算法直接求解 L_1 范数最优化问题来实现稀疏信号重构，L_1 范数最优化问题可描述为

$$\min\|\boldsymbol{x}\|_1 \quad \text{s.t.} \quad \boldsymbol{\Phi}\boldsymbol{x}=\boldsymbol{y} \tag{2.18}$$

如式(2.18)的求解最小 L_1 范数问题可看作一个线性规划（linear programming，LP）问题。如果在求解式(2.18)的约束优化问题时，将约束条件转换为惩罚项，则构造非约束优化问题为

$$\min_{\boldsymbol{x}}\frac{1}{2}\|\boldsymbol{y}-\boldsymbol{\Phi}\boldsymbol{x}\|_2^2+\tau\|\boldsymbol{x}\|_1 \tag{2.19}$$

式(2.19)实际上为一个二阶锥规划（second-order cone program，SOCP）问题。求解这类问题的方法主要有内点法、梯度投影法、阈值迭代法和 Bregman 迭代法等。下面将对前两种方法进行介绍，阈值迭代法和 Bregman 迭代法将在第 5 章中重点介绍。

2.3.2.1 内点法

Boyd 等人介绍了一种相对简单的原始对偶内点算法来求线性规划问题，本小节将分析该算法用于式(2.18)的线性规划问题的求解。

线性规划问题的标准形式可描述为

$$\min_{\boldsymbol{x}}\langle\boldsymbol{c}_0,\boldsymbol{x}\rangle \quad \text{s.t.} \quad \boldsymbol{\Phi}\boldsymbol{x}=\boldsymbol{y},f_i(\boldsymbol{x})\leqslant 0$$

其中，$\boldsymbol{x}\in\mathbf{R}^N$，$\boldsymbol{y}\in\mathbf{R}^M$，$\boldsymbol{\Phi}\in\mathbf{R}^{M\times N}$，$f_i$ 为线性函数，且有

$$f_i(\boldsymbol{x})=\langle\boldsymbol{c}_i,\boldsymbol{x}\rangle+d_i,\quad i=1,2,\cdots,m$$

假设上述问题是可解的，也就是说，若对于 $\boldsymbol{c}_i \in \mathbf{R}^N$，$d_i \in \mathbf{R}$，满足 $\boldsymbol{\Phi x} = \boldsymbol{y}$ 和 $f_i(\boldsymbol{x}) \leqslant 0$，则存在最优值 $\boldsymbol{x}^*$ 及相应的 $f_0(\boldsymbol{x}^*)$。此时，存在对偶向量 $\boldsymbol{v}^* \in \mathbf{R}^M$，$\boldsymbol{\lambda}^* \in \mathbf{R}^m$，满足 Karush－Kuhn－Tucher(KKT)条件。

$$\begin{cases} \boldsymbol{c}_0 + \boldsymbol{\Phi}^{\mathrm{T}} \boldsymbol{v}^* + \sum_{i=1}^{m} \lambda_i^* \boldsymbol{c}_i = \boldsymbol{0} \\ \lambda_i^* f_i(\boldsymbol{x}^*) = 0, \qquad i = 1, 2, \cdots, m \\ \boldsymbol{\Phi x}^* = \boldsymbol{y} \\ f_i(\boldsymbol{x}^*) \leqslant 0 \end{cases} \tag{2.20}$$

原始对偶内点算法就是通过求解非线性等式(2.20)来寻找最优值 $\boldsymbol{x}^*$，通常采用牛顿迭代算法进行求解。在实际应用中，一般将约束条件 $\lambda_i f_i(\boldsymbol{x}) = 0$ 放宽为 $\lambda_i f_i(\boldsymbol{x}) = -1/\tau$。

用原误差、对偶误差和中心误差来描述$(\boldsymbol{x}, \boldsymbol{\lambda}, \boldsymbol{v})$满足 KKT 条件的近似程度：

$$\boldsymbol{r}_\tau(\boldsymbol{x}, \boldsymbol{\lambda}, \boldsymbol{v}) = \begin{bmatrix} \boldsymbol{r}_{\text{dual}} \\ \boldsymbol{r}_{\text{cent}} \\ \boldsymbol{r}_{\text{pri}} \end{bmatrix} = \begin{bmatrix} \boldsymbol{c}_0 + \boldsymbol{\Phi}^{\mathrm{T}} \boldsymbol{v} + \sum_{i=1}^{m} \lambda_i \boldsymbol{c}_i \\ -\boldsymbol{\Lambda f} - (1/\tau)\boldsymbol{e} \\ \boldsymbol{Ax} - \boldsymbol{y} \end{bmatrix}$$

其中，$\boldsymbol{\Lambda}$ 为对角矩阵，$\Lambda_{ii} = \lambda_i$，$\boldsymbol{f} = (f_1(\boldsymbol{x}), \cdots, f_m(\boldsymbol{x}))^{\mathrm{T}}$。迭代的目标就是寻找$(\Delta \boldsymbol{x}, \Delta \boldsymbol{v}, \Delta \boldsymbol{\lambda})$，使得

$$\boldsymbol{r}_\tau(\boldsymbol{x} + \Delta \boldsymbol{x}, \boldsymbol{\lambda} + \Delta \boldsymbol{\lambda}, \boldsymbol{v} + \Delta \boldsymbol{v}) = \boldsymbol{0} \tag{2.21}$$

将式(2.21)进行泰勒(Taylor)展开：

$$\boldsymbol{r}_\tau(\boldsymbol{x} + \Delta \boldsymbol{x}, \boldsymbol{\lambda} + \Delta \boldsymbol{\lambda}, \boldsymbol{v} + \Delta \boldsymbol{v}) \approx \boldsymbol{r}_\tau(\boldsymbol{x}, \boldsymbol{\lambda}, \boldsymbol{v}) + \boldsymbol{J}_{r_\tau}(\boldsymbol{x}, \boldsymbol{\lambda}, \boldsymbol{v}) \begin{bmatrix} \Delta x \\ \Delta \lambda \\ \Delta \nu \end{bmatrix}$$

其中，$\boldsymbol{J}_{r_\tau}(\boldsymbol{x}, \boldsymbol{\lambda}, \boldsymbol{v})$为参数 $\boldsymbol{r}_\tau$ 的雅可比矩阵，则有

$$\begin{bmatrix} \boldsymbol{0} & \boldsymbol{\Phi}^{\mathrm{T}} & \boldsymbol{C}^{\mathrm{T}} \\ -\boldsymbol{\Lambda C} & \boldsymbol{0} & -\boldsymbol{F} \\ \boldsymbol{\Phi} & \boldsymbol{0} & \boldsymbol{0} \end{bmatrix} \begin{bmatrix} \Delta \boldsymbol{x} \\ \Delta \boldsymbol{\lambda} \\ \Delta \boldsymbol{v} \end{bmatrix} = - \begin{bmatrix} \boldsymbol{r}_{\text{dual}} \\ \boldsymbol{r}_{\text{cent}} \\ \boldsymbol{r}_{\text{pri}} \end{bmatrix} = - \begin{bmatrix} \boldsymbol{c}_0 + \boldsymbol{\Phi}^{\mathrm{T}} \boldsymbol{v} + \sum_{i=1}^{m} \lambda_i \boldsymbol{c}_i \\ -\boldsymbol{\Lambda f} - (1/\tau)\boldsymbol{e} \\ \boldsymbol{\Phi x} - \boldsymbol{y} \end{bmatrix} \tag{2.22}$$

其中，$\boldsymbol{C} \in \mathbf{R}^{m \times N}$，$\boldsymbol{c}_i \in \mathbf{R}^N$，$\boldsymbol{F}$ 为对角矩阵，$F_{ii} = f_i(\boldsymbol{x})$。式(2.22)定义了内点法的迭代方向$(\Delta \boldsymbol{x}, \Delta \boldsymbol{\lambda}, \Delta \boldsymbol{v})$。关于迭代步长，一般取 $0 < s \leqslant 1$，且 s 满足以下两个条件：

① 对于任意 i，有 $f_i(\boldsymbol{x} + s\Delta \boldsymbol{x}) < 0$，$\lambda_i > 0$。

② $\| \boldsymbol{r}_\tau(\boldsymbol{x} + s\Delta \boldsymbol{x}, \boldsymbol{\lambda} + s\Delta \boldsymbol{\lambda}, \boldsymbol{v} + s\Delta \boldsymbol{v}) \|_2 \leqslant (1 - \alpha s) \| \boldsymbol{r}_\tau(\boldsymbol{x}, \boldsymbol{\lambda}, \boldsymbol{v}) \|_2$，$\alpha$ 为用户自定义参数，一般 $\alpha = 0.01$。

当 $\boldsymbol{r}_{\text{dual}}$ 和 $\boldsymbol{r}_{\text{pri}}$ 都非常小时，可采用对偶距离 $\boldsymbol{\eta} = -\boldsymbol{f}^{\mathrm{T}} \boldsymbol{\lambda}$ 来评估最优值$(\boldsymbol{x}, \boldsymbol{\lambda}, \boldsymbol{v})$的收敛情况。当 $\boldsymbol{\eta}$ 小于给定的容许值时，终止原始对偶内点算法中的牛顿迭代。

通过上述分析可知，使用内点法求解线性规划问题的主要计算量为利用式(2.22)

求取迭代方向($\Delta \boldsymbol{x}, \Delta \boldsymbol{\lambda}, \Delta \boldsymbol{v}$)。当 N 和 M 都较大时，式(2.22)的求解就较为困难，需要寻找一种快速重构算法进行求解，共轭梯度(conjugate gradient, CG)法广泛应用于带约束的矩阵计算中。

上面主要讨论了利用原对偶内点法解决线性规划问题的方法和思路，虽然这种算法也可用于解决二阶锥规划问题，但在实际应用中很少采纳，而二维图像重构一般都将问题转化为二阶锥规划问题进行求解。因此，本书第5章的一维信号仿真中采用此方法进行求解，而在二维信号仿真中则采用内点法的另一种形式——带全变差分约束的 log-barrier 算法。

2.3.2.2 梯度投影法

对于式(2.19)的无约束凸优化问题，下面将详细讨论基于梯度投影的求解方法[47]。

将信号 $\boldsymbol{x}$ 分成正部分和负部分，则有

$$\boldsymbol{x}=\boldsymbol{u}-\boldsymbol{v}, \quad \boldsymbol{u} \geqslant \boldsymbol{0}, \boldsymbol{v} \geqslant \boldsymbol{0}$$

其中，$u_i=(x_i)_+$，$v_i=(-x_i)_+$，$i=1,2,\cdots,N$；$(\,)_+$ 表示取正值操作，定义为 $(\boldsymbol{x})_+=\max\{0,\boldsymbol{x}\}$。令 $\boldsymbol{e}_n=[1,1,\cdots,1]^{\mathrm{T}}$，$\boldsymbol{z}=[\boldsymbol{u}^{\mathrm{T}}\boldsymbol{v}^{\mathrm{T}}]$，$\widetilde{\boldsymbol{\Phi}}=[\boldsymbol{\Phi} \quad -\boldsymbol{\Phi}]$，则式(2.19)可写成

$$\min_{x} \frac{1}{2}\|\boldsymbol{y}-\widetilde{\boldsymbol{\Phi}}\boldsymbol{z}\|_2^2+\tau \boldsymbol{e}_{2n}\boldsymbol{z} \quad \text{s.t.} \quad \boldsymbol{z}>\boldsymbol{0} \tag{2.23}$$

令 $\boldsymbol{b}=\boldsymbol{\Phi}^{\mathrm{T}}\boldsymbol{y}$，$\boldsymbol{c}=\tau\boldsymbol{e}_{2n}+[-\boldsymbol{b},\boldsymbol{b}]^{\mathrm{T}}$，$\boldsymbol{B}=\begin{bmatrix}\boldsymbol{\Phi}^{\mathrm{T}}\boldsymbol{\Phi} & -\boldsymbol{\Phi}^{\mathrm{T}}\boldsymbol{\Phi}\\ -\boldsymbol{\Phi}^{\mathrm{T}}\boldsymbol{\Phi} & \boldsymbol{\Phi}^{\mathrm{T}}\boldsymbol{\Phi}\end{bmatrix}$，则可将式(2.23)写成标准 BCQP 形式，即

$$\min_{z} \boldsymbol{c}^{\mathrm{T}}\boldsymbol{z}+\frac{1}{2}\boldsymbol{z}^{\mathrm{T}}\boldsymbol{B}\boldsymbol{z} \equiv F(\boldsymbol{z}) \quad \text{s.t.} \quad \boldsymbol{z} \geqslant \boldsymbol{0} \tag{2.24}$$

由于矩阵 $\boldsymbol{B}$ 结构的特殊性，有

$$\boldsymbol{z}^{\mathrm{T}}\boldsymbol{B}\boldsymbol{z}=(\boldsymbol{u}-\boldsymbol{v})^{\mathrm{T}}\boldsymbol{\Phi}^{\mathrm{T}}(\boldsymbol{u}-\boldsymbol{v})=\|\boldsymbol{\Phi}^{\mathrm{T}}(\boldsymbol{u}-\boldsymbol{v})\|_2^2$$

则可得知，虽然目标函数式(2.24)的维数增加为原信号的两倍，但它的计算只需要一次乘法就可以完成，因此，它有着较高的运算效率。下面将讨论利用梯度投影稀疏重建算法来求解式(2.24)。

目标函数式(2.24)的梯度为

$$\nabla F(\boldsymbol{z})=\boldsymbol{c}+\boldsymbol{B}\boldsymbol{z} \tag{2.25}$$

引入迭代控制参数 α^k 和 β^k，$\alpha^k>0$，$0<\beta^k<1$，求解式(2.24)的梯度投影迭代过程为

$$\begin{cases}\boldsymbol{w}^k=(\boldsymbol{z}^k-\alpha^k \cdot \nabla F(\boldsymbol{z}^k))_+\\ \boldsymbol{z}^{k+1}=\boldsymbol{z}^k+\beta^k(\boldsymbol{w}^k-\boldsymbol{z}^k)\end{cases} \tag{2.26}$$

Barzilai 和 Borwein 提出一种用等式辅助方法计算 α^k 和 β^k 的算法，称为 GPSR-BB 算法。它通过下式计算每步迭代

$$\boldsymbol{\delta}^k=-H_k^{-1}\nabla F(\boldsymbol{z}^k) \tag{2.27}$$

其中，H_k 为 F 在 $\boldsymbol{z}^k$ 的 Hessian 近似。取 $H_k=\eta^k I$，则迭代更新过程为

$$z^{k+1}=z^k-\frac{1}{\eta^k}\nabla F(z^k)$$

该算法的计算步骤为：

① 初始化：给定初值 z^0，设 α^k 的上下限分别为 $\alpha_{\max}$，$\alpha_{\min}$，取 $\alpha^0\in[\alpha_{\min},\alpha_{\max}]$，设 $k=0$。

② 计算步长：$\boldsymbol{\delta}^k=(z^k-\boldsymbol{\alpha}^k\nabla F(z^k))_+-z^k$。

③ 线性搜索：在[0,1]区间内搜索 β^k，使得 $F(z^k+\beta^k\boldsymbol{\delta}^k)$ 的值最小，并设 $z^{k+1}=z^k+\beta^k\boldsymbol{\delta}^k$。参数 β^k 闭合形式解的表达式为

$$\beta^k=\operatorname{mid}\left\{0,\frac{(\boldsymbol{\delta}^k)^{\mathrm{T}}\nabla F(z^k)}{(\boldsymbol{\delta}^k)^{\mathrm{T}}\boldsymbol{B}\boldsymbol{\delta}^k},1\right\}$$

④ 更新 $\alpha*$：计算 $\gamma^k=(\boldsymbol{\delta}^k)^{\mathrm{T}}\boldsymbol{B}\boldsymbol{\delta}^k$，如果 $\gamma^k=0$，则令 $\alpha^{k+1}=\alpha_{\max}$；否则取

$$\alpha^{(k+1)}=\operatorname{mid}\left\{\alpha_{\min},\frac{\|\boldsymbol{\delta}^k\|_2^2}{\gamma^k},\alpha_{\max}\right\}$$

⑤ 如果满足收敛条件，则停止迭代，输出 z^{k+1}；否则，令 $k=k+1$，进入第②步。

在第③步计算 β^k 的过程中，当 $(\boldsymbol{\delta}^k)^{\mathrm{T}}\boldsymbol{B}\boldsymbol{\delta}^k=\mathbf{0}$ 时，取 $\beta^k=1$。本方法的迭代终止条件可选用 BCQP 问题最为常用的评价准则

$$\|z-(z-\lambda\nabla F(z))_+\|\leqslant \mathrm{Tol}P \tag{2.28}$$

其中，λ 为一正常数，Tol$P$ 为一小量。当 z 为最优时，式(2.28)的左边趋近于零。

第 3 章　遥感图像稀疏表示理论

图像稀疏表示是图像处理领域中一个非常核心的问题，在图像压缩、特征提取、图像去噪和图像复原等应用中起着非常关键的作用。如何找到图像最佳的稀疏域，是压缩感知理论应用的基础和前提，只有选择合适的基表示图像才能保证信号的稀疏度，从而保证后续图像的重构精度。本章主要分析完备基下和超完备字典下的图像稀疏表示，以及遥感图像的在线稀疏表示。

3.1　完备基下的图像稀疏表示

根据调和分析理论，对于给定图像信号 f，它可以表示成某组基函数集 $\{\varphi_{k,k\in N}\}$ 的线性组合形式：

$$f=\sum_{k\in\mathbf{N}}c_k\cdot\varphi_k \tag{3.1}$$

其中，f 为离散图像信号，φ_k 为基函数。式(3.1)中的非零系数项 c_k 越少，图像的表示就越稀疏有效，即很少的几项就可以包含原信号的重要信息。为了得到图像的较好稀疏表示，需要合理选择变换的函数集。不同的函数集对应的变换系数代表原信号的不同信息，有着不同的分布特性。

在 2.1.2 小节中已经介绍了离散傅里叶变换、离散余弦变换、沃尔什-阿达马变换和小波变换 4 种常见的正交变换法，这里主要分析完备基下的多尺度多方向变换。

小波变换采用了具有伸缩和平移特性的小波正交基，在多尺度和时频局部性上获得了比傅里叶变换更优的性能，但小波基方向信息的缺失导致它在处理图像边缘时存在缺陷。为了较好地克服小波变换的不足，更加有效地表示和处理图像等高维空间数据，希望构造具有“多方向”和“各向异性(anisotropy)”的基，从而可以用最少的系数来逼近奇异曲线。多尺度几何分析就是应这些要求而发展起来的新理论，它在为图像提供稀疏表示的同时，可以捕捉到图像中存在的高维奇异性，从而保护了重要信息。二维可分离小波变换和多尺度几何分析在逼近曲线时的区别如图 3.1 所示。目前，人们提出了多种多尺度几何分析方法，由于它们主要是以变换为核心，因此也可称为多尺度多方向变换。到目前为止，人们提出的多尺度多方向变换有脊波变换、曲波变换、轮廓波变换、条带波变换、楔波变换、小线(beamlet)变换、梳状波(brushlet)变换、方向波变换、表面波变换和 Edgelet 变换等。下面对这些常见的多尺度多方向变换进行描述和总结。

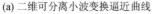

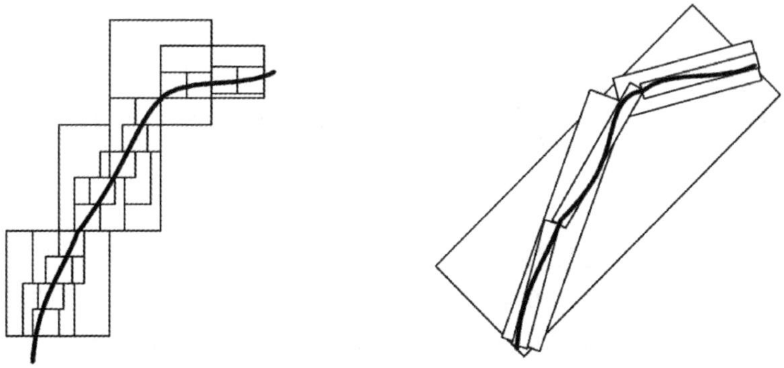

(a) 二维可分离小波变换逼近曲线　　(b) 多尺度几何分析逼近曲线

图 3.1　二维可分离小波变换和多尺度几何分析在逼近曲线时的区别

3.1.1　脊波变换

1998 年，CANDÈS 在他的博士学位论文中提出了“脊波”概念后，与 DONOHO 共同建立了脊波变换的基本理论框架，并在随后的工作中对它逐步进行了拓展和完善[11,112]。脊波变换的基本思想是先利用 Radon 变换将二维的线奇异映射成点奇异，再利用小波变换来处理 Radon 域的点状奇异性。因此，可以把脊波变换看成 Radon 变换和小波变换的结合。Radon 变换为脊波变换添加了方向信息，使得脊波基具有方向性，从而可以较好地处理信号中的几何特征。因此，对于具有直线奇异的函数来说，脊波的表示是最优的。但是当对象的奇异特性为曲线时，在 Radon 变换以后并不能映射成点奇异，而仍然是曲线型的奇异，再用小波变换进行处理后的系数并不具有稀疏性，也就是说，脊波变换不能使含曲线奇异的图像达到最优表示。

下面给出连续脊波变换的定义。

定义 3.1：令函数 ψ：$\mathbf{R} \to \mathbf{R}$，满足条件

$$\begin{cases} \int \psi(t)\,\mathrm{d}t = 0 \\ \int \dfrac{|\hat{\psi}(\xi)^2|}{|\xi^2|}\mathrm{d}\xi < \infty \end{cases} \tag{3.2}$$

则称 ψ 为二维空间中的容许神经激活函数(admissible neural activation function)。满足式(3.2)的 ψ 生成的脊函数 $\psi_{a,b,\theta}(\boldsymbol{X})$ 称为脊波，其定义为

$$\psi_{a,b,\theta}(\boldsymbol{X}) = a^{-1/2}\psi\left(\frac{x_1\cos\theta + x_2\sin\theta - b}{a}\right)$$

其中，a 为尺度参数($a \neq 0$)，b 为位置参数($b > 0$)，θ 为方向参数($0 \leqslant \theta \leqslant 2\pi$)，$\boldsymbol{X}$ 为 $\mathbf{R}^2$ 上的二维向量。$\psi_{a,b,\theta}(\boldsymbol{X})$ 的函数图像如图 3.2 所示。

对于可积函数 $f(\boldsymbol{X}) \in L^2(\mathbf{R})$，其连续脊波变换定义为

$$\mathrm{CRT}_f(a,b,\theta) = \int_{\mathbf{R}^2} \bar{\psi}_{a,b,\theta}(\boldsymbol{X}) f(\boldsymbol{X})\,\mathrm{d}\boldsymbol{X}$$

$f(\boldsymbol{X})$ 的连续 Radon 变换定义为

$$\mathrm{CRAT}_f(\theta,t)=\int_{\mathbf{R}^2} f(\boldsymbol{X})\delta(x_1\cos\theta+x_2\sin\theta-t)\mathrm{d}\boldsymbol{X}$$

$f(\boldsymbol{X})$的脊波变换可以看成 Radon 变换和小波变换的组合，即

$$\mathrm{CRT}_f(a,b,\theta)=\int_{\mathbf{R}^2}\psi_{a,b}(t)\mathrm{CRAT}_f(\theta,t)\mathrm{d}t$$

连续脊波变换的重构公式为

$$f(\boldsymbol{X})=\int_0^{2\pi}\int_{-\infty}^{+\infty}\int_0^{+\infty}\mathrm{CRT}_f(a,b,\theta)\psi_{a,b,\theta}(\boldsymbol{X})\frac{\mathrm{d}a}{a^3}\mathrm{d}b\frac{\mathrm{d}\theta}{4\pi}$$

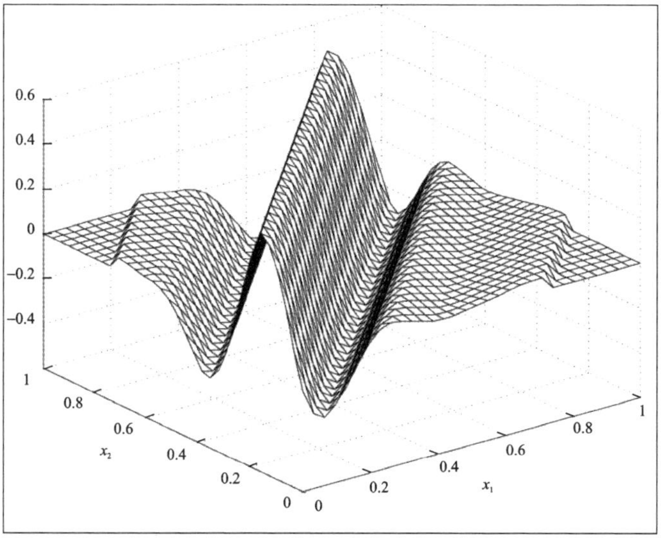

图 3.2 脊波函数 $\psi_{a,b,\theta}(\boldsymbol{X})$的图像

连续脊波变换在实际应用中需要进行数字化实现。DO 提出了一种数字化脊波变换——有限脊波变换(finite ridgelet transform，FRIT)，它是一种可逆正交变换，具有非冗余和快速等优点，被广泛应用于图像处理领域[113-114]。有限脊波变换是离散脊波变换的一种数字化实现，具有精确的代数意义，算法复杂度低。同脊波变换一样，它主要由有限 Radon 变换(finite radon transform，FRAT)和一维小波变换结合而成。有限 Radon 变换是定义在二维有限离散栅格上的 Radon 离散算法，与连续 Radon 变换定义为输入图像在欧氏空间中直线的积分相类似，有限 Radon 变换定义为输入数字图像在一组特定“直线”上的像素值之和。

对于给定的小波基$\{\omega_m^k \mid m\in Z_p, k=0,1,\cdots,p\}$，有限脊波变换为

$$\mathrm{FRIT}_f(k,m)=\langle\mathrm{FRAT}_f(k,l),\omega_m^k(l)\rangle$$

其中，$\mathrm{FRAT}_f(k,l)$为数字图像 f 在有限栅格 $Z_p{}^2$ 上的有限 Radon 变换，定义为

$$\mathrm{FRAT}_f(k,l)=\frac{1}{\sqrt{p}}\sum_{(i,j)\in L_{k,l}} f(i,j)=\frac{1}{\sqrt{p}}\sum_{(i,j)\in Z_p^2} f(i,j)\cdot\delta_{L_{k,l}}(i,j)=\langle f,\delta_{L_{k,l}}/\sqrt{p}\rangle \tag{3.3}$$

其中，$L_{k,l}$ 为栅格 $Z_p{}^2$ 上斜率为 k、截距为 l 的直线上点的集合，表示为

$$\begin{cases} L_{k,l} = \{(i,j) \mid j = ki + l(\bmod p), i \in Z_p\}, 0 \leqslant k \leqslant p \\ L_{p,l} = \{(l,j) \mid j \in Z_p\} \end{cases} \tag{3.4}$$

$\delta_{L_{k,l}}$ 为狄拉克函数,定义为

$$\delta_{L_{k,l}}(i,j) = \begin{cases} 1, & (i,j) \in L_{k,l} \\ 0, & (i,j) \notin L_{k,l} \end{cases} \tag{3.5}$$

将式(3.4)、式(3.5)带入式(3.3),可得到有限脊波变换为

$$\begin{aligned} \mathrm{FRIT}_f(k,m) &= \langle \mathrm{FRAT}_f(k,l), \omega_m^k(l) \rangle = \sum_{l \in Z_p} \omega_m^k(l) \langle f, \delta_{L_{k,l}} / \sqrt{p} \rangle \\ &= \langle f, \sum_{l \in Z_p} \omega_m^k(l) \delta_{L_{k,l}} / \sqrt{p} \rangle \end{aligned}$$

3.1.2 曲波变换

为了更好地处理曲线奇异对象,在脊波变换的基础上,CANDÈS 等人提出另一种多尺度几何分析方法——曲波变换[115-116]。曲波变换以边缘为基本表示元素,具有完备性和方向性,能够为图像处理提供更多的信息,基的多方向性保证了变换可对图像的曲线奇异对象提供稀疏表,使得对应系数不像在小波变换中传播到很多的尺度分量中,能起到很好的能量集中效果。曲波变换克服了单尺度脊波变换固定尺度的缺陷,对曲线状奇异特征具有较好的稀疏表示。其发展经历了两个阶段:第一代曲波变换是在脊波变换理论上衍生而来的,由一种特殊的滤波过程和脊波变换组合而成;第二代曲波变换不再基于脊波变换,而是直接进行频率分解,与脊波变换无关。

第一代曲波变换过程如下:

① 子带分解:采用一组子带滤波器 Φ_0 和 $\Psi_{2s}(s=0,1,2,\cdots)$把信号 f 分解为一系列不同尺度上的低频子带信号 $P_0 f$ 和高频子带信号 $\Delta_s f$,即

$$f \rightarrow (P_0 f = \Phi_0 * f, \Delta_1 f = \Psi_0 * f, \Delta_2 f = \Psi_2 * f, \cdots, \Delta_s f = \Psi_{2s} * f)$$

② 平滑分块:将每个子带信号分割成子块,子块的数量根据需要确定,各个子带上的子块数量可以不同。定义一个平滑窗口函数 $w_Q(x_1, x_2)$,窗口位于区域

$$Q = [k_1/2^s, (k_1+1)/2^s) \times [k_2/2^s, (k_2+1)/2^s)$$

其中,Q 是一个二值块。将窗口函数与步骤①的子带函数相乘,固定尺度因子 s,改变 k_1 和 k_2,可以得到该子带下的各个子块:

$$\Delta_s f \rightarrow (w_Q \Delta_s f)_{Q \in Q_s}$$

③ 归一化:对各个子块进行归一化处理。对于每个二值块 Q,定义

$$(T_Q f)(x_1, x_2) = 2^s f(2^s x_1 - k_1, 2^s x_2 - k_2)$$

该函数将位于 Q 上的函数值映射到$[0,1]^2$ 上。通过映射操作,每个子块都被归一化为

$$g_Q = (T_Q)^{-1}(w_Q \Delta_s f), \quad Q \in Q_s$$

④ 脊波变换:对各个子块 Q_s 作脊波变换,得到曲波变换系数。

曲波变换的重构过程与变换过程相反,整个过程如图 3.3 所示。

为了克服第一代曲波变换结构复杂、速度慢、高冗余等缺陷,CANDÈS 等人又提出了第二代曲波变换的理论框架和数字实现方法[117-119]。该方法完全摒弃了脊波变换,

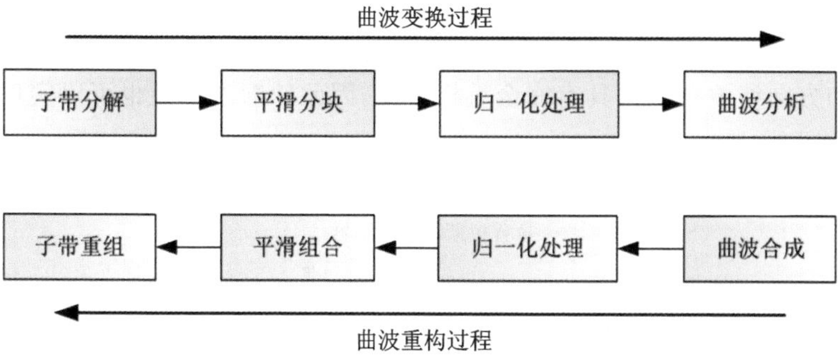

图 3.3 曲波变换过程与重构过程

在频域直接给出了曲波变换的具体表示形式，可以说是一种真正意义上的曲波变换。第二代曲波变换流程简要描述为：首先对图像进行快速傅里叶变换，然后针对不同的尺度和方向对频域系数插值、重采样，最后对这些新的系数加以楔形窗处理后执行快速傅里叶逆变换，便得到指定尺度和方向的曲波变换。曲波变换较之小波变换具有更好的稀疏表示能力，能将图像曲线或直线边缘用较少的大变换系数表示，变换系数的能量更加集中，有助于提取和分析图像的重要特征。两代曲波变换都涉及旋转操作，并在极坐标下分解频率，进行离散化时会有一定的难度。这个问题激励人们开始研究直接定义在离散域上的多尺度多方向变换，轮廓波变换就属于此类。

3.1.3 轮廓波变换

DO 和 VETTERLI 于 2002 年提出了一种新的图像多尺度几何分析方法——轮廓波变换，它是一种直接定义在离散域上的多分辨率、局部和多方向的二维表示方法[120-121]。它继承了曲波变换的各向异性尺度关系，沿着图像轮廓边缘用最少的系数来逼近奇异曲线，具有良好的各向异性。不同于曲波变换的是，它通过空域的方向滤波器来实现图像的多方向分解。

轮廓波变换将多尺度分析和方向分析分开进行。首先用拉普拉斯塔式（laplacian pyramid，LP）滤波器进行多尺度分析，捕获“过边缘”（across edge）的点奇异性，将图像信号分解为原始图像信号的低频分量和高频分量；然后使用方向滤波器组（directional filter bank，DFB）将分布在同一方向上的奇异点合成为一个系数，捕获高频分量（即方向性），“沿边缘”（along edge）把奇异点连接成光滑奇异线[122]。拉普拉斯塔式滤波器和方向滤波器组构成了轮廓波变换的核心——塔式方向滤波器组（pyramidal directional filter bank，PDFB）。轮廓波变换具有“最优”变换所必须具备的条件，能稀疏表示图像轮廓边缘。对于支撑在$[0,1]^2$上的C^2函数f，且沿曲线奇异，则轮廓波变换对该函数的M项非线性逼近误差为

$$\varepsilon(M)=\| f-f_M \|^2 \leqslant C \cdot M^2 \cdot (\log M)^3$$

图 3.4 为轮廓波变换示意图，图像信号经过拉普拉斯塔式滤波器后，分为高频分量与低频分量两部分。其中，高频信息经过方向滤波器组被分解为各个子带，原始图像与高频分量的差（即图像的低频分量）进一步做递归分解。拉普拉斯塔式滤波器和方向滤波器组

都属于迭代滤波器，当滤波器的分解层数固定时，每个轮廓波变换系数的运算复杂度为 $O(1)$，因此，对于一个 $N\times N$ 像素的图像，其运算量为 $O(N^2)$。另外，由于拉普拉斯塔式滤波器和方向滤波器组都具有完全重构特性，因此轮廓波变换也可以实现完全重构。

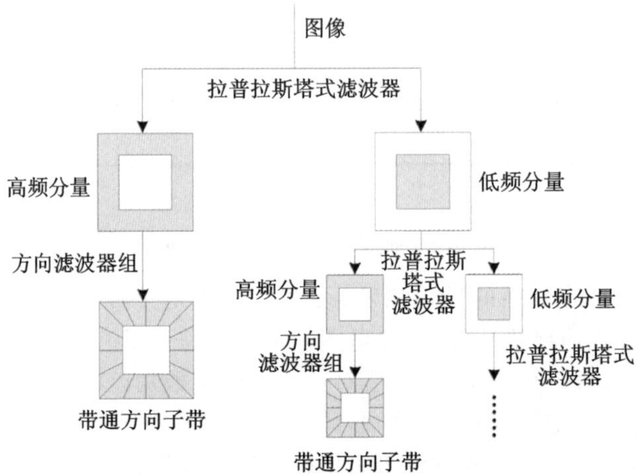

图 3.4　轮廓波变换示意图

轮廓波变换是一种真正意义上的二维表示方法，直接定义在离散域上，避免了从连续域扩展到离散域可能出现的问题。同时，由于它具有灵活的多分辨率和多方向性，因此它能够有效地捕获图像的边缘信息。

3.1.4　条带波变换

PENNEC 和 MALLAT 于 2000 年提出条带波变换——一种能自适应地跟踪图像几何正则方向的表示方法。它基于边缘的图像表示，对于具有正则阶的函数，能达到最优逼近效果，被称为第一代条带波变换。条带波变换的基本思想是定义图像中的几何结构特征为向量场，向量场表示了图像空间灰度值变化的局部正则方向，通过向量场来跟踪图像的局部几何结构[123]。条带波基由一个几何流（geometric flow）向量构成，并且具有沿着某个几何流方向可以拉伸的多尺度方向特征。几何流表明图像中灰度级正则变化的局部方向，描述了图像中的多方向信息。

条带波变换的构建过程为：先定义一种能表征图像局部正则方向的几何流向量；再对图像进行二进分割，使得每一个分割块中最多只包含图像的一条轮廓线。在不包含轮廓线的局部区域，图像灰度值是均匀的，不需要定义几何流向量；而在包含轮廓线的局部区域，向量方向就是轮廓的切线方向。分割块中的条带波由弯曲的可分离小波基（warping separable wavelet base）构建。每个区域中的条带波构建完之后，要进行条带波化。条带波化的过程实际上是沿向量方向进行弯曲小波变换的过程。条带波变换构建过程示意图如图 3.5 所示。对于几何正则图像，沿平行于边缘线方向，图像变化是正则的；沿垂直于边缘线方向，图像变化剧烈。一般情况下，在边缘线附近，几何流平行于边缘线的切线方向。对于几何正则图像，在局部范围内几何流是平行的。条带波变换的出发点是充分利用图像沿几何流的正则性，以实现图像的最佳稀疏表示。

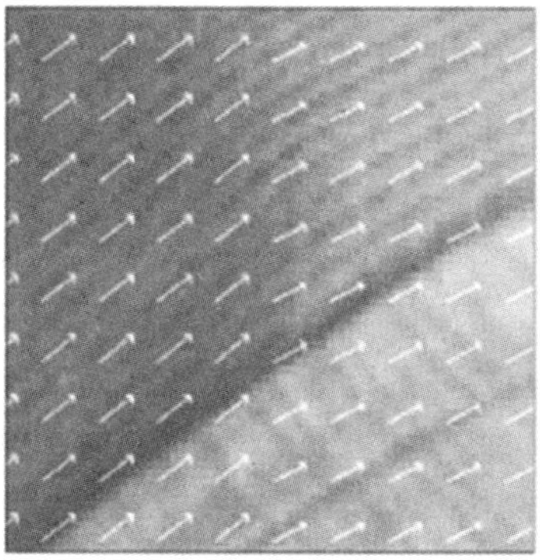

(a) 区域中的向量场

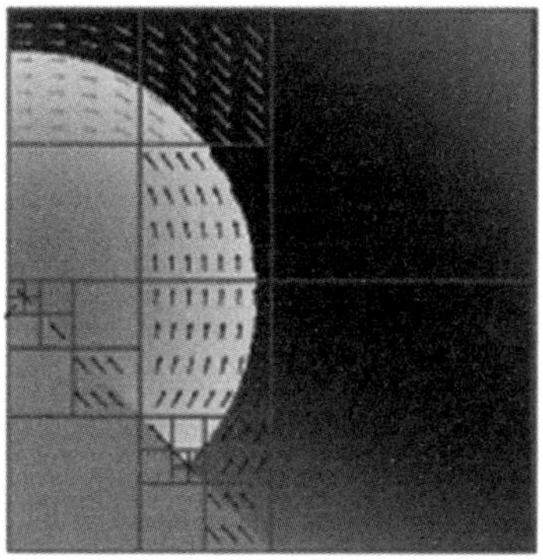

(b)自适应二值块分割及形成的向量场

图3.5 条带波变换构建过程示意图

由于增加了方向信息，第一代条带波变换在捕捉图像边缘轮廓等高维信息时体现出一定的优势，因此在图像和压缩中都有较为成功的应用。但第一代条带波变换也有其不足之处：直接定义在连续域中，没有提供几何特征的多尺度表示，存在一定的边界效应，等等。于是，PEYRE 和 MALLAT 于 2005 年提出了第二代条带波变换，也称为离散条带波变换[124]。第二代条带波变换直接定义在离散域中，具备多尺度表示能力，并消除了边界效应。第二代条带波变换的构建思想是：首先对图像进行小波分解；然后在各个子带上进行四叉树分解，保证每个方块中最多包含一个图像的边缘片断。

条带波变换是自适应的多尺度几何分析方法中应用比较成功的，已经初步应用于商业领域，尤其在人脸识别和图像压缩方面与经典小波变换相比效果特别显著。条带波变换需要解决的关键问题最终归结为对图像的分析和边缘的定位。因此，它面临的问题是：如何确定图像中灰度值剧烈变化的区域对应的是边缘还是纹理的变化。

3.1.5 其他多尺度变换理论

图像多尺度多方向变换经历十几年的发展，形成了各具特点的变换方法。除了上述提到的 4 种经典变换外，还有其他一些变换理论，简要介绍如下：

DONOHO 在文献[15]中提出了楔波变换理论。楔波变换是一种图像边缘近似表示法，通过采用多尺度楔波变换可以对图像边缘进行局部分段线性近似，从而可以较好地保留图像的边缘信息，并可以获得不错的压缩率。楔波变换的思想为：对图像进行递归四等分切割，图像被切割成很多子块后，在每个子块内用线段对边缘进行逼近。经过分割和边缘逼近操作后所得的子块可以分成两类：一类是单一灰度值子块；另一类是被贯穿子块的线段分成的两个单一灰度值区域的子块，其中线段就是图像边缘的局部近似[125]。

FRANCOIS 在文献[126]中提出了梳状波变换理论。它首先构造一种新的具有很好的频域和空域局部化的自适应基函数，然后利用这些基函数通过一种压缩算法稀疏地表示图像中不同方向、位置、大小和频率的图像纹理，可有效地分析图像纹理和进行图像压缩。

DONOHO 在文献[127-128]中提出了小线变换理论。该方法与小波变换类似，不同的是它用线段代替了小波变换中的点，从而能够有效地分析线段的奇异性。Beamlet 元素是一组具有二进制结构的线段，它们遍历所有的尺度和位置并且跨越了所有的方向，这是一个高效率的表示方式，替代了在图像中任何两个像素点之间的连线所能够组成线段的集合，并具有较低的基数性，大量的多边曲线都能够通过相对较少的 Bearnlet 元素链来表示，这也同时说明了小线变换的稀疏性。小线变换在图像分析中引入了一个新的多尺度的组织原则，利用多尺度合并长短不一的 Beamlet 元素可以用来跟踪图像中边缘和细丝状结构，被广泛地用在图像分割和图像压缩中。

VELISAVLJEVIC 等人于 2005 年提出了方向波变换[16,129]。方向波变换的各向异性是通过对水平和垂直方向分别进行次数不等的一维小波变换实现的。在整数格型和多陪集的理论基础上，方向波变换沿着两个变换方向的不平衡迭代实现各向异性分解，并通过基于格型多陪集的方向性滤波和下采样构建斜变换，具有临界采样和完全重构的特性。方向波变换能自适应地跟踪图像的几何正则方向，并能提供更为稀疏的非线性逼近图像表示。

LU 和 DO 等人在文献[17,130]中提出了表面波变换，它是一种真正意义上的方向性三维小波变换。表面波变换将多维方向滤波器组和多尺度分解结合起来，通过对信号进行多尺度的分解以捕获其奇异变化，使用多维方向滤波器组将同一方向上的奇异变化合成为一个系数，最终能有效地捕获和表示在高维信号中存在的曲面奇异信息。

3.1.6 完备基下图像稀疏表示性能

本小节将针对遥感图像对比分析各种完备基下的稀疏表示性能。由于本章未涉及对稀疏分解算法的研究，因此对各种稀疏表示的性能评价仅限于图像表示的稀疏度和精度的对比分析，在此对各种方法的计算复杂度和计算效率不作介绍。

数值仿真采用 60 幅大小为 256×256 的图像，这些遥感图像涵盖舰船、飞机、港口、山脉、城镇等不同景物特性，具有多样性特点，使得仿真结果具有说服力。这里首先定义两种评价图像重构误差的指标：峰值信噪比（peak signal-to-noise ratio，PSNR）和均方根误差（root mean square error，RMSE）。设原始图像为 $f(i,j)$，稀疏重构图像为 $f'(i,j)$，图像大小为 $M\times N$，其中 $i=1,2,\cdots,M$，$j=1,2,\cdots,N$。$f(i,j)$ 和 $f'(i,j)$ 为归一化后的像素值，其幅度最大值为 1。则峰值信噪比定义为

$$\mathrm{PSNR}=10\lg\left(\frac{NM}{\sum_{i=1}^{M}\sum_{j=1}^{N}[f(i,j)-f'(i,j)]^2}\right)$$

均方根误差定义为

$$\mathrm{RMSE}=\sqrt{\frac{1}{NM}\sum_{i=1}^{M}\sum_{j=1}^{N}[f(i,j)-f'(i,j)]^2}$$

从定义可知两种评价指标的作用基本一致，本小节主要采用峰值信噪比对重构误

差进行评价。

完备基下图像稀疏表示的性能研究选取 2.1.2 小节中的离散傅里叶变换、离散余弦变换、离散小波变换和多尺度多方向变换中的有限脊波变换进行对比分析。分别对 60 幅遥感图像进行稀疏表示，将表示系数按绝对值大小进行排序，分别截取前 5%～50%的系数进行图像恢复，得到不同压缩比下不同压缩方法的图像重构误差，压缩比计算步长为 1%。对于 60 幅图像、46 种不同压缩比，每种压缩方法将会有 2 760 个图像重构误差值。为了表示方便，不一一列出每个峰值信噪比值，在这里采用两种不同统计方式进行比较。

① 选取 5%、10%、25%和 50%四种压缩比，对每种压缩方法针对不同遥感图像的重构误差进行统计，重构误差值按大小排序，如图 3.6 所示。由图 3.6 可知，对于同一类压缩方法，相同压缩比下不同图像的重构误差不尽相同，这与被表示图像的景物特性有关。但对于同一幅图像，大的压缩比能够得到较好的恢复图像，压缩比 50%的重构误差分别比压缩比 25%、10%和 5%的重构误差大约高出 6 dB、10 dB 与 12 dB，这是图像压缩表示的必然结果。

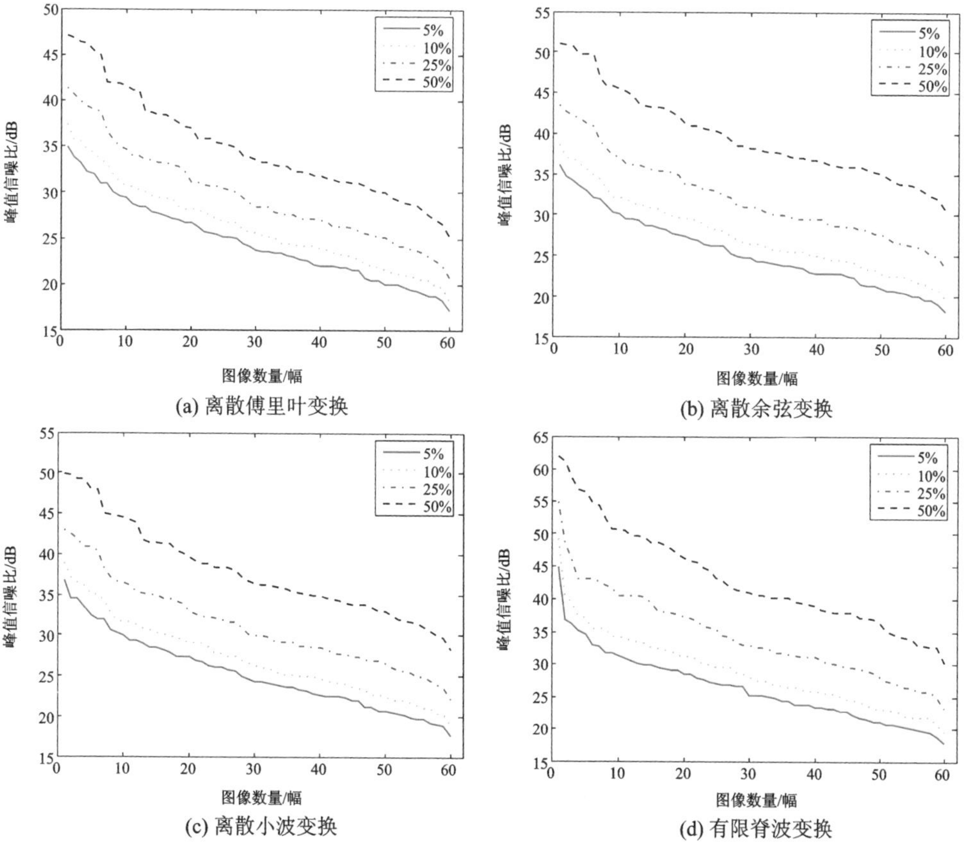

(a) 离散傅里叶变换 (b) 离散余弦变换

(c) 离散小波变换 (d) 有限脊波变换

图 3.6 四种不同压缩比下四种不同压缩方法的重构误差

② 为了较直观地比较四种不同方法的重构误差，取 60 幅遥感图像分别在同一方法、同一压缩比下峰值信噪比的平均值，然后将不同方法下的这些平均值按压缩比升序排列，如图 3.7 所示。从图中可以看出，有限脊波变换的表示精度最佳，在压缩比 5% 的情况下，平均峰值信噪比值高于 26 dB；离散小波变换的表示精度次之；离散余弦变换和离散傅里叶变换的表示精度较差。随着压缩比的增大，四种不同方法的相对表示精度也逐渐拉大，这说明在压缩比较大的情况下，较好方法的表示系数融合有更多的图像信息。

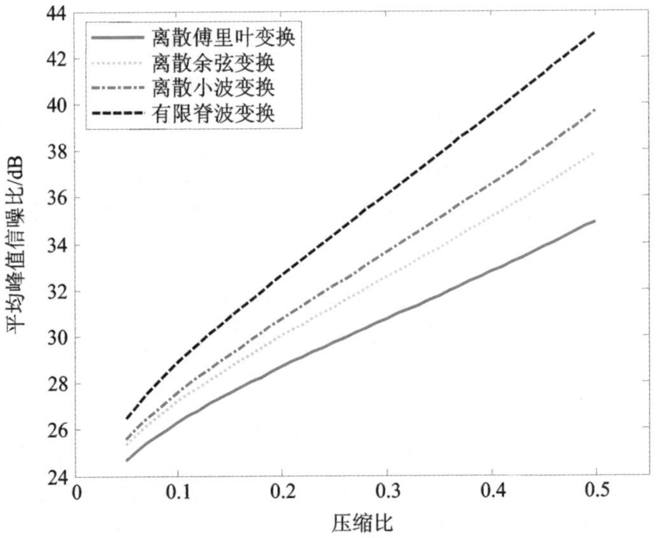

图 3.7 60 幅遥感图像在不同压缩方法、压缩比下的平均重构误差

从仿真结果的两种统计方式可以看出：不同变换方法均能对各类遥感图像进行稀疏表示；但对于同一图像，不同方法的重构误差不尽相同；而利用同一方法对不同图像进行表示，同一压缩比下的重构误差也是不相同的。这也说明了对于景物特征较多的遥感图像，采用基于样本数据训练得到的学习字典进行稀疏表示的必要性。

3.2 超完备字典下的图像稀疏表示

超完备字典下的图像稀疏表示主要涉及超完备字典的构造，字典的构造和选取直接影响图像信号表示的稀疏程度。一般情况下，不同场景的图像有着不同的图像特征，对于不同特征类型的图像，其字典构造应采用不同形式的基函数。因此，针对具有某一结构的图像信号选取合适的基函数构造字典，以获得较好的稀疏表示，是超完备图像稀疏表示研究的关键问题。下面对超完备字典的构造方法进行介绍。

超完备字典的构造主要有两种方式：

① 选取特定函数下参数可调形式构造字典，如伽博字典、小波包字典和余弦包字

典等。这种方式稀疏分解简单快速，且函数可选性大，是一种较为常用的构造方式。

② 基于样本数据设计字典。该方式利用被表示图像的样本信息，自适应地学习、训练得到表示字典。由于它是仅利用样本信息设计出的字典，因此它仅适用于某些特定场合。

本节在介绍4种常用的特定函数超完备字典的同时，着重介绍基于样本数据的字典设计方法。

3.2.1 特定函数下的超完备字典

特定函数下的超完备字典是从完备基变换的基础上发展而来的，它对诸如傅里叶变换、小波变换等通过更加精细的采样得到字典的一系列原子。字典的冗余度取决于采样的细分程度，频域或者时域采样越精细，字典的冗余度越高。常见的有傅里叶超完备字典、小波包字典、余弦包字典、伽博字典以及由多尺度多方向变换发展而来的各种多尺度变换字典。

3.2.1.1 傅里叶超完备字典

傅里叶超完备字典原子的生成可以通过对频域的细分得到。设 l 为大于1的数，则超完备字典的集合可表示为

$$g_r(n)=\mathrm{e}^{\mathrm{i}\frac{2\pi rn}{lN}},\quad r\in\{0,1,\cdots,[lN]\} \tag{3.6}$$

这样，字典就由 $[lN]$ 个频率的正弦波构成，得到的原子数为完备基下的 l 倍。因此，将它称为 l 倍的傅里叶超完备字典。

3.2.1.2 小波包字典

小波包字典同样也可以通过对尺度变量和位置参数进行细分得到。设 $\{u_n(k)\mid n\in\mathbf{Z}\}$ 为关于序列 $\{h_k\}$ 的正交小波包，其相应的正交基簇为

$$\{\psi_{j,k}(x)\mid 2^{-\frac{j}{2}}\psi(2^{-j}x-k)\}$$

若 n 是一个倍频程细划分的参数，$n=2^l+m$，则定义小波包函数为

$$\psi_{j,k,n}(x)=2^{-\frac{j}{2}}\psi_n(2^jx-k)$$

其中，$\psi_n(x)=2^{\frac{l}{2}}u_{2^l+m}(2^{-l}x)$。把 $\psi_{j,k,n}(x)$ 称为具有尺度指标 j、位置指标 k 和频率指标 n 的小波包。与小波 $\psi_{j,k}(x)$ 比较，它除了离散尺度和离散平移两个参数外，还增加了一个频率参数。正是这个参数的作用，使得小波包克服了小波在时间分辨率高时频率分辨率低的缺陷。由 $\psi_n(x)$ 生成的函数簇 $\psi_{j,k,n}(x)$ 称为由尺度函数构造的小波库[10]。

3.2.1.3 余弦包字典

余弦包字典也是通过对相关参数细分得到的。设余弦基函数为

$$\psi_{j,k}(x)=b_j(x)\frac{\sqrt{2}}{\sqrt{|I_j|}}\cos\left(\frac{\pi}{|I_j|}(k+\frac{1}{2})(t-a_j)\right)$$

其中，$I_j=[a_j,a_j+1)$为长度不小于一给定值的时域区间，$|I_j|$表示该区间的长度，$b_j(x)$为与该区间对应的截断函数，a_j 为截断区间端点，且 $R=\bigcup_{j\in Z} I_j$。记$S(t_i)$是$S(t)$以某一采样频率在时刻点 $t_i(i\in\{0,1,2,\cdots,2^N-1\})$得到的离散采样信号，信号 $S(t_i)$对应的时域区间记为 $I_0^0=[t_0,t_{2^N-1}]$。对每一个时域区间 I_j^l 对应的信号作离散余弦变换，就得到信号 $S(t)$的局部余弦包变换，局部余弦包变换的最佳基可以采用熵最小的准则得到。

3.2.1.4　伽博字典

下面以伽博函数为例，介绍特定函数下二维字典的构造方法[7]。

为了能够高效地逼近图像边缘或轮廓的奇异性，选取高斯函数作为超完备函数集生成函数，即

$$g(x,y)=\mathrm{e}^{-\pi(x^2+y^2)}$$

通过伸缩、平移和旋转等几何变换可以获得各向异性和方向性。如果把这些变换表示成一组酉算子$U(r)$的线性组合，那么字典就可以表示成

$$D=\{U(r)g \mid r\in\Gamma\}$$

其中，Γ 是已知的下标集。$U(r)$ 对生成原子 g 作如下操作

$$U(r)g=u(\boldsymbol{b},\theta)\cdot D(a_1,a_2)\cdot g$$

其中，$u(\boldsymbol{b},\theta)$包括平移和旋转变换。

$$u(\boldsymbol{b},\theta)g(\boldsymbol{p})=g(\boldsymbol{r}_\theta\cdot(\boldsymbol{p}-\boldsymbol{b}))$$

其中，$\boldsymbol{r}_\theta$ 是一个旋转矩阵。D 是一个各向异性的伸缩算子，可表示为

$$D(a_1,a_2)g(\boldsymbol{p})=\frac{1}{\sqrt{a_1a_2}}g\left(\frac{x}{a_1},\frac{y}{a_2}\right)$$

则字典中的原子可以表示为

$$\begin{aligned}g_r(x,y)&=\frac{1}{\sqrt{a_1a_2}}g\left(\frac{\cos(\theta)(x-b_1)+\sin(\theta)(y-b_2)}{a_1},\frac{-\sin(\theta)(x-b_1)+\cos(\theta)(y-b_2)}{a_2}\right)\\&=\frac{1}{\sqrt{a_1a_2}}\mathrm{e}^{-\pi\left\{\left[\frac{\cos(\theta)(x-b_1)+\sin(\theta)(y-b_2)}{a_1}\right]^2+\left[\frac{-\sin(\theta)(x-b_1)+\cos(\theta)(y-b_2)}{a_2}\right]^2\right\}}\end{aligned}$$

这里充分利用了变换的几何不变性，如旋转不变性、伸缩不变性和平移不变性，容易证明，这种方式生成的字典是超完备的。

在实际应用中，字典中所有参数必须离散化。对于各向异性的字典，平移参数可以取小于图像大小的任何正整数；旋转参数按照增量为 π/18 的方式变化，以确保字典的超完备性；而尺度参数采用对数刻度，按图像大小的 1～1/8 均匀分布。最大的刻度单位应该选取为原子的能量至少 99%位于信号空间内。尺度和旋转的离散化需要在字典大小以及表示效率之间进行权衡。一个字典具有良好的结构，包含两个方面的含义：一是字典中包含的元素个数和种类应尽可能多，以达到稀疏分解的目的，获得稀疏分解的良好效果；二是字典中应尽可能不包含相近似的元素，以满足存储量和计算量方面的

要求。当二者达到一个非常好的平衡时，字典的结构才是最佳的。

3.2.2 基于样本数据的超完备字典

为了寻找合适的字典结构，使图像有更好的稀疏性，就必须考虑图像自身的结构特性，特别是遥感视频图像，它的成像场景复杂多变，利用调和变换法往往不能达到理想的稀疏表示效果。基于样本训练的稀疏表示方法具有适应某类特殊信号的能力。如图3.8所示，基于样本训练的稀疏表示方法通过训练样本的稀疏编码对字典进行更新，将字典增量与初始字典一起组成工作字典，对训练样本进行稀疏编码。

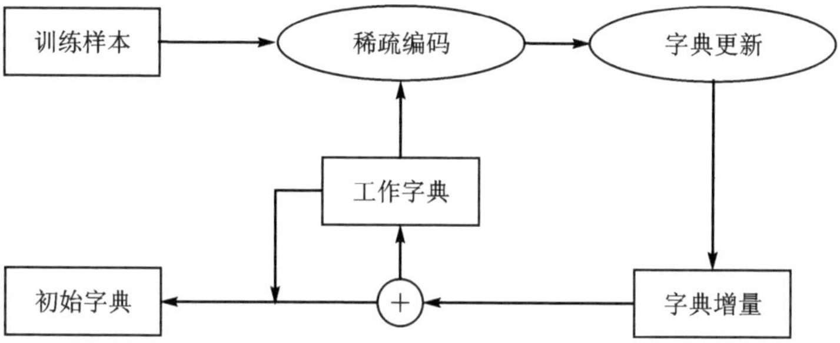

图3.8 基于样本训练的稀疏表示方法

遥感图像稀疏理论研究实质上就是寻找遥感图像的稀疏字典。

基于样本数据的超完备字典表示方式利用了被表示图像的信息，设计出的字典更能适用于具有同类特征的图像表示，使之具有更好的稀疏分解。目前，影响力比较大的字典训练方法主要有两种：最优方向算法(MOD)和K奇异值分解算法(K-SVD)。在研究这两种方法之前，首先定义误差表示方式。设$\boldsymbol{y}_i$为一系列用于训练的图像，$\boldsymbol{D}$为表示字典，$\boldsymbol{x}_i$为表示系数，$i=1,2,\cdots,N$。定义单一图像重构误差为$\boldsymbol{e}_i=\boldsymbol{y}_i-\boldsymbol{D}\cdot\boldsymbol{x}_i$，则全局重构误差可写为

$$\|\boldsymbol{E}\|_F^2=\|[\boldsymbol{e}_1,\boldsymbol{e}_2,\cdots,\boldsymbol{e}_N]\|_F^2=\|\boldsymbol{Y}-\boldsymbol{DX}\|_F^2 \tag{3.7}$$

其中，$\|\cdot\|_F$为矩阵的F范数，定义为$\|\boldsymbol{A}\|_F=\sqrt{\sum_{ij}\boldsymbol{A}_{ij}^2}$。

3.2.2.1 最优方向算法

最优方向算法给出了一种简单的字典更新方法，该方法在每回合训练中都同时更新所有字典原子，以促进表示系数的稀疏化或重构误差的不断减小，这种方法的最大优点是字典更新算法简单[25]。设初始字典矩阵为$\boldsymbol{D}_0$，对于固定表示系数$\boldsymbol{X}$，需要更新$\boldsymbol{D}$使得全局重构误差最小。为了更新字典$\boldsymbol{D}$，求解式(3.7)中$\boldsymbol{D}$的导数，得到

$$(\boldsymbol{Y}-\boldsymbol{DX})\boldsymbol{X}^{\mathrm{T}}=\boldsymbol{0}$$

则字典的更新过程可表示为

$$\boldsymbol{D}_{n+1}=\boldsymbol{YX}_n^{\mathrm{T}}\cdot(\boldsymbol{X}_n\cdot\boldsymbol{X}_n^{\mathrm{T}})^{-1}$$

如果全局重构误差不满足收敛条件，则继续求解式(3.7)中更新后字典的导数，进行字典的不断更新，直到全局重构误差满足收敛条件为止。

最优方向算法在更新过程中对整个字典进行操作，直观、简单。但这种全局更新方法可能陷入局部最小化问题，使生成字典的稀疏性受到一定影响。K 奇异值分解算法是最优方向算法的一种改进，它在每次更新过程中不是对整个字典进行更新，而是逐列更新字典。

3.2.2.2 K 奇异值分解算法

K 奇异值分解算法是 K 均值聚类算法与奇异值分解的联合，当 K 奇异值分解算法中要求的每个信号只用一个原子来近似时，K 奇异值分解算法就退化为 K 均值聚类算法[131]。

1. K 均值聚类算法

K 均值聚类算法是一种基于划分方法的聚类算法，其基本思想是从所给定的包含 n 个数据对象的数据集中随机选取 K 个数据对象作为初始聚类中心，以相似性度量(即距离较近原则)为基础，以聚类目标函数为判断标准，通过不断更新簇中心的迭代算法将待聚类数据分为 K 类，即形成 K 个簇，使同一簇内对象之间的距离尽可能小、相似度尽可能高，不同簇之间的对象距离尽可能大、相似度尽可能低。每次迭代过程将上一次得到的类中的所有对象的平均值作为下一次迭代的聚类中心，迭代过程都是朝着提高类内紧凑性、降低类间相似性的方向发展，并且使最初选取的参照点越来越接近待聚类数据的真实几何中心。当所有数据对象被正确划分后，下一次迭代中聚类中心将不会再发生变化，这时算法结束，而产生的 K 个聚类中心及以它们为中心的聚类划分则为最后的输出结果。

K 均值聚类字典训练方法就是利用迭代算法训练字典，使得能用相似度最近的原子来表示所有采样值。K 均值聚类算法流程如下：

① 给定数据集合矩阵 $\boldsymbol{Y}\in\mathbf{R}^{n\times N}$、目标字典原子数 K，定义目标函数为

$$\min_{\boldsymbol{D},\boldsymbol{X}}\{\|\boldsymbol{Y}-\boldsymbol{D}\boldsymbol{X}\|_F^2\}\quad \text{s. t.}\quad \forall i,\boldsymbol{x}_i=\boldsymbol{e}_k(k=1,2,\cdots,K) \tag{3.8}$$

② 设置初始字典矩阵 $D^{(0)}\in\mathbf{R}^{n\times K}$，设置 $J=1$。

③ 稀疏编码阶段：将数据集合矩阵 $\boldsymbol{Y}$ 划分为 K 簇，即

$$(\boldsymbol{R}_1^{(J-1)},\boldsymbol{R}_2^{(J-1)},\cdots,\boldsymbol{R}_K^{(J-1)})$$

根据每个簇内对象的均值(中心对象)$d_k^{(J-1)}$，计算每个数据对象与这些中心对象的距离，并根据最小距离重新对相应对象进行划分

$$\boldsymbol{R}_k^{(J-1)}=\{i\mid\forall l\neq k,\|\boldsymbol{y}_i-\boldsymbol{d}_k^{(J-1)}\|_2<\|\boldsymbol{y}_i-\boldsymbol{d}_l^{(J-1)}\|_2\}$$

④ 字典更新阶段：对于字典 $\boldsymbol{D}^{(J-1)}$ 中的每一列 $\boldsymbol{d}_k$，通过下式进行更新

$$\boldsymbol{d}_k^{(J)}=\frac{1}{|\boldsymbol{R}_k|}\sum_{i\in\boldsymbol{R}_k^{(J-1)}}\boldsymbol{y}_i \tag{3.9}$$

⑤ 如果满足收敛条件则停止，否则令 $J=J+1$，转到第③步继续执行。

在稀疏编码阶段，是在给定字典 $\boldsymbol{D}^{(J-1)}$ 的情况下计算 $\boldsymbol{X}$ 以使式(3.8)有最小值。同样地，在字典更新阶段，是在给定 $\boldsymbol{X}$ 的情况下更新字典 $\boldsymbol{D}$ 以使式(3.8)有最小值。显然，每次迭代后全局重构误差将逐渐减小，该算法保证了全局重构误差单调递减，并收

敛于某一大于零的最小值。

2. K 奇异值分解算法

在 K 均值聚类算法中每个信号只用一个原子来近似，如果将其每个信号表示成一系列原子的线性组合，则式(3.8)的目标函数就可写为

$$\min_{\boldsymbol{D},\boldsymbol{X}}\{\|\boldsymbol{Y}-\boldsymbol{D}\boldsymbol{X}\|_F^2\} \quad \text{s.t.} \quad \forall i, \|\boldsymbol{x}_i\|_0 \leqslant T_0 \tag{3.10}$$

其中，T_0 是稀疏表示系数中非零分量数目的上限。K 奇异值分解算法主要分为两个阶段：稀疏表示阶段和字典更新阶段。

在稀疏表示阶段，对于固定的字典 $\boldsymbol{D}$，需要计算、求解最优的系数矩阵 $\boldsymbol{X}$。式(3.10)的优化问题中的惩罚项可写成

$$\|\boldsymbol{Y}-\boldsymbol{D}\boldsymbol{X}\|_F^2=\sum_{i=1}^{N}\|\boldsymbol{y}_i-\boldsymbol{D}\boldsymbol{x}_i\|_2^2 \tag{3.11}$$

因此，式(3.10)中的优化问题可转化为 N 个独立的优化目标函数

$$\min_{\boldsymbol{x}_i}\{\|\boldsymbol{y}_i-\boldsymbol{D}\boldsymbol{x}_i\|_2^2\} \quad \text{s.t.} \quad \|\boldsymbol{x}_i\|_0 \leqslant T_0(i=1,2,\cdots,N) \tag{3.12}$$

这类问题可通过类似于基追踪法等稀疏重构算法很好地解决。

在字典更新阶段，字典的更新过程是逐列进行的。假设 $\boldsymbol{D}$ 和 $\boldsymbol{X}$ 都已经固定，需要对字典的第 k 列 $\boldsymbol{d}_k$ 进行更新，记 $\boldsymbol{X}$ 第 k 行相应的系数为 $\boldsymbol{x}_T^k$（不同于 $\boldsymbol{X}$ 的第 k 列 $\boldsymbol{x}_k$）。式(3.11)的优化问题中的惩罚项可写成

$$\|\boldsymbol{Y}-\boldsymbol{D}\boldsymbol{X}\|_F^2=\left\|\boldsymbol{Y}-\sum_{j=1}^{K}\boldsymbol{d}_j\boldsymbol{x}_T^j\right\|_F^2=\left\|\left(\boldsymbol{Y}-\sum_{j\neq k}\boldsymbol{d}_j\boldsymbol{x}_T^j\right)-\boldsymbol{d}_k\boldsymbol{x}_T^k\right\|_F^2=\|\boldsymbol{E}_k-\boldsymbol{d}_k\boldsymbol{x}_T^k\|_F^2 \tag{3.13}$$

这里将矩阵乘法 $\boldsymbol{D}\boldsymbol{X}$ 分解为 K 阶矩阵之和的形式，其中 $K-1$ 项是确定的，只须更新其中的第 k 项即可，采用奇异值分解计算 $\boldsymbol{d}_k$ 和 $\boldsymbol{x}_T^k$。$\boldsymbol{E}_k$ 表示除去第 k 个原子后所有 N 个数据采样值的误差，如果用奇异值分解直接求解矩阵去近似 $\boldsymbol{E}_k$，则可以有效地使式(3.10)中定义的误差值最小化，但这一 $\boldsymbol{d}_k$ 值的更新过程没有加入稀疏约束，这会引起更新错误。需要采取其他间接方法。

定义 ω_k 为用到原子 $\boldsymbol{d}_k$ 的所有信号集合 $\{\boldsymbol{y}_i\}$ 的索引所构成的集合，即 $\boldsymbol{x}_T^k(i)\neq 0$ 时的索引值

$$\omega_k=\{i\,|\,1\leqslant i\leqslant K, \boldsymbol{x}_T^k(i)\neq 0\} \tag{3.14}$$

同时定义 $\boldsymbol{\Omega}_k$ 为 $N\times|\omega_k|$ 矩阵，它在 $(\omega_k(i),i)$ 处的值都为1，在其他点的值都为0。则 $\boldsymbol{x}_R^k=\boldsymbol{x}_T^k\boldsymbol{\Omega}_k$ 表示 $\boldsymbol{x}_T^k$ 去掉零输入后的收缩结果，其向量长度为 $|\omega_k|$。同样地，$\boldsymbol{Y}_k^R=\boldsymbol{Y}\boldsymbol{\Omega}_k$ 表示当前用到原子 $\boldsymbol{d}_k$ 的信号 $\boldsymbol{Y}$ 的收缩结果，其矩阵大小为 $n\times|\omega_k|$。$\boldsymbol{E}_k^R=\boldsymbol{E}_k\boldsymbol{\Omega}_k$ 表示用到原子 $\boldsymbol{d}_k$ 的 $\boldsymbol{E}_k$ 的收缩结果。于是，式(3.13)中的最小化问题可表示成

$$\|\boldsymbol{E}_k\boldsymbol{\Omega}_k-\boldsymbol{d}_k\boldsymbol{x}_T^k\boldsymbol{\Omega}_k\|_F^2=\|\boldsymbol{E}_k^R-\boldsymbol{d}_k\boldsymbol{x}_R^k\|_F^2$$

这样，就可以对 $\boldsymbol{E}_k^R$ 直接进行奇异值分解，得到

$$\boldsymbol{E}_k^R=\boldsymbol{U}\boldsymbol{\Lambda}\boldsymbol{V}^{\mathrm{T}}$$

令$\tilde{\boldsymbol{d}}_k^R$为$\boldsymbol{U}$的第一列，相应系数向量$\tilde{\boldsymbol{x}}_R^k$为$\boldsymbol{V}$的第一列乘以$\boldsymbol{\Lambda}$的左上角元素。最后在将索引集之外的零元素补齐，得到更新的$\tilde{\boldsymbol{d}}_k$和$\tilde{\boldsymbol{x}}_T^k$。这样，更新后的$\tilde{\boldsymbol{x}}_T^k$将不会比原来的$\boldsymbol{x}_T^k$有更多的非零元素，因此可以得到更为稀疏的表示。

K奇异值分解算法流程如下：

① 给定数据集合矩阵$\boldsymbol{Y}\in\mathbf{R}^{n\times N}$，定义目标函数如式(3.10)。

② 设置初始字典矩阵$\boldsymbol{D}^{(0)}\in\mathbf{R}^{n\times K}$，设置$J=1$。

③ 稀疏表示阶段：利用稀疏重构算法(如基追踪法)求解式(3.12)目标函数，以计算每一采样数据$\boldsymbol{y}_i$的稀疏表示向量$\boldsymbol{x}_i$。

④ 字典更新阶段：对于字典$\boldsymbol{D}^{(J-1)}$中的每一列$\boldsymbol{d}_k$，通过以下方式更新。首先定义原子索引集合ω_k，如式(3.14)；然后计算全局重构误差矩阵

$$\boldsymbol{E}_k=\boldsymbol{Y}-\sum_{j\neq k}\boldsymbol{d}_j\boldsymbol{x}_T^j$$

并利用ω_k对误差矩阵$\boldsymbol{E}_k$进行约束，得到它去掉零输入后的收缩结果$\boldsymbol{E}_k^R$；接着对$\boldsymbol{E}_k^R$进行奇异值分解，得到$\boldsymbol{E}_k^R=\boldsymbol{U\Lambda V}^{\mathrm{T}}$，从而得到$\tilde{\boldsymbol{d}}_k^R$($\boldsymbol{U}$的第一列)和$\tilde{\boldsymbol{x}}_R^k$($\boldsymbol{V}$的第一列乘以$\boldsymbol{\Lambda}(1,1)$)；对它们进行索引集之外的零元素补齐，得到字典第$k$列的更新结果$\tilde{\boldsymbol{d}}_k$和稀疏表示第$k$列的更新结果的$\tilde{\boldsymbol{x}}_T^k$。

⑤ 在逐列更新完毕，用新的字典$\tilde{\boldsymbol{D}}$做稀疏分解，如果满足收敛条件则停止，否则令$J=J+1$，转到第③步继续执行。

K奇异值分解算法较最优方向算法的主要优点为：

① 对于一个给定的初始字典，K奇异值分解算法可以以较小的误差快速收敛于一个更好的字典。

② K奇异值分解算法对于噪声具有较好的鲁棒性。该算法对于那些维数不大的样本信号(如较小的图像块)而言较为实用。

但K奇异值分解算法和最优方向算法也具有一些缺点：当字典更新的表达式函数高度非凸时，这些方法容易陷入局部极小甚至鞍点；而且训练得到的字典是非结构化的，这将导致运用这些字典时的代价相对较高。

3.2.3 图像的超完备表示方法

为了得到图像的稀疏表示，将图像分解在超完备字典上。在确定超完备字典的基础上，图像分解的关键就是如何设计好的算法来快速、准确地完成稀疏分解[24]。

将图像表示为$\boldsymbol{f}$，大小为$M\times N$，设用于图像稀疏分解的超完备字典为$\boldsymbol{D}=\{\boldsymbol{g}_{r|r\in\Gamma}\}$，原子$\boldsymbol{g}_r$的大小与图像本身大小相同，但作了归一化处理，$\|\boldsymbol{g}_r\|=1$。由于字典的超完备性，参数组$r$的个数远远大于图像的像素个数。通过图像稀疏分解，可以得到图像的稀疏表示为

$$\boldsymbol{f}=\sum_{k=0}^{n-1}\langle\boldsymbol{R}^k\boldsymbol{f},\boldsymbol{g}_{r_k}\rangle\boldsymbol{g}_{r_k}+\boldsymbol{R}^n\boldsymbol{f}$$

其中，$\langle\boldsymbol{R}^k\boldsymbol{f},\boldsymbol{g}_{r_k}\rangle$表示图像$\boldsymbol{f}$在对应原子$\boldsymbol{g}_r$上的分量。由于$\|\boldsymbol{R}^n\boldsymbol{f}\|$的衰减特性，用少

量的原子就可以表示图像的主要成分，即

$$f \approx \sum_{k=0}^{n-1} \langle R^k f, g_{r_k} \rangle g_{r_k}$$

超完备字典中与图像最为匹配的原子 g_{r_k} 满足

$$|\langle f, g_{r_0} \rangle| = \sup_{r \in \Gamma} |\langle f, g_r \rangle|$$

其中，$n \ll M \times N$，充分体现了图像表示的稀疏性。

图像超完备表示的另一关键难题就是计算量十分巨大，需要设计计算复杂度低、计算效率高的稀疏分解算法来解决。这类稀疏分解算法和信号重构算法的思想基本一致，将在第5章中介绍。

3.2.4 超完备基下图像稀疏表示性能

为了全面分析超完备字典的稀疏表示性能，首先采用纵向对比方式分析完备基、特定函数超完备字典和样本学习字典对遥感图像的稀疏表示性能，然后着重分析基于不同场景训练得到的学习字典对不同类遥感图像的稀疏表示性能。这里的测试图像仍为60幅不同景物特性的遥感图像。

3.2.4.1 超完备字典与学习字典稀疏表示性能的对比分析

对于完备基变换、特定函数超完备字典表示和样本学习字典表示这三种不同层次的表示方法，选取其基函数为离散余弦函数，这样使得三种方法具有较好的可比性，对应的表示方法为离散余弦变换、离散余弦变换超完备字典和初始字典为离散余弦变换字典的学习字典。离散余弦变换超完备字典和样本训练得到的学习字典如图3.9所示。

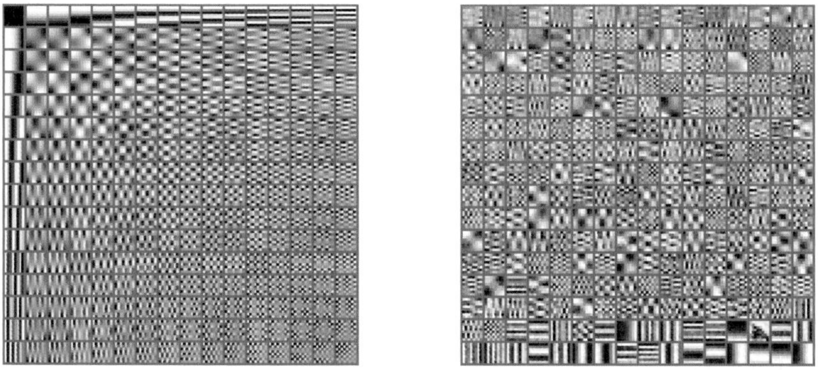

(a) 离散余弦变换超完备字典　　(b) 样本训练后的学习字典

图3.9 两种不同的表示字典

对60幅遥感图像分别进行稀疏表示，将表示系数按绝对值大小进行排序，分别截取前5%～40%的系数进行图像恢复，得到不同压缩比下不同表示方法的图像重构误差。取60幅遥感图像分别在同一表示方法、同一压缩比下峰值信噪比的平均值，然后将不同方法下的这些平均值按压缩比升序排列，如图3.10所示。从图中可以看出，初始字典为离散余弦变换字典的学习字典的表示精度最佳，在压缩比 5%的情况下，平均峰值信噪比值均高于 26 dB；离散余弦变换超完备字典的表示精度次之；离散余弦变换的表示精度较差。这表明三种方法的图像稀疏表示性能是逐渐增强的，与理论分析相符合。

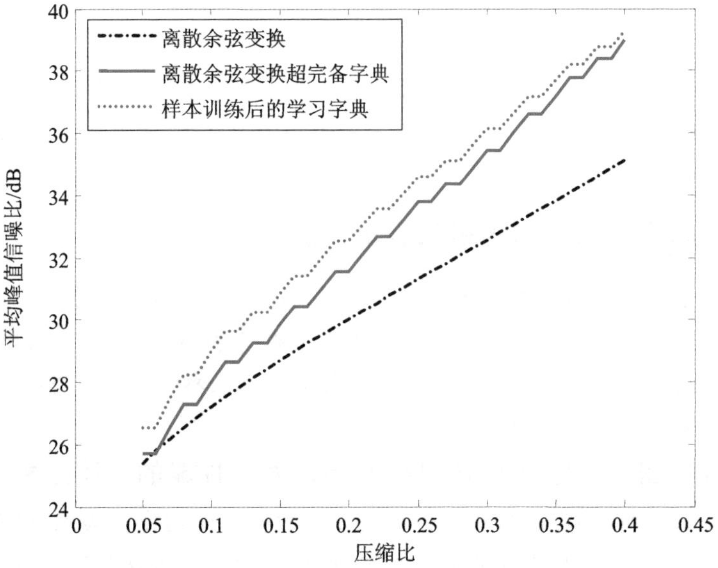

图 3.10　60 幅遥感图像在不同表示方法、不同压缩比下的平均重构误差

3.2.4.2　不同场景训练的学习字典稀疏表示性能

针对 60 幅光学遥感图像，采用 K 奇异值分解算法进行字典训练(取初始字典为离散余弦变换字典)。设图像分块大小为 8×8，遍历 256×256 中所有的图像块用于字典训练。图像块转换为 64×1 维列向量形式，学习字典取 4 倍冗余量，大小为 256×1 024。首先利用 3.2.2.2 小节中的 K 奇异值分解算法得到学习字典，然后利用学习字典对遥感图像进行稀疏表示。对于 8×8 的图像块，取字典原子数为 16(相当于 25%的压缩比)，分析其表示性能。这里首先将 60 幅图像分为两类：场景均匀类(前 30 幅图像)和细节丰富类(后 30 幅图像)，然后从以下三个方面进行分析。

1. 利用场景均匀类图像训练得到的学习字典的稀疏表示性能

选取图像库中场景均匀的典型图像进行字典训练，所选的训练图像和训练得到的学习字典如图 3.11 所示。

利用上述学习字典对不同类别的图像进行稀疏表示，得到各自的重构误差。将各图像重构误差与基于各自图像训练得到的自适应学习字典的重构误差相对比，得到如图 3.12 所示的误差曲线。从图中可以看出，利用场景均匀图像训练得到的固定学习字典对图像的表示性能比自适应学习字典的表示性能稍差，特别是对于后 30 幅细节相对丰富的图像，其重构误差的差别相对明显。这是因为利用场景均匀图像训练得到的学习字典缺乏表示图像细节的原子，却拥有足够多的表示图像背景的原子。

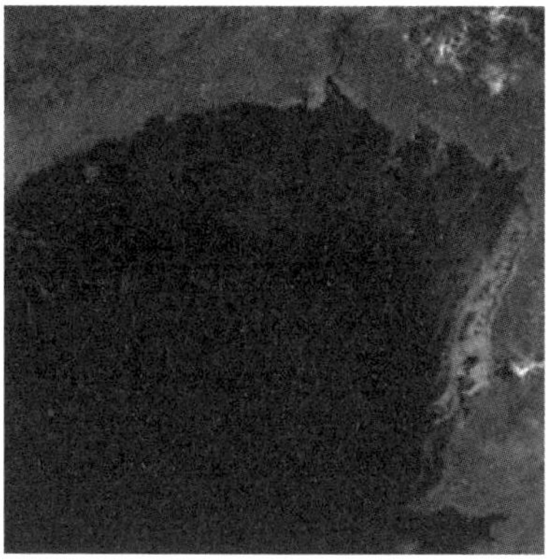

(a) 场景均匀图像

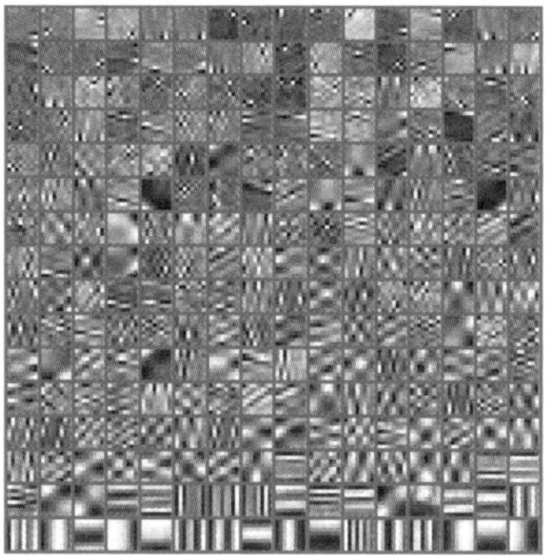

(b) 学习字典

图 3.11 场景均匀图像和相应的学习字典

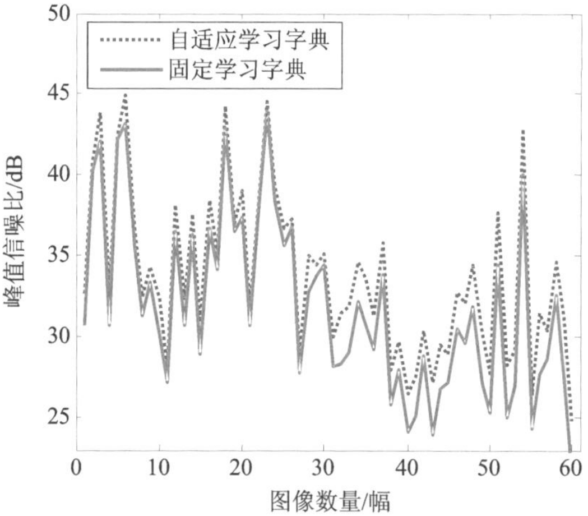

图 3.12 固定学习字典和自适应学习字典的重构误差

2. 利用细节丰富类图像训练得到的学习字典的稀疏表示性能

选取图像库中细节丰富的典型图像进行字典训练，所选的训练图像和训练得到的学习字典如图 3.13 所示。

利用上述学习字典对 60 幅图像进行稀疏表示，得到各自的重构误差。利用与前面一样的统计方式得到如图 3.14 所示的误差曲线。从图中可以看出，利用细节丰富场景训练得到的固定学习字典对图像的表示性能稍好于自适应学习字典的表示性能，特别是对于前 30 幅场景均匀的图像，其重构误差的差别相对明显。这是因为利用细节丰富图像训练得到的学习字典除了拥有足够多的表示图像细节的原子外，也拥有较多的表示图像背景的原子。

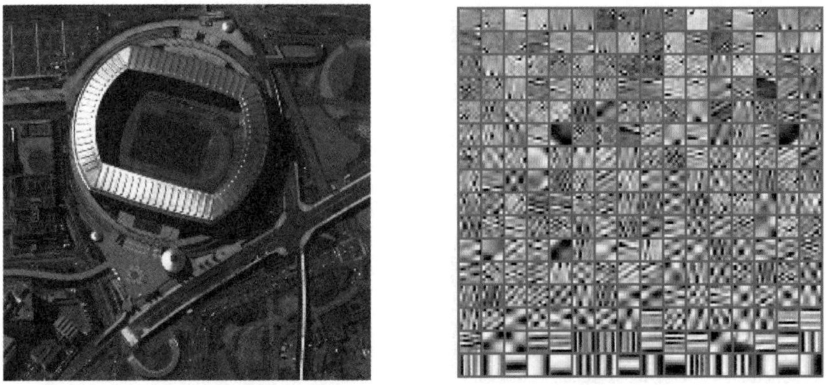

(a) 细节丰富图像　　　　(b) 学习字典

图 3.13　细节丰富图像和相应的学习字典

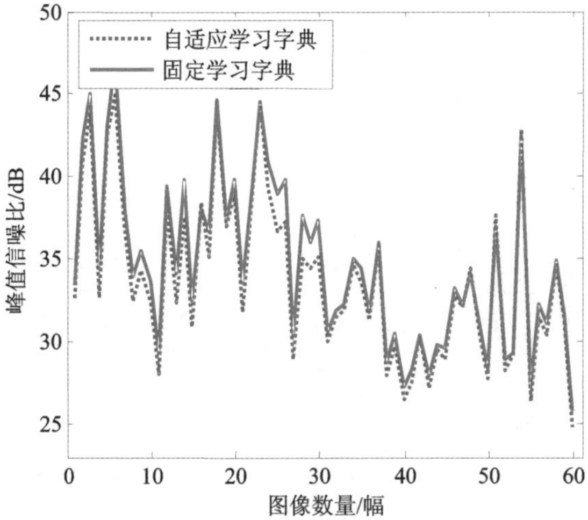

图 3.14　固定学习字典和自适应学习字典的重构误差

3. 利用混合图像训练得到的学习字典的稀疏表示性能

选取图像库中场景均匀和细节丰富的典型图像各两幅合成混合图像进行字典训练，混合图像和训练得到的学习字典如图 3.15 所示。

利用上述学习字典对 60 幅图像进行稀疏表示，得到各自的重构误差。利用与前面一样的统计方式得到如图 3.16 所示的误差曲线。从图中可以看出，利用混合场景图像训练得到的固定学习字典对图像的表示性能基本上和自适应学习字典的表示性能相当。这是因为利用混合场景图像训练得到的学习字典基本上涵盖了表示图像各类特征的原子。

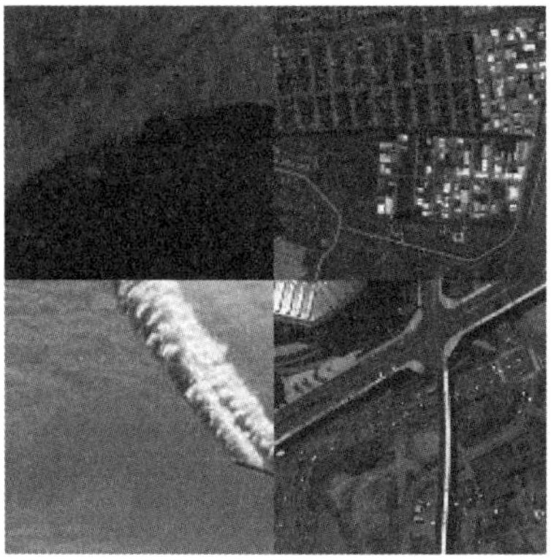

(a) 混合图像

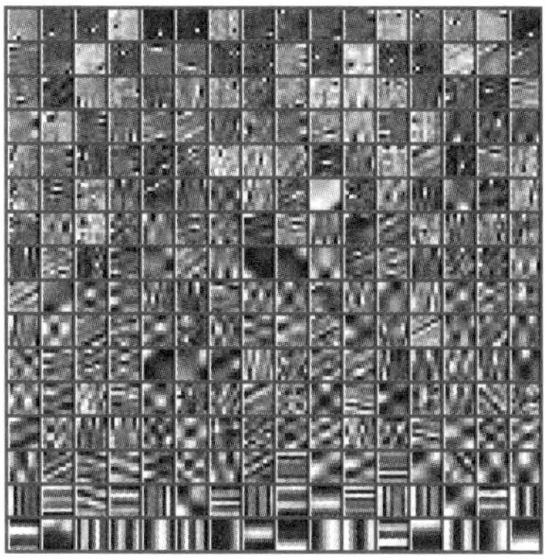

(b) 学习字典

图 3.15 混合图像和相应的学习字典

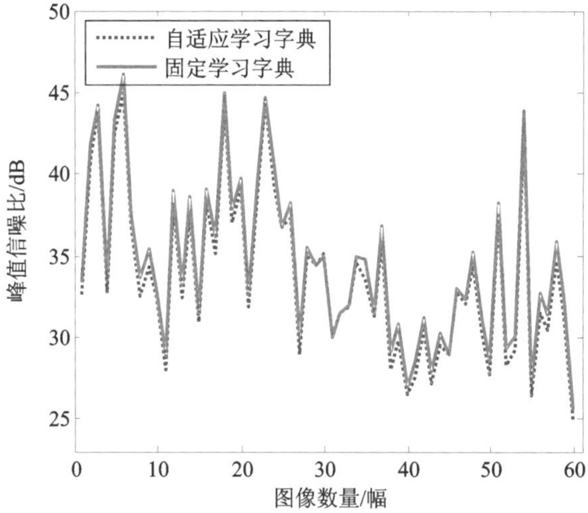

图 3.16 固定学习字典和自适应学习字典的重构误差

3.3 遥感图像的在线稀疏表示

在 3.2.2 小节已经讨论了超完备字典的两种主要训练方法:最优方向算法和 K 奇异值分解算法。本节主要针对视频序列图像,利用序列图像的数据流作为训练样本,介绍实时更新字典的稀疏表示方法,也称为在线稀疏表示。

3.3.1 在线稀疏表示框架

遥感图像在线稀疏表示是一类特殊的基于样本训练的稀疏表示。本小节共提出两种在线稀疏表示框架:在线前馈稀疏表示框架与在线反馈稀疏表示框架。

3.3.1.1 在线前馈稀疏表示框架

遥感图像在线前馈稀疏表示与一般的基于样本训练的稀疏表示的不同就是训练样本来自压缩前的序列图像，采取一边压缩采样、一边更新字典的模式。视频卫星获取的序列图像 f_i 在压缩测量之前，作为训练样本对初始字典进行在线训练，训练后的字典与原字典进行同步获取字典更新量 $\Delta\boldsymbol{\Psi}_i$，将它和压缩测量的数值一起编码传输回地面站，通过同步处理获取训练后的字典，用于稀疏重构，如图 3.17 所示。

在线前馈稀疏表示最大的优势就是训练样本直接反映了真实图像的特征向量，训练出的字典能很好地反映图像的本质特征，具有非常好的稀疏性。它的缺点是训练的字典更新量需要通过遥感传输传回地面站，这样就增加了遥感传输的负担，与利用压缩感知减小遥感传输压力的初衷相背离。本节不以此作为主要的研究对象。

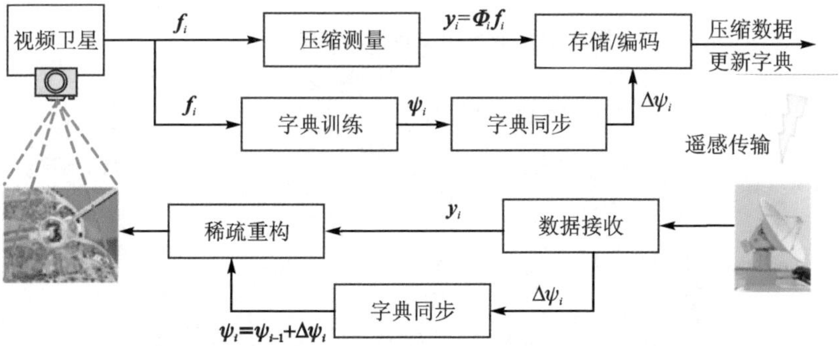

图 3.17 在线前馈稀疏表示框架

3.3.1.2 在线反馈稀疏表示框架

如果将已经获取的图像作为学习样本来训练初始字典，则将训练的字典用于后续图像的稀疏表示有可能带来更好的稀疏度。这种用已重构的图像作为学习样本、将用该样本训练的字典用于后续图像稀疏表示的方法称为在线反馈稀疏表示，如图 3.18 所示。

遥感图像在线反馈稀疏表示与在线前馈稀疏表示的不同就是训练样本来自已重构的图像，采取一边重构、一边更新字典的模式。在遥感视频成像中，将接收的遥感压缩测量数据分为关键帧与非关键帧。关键帧一般选用每次凝视成像的初始阶段获取的图像帧，后续的相关图像帧作为非关键帧。将重构的关键帧作为训练样本集的数据来源训练初始字典，用训练得到的字典重构非关键帧图像。

该方法较之于在线前馈稀疏表示的优点是没有遥感传输的压力，符合压缩感知遥感成像的初衷。缺点是选取训练样本滞后，特别是关键帧的重构对初始字典的选取要求很高。作为补救措施，可以考虑将部分关键帧不进行压缩处理，全数据传回地面站。

上述框架表明，实现遥感图像在线稀疏表示主要需要考虑两方面内容：训练样本选取和字典训练方法。

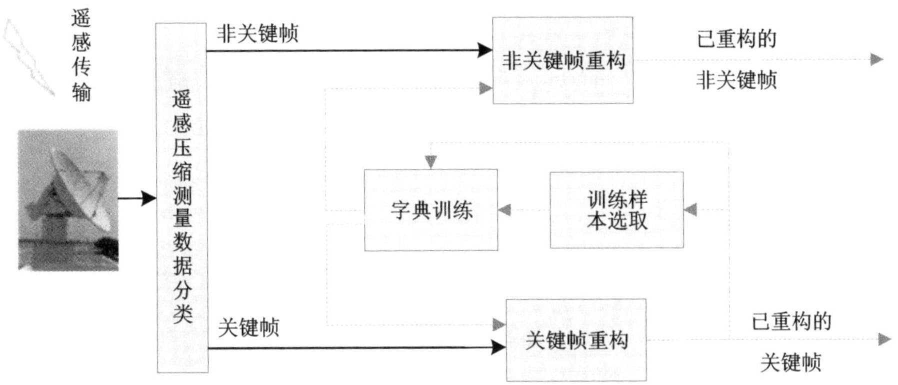

图 3.18 在线反馈稀疏表示框架

3.3.2 训练样本选取

基于样本训练的字典是一种结构化的字典，它反映了训练样本的结构特征，能否选取与被表示图像特征接近或一致的样本，直接关系着训练得到的字典是否含有被表示图像的结构特征。

冗余信息法是一种传统的样本选取方法，通过收集内容丰富的冗余图像信息，以不同的特征对图像进行归类，组成训练样本集，然后用各类样本集对初始字典中的原子分别进行训练。该方法最大的缺点就是没有针对性，只能通过海量信息穷尽样本，这显然难以做到，并且对在线训练情况的适用性不强。在线训练样本选取将前一帧重构图像作为训练样本的来源，需要将训练样本源中的结构特性进行有效提取。

本小节研究针对在线训练的 3 种样本选取方法：迭进分块法、块匹配法和边信息法，并与传统的冗余信息法进行对比分析。

3.3.2.1 迭进分块法

遥感视频凝视成像是为了获取针对某一特定区域的序列图像，分析该序列图像的特征，其图像的背景往往没有变化，变化的只是背景中的运动目标。而这些运动目标主要是在同一背景下的运动，可以看作运动目标像素点对某一背景图像像素点的覆盖。

令第 n 帧图像在像素点(x,y)处的光强为 $I_n(x,y)$，则第 $n+1$ 帧图像中同一像素点的背景光强为

$$B_{n+1}(x,y)=\begin{cases}\alpha B_n(x,y)+(1-\alpha)I_n(x,y), & (x,y)\text{ 不移动}\\ B_n(x,y), & (x,y)\text{ 移动}\end{cases}$$

其中，$B_n(x,y)$表示背景图像在点(x,y)处的光强，α 表示光强变化因子。图像中运动目标的移动，相当于图像中某一毗连的像素点整块移动。如果对图像分块，则只要将运动目标作为一个整体模块，该图像块就可以很好地保留运动目标的图像特征。

图像中的运动目标往往不是规则的图像块，其运动轨迹也不可预知。为了使选取的训练样本能全面地反映运动图像的特征向量，分块的训练样本采取逐行逐列的迭进

选取办法进行穷尽，而且训练样本的图像块大小必须大于运动目标的图像块大小，如图 3.19 所示。

对于一个 $n\times n$ 的图像，训练样本的图像块大小为 $m\times m$，则训练样本的块数为 $(n-m+1)^2$。令 $N=(n-m+1)^2$，将这些训练样本的图像块组成一个训练样本集合 $S\in\mathbf{R}^{m\times N}$，描述为

$$S=\{\boldsymbol{s}_1,\boldsymbol{s}_2,\cdots,\boldsymbol{s}_N\}$$

该集合的索引为

$$\omega=\{i\,|\,1\leqslant i\leqslant N\}$$

如果将运动场景图像中的运动目标移动看作分块图像移动的结果，则该分块图像在训练样本集合 S 中总能找到一个与之图像特征相似的训练样本 $\boldsymbol{s}_i$。

迭进分块法的优点是训练样本丰富，能尽可能穷尽样本源的图像特征；缺点是该样本选取方法没有针对性，训练样本过于冗余，增加了训练的时间成本，造成不必要的浪费。

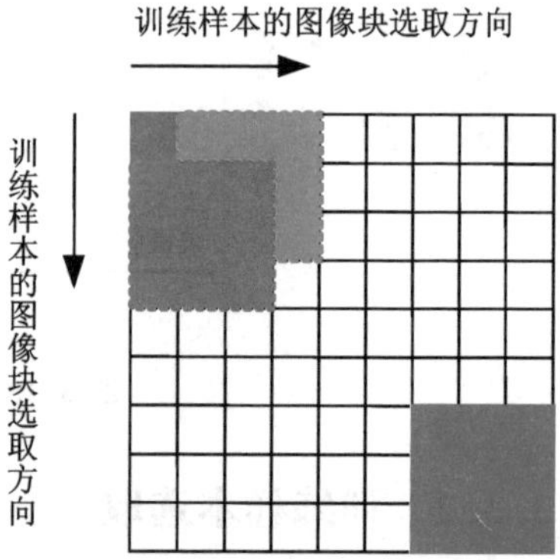

图 3.19　选取训练样本

3.3.2.2　块匹配法

块匹配法是通过块的相关性分析将图像特征相似的块选出来组成训练样本集。其中相似图像块的来源有两方面：一是同一帧图像内部的相似图像块，二是不同帧图像间的相似图像块。

图像块的相似性可以通过像素点之间的欧氏空间距离来描述。图像块 $\boldsymbol{N}_i$ 和 $\boldsymbol{N}_j$ 之间的欧氏空间距离为

$$d(i,j)=\|\boldsymbol{y}(\boldsymbol{N}_i)-\boldsymbol{y}(\boldsymbol{N}_j)\|$$

其中，$i,j=1,2,\cdots,M$ 表示图像块数，$\boldsymbol{y}(\boldsymbol{N}_i)=\{\boldsymbol{y}(k)\,|\,k\in\boldsymbol{N}_i\}$ 表示第 i 个图像块的像素值。定义两个图像块之间的相似度为

$$\mathrm{sim}(\boldsymbol{N}_i,\boldsymbol{N}_j)=\mathrm{e}^{-d(i,j)/c}$$

其中，c 是一个常数集合。从相似度的定义看，相似度越高，图像块之间的相似性越好。

块匹配法的优点是相对于迭进分块法更为精确，选出的训练样本信息量大，容易反映被表示图像块的特征。但它与迭进分块法有个共同的缺点：规则的分块很难捕捉运动目标的边界形状。如果分块过小，则使运动目标割裂；如果分块过大，则容易引入背景图像，而背景图像并不随运动目标移动。如果背景变化较大，则必然引入误差量；如果背景变化较小，则会引入大量不必要的冗余数据，增大计算量。

3.3.2.3　边信息法

边信息法主要适用于有规律运动目标的场景图像，通过产生的边信息能够找出运动目标图像块的精确训练样本，较之于迭进分块法和块匹配法选出的训练样本更能反映被表示图像的特征信息。边信息产生主要分三步完成：运动估计、运动向量平滑和运

动补偿，如图 3.20 所示。

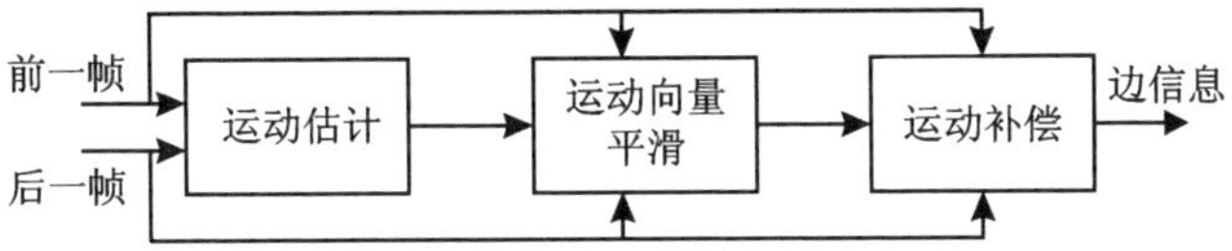

图 3.20 边信息产生

1. 运动估计

在没有非关键帧像素值的情况下，通过非关键帧的前一帧和后一帧的重构图像信息获取非关键帧中运动目标图像块的运动估计，如图 3.21 所示。

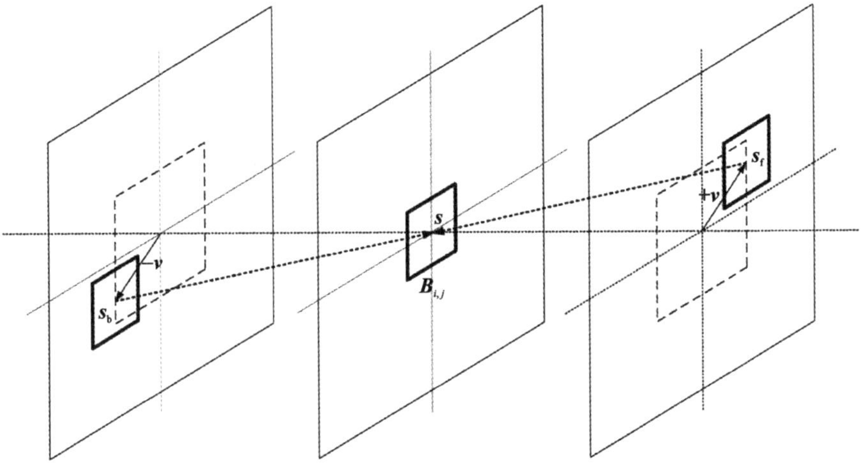

图 3.21 运动估计

在图 3.21 中，非关键帧用 $\boldsymbol{f}_n$ 表示，它的前一帧和后一帧分别用 $\boldsymbol{f}_{n-1}$ 和 $\boldsymbol{f}_{n+1}$ 表示，$\boldsymbol{s}$ 表示某个像素点位置的二维向量，$\boldsymbol{v}$ 表示估计的运动向量候选集，则非关键帧前一帧 $\boldsymbol{f}_{n-1}$ 的位置 $\boldsymbol{s}_b$ 可以表示为

$$\boldsymbol{s}_b = \boldsymbol{s} - \boldsymbol{v}$$

假设非关键帧下一帧 $\boldsymbol{f}_{n+1}$ 与前一帧有相同的运动向量，则下一帧 $\boldsymbol{f}_{n+1}$ 的像素点位置 $\boldsymbol{s}_f$ 可以表示为

$$\boldsymbol{s}_f = \boldsymbol{s} + \boldsymbol{v}$$

所以 $\boldsymbol{s}_b$ 与 $\boldsymbol{s}_f$ 相对于 $\boldsymbol{s}$ 有相反的方向。用 $\boldsymbol{B}_{i,j}$ 表示非关键帧的运动目标图像块，图像块中的像素点具有相同的运动向量 $\boldsymbol{v}$，则可以得到非关键帧两边运动目标图像块的差值和为

$$\mathrm{SBAD}[\boldsymbol{B}_{i,j}, \boldsymbol{v}] = \sum_{\boldsymbol{s} \in \boldsymbol{B}_{i,j}} |\boldsymbol{f}_{n-1}[\boldsymbol{s} - \boldsymbol{v}] - \boldsymbol{f}_{n+1}[\boldsymbol{s} + \boldsymbol{v}]|$$

通过搜索向量 $\boldsymbol{v}$ 使差值和最小，便能得到运动向量的估计。但是这种估计是建立在运动目标图像块沿某一方向做直线运动的情况下的，与真实的成像场景中运动目标的运动轨迹是不相适应的，比如运动目标旋转或快速变换运动轨迹时便不能用该方法

直接估计。为了增强运动估计的准确性，计算运动目标图像块与周围的图像块差值作为限制条件。周围的图像块主要是指与运动目标图像块上下左右相邻的图像块，如图 3.22 所示。

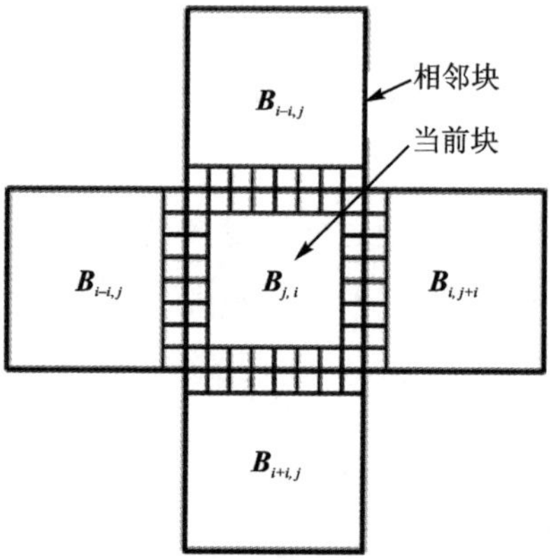

图 3.22　相邻图像块示意图

将这种相邻图像块的限制条件称作边界匹配失真（side match distortion，SMD），预估的非关键帧图像 $\hat{\boldsymbol{f}}_n$ 的边界匹配失真可以表示为

$$\text{SMD}[\boldsymbol{B}_{i,j},\boldsymbol{v}]=\frac{1}{N}\sum_{k=0}^{N-1}\left|\hat{\boldsymbol{f}}_n[\boldsymbol{g}_k,\boldsymbol{v}]-\hat{\boldsymbol{f}}_n[\boldsymbol{h}_k]\right|$$

其中，$\boldsymbol{g}_k$、$\boldsymbol{h}_k$ 分别表示非关键帧在边界的第 k 个像素点的位置、与邻近块对应的相似度高的位置，N 表示图像块边界像素点的数目。

所以，非关键帧运动目标图像块 $\boldsymbol{B}_{i,j}$ 的运动向量 $\boldsymbol{v}_{i,j}$ 可以通过差值和和边界匹配失真的加权最小化求得：

$$\boldsymbol{v}_{i,j}=\underset{\boldsymbol{v}}{\operatorname{argmin}}\{\mu\cdot\text{SMD}[\boldsymbol{B}_{i,j},\boldsymbol{v}]+(1-\mu)\cdot\text{SMD}[\boldsymbol{B}_{i,j},\boldsymbol{v}]\}$$

其中，μ 表示权值系数。

2. 运动向量平滑

在运动估计后，通过运动向量对图像块进行分类，每一相同运动向量的部分表示一个被分割的运动目标，可以通过 K 均值聚类算法对运动向量进行分组，如图 3.23 所示。

基于 K 均值聚类算法的运动向量分组：

(1) 设置聚类中心：将非关键帧中所有的块看作一个单一的目标，将运动向量设置为聚类中心；

(2) 聚类中心重置：如果每一个图像块的运动向量与聚类中心都比事先设定的阈值大，则图像块属于一个新目标，需要设置新的聚类中心；

(3) 聚类分布：每一个运动向量都被分配到一个最近的聚类中心；

(4) 聚类中心更新：通过新聚类分配的运动向量均值更新聚类中心；

(5) 迭代第(2)～(4)步，直到聚类中心不再变化，结束。

图 3.23　基于 K 均值聚类算法的运动向量分组

通过运动向量平滑后，运动目标图像块被重新划分，接下来通过运动补偿获取非关键帧的边信息训练样本。

3. 运动补偿

通过运动估计和运动向量平滑后，非关键帧的图像被分为 n 个运动向量相同的图像块 $\{\boldsymbol{B}_{i,j}^1,\boldsymbol{B}_{i,j}^2,\cdots,\boldsymbol{B}_{i,j}^n\}$，对应的运动向量为 $\{\boldsymbol{v}_{i,j}^1,\boldsymbol{v}_{i,j}^2,\cdots,\boldsymbol{v}_{i,j}^n\}$，通过运动补偿可以得到非关键帧图像的边信息：

$$\hat{f}_n[\boldsymbol{s},\boldsymbol{v}_{i,j}^n]=\frac{1}{2}\{\boldsymbol{f}_{n-1}[\boldsymbol{s}-\boldsymbol{v}_{i,j}^n]+\boldsymbol{f}_{n+1}[\boldsymbol{s}+\boldsymbol{v}_{i,j}^n]\}\quad \text{s.t.}\quad \boldsymbol{s}\in\boldsymbol{B}_{i,j}^n$$

非关键帧的边信息可以作为字典训练样本的参照值，也可以直接作为训练样本。通过边信息获取的训练样本可以准确地反映成像场景中运动目标的运动规律和图像特征，用该样本训练的字典比用其他样本训练的字典的稀疏表示效果更好、运动目标边界更为明确。

3.3.2.4 对比分析

综合比较迭进分块法、块匹配法和边信息法3种训练样本选取方法，3种方法各有其优缺点。迭进分块法的优点是图像样本采集全面；缺点是样本冗余太大，过分浪费计算和存储资源，而且不能捕捉运动目标边界。块匹配法的优点是相对于迭进分块法更为精确，选出的训练样本能准确地反映被表示图像块的特征。它的缺点同样是规则的分块不能捕捉运动目标的边界，分块过小会使运动目标割裂，引入大量的冗余数据，增大计算量；分块过大则必然引入背景图像的特征，背景图像特征并不随运动目标移动，这样便会引入误差量。边信息法则能很好地克服上述两种方法的缺点，它通过运动向量平滑将具有相同运动向量的像素组成图像块样本，训练样本具有较高的精准度，该方法是本小节主要介绍的训练样本选取方法。

3.3.3 字典训练方法

字典训练方法是字典在线稀疏表示的核心问题，不同的训练方法训练出的字典的稀疏性截然不同。本小节通过对字典训练原理的分析，介绍全局主成分分析法和独立成分分析法两种字典训练方法。

3.3.3.1 字典训练原理

设 $\boldsymbol{y}_i$ 为训练图像，$\boldsymbol{\Psi}$ 为表示字典，$\boldsymbol{x}_i$ 为表示系数，$i=1,2,\cdots,N$。定义单一图像重构误差为 $\boldsymbol{e}_i=\boldsymbol{y}_i-\boldsymbol{\Psi}\boldsymbol{x}_i$，则全局重构误差可写为

$$\|\boldsymbol{E}\|_F^2=\|[\boldsymbol{e}_1,\boldsymbol{e}_2,\cdots,\boldsymbol{e}_N]\|_F^2=\|\boldsymbol{Y}-\boldsymbol{\Psi}\boldsymbol{X}\|_F^2$$

字典训练的基本原理定义为：通过一组已知样本 $\boldsymbol{Y}=[\boldsymbol{y}_1,\boldsymbol{y}_2\cdots,\boldsymbol{y}_n]$，要寻找一个字典 $\boldsymbol{\Psi}$ 和稀疏矩阵 $\boldsymbol{X}=[\boldsymbol{x}_1,\boldsymbol{x}_2,\cdots,\boldsymbol{x}_n]$，使得全局重构误差最小

$$\min_{\boldsymbol{\Psi},\boldsymbol{Y}}\|\boldsymbol{Y}-\boldsymbol{\Psi}\boldsymbol{X}\|_F^2\quad \text{s.t.}\quad \forall i,\|\boldsymbol{x}_i\|_0\leqslant T$$

其中，T 表示稀疏系数的上界；$\|\cdot\|_F$ 为矩阵的 F 范数，定义为 $\|\boldsymbol{A}\|_F=\sqrt{\sum_{ij}\boldsymbol{A}_{ij}^F}$。字典训练的一般过程如图3.24所示。

字典训练的一般过程：

---

(1) 初始化：$k=0$，设置当前字典 $\boldsymbol{\psi}=\boldsymbol{\psi}_0$；

(2) 当 $k<n$，且停机条件 $\boldsymbol{X}$ 不满足时，执行第(3)步，否则转到第(6)步；

(3) 求解稀疏编码：

$$x_k=\arg\min\|\boldsymbol{x}\|_0 \quad \text{s.t.} \quad \boldsymbol{\psi}_k\boldsymbol{x}=\boldsymbol{y}_k$$

或者

$$x_k=\arg\min\|\boldsymbol{x}\|_0 \quad \text{s.t.} \quad \|\boldsymbol{\psi}_k\boldsymbol{x}-\boldsymbol{y}_k\|\leqslant\varepsilon$$

(4) 字典更新：

$$\boldsymbol{\psi}_{k+1}=f(\boldsymbol{\psi}_k,x_k)$$

(5) $k\leftarrow k+1$，转到第(2)步；

(6) 输出字典 $\boldsymbol{\psi}=\boldsymbol{\psi}_k$。

图 3.24 字典训练的一般过程

从图 3.24 可以看出，字典的更新由函数 $f(\ )$完成，更新函数不同，字典训练方法也就不同。目前，学者研究较多的字典训练方法有最优方向算法和 K 奇异值分解算法，这在 3.2.2 小节中已详细介绍。本小节根据不同的更新方式介绍全局主成分分析(global-principal component analysis，global-PCA)法、独立成分分析(independent component analysis，ICA)法。

3.3.3.2 全局主成分分析法

全局主成分分析法是通过选取多帧关键帧数据样本构成样本集合，利用主成分分析(principal component analysis，PCA)法分解数据样本集合的形式更新超完备字典的一种训练方法。因为需要较准确地选取与被表示图像相关的训练样本，所以训练样本选取方法选用边信息法。

1. 主成分分析理论

主成分分析是统计数据分析、特征提取和数据压缩中的经典方法，起源于 Pearson 的早期工作。对于一组测量数据样本，寻找变量的冗余度更小的一个子集作为一个尽可能好的表示。

针对一组由 M 个样本向量组成的样本集合矩阵 $Y=[\boldsymbol{y}_1,\boldsymbol{y}_2,\cdots,\boldsymbol{y}_M]$，其中样本向量 $\boldsymbol{y}_m\in\mathbf{R}^N$ 的均值为

$$\bar{\boldsymbol{y}}=\frac{1}{M}\left(\sum_{i=1}^{M}\boldsymbol{y}_i\right)$$

则样本集合矩阵的协方差矩阵为

$$\boldsymbol{\Sigma}=\frac{1}{M}\sum_{i=1}^{M}(\boldsymbol{y}_i-\bar{\boldsymbol{y}})(\boldsymbol{y}_i-\bar{\boldsymbol{y}})^{\mathrm{T}}$$

对于一个给定的向量 $\boldsymbol{x}_m$，它的主成分分析变换系数可以通过下式获得

$$\boldsymbol{a}_m=\boldsymbol{W}^{\mathrm{T}}\boldsymbol{y}_m \tag{3.15}$$

其中，$\boldsymbol{W}=[\boldsymbol{w}_1,\boldsymbol{w}_2,\cdots,\boldsymbol{w}_N]$ 表示 $N\times N$ 转移矩阵，可以通过对协方差矩阵 $\boldsymbol{\Sigma}$ 的特征分解求得：

$$\boldsymbol{\Sigma}=\boldsymbol{W\Lambda W}^{\mathrm{T}}$$

其中，$\boldsymbol{W}$ 包含 N 个 $\boldsymbol{\Sigma}$ 的单位特征向量 $\boldsymbol{w}_1,\boldsymbol{w}_2,\cdots,\boldsymbol{w}_N$，所对应的特征值为 $\lambda_1,\lambda_2,\cdots,\lambda_N$，且有对角矩阵

$$\boldsymbol{\Lambda}=\mathrm{diag}(\lambda_1,\lambda_2,\cdots,\lambda_N)$$

其中，特征值经过降序排列有

$$\lambda_1\geqslant\lambda_2\geqslant\cdots\geqslant\lambda_N$$

设 $\boldsymbol{P}=\boldsymbol{W}^{\mathrm{T}},\boldsymbol{P}=[\boldsymbol{p}_1,\boldsymbol{p}_2,\cdots,\boldsymbol{p}_N]$，则样本 $\boldsymbol{y}_m\in\boldsymbol{R}^N$ 可以去相关，即

$$\boldsymbol{a}_m=\boldsymbol{P}\boldsymbol{y}_m$$

主成分分析的一个重要功能便是去相关，将数据集合集中在少数几个向量上。一个相关的数据集合通过主成分分析变换后，如果

$$\|\boldsymbol{a}_m\|_0=K<N$$

则称 $\boldsymbol{a}_m$ 在正交基 $\boldsymbol{p}_i$ 上是 K 稀疏的。去相关后的向量 $\boldsymbol{a}_m$ 与 $\boldsymbol{a}_k$ 之间的方差满足关系式：

$$E\{\boldsymbol{a}_m,\boldsymbol{a}_k\}=0,\quad k<m$$

其中，$E\{\cdot\}$表示求方差。主成分分析理论为构建全局主成分分析字典提供了基本的理论依据。

2. 全局主成分分析字典

通过 3.3.2 小节的样本选取方法从 t_i 帧以前的图像中获得 M 个相似的样本集 $\boldsymbol{Y}=\{\boldsymbol{y}_{i,q}|q=1,2,\cdots,M\}$，全局主成分分析字典训练的目标就是通过训练样本 $\boldsymbol{Y}=\{\boldsymbol{y}_{i,q}|q=1,2,\cdots,M\}$ 学习获得 K 个紧致的子字典 $\boldsymbol{\Psi}_i$，从而构造全局的超完备字典 $\boldsymbol{\Psi}=\{\boldsymbol{\Psi}_i|i=1,2,\cdots,K\}$。希望得到的字典能以较高的可信度表示下一帧图像 $\boldsymbol{Y}(f_i,t_{i+1})$ 的相似图像块，并且具有较好的稀疏性。设置目标函数：

$$\{\boldsymbol{\Psi}_i,\boldsymbol{x}_i\}=\underset{\boldsymbol{\Psi}_i,\boldsymbol{x}_i}{\mathrm{argmin}}\{\|\boldsymbol{Y}(f_i,t_i)-\boldsymbol{\Psi}_i\boldsymbol{x}_i\|_2+\lambda\|\boldsymbol{x}_i\|_1\} \tag{3.16}$$

其中，$\boldsymbol{x}_i$ 表示样本集合矩阵 $\boldsymbol{Y}=\{\boldsymbol{y}_{i,q}|q=1,2,\cdots,M\}$ 在字典 $\boldsymbol{\Psi}=\{\boldsymbol{\Psi}_i|i=1,2,\cdots,K\}$ 上投影的稀疏系数矩阵，可以利用 3.2.2 小节中介绍的 K 奇异值分解算法对式(3.16)中的优化目标函数进行迭代求解。但是，当图像较大时，计算量太大且受限于训练样本的数量。全局主成分分析字典训练方法只需要计算训练样本集合的主成分，从而构造全局主成分分析超完备字典，算法过程如图 3.25 所示。

全局主成分分析字典训练过程：

---

(1) 获取训练样本集：

$$\boldsymbol{Y}=\{\boldsymbol{y}_{i,q}|q=1,2,\cdots,M\}\text{（块匹配法或边信息法）}$$

(2) 样本归一化：样本中向量减去样本均值得到归一化的样本：

$$\bar{\boldsymbol{Y}}=\{\boldsymbol{y}_{i,q}|q=1,2,\cdots,M\}$$

(3) 特征值分解：对样本的协方差 $\boldsymbol{\Sigma}$ 进行特征值分解：

图 3.25 全局主成分分析字典训练过程

$$\boldsymbol{\Sigma} = \boldsymbol{W\Lambda W}^{\mathrm{T}}$$

(4) 字典产生：设 $\boldsymbol{P}=\boldsymbol{W}^{\mathrm{T}}$，通过阈值设定选取前 r 个主成分组成字典子集 $\boldsymbol{\psi}_i=[\boldsymbol{p}_1,\boldsymbol{p}_2,\cdots,\boldsymbol{p}_r]$，将字典子集组成全局主成分分析字典：

$$\boldsymbol{\psi}=[\boldsymbol{\psi},i=1,2,\cdots,K]$$

图 3.25　全局主成分分析字典训练过程(续)

全局主成分分析字典相对于 K 奇异值分解字典计算成本低，计算速度更快，而且不受训练样本数量的限制。

3.3.3.3　独立成分分析法

独立成分分析与主成分分析的目的比较类似，但是在主成分分析中，冗余度是用数据间的相关来度量的，而在独立成分分析中冗余度用含义更为丰富的独立性来度量，而且在独立成分分析中并没有强调降维。用独立成分分析法进行字典训练实质上是利用该方法对图像的特征进行提取。通过独立成分分析法建立一个数学统计模型，然后对该模型进行信号处理以获取图像的稀疏字典。

1. 独立成分分析理论

定义 3.2(独立成分分析)：假设观测到 n 个随机变量 $x_1,x_2,\cdots,x_n$，这些随机变量可由 n 个随机变量 $s_1,s_2,\cdots,s_n$ 线性组合得到：

$$x_i=a_{i1}s_1+a_{i2}s_2+\cdots+a_{in}s_n,\quad i=1,2,\cdots,n$$

其中，$a_{ij}(i,j=1,2,\cdots,n)$是实系数，假定 s_i 在统计上彼此独立。独立成分 s_j 是隐变量，它和混合系数 a_{ij} 均为未知量，唯一能观测到的是随机变量 x_i。所以需要通过 x_i 把独立成分 s_j 和混合系数 a_{ij} 都估计出来。

用随机向量 $\boldsymbol{x}$ 表示混合，用 $\boldsymbol{s}$ 表示独立向量，用矩阵 $\boldsymbol{A}$ 表示混合系数，所有向量都理解为列向量。则独立成分分析混合模型可以表示为

$$\boldsymbol{x}=\boldsymbol{A}\boldsymbol{s} \tag{3.17}$$

如果用 $\boldsymbol{a}_i$ 表示矩阵 $\boldsymbol{A}$ 中的列向量，则模型也可表示为

$$\boldsymbol{x}_i=\sum_{i=1}^{n}\boldsymbol{a}_i s_i \tag{3.18}$$

式(3.17)和式(3.18)给出了独立成分分析混合模型的基本形式。下面进行独立成分分析估计，首先对样本进行白化：

$$\boldsymbol{z}=\boldsymbol{V}\boldsymbol{x}$$

其中，$\boldsymbol{V}$ 为线性变换，使得 $E\{\boldsymbol{z}\boldsymbol{z}^{\mathrm{T}}\}=\boldsymbol{I}$。从某个单位规范的初始化向量 $\boldsymbol{w}$(可随机选取)开始，对于一组可用的采样值 $\boldsymbol{z}(1),\boldsymbol{z}(2),\cdots,\boldsymbol{z}(T)$，计算出

$$\boldsymbol{y}=\boldsymbol{w}^{\mathrm{T}}\boldsymbol{z}$$

该模型能够被估计必须满足以下条件：

① 该模型还要求向量 $\boldsymbol{x}$ 中的元素 $x_1,x_2,\cdots,x_n$ 是相互独立的，即

$$p(y_1,y_2,\cdots,y_n)=p_1(y_1)p_2(y_2)\cdots p_n(y_n)$$

其中，$p(y_1,y_2,\cdots,y_n)$表示y_i的联合概率密度函数，$p_i(y_i)$表示y_i的边缘概率密度函数。

② 独立成分必须是非高斯分布的。因为高斯分布的所有高阶累积量都为零，而这些高阶累积量对于估计独立成分分析模型非常必要，所以观测变量具有高斯分布意味着独立成分分析在本质上不能实现。

所以，根据独立成分分析的条件，在满足元素独立性的前提下，独立成分分析的估计可以通过非高斯性的极大化来实现。常用峭度和负熵作为非高斯性的度量。

定义3.3(峭度)：对于一个随机变量y，它的峭度$\mathrm{kurt}(y)$表示为

$$\mathrm{kurt}(y)=E\{y^4\}-3(E\{y^2\})^2$$

其中，随机变量为零均值的，$E\{\cdot\}$表示求均值。为了简化问题，假设随机变量y已被标准化，方差为1，即$E\{y^2\}=1$。因此峭度便简化为$E\{y^4\}-3$。这说明峭度是四阶矩的规划形式。峭度可正可负，峭度为负的随机变量称为次高斯的，峭度为正的随机变量称为超高斯的。

用峭度作为非高斯性的度量存在一个问题，那就是峭度对野值极其敏感，因此峭度并不是非高斯性的一个鲁棒性度量。所以引入负熵作为非高斯性的度量。根据负熵的度量方式，可以给出基于负熵的独立成分分析估计的快速不动点算法，如图3.26所示。

基于负熵的独立成分分析估计的快速不动点算法：

---

(1) 对数据x进行中心化，使其均值为0：

$$x\leftarrow x-E\{x\}$$

(2) 白化：

$$\boldsymbol{z}=V\boldsymbol{x}$$

其中，V为线性变换，使得$E\{\boldsymbol{z}\boldsymbol{z}^{\mathrm{T}}\}=\boldsymbol{I}$；

(3) 更新：选取一个具有单位范数的初始化向量$\boldsymbol{w}$(随机选取)：

$$w\leftarrow E\{\boldsymbol{z}g(\boldsymbol{w}^{\mathrm{T}}\boldsymbol{z})\}-E\{g(\boldsymbol{w}^{\mathrm{T}}\boldsymbol{z})\}\boldsymbol{w}$$

其中，函数g为$g_1(y)$或$g_2(y)$的导数：$g_1'(y)=\tanh(ay)$或$g_2'(y)=y\exp(-y^2/2)$；

(4) 标准化$\boldsymbol{w}$：$\boldsymbol{w}\leftarrow\boldsymbol{w}/\|\boldsymbol{w}\|$；

(5) 判断是否收敛，如果不收敛则回到第(3)步，如果收敛则结束。

图3.26 基于负熵的独立成分分析估计的快速不动点算法

定义3.4(负熵)：对于一个随机变量y，它的负熵$J(y)$可定义为

$$J(y)=H(y_g)-H(y)$$

其中，y_g是和y具有相同协方差矩阵的高斯随机变量；$H(y)$表示微分熵，可以表示为

$$H(y)=-\int p_y(x)\log p_y(x)\mathrm{d}x$$

其中，$p_y(x)$表示随机变量y的概率密度。为了简化问题，将负熵的定义进行近似为

$$J(y)=\frac{1}{12}E\{y^3\}^2-\frac{1}{48}\mathrm{kurt}(y)^2 \tag{3.19}$$

但式(3.19)与前面介绍的峭度实质上是同一回事。为了解决鲁棒性问题，定义两个非二次函数$g_1(y)$与$g_2(y)$，其中$g_1(y)$为奇函数，$g_2(y)$为偶函数，则得到负熵的

估计为

$$J(y)=k_1E\{g_1(y)\}^2+k_2(E\{g_2(y)\}-E\{g_2(y_{\bar{g}})\})^2$$

其中，k_1 和 k_2 表示正常数，$y_{\bar{g}}$ 表示标准化的高斯变量，即为零均值单位方差。

经过学者的研究，下列函数在度量非高斯性的鲁棒性中非常实用：

$$g_1(y)=\frac{1}{a}\text{logcosh}(ay)$$

$$g_2(y)=-\exp(-y^2/2)$$

2. 独立成分分析字典

将独立成分分析应用到字典训练中，实质上是利用独立成分分析的估计模型设计一个观测数据的统计生成模型，然后用生成的模型里的成分给出数据的一个表示。针对图像 $f(x,y)$，将它表示成基函数 $a_i(x,y)$ 的线性叠加为

$$f(x,y)=\sum_{i=1}^{n}a_i(x,y)s_i \tag{3.20}$$

其中，s_i 是随机系数。如果将所有的像素点放在一个向量 $\boldsymbol{f}=[f_1,f_2,\cdots,f_n]^{\mathrm{T}}$ 中，则可以将式(3.20)简化为

$$\boldsymbol{f}=\boldsymbol{As}$$

这与基本的独立成分分析模型式(3.17)在形式上完全相同，因此可以通过独立成分分析法估计一个基函数矩阵 $\boldsymbol{A}$ 并用作稀疏字典，步骤如下：

① 给定一幅灰度图像，对图像进行分块，并进行局部平均。这是由于将独立成分分析应用到图像处理时，经常会得到一个表示图像局部灰度平均的成分，称为直流分量，该成分不是稀疏的，甚至是次高斯的，因此需要通过减掉局部平均，对剩下的成分估计合适的稀疏基。

② 利用主成分分析对图像进行降维处理。由于在减掉局部平均时已经丢失一个维度，因此数据维度也需要降低，需要进行降维处理。

③ 预处理后的数据采用独立成分分析估计的快速不动点算法并行处理，得到该样本图像的独立成分分析估计字典，其中选取 $g(y)=\tanh(ay)$，得到的独立成分分析字典的原子具有不同的方向和相位，可以看作小波字典的扩展，具有较好的稀疏特性。

对于数据样本 $\boldsymbol{MI}_{ti}(i=1,2,\cdots,B)$，通过固定点算法得到数据样本的独立成分为

$$\boldsymbol{MI}_{ti}=\boldsymbol{\Psi}_i\boldsymbol{S}$$

则基向量 $\boldsymbol{\Psi}_i$ 集中在一起对采样数据进行稀疏表示格式为

$$[\boldsymbol{MI}_{t1},\boldsymbol{MI}_{t2},\cdots,\boldsymbol{MI}_{tB}]=[\boldsymbol{\Psi}_1,\boldsymbol{\Psi}_2,\cdots,\boldsymbol{\Psi}_B]\begin{bmatrix}\boldsymbol{S}_1 & \boldsymbol{0} & \boldsymbol{0} & \boldsymbol{0}\\ \boldsymbol{0} & \boldsymbol{S}_2 & \boldsymbol{0} & \boldsymbol{0}\\ \boldsymbol{0} & \boldsymbol{0} & \ddots & \boldsymbol{0}\\ \boldsymbol{0} & \boldsymbol{0} & \boldsymbol{0} & \boldsymbol{S}_B\end{bmatrix} \tag{3.21}$$

一般来说，$\boldsymbol{S}_i(i=1,2,\cdots,B)$ 的维数要远远小于 $\boldsymbol{S}$，由式(3.21)可知，如果 $\boldsymbol{\Psi}=[\boldsymbol{\Psi}_1\boldsymbol{\Psi}_2,\cdots,\boldsymbol{\Psi}_B]$ 被用来作为特征基向量，则样本数据可以用一个对角块矩阵稀疏表示。

3.3.4 仿真实验分析

本小节分析在线反馈稀疏表示框架下利用最优方向算法、K 奇异值分解算法、全局主成分分析法和独立成分分析法 4 种不同的字典训练方法获取的字典的性能，比较、分析上述字典在遥感视频图像重构中随帧数和压缩比变化情况下的峰值信噪比和重构时间。

数值仿真参数设置：以 3.3.1.2 小节介绍的在线反馈稀疏表示框架作为实验的基本框架，选取边信息法作为样本选取方法，遥感视频为 176×144 的序列图像，以离散余弦变换字典为初始字典。图 3.27 描述了不同的训练方法（最优方向算法、K 奇异值分解算法、全局主成分分析法和独立成分分析法）在经过 12 帧视频序列图像的在线训练后的字典，字典维数为 256×256，每一个原子维数为 16×16。

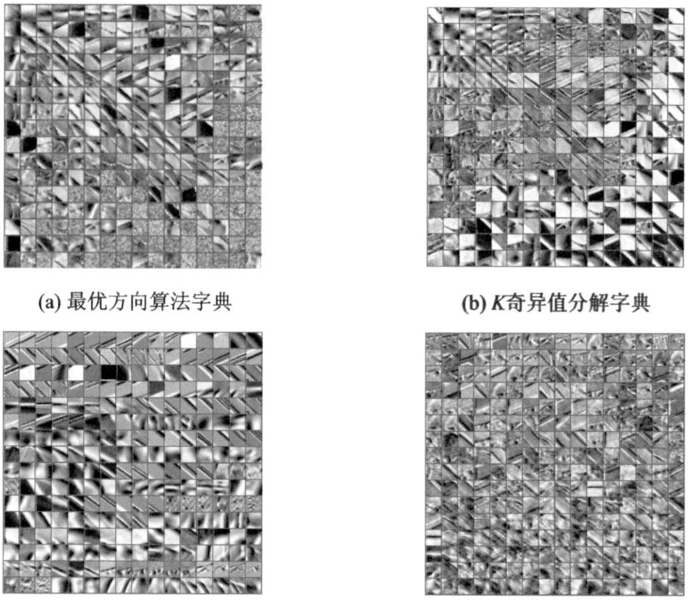

(a) 最优方向算法字典　(b) K奇异值分解字典　(c) 全局主成分分析字典　(d) 独立成分分析字典

图 3.27　训练字典

图 3.28 描述了利用最优方向算法字典、K 奇异值分解字典、全局主成分分析字典和独立成分分析字典重构的遥感视频的第 12 帧图像。从图中直观地来看，4 种字典的重构图像效果没有明显的差别。

为了能准确地分析 4 种训练方法得到的字典的稀疏重构性能，下面从数值上分析 4 种字典在重构图像过程中的性能。

图 3.29 描述了利用最优方向算法字典、K 奇异值分解字典、全局主成分分析字典和独立成分分析字典重构遥感视频图像的峰值信噪比随帧数变化的情况，其中压缩

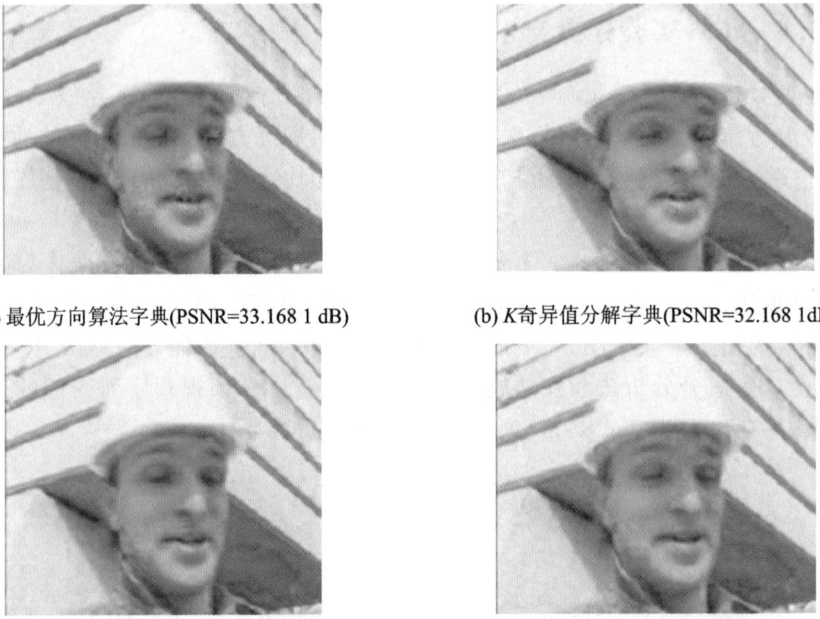

(a) 最优方向算法字典(PSNR=33.168 1 dB)　(b) *K*奇异值分解字典(PSNR=32.168 1dB)

(c) 全局主成分分析字典(PSNR=32.2569 dB)　(d) 独立成分分析字典(PSNR=32.032 7 dB)

图 3.28　重构图像

比固定为 0.5。从图中可以看出,用最优方向算法字典重构的图像的峰值信噪比在某些帧数时比较高,但在某些帧数时又非常低,重构性能很不稳定,随着帧数的增加,峰值信噪比并没有明显增加;*K* 奇异值分解字典、全局主成分分析字典和独立成分分析字典重构图像的峰值信噪比随着帧数的增加逐渐增加且平稳,相对来说,全局主成分分析字典和独立成分分析字典重构图像的峰值信噪比比 *K* 奇异值分解字典重构图像的峰值信噪比的稳定性要好。当帧数到达 95 帧时,全局主成分分析字典和独立成分

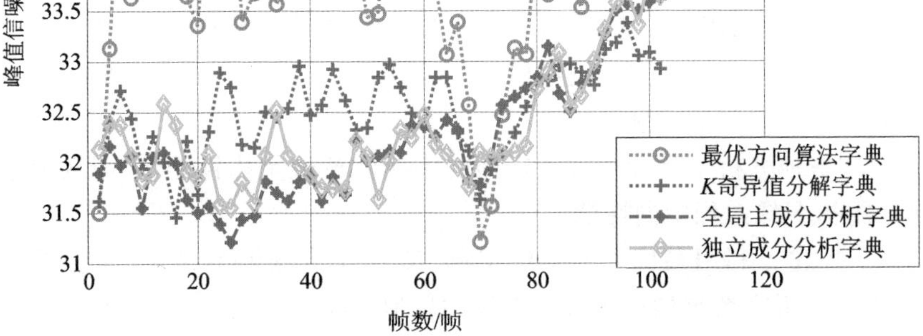

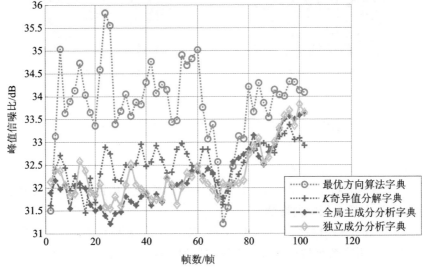

图 3.29　重构图像的峰值信噪比随帧数变化的情况

分析字典的重构图像的峰值信噪比比 K 奇异值分解字典重构图像的峰值信噪比有所提高。

图 3.30 描述了利用最优方向算法字典、K 奇异值分解字典、全局主成分分析字典和独立成分分析字典重构遥感视频图像的重构时间随帧数变化的情况，其中压缩比固定为 0.5。从图中可以看出，随着帧数的增加，4 种字典对每一帧图像的重构时间变化都不是很大，但是可以明显地看出，重构时间由短到长的顺序是独立成分分析字典、最优方向算法字典、全局主成分分析字典、K 奇异值分解字典。从理论上分析，K 奇异值分解字典需要反复地进行奇异值分解和 K 值聚类，相对最为耗时；全局主成分分析字典的训练样本需要搜集全局的样本集，消耗了部分时间；最优方向算法字典进行全局更新迭代比单纯的独立成分分析字典往往更需要时间，所以独立成分分析字典耗时最少，这与实验结论相符合。

综合图 3.29 和图 3.30 的结果进行分析，随着帧数的增加，独立成分分析字典的重构效果和重构时间都有明显的优势。

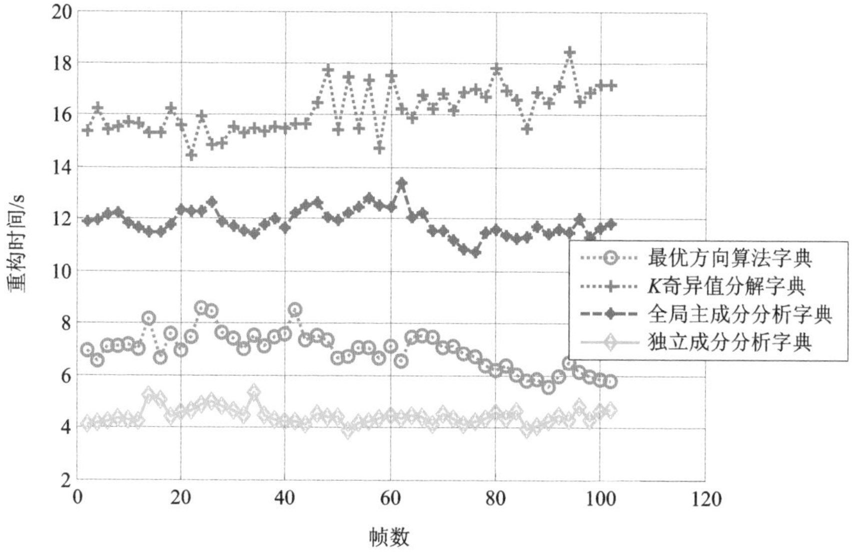

图 3.30 重构时间随帧数变化的情况

图 3.31 描述了利用最优方向算法字典、K 奇异值分解字典、全局主成分分析字典和独立成分分析字典重构遥感视频图像的峰值信噪比随压缩比变化的情况。从图中可以明显看出，4 种字典重构图像的峰值信噪比随着压缩比的增加而增加。比较 4 种字典重构图像的峰值信噪比，独立成分分析字典重构图像的峰值信噪比最好，其次是 K 奇异值分解字典的，再次是全局主成分分析字典的，最后是最优方向算法字典的。图 3.32 描述了利用最优方向算法字典、K 奇异值分解字典、全局主成分分析字典和独立成分分析字典重构遥感视频图像的重构时间随压缩比变化的情况。从图中可以看出，随着压缩比的增加，K 奇异值分解字典和全局主成分分析字典的重构时间有所增加，而最优方向算法字典和独立成分分析字典的重构时间却逐渐缩短。而且不论压缩比怎么变化，最优方向算

法字典和独立成分分析字典的重构时间都比其他两种字典的重构时间要短。

对图 3.31 和图 3.32 的结果进行综合分析，随着压缩比的增加，独立成分分析字典的重构效果和重构时间都有明显的优势。

综合分析上述实验结果，独立成分分析字典的重构效果好、重构时间短，是一种较为理想的遥感视频图像在线稀疏表示方法，而全局主成分分析字典可行，但没有明显优势。

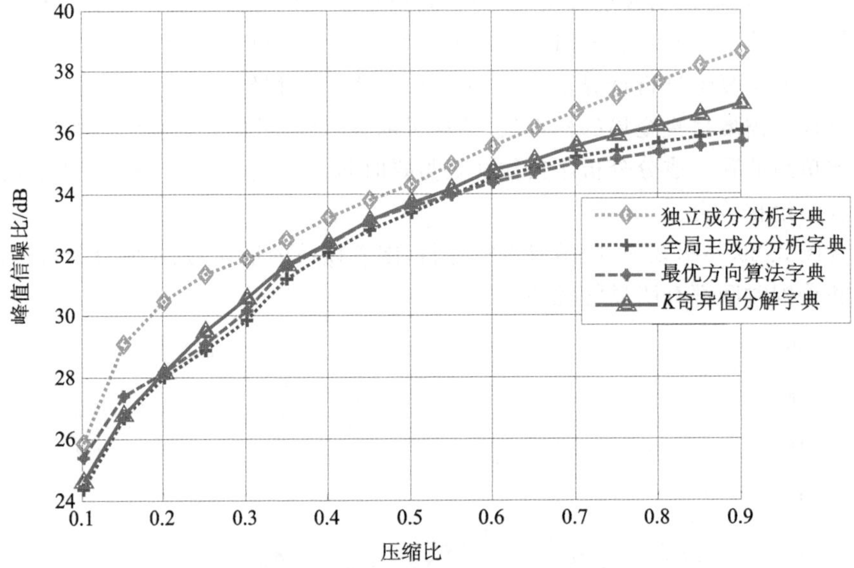

图 3.31　峰值信噪比随压缩比变化的情况

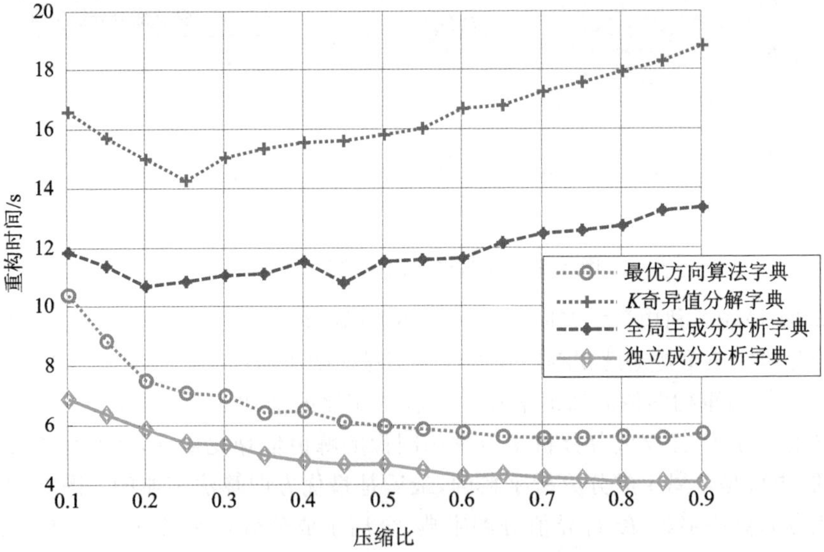

图 3.32　重构时间随压缩比变化的情况

第 4 章　遥感图像压缩测量矩阵

测量系统在信号获取和重构过程中起着至关重要的作用，测量矩阵的设计是压缩感知理论的核心问题之一，它既要保证信号能够高精度地重构，又要适合于物理实现。从重构原理上看，测量矩阵的设计需要满足有限等距性质，它的等价条件就是测量矩阵与稀疏基不相干，以保证用较少的测量数据能够高精度地重构原始信号。从物理实现上看，设计的测量矩阵必须能够用硬件可以实现，否则该理论无法成功应用。随机测量矩阵基本上都能满足有限等距性质，但其硬件可实现性较差；确定性测量矩阵的硬件实现简单，但它是否满足有限等距性质还有待研究证实。本章从上述两个方面，介绍测量矩阵在压缩成像方面的设计和优化问题。

4.1　常用测量矩阵

根据测量矩阵的约束条件，一些常用的测量矩阵相继被提出来。本节将对几种常用的测量矩阵进行介绍，分析各自的构造方法，并研究其重建性能，为后续确定性测量矩阵的构造和实现提供思路。

4.1.1　高斯随机测量矩阵

高斯随机测量矩阵是压缩感知中最为常用的测量矩阵，该矩阵的元素服从均值为零、方差为 $1/\sqrt{M}$ 的正态分布，且元素间相互独立，即

$$\Phi_{i,j} \sim N\left(0, \frac{1}{\sqrt{M}}\right)$$

它是一个随机性非常强的测量矩阵，Candès 等人证明了该矩阵能以较大概率满足有限等距性质，因此可以通过选择一个 $M \times N$ 高斯测量矩阵得到，其中每一个值都满足 $N(0,1/N)$的独立正态分布。高斯测量矩阵的优点在于它几乎与任意稀疏信号都不相关，因而所需的测量数最少。对于长度为 N、稀疏度为 K 的原始数据，仅需要 M $(M>cK\log(N/K))$个测量数据就可以高概率地恢复、重构出原始数据，其中 c 是一个非常小的常量。该类矩阵的缺点是矩阵元素所需存储空间很大，并且由于其非结构化的本质导致其计算复杂。

4.1.2　部分傅里叶测量矩阵

傅里叶矩阵是一个每行元素组成等比数列的特殊矩阵。一个 $N \times N$ 傅里叶矩阵

的形式为

$$\boldsymbol{F}=\begin{bmatrix}1 & 1 & 1 & \cdots & 1\\ 1 & w & w^{2} & \cdots & w^{N-1}\\ \vdots & \vdots & \vdots & & \vdots\\ 1 & w^{N-1} & w^{2(N-1)} & \cdots & w^{(N-1)(N-1)}\end{bmatrix}$$

其中，$w=\mathrm{e}^{-\mathrm{j}2\pi/N}$。显然，傅里叶矩阵的$(i,k)$元素为$\boldsymbol{F}(i,k)=w^{(i-1)(k-1)}$。容易证明，傅里叶矩阵为对称矩阵，它的逆矩阵等价于其共轭矩阵的$1/N$，即

$$\boldsymbol{F}^{\mathrm{H}}\boldsymbol{F}=N\boldsymbol{F}^{-1}\boldsymbol{F}^{\mathrm{T}}=N\boldsymbol{F}^{-1}\boldsymbol{F}=N\boldsymbol{I}$$

部分傅里叶测量矩阵的构造方式是：首先生成一个$N\times N$傅里叶矩阵$\boldsymbol{F}$；然后在矩阵$\boldsymbol{F}$中随机地选取M行向量，对$M\times N$矩阵的列向量进行单位化得到测量矩阵。该矩阵为复数矩阵，BARANIUK 等[132]人证明它满足有限等距性质，可以作为测量矩阵。为了计算方便，通常只取各元素实部作为测量矩阵的元素。对于长度为N、稀疏度为K的原始数据，矩阵行数应满足

$$M\geqslant cK(\log N)^{6}$$

4.1.3 部分阿达马测量矩阵

阿达马矩阵是所有元素为1或者－1的正交矩阵。对于一个阿达马矩阵$\boldsymbol{H}_n\in\mathbf{R}^{n\times n}$，满足

$$\boldsymbol{H}_n\boldsymbol{H}_n^{\mathrm{T}}=\boldsymbol{H}_n^{\mathrm{T}}\boldsymbol{H}_n=n\boldsymbol{I}_n$$

容易验证$\frac{1}{\sqrt{n}}\boldsymbol{H}_n$为标准正交矩阵。仔细观察阿达马矩阵的元素组成可知，用－1乘以矩阵的任意一行或者任意一列元素，得到的结果仍然为阿达马矩阵[133]。于是，可以得到第1列和第1行的所有元素为1的阿达马矩阵，并称之为规范化阿达马矩阵。令$n=2^k,k=1,2,\cdots$，则规范化的标准正交阿达马矩阵的构造公式为

$$\boldsymbol{H}_{2n}=\frac{1}{\sqrt{2}}\begin{bmatrix}\boldsymbol{H}_n & \boldsymbol{H}_n\\ \boldsymbol{H}_n & \boldsymbol{H}_n\end{bmatrix},\quad \boldsymbol{H}_2=\frac{1}{\sqrt{2}}\begin{bmatrix}1 & 1\\ 1 & -1\end{bmatrix}$$

部分阿达马测量矩阵的构造方法是：首先生成一个$N\times N$阿达马矩阵；然后在生成矩阵中随机地选取M行向量，构成一个$M\times N$矩阵。与其他同类确定性测量矩阵相比，部分阿达马测量矩阵精确重构所需的测量数较少[29]，这是由于$N\times N$阿达马矩阵的行向量和列向量正交，在取其中的M行后，其行向量还是能够保持部分正交和非相关性。但由于部分阿达马测量矩阵N的取值必须满足2的指数次方，因此这极大地限制了其应用范围。

4.1.4 伯努利随机测量矩阵

伯努利矩阵的每个元素独立地服从对称的伯努利分布，它的正负元素个数各占一半，对于矩阵$\boldsymbol{\Phi}\in\mathbf{R}^{M\times N}$，其元素的伯努利分布为

$$\Phi_{i,j}=\begin{cases}+\dfrac{1}{\sqrt{M}}, & \text{概率为 } 0.5\\ -\dfrac{1}{\sqrt{M}}, & \text{概率为 } 0.5\end{cases}$$

该矩阵与高斯随机测量矩阵相似，是一个随机性非常强的测量矩阵。Donoho 等人证明了它满足有限等距性质。在成像应用中，特别是上述元素值需要应用于成像电路中时，为了简化电路结构，通常取 $M=1$。同样可以证明，简化的伯努利随机测量矩阵也满足有限等距性质。其元素的伯努利分布为

$$\Phi_{i,j}=\begin{cases}+1, & \text{概率为 } 0.5\\ -1, & \text{概率为 } 0.5\end{cases}$$

4.1.5 托普利兹矩阵

托普利兹矩阵是数学和工程中应用广泛的特殊矩阵之一，具有非常特殊的结构，可以推导出递推求解及快速求解的一些方法[31]。它的任何一条对角线上的元素取值相同，满足 $a_{i,j}=a_{i+1,j+1}$。对于矩阵 $\boldsymbol{A}_{\mathrm{T}}\in\mathbf{R}^{M\times N}$，其矩阵结构为

$$\boldsymbol{A}_{\mathrm{T}}=\begin{bmatrix} a_N & a_{N-1} & a_{N-2} & \cdots & a_1\\ a_{N+1} & a_N & a_{N-1} & \cdots & a_2\\ \vdots & \vdots & \vdots & & \vdots\\ a_{N+M-1} & a_{N+M-2} & a_{N+M-3} & \cdots & a_M \end{bmatrix} \tag{4.1}$$

该矩阵仅有 $N+M-1$ 个随机独立元素，与高斯随机测量矩阵的 NM 个元素相比，独立元素个数大大减少。可通过快速傅里叶变换有效地实现矩阵相乘，缩短数据获取和重构时间。当上述元素满足 $a_i=a_{i+N}$ 时，矩阵就变成一个循环矩阵，其构造方式更为简单：首先随机生成一个向量 $\boldsymbol{a}=(a_1,a_2,\cdots,a_N)\in\mathbf{R}^N$；然后每循环一次作为矩阵的下一行，进行 $M-1$ 次循环后便可得到循环矩阵，其结构形式为

$$\boldsymbol{A}_{\mathrm{C}}=\begin{bmatrix} a_N & a_{N-1} & a_{N-2} & \cdots & a_1\\ a_1 & a_N & a_{N-1} & \cdots & a_2\\ \vdots & \vdots & \vdots & & \vdots\\ a_{M-1} & a_{M-2} & a_{M-3} & \cdots & a_M \end{bmatrix}$$

这种通过行向量循环移位生成的矩阵易于硬件实现，因此被广泛研究和应用。

4.1.6 常用测量矩阵性能测试

对于上述常用测量矩阵，分别采用两类信号（一维可压缩信号和二维图像信号）对它们进行仿真实验，对比分析各测量矩阵在信号重构精度上的区别。在仿真实验中，一维信号选取长度为 256 的非噪声信号，主要分析信号重构精度和测量数 M 及稀疏度 K 之间的关系；二维信号采用 lena 图像和遥感图像，主要分析重构误差与测量数 M 之间的关系。

4.1.6.1 一维信号仿真分析

对于一维信号仿真，定义信噪比(SNR)来表示信号重构的精度。设 $f(x)$为 N 维原始信号，$f'(x)$为其重构信号，则信噪比定义为

$$\mathrm{SNR}=10\lg\left(\frac{\sum_{i=1}^{N}[f(x_i)]^2}{\sum_{i=1}^{N}[f(x_i)-f'(x_i)]^2}\right)$$

对于长度为 256 的非噪声信号，在给定信号稀疏度的情况下，取不同的测量数 M，对不同测量矩阵进行仿真，测试其重构成功率。这里定义重构成功的标准为重构精度——信噪比大于 40 dB。由于测量矩阵的随机性，每次仿真的重构误差不一样，因此，对每组参数进行 100 次仿真实验，测试其重构成功率。信号稀疏表示方法为离散余弦变换，重构算法采用正交匹配追踪算法。不同测量矩阵在不同稀疏度下的重构成功率与测量数之间的关系如图 4.1 所示。

从图 4.1 可以看出，当稀疏度 K 固定时，重构成功率随测量数 M 的增大而增大。当 M 取值达到一定数时，重构成功率可达 100%。

不同测量矩阵在固定稀疏度下的重构成功率与测量数之间的关系如图 4.2 所示，通过此图可以更为直观地对比分析不同测量矩阵的重构性能。

通过图 4.2 可以看出，在这些常用的矩阵中，高斯随机测量矩阵和部分阿达马测量矩阵的重构性能比较接近，且优于其他测量矩阵；托普利兹矩阵和伯努利随机测量矩阵的重构性能次之；部分傅里叶测量矩阵的重构性能最差。需要说明的是，循环矩阵虽然在独立元素个数上少于一般托普利兹矩阵，但它们的重构性能非常接近。

4.1.6.2 二维信号仿真分析

二维信号测试分析对 256×256 大小的 lena 图像进行仿真，采用离散余弦变换对图像进行稀疏表示，重构算法采用梯度投影稀疏重建算法，重构误差采用第 3 章定义的峰值信噪比表示。得到不同测量矩阵的重构误差与压缩比之间的关系如表 4.1 所列。

表 4.1 不同测量矩阵在不同压缩比下的重构误差

压缩比(M/N)	重构误差(峰值信噪比)/dB					
	高斯随机测量矩阵	部分傅里叶测量矩阵	部分阿达马测量矩阵	伯努利随机测量矩阵	托普利兹矩阵	循环矩阵
0.1	18.564 56	15.363 55	17.379 86	18.120 65	18.312 99	17.972 80
0.2	22.513 10	21.463 81	22.473 16	22.662 39	21.450 47	20.948 82
0.3	24.587 44	22.496 17	23.521 57	24.557 86	22.583 42	22.540 63
0.4	26.362 02	24.839 71	26.672 08	26.321 13	24.802 87	25.125 61
0.5	28.425 55	26.037 42	28.475 04	28.142 98	26.836 44	26.522 49

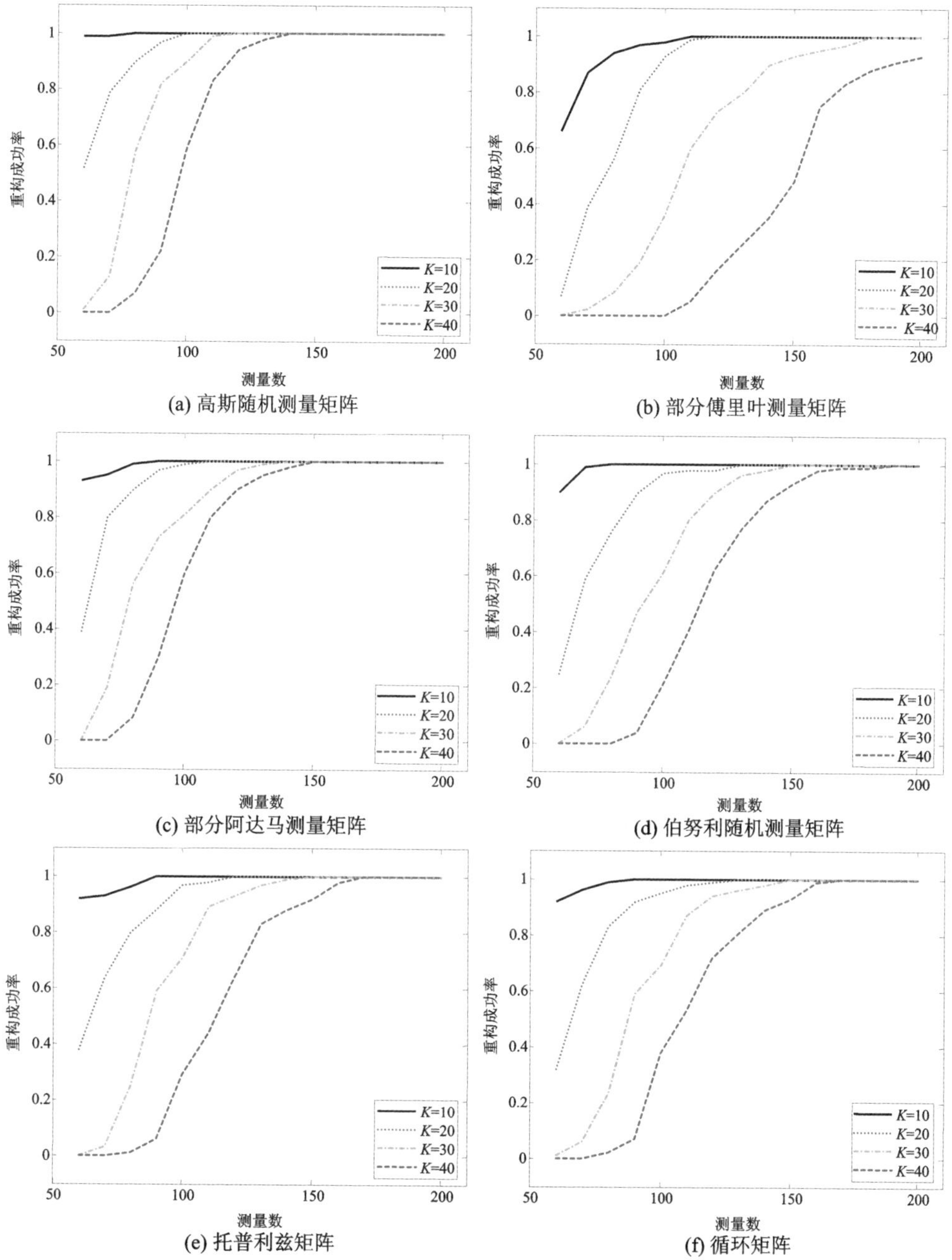

图 4.1　不同测量矩阵在不同稀疏度下的重构成功率与测量数之间的关系

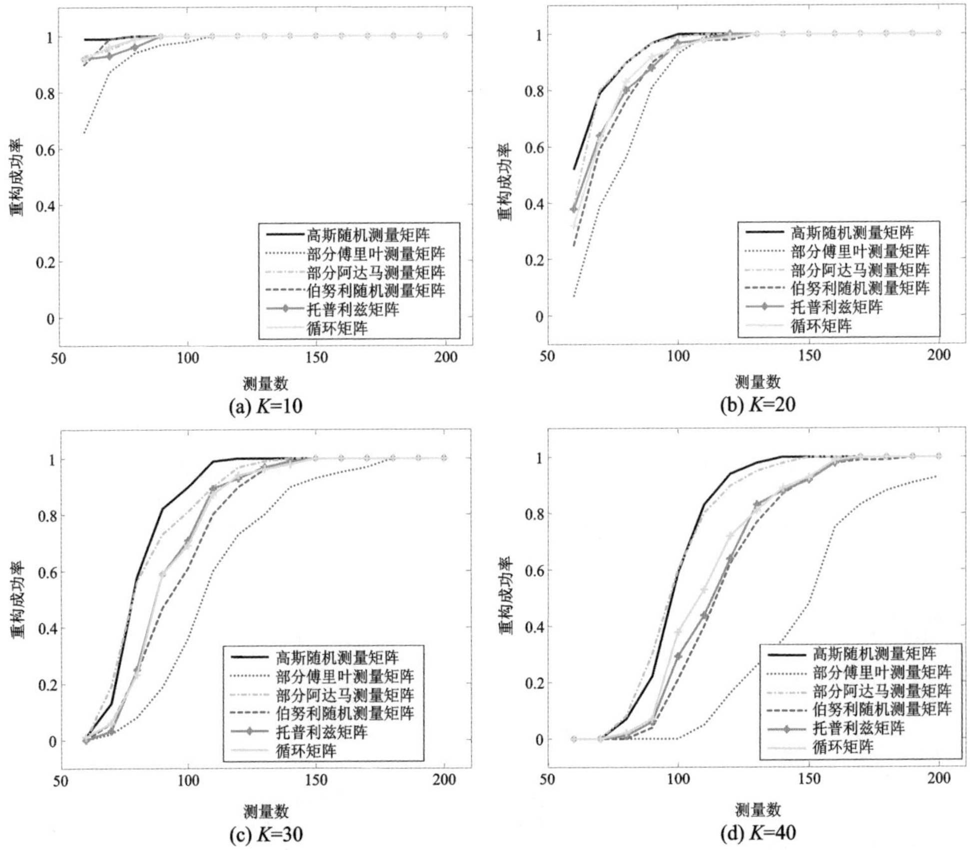

图 4.2　固定稀疏度 K 下不同测量矩阵的重构性能对比

在压缩比为 0.5 时，各测量矩阵重构的图像如图 4.3 所示，通过此图可以更为直观地观测各测量矩阵重构图像的视觉效果。

由于测量矩阵的随机性和遥感图像特征的多样性，因此不同矩阵对同一图像的重构效果不同，同一矩阵对不同图像的重构效果也不尽相同。为了减少上述不确定因素的影响，对第 3 章中光学遥感图像库的 60 幅图像进行逐一仿真，同样采用上述稀疏表示和重构算法。取 60 幅遥感图像在同一测试条件下重构误差的平均值，得到各测量矩阵的重构误差均值与压缩比之间的关系如图 4.4 所示。

从上述不同仿真分析方法的结果中可以得出：对于二维图像测量，两种随机矩阵——高斯随机测量矩阵和伯努利随机测量矩阵的重构性能较好，且优于其他矩阵；部分阿达马测量矩阵在低压缩比时的重构性能差于托普利兹矩阵，当压缩比较大时，其重构性能接近于高斯随机测量矩阵；循环矩阵的重构性能整体上稍逊于托普利兹矩阵；部分傅里叶测量矩阵的重构性能最差，在低压缩比时最为明显。

实际上，信号的可重构条件是测量矩阵和稀疏基的复合矩阵——感知矩阵满足有限等距性质，其等价条件是测量矩阵和稀疏基不相干。因此，测量矩阵的设计不但要考虑矩阵本身的构造和物理实现问题，还需要和信号稀疏基密切配合。

(a) 高斯随机测量矩阵

(b) 部分傅里叶测量矩阵

(c) 部分阿达马测量矩阵

(d) 伯努利随机测量矩阵

(e) 托普利兹矩阵

(f) 循环矩阵

图 4.3　不同测量矩阵在压缩比为 0.5 时的重构图像

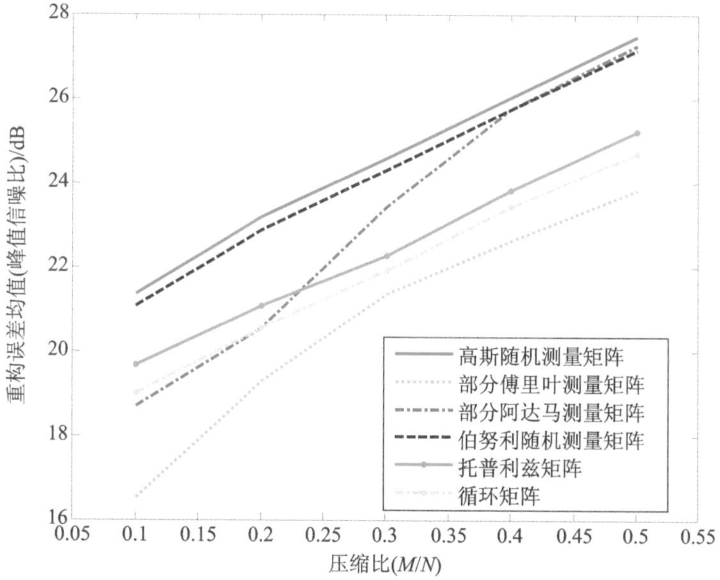

图 4.4　60 幅遥感图像采用不同测量矩阵的重构误差均值与压缩比的关系

4.2 确定性测量矩阵

4.1 节介绍了常用测量矩阵的构造方式和重构性能，它们主要可分为两类：一类是以高斯矩阵和伯努利矩阵为代表的随机测量矩阵，一类是以托普利兹矩阵为代表的确定性测量矩阵。随机测量矩阵的元素为符合相同分布的随机数，其重构性能优于确定性测量矩阵，但随机测量矩阵必须存储其所有元素，占用的存储空间较大，而且该类矩阵的随机性使得其硬件实现较为困难。确定性测量矩阵的独立元素个数较随机测量矩阵的少，该类矩阵的重构精度较随机测量矩阵有一定差距，但它能够很好地弥补随机测量矩阵硬件实现的不足。本节介绍如何以托普利兹矩阵和循环矩阵为基础，对它们进行优化改进，以提高其重构效果。

4.2.1 托普利兹矩阵和循环矩阵

当形如式(4.1)中的托普利兹矩阵的元素满足 $a_i = a_{i+N}$ 时，该矩阵就成为托普利兹矩阵的一种特殊形式——循环矩阵：

$$\mathbf{A} = \begin{bmatrix} a_N & a_{N-1} & a_{N-2} & \cdots & a_1 \\ a_1 & a_N & a_{N-1} & \cdots & a_2 \\ \vdots & \vdots & \vdots & & \vdots \\ a_{M-1} & a_{M-2} & a_{M-3} & \cdots & a_M \end{bmatrix}$$

循环矩阵的构造方式较托普利兹矩阵更为简单，仅需要对一个 N 维向量采用依次循环的方式获得第 2 行、第 3 行至第 M 行元素便可得到 $M \times N$ 循环矩阵。BAJWA 等[31]人研究证明，只要测量数满足 $M > C_\delta K^2 \log(N/K)$，则对应的托普利兹矩阵高概率地满足有限等距性质。4.1 节仿真证明，这两种矩阵的重构性能基本相当，但距高斯随机测量矩阵有较大的差距。主要原因是其构造过程采用单一行循环的方式，列向量难以体现一种独立随机性，特别是当矩阵组成元素在少量数据中取值时，元素重复出现的概率较高，易造成列向量之间有很大的相关性。基于重构性能的不足，在矩阵的构造过程中，需要对它们进行优化改进。

4.2.2 正交对称循环矩阵

针对一般循环矩阵列向量之间相关性大的不足，可以从测量矩阵的构造过程入手，通过一定方法提高矩阵列向量的非线性相关性，从而提高测量矩阵的重构性能[134]。基于上述思想，本小节介绍如何构造正交对称结构的循环矩阵——正交对称循环矩阵(orthogonal symmetric circulant matrix，OSCM)。

4.2.2.1 矩阵构造

首先给出正交对称循环矩阵的结构，然后逐步讨论其构造过程。考虑到一般信号都为偶数维向量，测量矩阵构造也仅考虑偶数维的情况。对于 $N\times N(N=2k+2)$ 矩阵，其正交对称循环结构为

$$\boldsymbol{\Phi}=\begin{bmatrix} a & b_1 & b_2 & \cdots & b_k & c & b_k & \cdots & b_1 \\ b_1 & a & b_1 & \cdots & b_{k-1} & b_k & c & \cdots & b_2 \\ b_2 & b_1 & a & \cdots & b_{k-2} & b_{k-1} & b_k & \cdots & b_3 \\ \vdots & \vdots & \vdots & & \vdots & \vdots & \vdots & & \vdots \\ b_k & b_{k-1} & b_{k-2} & \cdots & a & b_1 & b_2 & \cdots & c \\ c & b_k & b_{k-1} & \cdots & b_1 & b_2 & b_3 & \cdots & b_k \\ b_k & c & b_k & \cdots & a & b_1 & b_2 & \cdots & b_{k-1} \\ \vdots & \vdots & \vdots & & \vdots & \vdots & \vdots & & \vdots \\ b_1 & b_2 & b_3 & \cdots & c & b_k & b_{k-1} & \cdots & a \end{bmatrix} \tag{4.2}$$

实际上，上述矩阵的生成就是利用 N 维行向量 $\boldsymbol{T}(a,b_1,b_2,\cdots,b_k,c,b_k,\cdots,b_1)$ 进行循环移位的结果。从形式上看，它已具有对称结构。下面从正交方面入手，介绍向量 $\boldsymbol{T}$ 的构造过程。

记 $N\times N$ 傅里叶矩阵为 $\boldsymbol{F}_N$，则

$$\boldsymbol{F}_N=(\omega_N^{(j-1)(k-1)})_{j,k=1}^{N}=\begin{bmatrix} 1 & 1 & 1 & \cdots & 1 \\ 1 & \omega_N & \omega_N^2 & \cdots & \omega_N^{N-1} \\ \vdots & \vdots & \vdots & & \vdots \\ 1 & \omega_N^{N-1} & \omega_N^{2(N-1)} & \cdots & \omega_N^{(N-1)(N-1)} \end{bmatrix}$$

其中，$\omega_N=\mathrm{e}^{-2\pi\mathrm{i}/N}$。

BOTTCHER 等[134]人指出，对于形如式(4.2)的 $N\times N(N=2k+2)$ 正交对称循环矩阵，有 2^{k+2} 种用于构造矩阵的行向量 $\boldsymbol{T}(a_1,a_2,\cdots,a_N)$，即

$$N\begin{pmatrix} a_1 \\ a_2 \\ \vdots \\ a_N \end{pmatrix}=\boldsymbol{F}_N^*\begin{pmatrix} \mu_1 \\ \mu_2 \\ \vdots \\ \mu_N \end{pmatrix} \tag{4.3}$$

其中，$(\mu_1,\mu_2,\cdots,\mu_N)=(\gamma,\varepsilon_1,\varepsilon_2,\cdots,\varepsilon_k,\beta,\varepsilon_k,\cdots,\varepsilon_2,\varepsilon_1)$，$\{\gamma,\beta,\varepsilon_1,\cdots,\varepsilon_k\}\in\{-1,1\}^{k+2}$，$\boldsymbol{F}_N^*$ 为 $\boldsymbol{F}_N$ 的共轭矩阵。因此，可得到 2^{k+2} 种不同的循环矩阵，其循环行向量可表示为

$$(a,b_1,b_2,\cdots,b_2,b_k,c,b_k,\cdots,b_2,b_1)^{\mathrm{T}}=\frac{1}{N}\boldsymbol{F}_N^*(\gamma,\varepsilon_1,\varepsilon_2,\cdots,\varepsilon_2,\varepsilon_k,\beta,\varepsilon_k,\cdots,\varepsilon_2,\varepsilon_1)^{\mathrm{T}} \tag{4.4}$$

正交对称循环矩阵的构造过程可归纳为以下 3 个步骤：

① 采用共轭傅里叶矩阵乘以符号序列的方式得到循环行向量 $\boldsymbol{T}(a,b_1,b_2,\cdots,b_k,c,b_k,b_2,\cdots,b_2,b_1)$。

② 利用循环行向量构造 $N\times N$ 循环矩阵 $\boldsymbol{\Phi}_N$。

③ 从 $\boldsymbol{\Phi}_N$ 中选取 M 行向量构成为 $M\times N$ 测量矩阵，并乘以 $\sqrt{N/M}$ 将其单位化。

下面介绍正交对称循环矩阵的特性，着重分析其有限等距性质。

4.2.2.2 矩阵特性分析

性质 1：设对角矩阵 $\boldsymbol{\Sigma}=\mathrm{diag}(\boldsymbol{\mu})$，$(\mu_1,\mu_2,\cdots,\mu_N)=(\gamma,\varepsilon_1,\varepsilon_2,\cdots,\varepsilon_k,\beta,\varepsilon_k,\cdots,\varepsilon_2,\varepsilon_1)\in\{-1,1\}^{k+2}$，则正交对称循环矩阵为

$$\boldsymbol{\Phi}_N=\frac{1}{N}\boldsymbol{F}_N^*\boldsymbol{\Sigma}\boldsymbol{F}_N \tag{4.5}$$

从构造过程来看，循环行向量的构造方式为共轭傅里叶矩阵 $\boldsymbol{F}_N^*$ 乘以符号向量 $\boldsymbol{\mu}$，其元素可表示为

$$a_n=\frac{1}{N}\sum_{k=0}^{N-1}u_{k+1}\cdot\omega^{k(n-1)},\quad n=1,2,\cdots,N$$

利用它构造的循环矩阵元素为

$$\phi_{p,q}=a_{q-p+1\mathrm{mod}N}=\frac{1}{N}\sum_{k=0}^{N-1}u_{k+1}\cdot\omega^{k[(q-p)\mathrm{mod}N]} \tag{4.6}$$

利用式(4.5)生成的矩阵元素为

$$\phi_{p,q}=\frac{1}{N}\sum_{k=0}^{N-1}u_{k+1}\cdot\omega^{k(q-p)} \tag{4.7}$$

由于 $\omega_N^N=(\mathrm{e}^{2\pi\mathrm{i}/N})^N=1\ [0,1]$，所以式(4.6) 和式(4.7)相等，正交对称循环矩阵可通过式(4.5)计算得到。

性质 2：正交对称循环矩阵为一正交实对称矩阵，且每行或每列的元素之和为±1。

通过式(4.5)生成的矩阵的正交性是显而易见的，下面分析元素的实数特性，由式(4.4)可得$(a,b_1,b_2,\cdots,b_k,c)$的构成形式。

显然，$a=\frac{1}{N}[\gamma+\beta+2(\varepsilon_1+\varepsilon_2+\cdots+\varepsilon_k)]$为一实数。

$$\begin{aligned}Nb_j=&\gamma+\omega_N^j\varepsilon_1+\omega_N^{2j}\varepsilon_2+\cdots+\omega_N^{kj}\varepsilon_k+\omega_N^{(k+1)j}\beta+\omega_N^{(k+2)j}\varepsilon_k+\cdots+\omega_N^{(N-1)j}\varepsilon_1=\\&\gamma+\omega_N^j\varepsilon_1+\omega_N^{2j}\varepsilon_2+\cdots+\omega_N^{kj}\varepsilon_k+(-1)j\beta+\omega_N^{(N-k)j}\varepsilon_k+\cdots+\omega_N^{(N-1)j}\varepsilon_1=\\&\gamma+(-1)j\beta+(\omega_N^j+\omega_N^{(N-1)j})\varepsilon_1+\cdots+(\omega_N^{kj}+\omega_N^{(N-k)j})\varepsilon_k\end{aligned} \tag{4.8}$$

由于 $\omega_N^{hj}+\omega_N^{(N-h)j}=2\cos(\mathrm{i}2\pi hj/N)$，$h=1,2,\cdots,k$ 为一实数，因此 b_j 也为实数，式(4.8)可写成

$$b_j=\frac{1}{N}\left[\gamma+(-1)^j\beta+\sum_{h=1}^{k}2\cos(\mathrm{i}2\pi hj/N)\varepsilon_h\right]$$

同理可得 c 也为一实数，即

$$c=\frac{1}{N}\left[\gamma+(-1)^{N/2}\beta+2\sum_{h=1}^{k}\cos(\pi h)\varepsilon_h\right]=\frac{1}{N}\left[\gamma+(-1)^{N/2}\beta+2\sum_{h=1}^{k}(-1)^h\varepsilon_h\right]$$

由循环构造过程可知，矩阵的每一列和每一行含有的元素为$(a,b_1,b_2,\cdots,b_k,c,b_k,\cdots,b_2,b_1)$，这些元素的总和即为每列或每行的元素之和。

$$\mathrm{sum}=a+c+2(b_1+b_2+\cdots+b_k)=\gamma+\frac{1}{N}\sum_{j=0}^{N-1}\omega_N^j\varepsilon_1+\frac{1}{N}\sum_{j=0}^{N-1}\omega_N^{2j}\varepsilon_2+\cdots=\gamma$$

由于 $\gamma\in\{-1,1\}$，因此每行和每列的元素之和为 ± 1。

性质3：设 $\boldsymbol{x}$ 为 N 维 K 稀疏度信号，非零系数为 $a_1,a_2,\cdots,a_K$，则有

$$E[\|\boldsymbol{\Phi x}\|^2]=\|\boldsymbol{\alpha}\|^2$$

假设 $\boldsymbol{x}$ 满足零均值条件且非零系数位置服从等概率随机分布，$\boldsymbol{\Phi}$ 为从 $N\times N$ 正交对称循环矩阵中随机抽取 M 行的 $M\times N$ 确定性测量矩阵。令 $\boldsymbol{\pi}=(\pi_j)$ 表示随机抽取的行数，则有

$$E_{\boldsymbol{\pi}}[\|\boldsymbol{\Phi x}\|^2]=E_{\boldsymbol{\pi}}\left[\sum\nolimits_x|\boldsymbol{\Phi x}|^2\right]=E_{\boldsymbol{\pi}}\left[\sum\nolimits_x\left(\sum_{t=1}^{K}|\alpha_t\varphi^{\pi_t}(\boldsymbol{x})|^2+\sum_{i\neq j}\alpha_j\overline{\alpha_i}\varphi^{\pi_j}(\boldsymbol{x})\overline{\varphi^{\pi_i}(\boldsymbol{x})}\right)\right] \tag{4.9}$$

由于 $E_{\boldsymbol{\pi}}\left[\sum\nolimits_x|\varphi^{\pi_t}(\boldsymbol{x})|^2\right]=1$，因此式(4.9)中的第1项等价于 $\sum\limits_{j=1}^{K}|\alpha_j|^2=\|\boldsymbol{\alpha}\|^2$。式(4.9)中的第2项可化为

$$E_{\boldsymbol{\pi}}\left[\sum\nolimits_x\left(\sum_{i\neq j}\alpha_j\overline{\alpha_i}\varphi^{\pi_j}(\boldsymbol{x})\overline{\varphi^{\pi_i}(\boldsymbol{x})}\right)\right]=\sum_{i\neq j}\alpha_j\overline{\alpha_i}E_{\boldsymbol{\pi}}\left[\sum\nolimits_x\varphi^{\pi_j}(\boldsymbol{x})\overline{\varphi^{\pi_i}(\boldsymbol{x})}\right]$$

对于 N 阶正交矩阵

$$\left[\sum_{x=1}^{N}\varphi^{i}(\boldsymbol{x})\overline{\varphi^{j}(\boldsymbol{x})}\right]=\delta_{i,j}$$

则有

$$\sum_{i\neq j}\sum_{x=1}^{N}\varphi^{\pi_j}(x)\overline{\varphi^{\pi_i}(\boldsymbol{x})}=\sum_{x=1}^{N}\sum_{i\neq j}\varphi^{\pi_j}(\boldsymbol{x})\overline{\varphi^{\pi_i}(\boldsymbol{x})}=0$$

所以 $E_{\boldsymbol{\pi}}[\|\boldsymbol{\Phi x}\|^2]=\|\boldsymbol{\alpha}\|^2$。

性质4：(有限等距性质分析)假设 $\boldsymbol{x}$ 和 $\boldsymbol{\Phi}$ 的结构形式与性质3中的一致，对于给定的 $\delta\in(0,1)$，有

$$P(|\|\boldsymbol{\Phi x}\|^2-\|\boldsymbol{x}\|^2|<\delta\|\boldsymbol{x}\|^2)\geqslant 1-2\mathrm{e}^{-\frac{M\delta^2}{8C_1\cdot K}} \tag{4.10}$$

当 $K\leqslant C_0(\delta)\dfrac{M}{\log N}$ 时，式(4.10)中的概率随着 $N\to\infty$ 而趋近于1。其中，$C_0\sim\delta^2$ 为取决于 δ 的常量，$C_1=\sum\limits_{i=1}^{M}\varphi_i^2$。

当 $C_1\sim O(1)$ 时，式(4.10)可写为

$$P(|\|\boldsymbol{\Phi x}\|^2-\|\boldsymbol{x}\|^2|>\delta\|\boldsymbol{x}\|^2)<2\mathrm{e}^{-O\left(\frac{M\delta^2}{K}\right)} \tag{4.11}$$

显然，式(4.11)随着 M/K 指数衰减。综合式(4.10)、式(4.11)，可以较为容易地得出当 $M>\dfrac{K\log N}{C_0(\delta)}$ 时，有

$$P(|\|\boldsymbol{\Phi x}\|^2-\|\boldsymbol{x}\|^2|\leqslant\delta\|\boldsymbol{x}\|^2)\geqslant 1-\frac{1}{N} \tag{4.12}$$

不等式(4.12)的证明涉及切比雪夫不等式的应用，证明过程较为复杂，详细的证明过程可参考相关文献[135-136]。

4.2.2.3 矩阵优化设计

在矩阵构造过程中指出了正交对称循环矩阵有 2^{k+2} 种用于构造矩阵的行向量 $\boldsymbol{T}(a_1,a_2,\cdots,a_N)$，相应地，也有 2^{k+2} 种矩阵形式。但并不是每个矩阵都能满足压缩感知测量矩阵的要求，例如，当符号向量 $(\mu_1,\mu_2,\cdots,\mu_N)=(1,1,\cdots,1)$ 或 $(-1,-1,\cdots,-1)$ 时，构造的矩阵为对角矩阵，不能满足测量矩阵的要求。因此，需要从符号向量 μ 入手，择优选择符号向量以使构造矩阵具有较好性能。

矩阵 $\boldsymbol{\Phi}$ 的第 1 行是共轭傅里叶矩阵和符号向量 μ 的乘积，最小化前 M 个较大值可使 μ 的频谱曲线尽可能平坦。然而，符号向量 μ 具有对称结构，这使得它的频谱曲线极度曲折。因此，引入 Golay 互补序列来构造 μ 的前 $N/2$ 个元素，令 $\beta=-\gamma$，通过对称结构构造后 $N/2$ 个元素。

定义非周期序列 x 的自相关函数为

$$R_x(l)=\sum_{j=0}^{N-l-1}x_jx_{j+l},\quad l=0,1,\cdots,N-1$$

令 $\boldsymbol{a}=(a_0,a_1,\cdots,a_{N-1}),a_i\in\{+1,-1\}$ 和 $\boldsymbol{b}=(b_0,b_1,\cdots,b_{N-1}),b_i\in\{+1,-1\}$ 为一对二值序列对，如果 $\boldsymbol{a}$，$\boldsymbol{b}$ 满足

$$R_a(l)+R_b(l)=0 \tag{4.13}$$

则称它们为 Golay 互补序列对。

为了便于理解，令序列 $\boldsymbol{a}$ 的多项式形式为 $a(z)=a_{N-1}z^{N-1}+\cdots+a_1z+a_0$，其中 z 具有不确定性，$a_i\in\{+1,-1\}$。则式(4.13)的等价条件为[137]

$$a(z)a(z^{-1})+b(z)b(z^{-1})=2N$$

如果限制 z 在复平面上的单位圆内，则有

$$|a(z)|^2+|b(z)|^2=2N,\quad |z|=1$$

也就是说，每个多项式在单位圆上的绝对值的上限为 $\sqrt{2N}$，也就意味着符号向量的傅里叶变换接近于变换均值。这就是利用 Golay 互补序列对来构造符号向量的初衷。对于傅里叶变换，z 位于复平面上的单位圆内，令 Golay 序列 $s=(s_1,s_2,\cdots,s_{N/2})$，$S_s(\omega)=\sum_{i=1}^{N/2}s_i\mathrm{e}^{\mathrm{j}\omega(i-1)}$，则有

$$\max_{0\leqslant\omega\leqslant2\pi}|S_s(\omega)|^2<N \tag{4.14}$$

性质 5：设 φ_i 表示 $\boldsymbol{\Phi}_N$ 行向量中的最大值，令 $(\gamma,\varepsilon_1,\varepsilon_2,\cdots,\varepsilon_{N/2-1})$ 为 Golay 序列且 $\beta=-\gamma$，则有

$$C_1=\sum_{i=1}^{M}\varphi_i^2\leqslant4$$

由构造方式可知，$\boldsymbol{\Phi}_N$ 行向量中的最大值为

$$\varphi_1^2=\frac{N}{M}\max_k\{a_k^2\}=\frac{1}{MN}\max_k\left|\sum_{i=1}^{N}\mu_i\mathrm{e}^{\mathrm{j}\omega_k(i-1)}\right|^2$$

其中，$\omega_k=2\pi(k-1)/N$，N/M 为矩阵构造时的单位化系数。由于符号向量具有对称

结构,因此式(4.14)中和的前后两部分具有共轭对称性,则有

$$\left|\sum_{i=1}^{N}\mu_i \mathrm{e}^{\mathrm{j}\omega_k(i-1)}\right|^2 \leqslant 2\left|\sum_{i=1}^{N/2}\mu_i \mathrm{e}^{\mathrm{j}\omega_k(i-1)}\right|^2 + 2\left|\sum_{i=N/2+1}^{N}\mu_{\mathrm{j}} \mathrm{e}^{i\omega_k(i-1)}\right|^2$$

利用共轭对称性可得

$$\varphi_1^2 \leqslant \frac{4}{MN}\max_k\left|\sum_{i=1}^{N/2}s_i \mathrm{e}^{\mathrm{j}\omega_k(i-1)}\right|^2 = \frac{4}{MN}\max_k|S_s(\omega_k)|^2 \leqslant \frac{4}{M}$$

根据式(4.14),可得

$$C_1 = \sum_{i=1}^{M}\varphi_i^2 \leqslant \varphi_1^2 \cdot M \leqslant 4$$

需要说明的是,当 $\boldsymbol{\mu}=(1,1,\cdots,1)$ 或 $(-1,-1,\cdots,-1)$ 时,$a_1=\pm 1$,$C_1=N$,循环行向量上限过大,构造的测量矩阵性能极差。另外,根据 Parseval 理论,可计算出下限为

$$C_1 \geqslant \frac{N}{M}\cdot M \cdot \frac{1}{N}\sum_{k=1}^{N}a_k^2 = \frac{1}{N}\sum_{k=1}^{N}\mu_k^2 = 1$$

因此,可以判定用 Golay 互补序列构造的符号向量,使构造的正交对称循环矩阵具有较优的性能。

4.2.3 分块循环矩阵

对于大像素阵列图像,有时需要采用分块方式进行图像处理。基于此,本小节介绍分块循环矩阵(block circulant matrix,BCM)及其相关特性。

4.2.3.1 矩阵构造

分块循环矩阵是利用分块矩阵进行循环而得到的矩阵,其分块矩阵也为循环矩阵。令 $\boldsymbol{\Phi}_i$ 为用于构造循环矩阵的分块矩阵,其结构形式为

$$\boldsymbol{\Phi}_i = \begin{pmatrix} \varphi_p^i & \varphi_{p-1}^i & \cdots & \varphi_2^i & \varphi_1^i \\ \varphi_1^i & \varphi_p^i & \cdots & \varphi_3^i & \varphi_2^i \\ \vdots & \vdots & & \vdots & \vdots \\ \varphi_{q-1}^i & \varphi_{q-2}^i & \cdots & \varphi_{q+1}^i & \varphi_q^i \end{pmatrix} \in \mathbf{R}^{q\times p}$$

该矩阵为循环矩阵,其循环行向量 $(\varphi_p^i,\varphi_{p-1}^i,\cdots,\varphi_1^i)$ 服从某一概率的独立分布,$q<p$。分块循环矩阵则利用矩阵块 $(\boldsymbol{\Phi}_1,\boldsymbol{\Phi}_2,\cdots,\boldsymbol{\Phi}_k)$ 进行循环移位得到,即

$$\boldsymbol{\Phi} = \begin{pmatrix} \boldsymbol{\Phi}_k & \boldsymbol{\Phi}_{k-1} & \cdots & \boldsymbol{\Phi}_2 & \boldsymbol{\Phi}_1 \\ \boldsymbol{\Phi}_1 & \boldsymbol{\Phi}_k & \cdots & \boldsymbol{\Phi}_3 & \boldsymbol{\Phi}_2 \\ \vdots & \vdots & & \vdots & \vdots \\ \boldsymbol{\Phi}_{l-1} & \boldsymbol{\Phi}_{l-2} & \cdots & \boldsymbol{\Phi}_{l+1} & \boldsymbol{\Phi}_l \end{pmatrix} \in \mathbf{R}^{l\times k}$$

4.2.3.2 矩阵特性分析

性质 1: 设 $D_{T,j}=\{\boldsymbol{\Phi}_{T,j}\rightarrow\boldsymbol{\Phi}_{T,i},j\neq i,T\subset\{1,2,\cdots,N\},j\in\{1,2,\cdots,lp\}\}$,则有

$D_{T,j}$ 的势为

$$|D_{T,j}| \leqslant |T|(|T|-1)$$

显然，当 $p=q, k=l$ 时，$|D_{T,j}|$ 取最大值。此时，矩阵 $\boldsymbol{\Phi}_{T,i}$ 的行数只与变量 i 相关，假设 $i=1$，定义 $t \in \{0,1\}^{kq}$ 为

$$t_j = \begin{cases} 0, & j \notin T \\ 1, & j \in T \end{cases}, \quad j=1,2,\cdots,kq$$

对 $\boldsymbol{\Phi}$ 的每一行进行分块，$\boldsymbol{\Phi}_i^j \in \mathbf{R}^{1\times kq}, i\in\{1,2,\cdots,k\}, j\in\{1,2,\cdots,kq\}$[138]。令 τ 表示矩阵块 $\boldsymbol{\Phi}_i^j$ 的一次右移操作 $\{0,1\}^{kq}\rightarrow\{0,1\}^{kq}$，$\sigma$ 表示 $\boldsymbol{\Phi}_i^j$ 里面元素的一次右移操作 $\{0,1\}^{kq}\rightarrow\{0,1\}^{kq}$。设

$$\widetilde{\boldsymbol{\Phi}} = \begin{pmatrix} t \\ \sigma^1\tau^0(t) \\ \vdots \\ \sigma^{(i-1)(\bmod p)}\tau^{\lfloor i-1/q \rfloor}(t) \\ \vdots \\ \sigma^{q-1}\tau^{k-1}(t) \end{pmatrix} \in \mathbf{R}^{kq\times kq}$$

令 $\widetilde{\boldsymbol{\Phi}}_T$ 表示由 $\widetilde{\boldsymbol{\Phi}}$ 的 T 列组成的矩阵，$T\subset\{1,2,\cdots,kq\}$，则很容易得到

$$|D_{T,i}| = |\{\widetilde{\boldsymbol{\Phi}}_{T,i}, i\in\{2,3,\cdots,kq\}: h(\widetilde{\boldsymbol{\Phi}}_{T,1},\widetilde{\boldsymbol{\Phi}}_{T,i}) < |T|\}| \leqslant |T|(|T|-1)$$

其中，$h:\{0,1\}^{kq}\times\{0,1\}^{kq}\rightarrow N$ 为汉明(Hamming)距离，且有

$$h(x,y) = |\{j\in\{1,2,\cdots,kq\} \mid x_j \neq y_j\}|$$

性质 2：给定 $T\subset\{1,2,\cdots,N\}$，$|T|=m$ 和 $\delta_m\in(0,1)$，则矩阵 $\boldsymbol{\Phi}_T$ 满足

$$P(|\|\boldsymbol{\Phi x}\|^2 - \|\boldsymbol{x}\|^2| < \delta_m\|\boldsymbol{x}\|^2) \geqslant 1 - \mathrm{e}^{-f(\lfloor n/q \rfloor, m, \delta_m) + \ln(q)}, \forall x \in \mathbf{R}^{|T|}$$

其中，$q=|T|(|T|-1)+1$。

令 $\boldsymbol{\Phi}_{T,i}$ 表示 $\boldsymbol{\Phi}_T$ 的第 i 行，构造表

$$G=(V,E)$$

其中，$V=\{1,2,\cdots,n\}$，$E=\{(i,i')\in V\times V1i\neq i', \boldsymbol{\Phi}_{T,i}\leftrightarrow\boldsymbol{\Phi}_{T,i'}\}$。由性质 1 可知，$\boldsymbol{\Phi}_{T,i}$ 最多由 $|T|(|T|-1)$ 行组成。因此，G 的次数 $\Delta\leqslant|T|(|T|-1)$。利用 Hajnal-Szemeredi 的图均匀染色理论，可以将 G 划分为 q 种色彩，并对色彩进行分类。令 $\{C_{j|j=1,2,\cdots,q}\}$ 表示不同的色彩类别，则有

$$|C_j| = \lfloor n/q \rfloor \quad 或 \quad |C_j| = \lceil n/q \rceil$$

令 $\boldsymbol{\Phi}_T^j$ 为利用索引 C_j 从 $\boldsymbol{\Phi}_T$ 中分离出来的 $|C_j|\times|T|$ 矩阵，并定义 $\widetilde{\boldsymbol{\Phi}}_T^j = \sqrt{n/|C_j|}\boldsymbol{\Phi}_T^j$，则有

$$\forall \boldsymbol{x}\in\mathbf{R}^{|T|}, \|\boldsymbol{\Phi}_T\boldsymbol{x}\|_2^2 = \sum_{j=1}^{q}\|\boldsymbol{\Phi}_T^j\boldsymbol{x}\|_2^2 = \sum_{j=1}^{q}\frac{|C_j|}{n}\|\widetilde{\boldsymbol{\Phi}}_T^j\boldsymbol{x}\|_2^2 \tag{4.15}$$

每一个 $\widetilde{\boldsymbol{\Phi}}_T^j$ 为独立的等概率分布随机矩阵，则有

$$P(|\|\boldsymbol{\Phi x}\|^2 - \|\boldsymbol{x}\|^2| < \delta_m\|\boldsymbol{x}\|^2) \geqslant 1 - \mathrm{e}^{-f(|C_j|, m, \delta_m)} = 1 - \mathrm{e}^{-f(\lfloor n/q \rfloor, m, \delta_m)}, \forall \boldsymbol{x}\in\mathbf{R}^{|T|} \tag{4.16}$$

因为 $\sum_{j=1}^{q}\frac{|C_j|}{n}=1$，所以由式(4.15)可推出，对于 $\forall \boldsymbol{x}\in\mathbf{R}^{|T|}$ 和 $\forall j\in\{1,2,\cdots,q\}$，有

$$(1-\delta_m)\|\boldsymbol{x}\|_2^2\leqslant\|\tilde{\boldsymbol{\Phi}}_T^j\boldsymbol{x}\|_2^2\leqslant(1+\delta_m)\|\boldsymbol{x}\|_2^2 \tag{4.17}$$

那么

$$(1-\delta_m)\|\boldsymbol{x}\|_2^2\leqslant\|\boldsymbol{\Phi}_T\boldsymbol{x}\|_2^2\leqslant(1+\delta_m)\|\boldsymbol{x}\|_2^2,\forall \boldsymbol{x}\in\mathbf{R}^T \tag{4.18}$$

也就是说，只要 $\tilde{\boldsymbol{\Phi}}_T^j$ 满足式(4.17)，$\boldsymbol{\Phi}_T$ 就能够满足式(4.18)。设 $\tilde{\boldsymbol{\Phi}}_T^j$ 和 $\boldsymbol{\Phi}_T$ 满足 $|\|\boldsymbol{\Phi x}\|^2-\|\boldsymbol{x}\|^2|<\delta_m\|\boldsymbol{x}\|^2$ 的集合分别为 E_1 与 E_2，利用式(4.16)，则有

$$\begin{aligned}P(E_2)=1-P(E_2^c)\geqslant 1-P(E_1^c)\geqslant\\ 1-\sum_{j=1}^{q}\mathrm{e}^{-f(\lfloor n/q\rfloor,m,\delta_m)}=\\ 1-\mathrm{e}^{-f(\lfloor n/q\rfloor,m,\delta_m)+\ln(q)}\end{aligned}$$

性质3：设 c_1,c_2 为依赖于 $\delta_{3m}\in(0,1)$ 的大于零的常数，则对于任意 $n\geqslant c_1m^3\ln(N/m)$ 和 $\forall\delta_{3m}\in(0,1)$，有

$$P(|\|\boldsymbol{\Phi x}\|^2-\|\boldsymbol{x}\|^2|<\delta_{3m}\|\boldsymbol{x}\|^2)\geqslant 1-\mathrm{e}^{-c_2n/m^2},\forall \boldsymbol{x}\in\mathbf{R}^{|T|} \tag{4.19}$$

由性质3可以推出，对于任意 $T\subset\{1,2,\cdots,N\}$，$|T|=3m$，有

$$\begin{aligned}P(|\|\boldsymbol{\Phi x}\|^2-\|\boldsymbol{x}\|^2|<\delta_{3m}\|\boldsymbol{x}\|^2)\geqslant 1-\mathrm{e}^{-c_0\lfloor n/q\rfloor+3m\ln(12/\delta_{3m})+\ln(2)+\ln(q)}\geqslant\\ 1-\mathrm{e}^{-c_0n/9m^2+3m\ln(12/\delta_{3m})+\ln(2)+\ln(9m^2)+c_0}\end{aligned}$$

因为 $\binom{N}{3m}\leqslant(\mathrm{e}N/3m)^{3m}$，所以利用 Boniferroni 不等式，可得

$$P(|\|\boldsymbol{\Phi x}\|^2-\|\boldsymbol{x}\|^2|<\delta_{3m}\|\boldsymbol{x}\|^2)\geqslant 1-\mathrm{e}^{-c_0k/9m^2+3m[\ln(12/\delta_{3m})+\ln(N/3m)+1]+\ln(2)+\ln(9m^2)+c_0} \tag{4.20}$$

令 c_2 为大于零的固定值，取 $c_1>27c_3/(c_0-9c_2)$，其中 $c_3=\ln(12/\delta_{3m})+\ln(2)+c_0+4$，则对于任意 $n\geqslant c_1m^3\ln(N/m)$，式(4.20)中 e 的指数上界为 $-c_2n/m^2$，从而可得到式(4.19)[139]。

4.2.4 确定性测量矩阵的性能测试

确定性测量矩阵的性能测试采用和4.1.6小节同样的方式进行。本小节还将正交对称循环矩阵、分块循环矩阵的重构性能与常用的高斯随机测量矩阵、伯努利随机测量矩阵以及托普利兹矩阵进行对比分析。

4.2.4.1 一维信号仿真分析

对于一维测试信号，在4.1.6小节的测试条件下，正交对称循环矩阵和分块循环矩阵在不同稀疏度下的重构成功率与测量数之间的关系如图4.5所示。

不同测量矩阵在固定稀疏度下的重构成功率与测量数之间的关系如图4.6所示。通过此图可以更为直观地对比分析不同测量矩阵的重构性能。

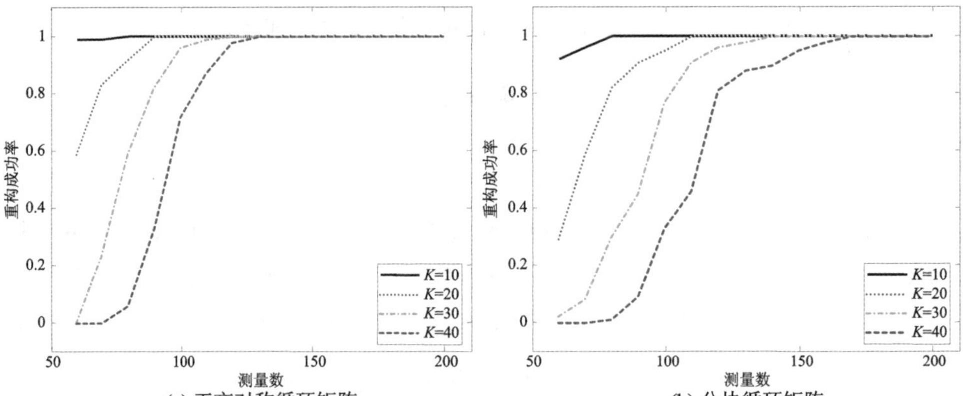

(a) 正交对称循环矩阵　　(b) 分块循环矩阵

图 4.5　正交对称循环矩阵和分块循环矩阵在不同稀疏度下的重构成功率与测量数之间的关系

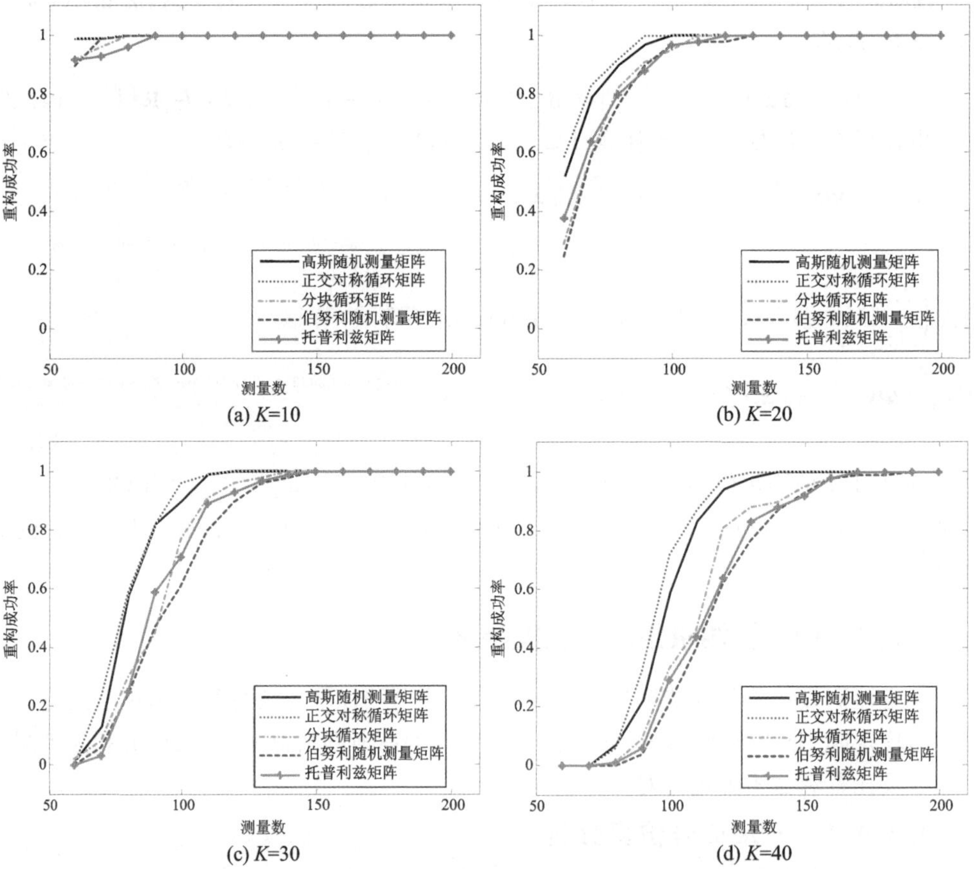

(a) K=10　　(b) K=20

(c) K=30　　(d) K=40

图 4.6　在固定稀疏度 K 下不同测量矩阵的重构性能对比

通过图 4.6 可以得出，正交对称循环矩阵的重构性能最优，且优于高斯随机测量矩阵；分块循环矩阵的重构性能稍优于托普利兹矩阵和伯努利随机测量矩阵。

4.2.4.2 二维信号仿真分析

二维信号仿真的测试条件和4.1.6.2小节一致。采用256×256大小的lena图像作为仿真对象，得到各测量矩阵的重构误差与压缩比之间的关系如表4.2所列。

表4.2 不同测量矩阵在不同压缩比下的重构误差

压缩比(M/N)	重构误差(峰值信噪比)/dB				
	高斯随机测量矩阵	伯努利随机测量矩阵	托普利兹矩阵	正交对称循环矩阵	分块循环矩阵
0.1	18.564 56	18.120 65	18.312 99	18.640 03	18.427 71
0.2	22.513 10	22.662 39	21.450 47	22.424 12	21.829 58
0.3	24.587 44	24.557 86	22.583 42	24.573 84	23.283 59
0.4	26.362 02	26.321 13	24.802 87	26.422 09	24.232 52
0.5	28.425 55	28.142 98	26.836 44	28.399 73	27.421 32

在压缩比为0.5时各测量矩阵重构的图像与原始图像如图4.7所示，通过此图可以更为直观地观测各测量矩阵重构图像的视觉效果。

(a) 原始图像 (b) 高斯随机测量矩阵重构图像 (c) 伯努利随机测量矩阵重构图像

(d) 托普利兹矩阵重构图像 (e) 正交对称循环矩阵重构图像 (f) 分块循环矩阵重构图像

图4.7 不同测量矩阵在压缩比为0.5时的重构图像与原始图像

为了减少单一图像不确定因素对仿真结果的影响，对第 3 章中光学遥感图像库的 60 幅图像进行逐一仿真。取 60 幅遥感图像在同一测试条件下重构误差的平均值，得到各测量矩阵的重构误差均值与压缩比之间的关系如图 4.8 所示。

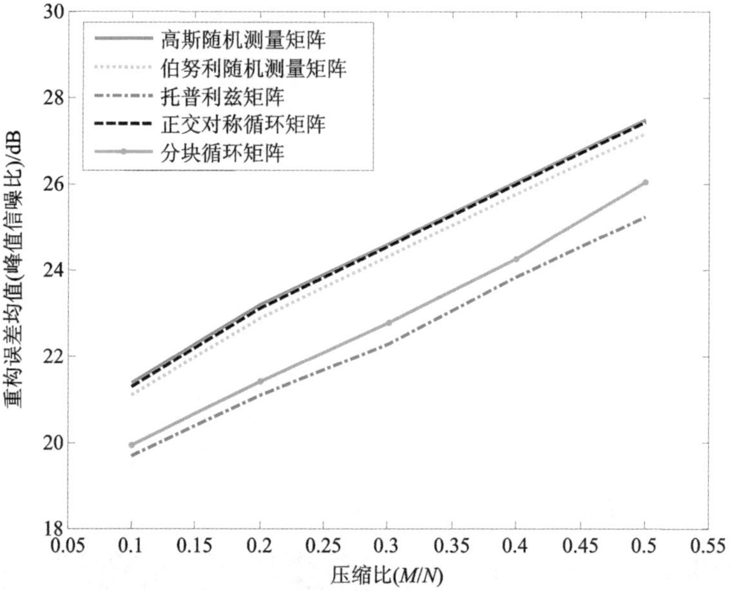

图 4.8　60 幅遥感图像在不同测量矩阵下的重构误差均值与压缩比的关系

从上述不同仿真分析方法的结果中可以得出：对于二维图像测量，正交对称循环矩阵的重构性能十分接近高斯随机测量矩阵，且稍优于伯努利随机测量矩阵；分块循环矩阵的重构性能差于上述测量矩阵，但较托普利兹矩阵有一定的改进。

4.3　确定性测量矩阵的硬件实现

测量矩阵的硬件实现包括测量矩阵构造的硬件实现以及测量矩阵在实际信号采集中的物理实现。其中测量矩阵构造的硬件实现是指利用何种方式快速有效地构造出需要的测量矩阵；而物理实现就是在实际信号采集中，利用什么样的器件来完成所构造出的测量矩阵的采样功能。对于不同的应用系统，物理实现的方式不尽相同，但测量矩阵的构造方式基本一致。因此，这里仅介绍确定性测量矩阵构造的硬件实现，而对于其物理实现，将在后面的应用章节中讨论。

4.3.1　确定性测量矩阵的结构分析

回顾 4.2 节确定性测量矩阵的构造方式可知，本小节所设计的确定性测量矩阵都是基于循环矩阵改进的，也就是说，构造的确定性测量矩阵是循环矩阵的特殊形式。因此，这里仅分析循环矩阵的结构特性。

一个 $N\times N$ 循环矩阵的结构形式为

$$\boldsymbol{A}_N=\begin{bmatrix} a_N & a_{N-1} & a_{N-2} & \cdots & a_1 \\ a_1 & a_N & a_{N-1} & \cdots & a_2 \\ \vdots & \vdots & \vdots & & \vdots \\ a_{N-1} & a_{N-2} & a_{N-3} & \cdots & a_N \end{bmatrix}$$

它的构造方式较为简单,仅需要对一个 N 维向量$(a_1,a_2,\cdots,a_N)$的每一个元素采用依次循环的方式获得第 2 行、第 3 行至第 N 行便可得到 $N\times N$ 循环矩阵。然而,对于一个 $M\times N$ 循环矩阵,它是从 $N\times N$ 循环矩阵中随机抽取 M 行,而不是按顺序提取前 M 行。因此,循环矩阵的构造除了需要一个 N 维向量外,还需要一个 M 维排序向量,用于指定每次循环后的行向量在测量矩阵中的行位置。

4.3.2 确定性测量矩阵构造的硬件实现分析

从矩阵结构分析中可知,循环矩阵的构造过程非常简单,它在硬件实现方面主要涉及两方面内容:一是数据的存储和读取操作,二是循环向量的移位操作。

在数据存储方面,一个 $M\times N$ 循环矩阵的构造仅需存储一个 N 维循环向量和一个 M 维排序向量,相比于随机测量矩阵的 MN 个独立元素的存储,极大地节省了存储空间。这种方式的好处就是对于大阶数矩阵来说,不会存在处理器内部存储空间不足的情况,可以直接从内存中读取数据,大大提高了数据读取的速率。

从构造过程来看,矩阵的构造以循环移位操作为主,循环移位的并行执行方法就是在同一时间利用多个功能单元将一个循环向量进行不同步长的移位,步长由 M 维排序向量的元素值决定。在单中央处理器(CPU)环境中,无法在同一时间提供多个功能单元,因此循环移位操作必须串行执行,而 FPGA 器件本身的特性为循环移位操作的并行执行提供了条件。

4.3.3 矩阵构造的 FPGA 实现与仿真

4.3.3.1 数据存储器模块

由于矩阵的构造只涉及向量的移位操作,并不涉及实际的运算,因此可以使用 FPGA 内部的 BLOCK RAM 资源作为数据存储器,通过硬件描述语言来模拟该过程[140]。BLOCK RAM 资源作为一种性能优越的快速通信器件用于单端口或多端口的高速数据传输系统。它的优点是能够方便地配置成单端口、双端口等模式。由于向量数组移位操作并不需要大量数据握手传输,因此选择简单双端口 RAM 就能完成该功能。简单双端口 RAM 的读/写地址是彼此分开的,并且只有一个读/写使能控制信号和一个数据输出端口。可采用 IP 核来实现简单双端口 RAM 的设计。BLOCK RAM 的设置包括输入输出字长以及存储深度。存储深度是根据将要进行移位的向量长度确定的,并留有一定的余量。数据位宽的设置要根据输入数据的最大值与最小值的范围来定,在实际操作中也可以设置得稍大一些,为大数据的输入做好准备。整个构造过程需要调用三个 BLOCK RAM 来实现，一个用作循环向量的存储，一个用作排序向量的存储，一个用作循环移位后向量的存储。每个 BLOCK RAM 的输入数据端口、输入地址端口和输出地址端口以及输出数据端口都采用了多路选择器的结构，目的是方便程序的编写，同时为结构的扩充提供方便。具体的接口结构如图 4.9 所示。

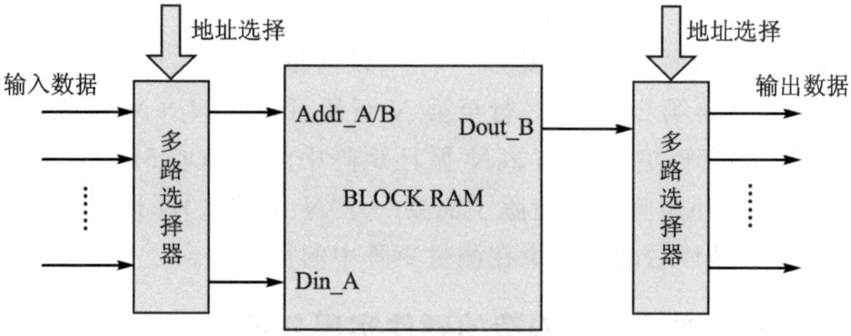

图 4.9 BLOCK RAM 的接口结构

4.3.3.2 向量移位操作模块

向量移位操作是根据初始行向量进行循环移位的，元素移位的步长由排序向量对应的元素值决定。具体的操作过程如下：

① 读取循环行向量和排序向量的值。

② 依次取排序向量中各元素的值，确定每次循环行向量的移位步长。

③ 根据排序向量中的值进行移位，将每次移位后的向量存储起来；在每次移位操作中，比较当前移位步长 m 和行向量维数 n 的值，如果 $m<n/2$，则向右循环移位 m 步长；如果 $m>n/2$，则向左循环移位 $m-n$，确保每次循环移位的步长最短。

4.3.3.3 FPGA 仿真分析

本小节测量矩阵构造的 FPGA 实现基于赛灵思(Xilinx)公司的 Spartan－Ⅲ系列产品，通过 VHDL 语言编程完成矩阵构造的所有步骤，采用 Modelsim 软件对所设计的 VHDL 程序进行仿真。对于一个 32×64 循环矩阵的构造，利用 row_vector(0)行向量进行移位循环，对编写的程序在 ISE9.1 环境中进行综合(synthesize)与实现(lmplement)，得到 FPGA 芯片的资源利用情况，如图 4.10 所示，构造的循环矩阵如图 4.11 所示。

由图 4.10、图 4.11 可知，利用 FPGA 进行循环矩阵的构造，在所有向量移位操作并行进行的情况下，占用的 FPGA 资源仅为一万多个逻辑门，矩阵的构造时间为微秒级。当构造矩阵维数较大时，可以采取串并结合的方式进行移位，对 M 次向量移位操作进行分组，每组内各向量的移位为并行方式，而各组之间的向量移位为串行流水作业。这样，在满足构造时间要求的范围内可占用较少的 FPGA 资源。

利用 FPGA 构造测量矩阵的另一好处是可以利用 FPGA 的控制功能直接对测量矩阵的物理实现器件进行控制，将构造好的测量矩阵直接作用于物理实现器件上，完成对信号的稀疏采集。

Device Utilization Summary				
Logic Utilization	**Used**	**Available**	**Utilization**	**Note(s)**
Number of Slice Flip Flops	227	15,360	1%	
Number of 4 input LUTs	1,516	15,360	9%	
Logic Distribution				
Number of occupied Slices	981	7,680	12%	
Number of Slices containing only related logic	981	981	100%	
Number of Slices containing unrelated logic	0	981	0%	
Total Number of 4 input LUTs	1,519	15,360	9%	
Number used as logic	1,516			
Number used as a route-thru	3			
Number of bonded IOBs	10	173	5%	
IOB Flip Flops	9			
Number of GCLKs	1	8	12%	
Total equivalent gate count for design	13,687			
Additional JTAG gate count for IOBs	480			

图 4.10 循环矩阵构造的 FPGA 资源利用统计

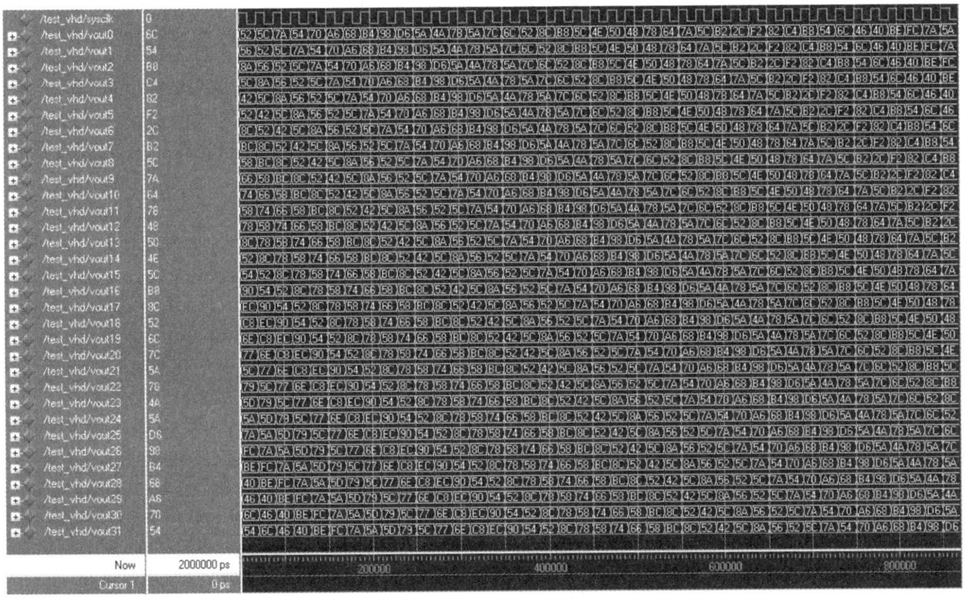

图 4.11 基于 FPGA 构造的循环矩阵

第5章　遥感图像重构算法

重构算法作为压缩感知理论的核心之一，是压缩感知理论得以实现的保证。重构算法的研究对于推动压缩感知理论朝着实用性方面发展有着举足轻重的作用。从压缩感知理论的正式提出至今，学者们已经在这一领域取得了不小的成就，提出了多种稀疏信号的重构算法。这些算法的关键是如何从压缩感知测量得到的低维数据中精确地恢复出原始高维数据，它们大致可以分为两类：一类是贪婪算法，另一类是基于 L_1 范数最小值的凸优化算法。这两类算法都存在各自的优缺点：贪婪算法虽然重构速度较快，但是在信号重构质量上还有待提高；凸优化算法的重构性能较好，但它的计算量较大，难以应对大规模信号恢复。因此，寻求能够兼顾信号重构质量和重构时间的算法是目前需要解决的重要问题之一，也是将重构算法从理论推向实际应用的关键。本章从上述两个方面对压缩成像中的图像重构算法进行分析，并详细介绍基于梯度投影稀疏重建的快速重构算法和正则化 Bregman 重构算法。

5.1　贪婪算法

贪婪算法通过直接求解 L_0 范数最优化问题来实现稀疏信号重构。在 2.3 小节中已经介绍了匹配追踪（MP）算法和正交匹配追踪（OMP）算法。本节将根据图像特点分析正交匹配追踪算法的一系列改进算法——主要有正则化正交匹配追踪（ROMP）算法、压缩采样匹配追踪（CoSaMP）算法、稀疏自适应匹配追踪（SAMP）算法，并对这些算法进行仿真、对比分析。

5.1.1　正则化正交匹配追踪算法

正则化正交匹配追踪算法结合了贪婪算法的重构速度和凸优化算法的重构精度，对所有满足参数为（$2K$，$0.03/\sqrt{\log K}$）的有限等距性质的测量矩阵，它可以从测量向量中精确地恢复 K 稀疏信号[141]。正则化正交匹配追踪算法首先根据相关原则进行原子的一次筛选，通过求解残差向量和测量矩阵中各向量之间内积的绝对值来计算相关系数 g，选取相关系数最大的 K 个向量存入到候选集 J 中；然后通过正则化方法进行向量的二次筛选，将 J 中索引值对应向量的相关系数分成若干组，选择能量最大的一组相关系数的对应向量存入 J_0 中。该正则化过程最多经过 K 次迭代便可以得到一个向量数小于 $2K$ 的索引集用于精确重构信号，对于没有被选入支撑集的向量，正则化过程保证了其能量远小于被选入的向量。在得到信号的支撑集后，采用最小二乘法计算逼近信号和残差向量，进行迭代运算直至达到精度要求。

设测量矩阵为 $\boldsymbol{\Phi}$，测量向量为 $\boldsymbol{y}$，稀疏度为 K，误差向量为 $\boldsymbol{r}$，$\boldsymbol{x}$ 的 K 稀疏逼近为 $\hat{\boldsymbol{x}}$。正则化正交匹配追踪算法的主要步骤如下：

① 初始化：残差向量 $\boldsymbol{r}_0=\boldsymbol{y}$，索引集 $\Gamma_0=\varnothing$，$\Lambda_0=\varnothing$，支撑集 $\boldsymbol{\Phi}_{\Gamma_0}=\varnothing$，迭代次数 $n=0$。

② 计算残差向量和测量矩阵的每一列的内积 $\boldsymbol{g}_n=\boldsymbol{\Phi}^{\mathrm{T}}\boldsymbol{r}_{n-1}$。

③ 找出 $\boldsymbol{g}_n$ 中绝对值最大的 K 个元素，将对应的索引值存入候选集 J 中。

④ 对 J 中索引值对应向量的相关系数按照式(5.1)进行分组，然后利用正则化方法进行向量的二次筛选，将正则化结果存入 J_0 中。

$$|g(i)|\leqslant 2|g(j)| \quad i,j\in J \tag{5.1}$$

⑤ 更新索引集 $\Gamma_n=\Gamma_{n-1}\cup\{J_n\}$ 以及支撑集 $\boldsymbol{\Phi}_{\Gamma_n}=\boldsymbol{\Phi}_{\Gamma_{n-1}}\cup\{\varphi_{J_n}\}$。

⑥ 利用最小二乘法求得近似解 $\boldsymbol{x}_n=(\boldsymbol{\Phi}_{\Gamma_n}^{\mathrm{T}}\boldsymbol{\Phi}_{\Gamma_n})^{-1}\boldsymbol{\Phi}_{\Gamma_n}^{\mathrm{T}}\boldsymbol{y}$，更新残差 $\boldsymbol{r}_n=\boldsymbol{y}-\boldsymbol{\Phi}\boldsymbol{x}_n$。

⑦ 更新迭代次数，令 $n=n+1$。如果满足迭代终止条件，则令 $\hat{\boldsymbol{x}}=\boldsymbol{x}_n$，$\boldsymbol{r}=\boldsymbol{r}_n$，否则转入步骤②。

从上述算法中可以看出，在迭代过程中需要知道信号的稀疏度。相关研究表明，信号稀疏度选取过小会使得多次迭代也无法达到信号收敛条件，而信号稀疏度选取过大则很难满足信号重构精度的要求。一种可行的信号稀疏度预估方式是利用经验公式计算不同稀疏度下输出信号 $\hat{\boldsymbol{x}}$ 对应的 $\|\hat{\boldsymbol{\Phi}}\boldsymbol{x}-\boldsymbol{y}\|_2$，使 $\|\hat{\boldsymbol{\Phi}}\boldsymbol{x}-\boldsymbol{y}\|_2$ 取得最小的信号稀疏度。

5.1.2 压缩采样匹配追踪算法

在分析正则化正交匹配追踪算法的基础上，文献[40]提出了一种压缩采样追踪方法。假设测量矩阵 $\boldsymbol{\Phi}$ 满足有限等距性质 $\delta_k\ll 1$，那么对于一个 K 稀疏信号，可以用 $\boldsymbol{u}=\boldsymbol{\Phi}^*\boldsymbol{\Phi}\boldsymbol{x}$ 进行表征(其中，$\boldsymbol{\Phi}^*$ 为 $\boldsymbol{\Phi}$ 的共轭转置矩阵)，因为 $\boldsymbol{u}$ 中 K 个元素构成的每一个集合的能量逼近于相应的 $\boldsymbol{x}$ 中 K 个元素的能量，而且 $\boldsymbol{u}$ 中最大的 K 个元素对应于 $\boldsymbol{x}$ 中最大的 K 个元素。当测量信号 $\boldsymbol{y}=\boldsymbol{\Phi}\boldsymbol{x}$ 时，表征信号就可以利用矩阵-向量乘法得到。在每次迭代中，对残差向量进行信号表征，从中选择最大的 $2K$ 个向量，得到相应的索引集。信号的表征方式保证了未被选入的向量能量远小于被选用的 $2K$ 个向量的能量。在得到信号的支撑集后，采用最小二乘法计算逼近信号和残差向量，进行迭代运算直至达到精度要求。

设测量矩阵为 $\boldsymbol{\Phi}$，测量向量为 $\boldsymbol{y}$，稀疏度为 K，误差向量为 $\boldsymbol{r}$，$\boldsymbol{x}$ 的 K 稀疏逼近为 $\hat{x}$。压缩采样匹配追踪算法的主要步骤如下：

① 初始化：残差向量 $\boldsymbol{r}_0=\boldsymbol{y}$，索引集 $\Gamma_0=\varnothing$，$\Lambda_0=\varnothing$，支撑集 $\boldsymbol{\Phi}_{\Gamma_0}=\varnothing$，迭代次数 $n=0$。

② 计算残差向量的信号表征 $\boldsymbol{u}_n=\boldsymbol{\Phi}^*\boldsymbol{r}_{n-1}$。

③ 找出 $\boldsymbol{u}_n$ 中绝对值最大的 $2K$ 个元素，将对应的索引值存入索引集 J_n 中。

④ 更新索引集 $\Gamma_n=\Gamma_{n-1}\cup\{J_n\}$ 以及支撑集 $\boldsymbol{\Phi}_{\Gamma_n}=\boldsymbol{\Phi}_{\Gamma_{n-1}}\cup\{\varphi_{J_n}\}$。

⑤ 利用最小二乘法进行信号估计：$\boldsymbol{b}_n=(\boldsymbol{\Phi}_{\Gamma_n}^{\mathrm{T}}\boldsymbol{\Phi}_{\Gamma_n})^{-1}\boldsymbol{\Phi}_{\Gamma_n}^{\mathrm{T}}\boldsymbol{y}$。

⑥ 取 $\boldsymbol{b}_n$ 中元素值最大的 K 个元素，将其余元素赋零值，$\boldsymbol{x}_n=\boldsymbol{b}_K$；更新残差 $\boldsymbol{r}_n=\boldsymbol{y}-\boldsymbol{\Phi}\boldsymbol{x}_n$。

⑦ 更新迭代次数，令 $n=n+1$。如果满足迭代终止条件，则令 $\hat{\boldsymbol{x}}=\boldsymbol{x}_n$，$\boldsymbol{r}=\boldsymbol{r}_n$，否则转入步骤②。

压缩采样匹配追踪算法运用了回溯思想，它从残差信号的表征中选取 $2K$ 个最大元素构成索引集，而在信号估计时根据一定条件删除部分以前选中的元素，使得每次迭代后信号的估计值中仅含有 K 个非零元素。

5.1.3 稀疏自适应匹配追踪算法

稀疏自适应匹配追踪算法可在稀疏度未知的前提下通过自适应调整迭代步长来实现信号的精确重构[42]。稀疏自适应匹配追踪算法的基本思想是将迭代过程分为多个阶段(stage)，同一迭代阶段中信号的支撑集大小(size)是固定的，而相邻迭代阶段所对应的支撑集大小是递增的，它们的差值即为阶段步长(step)。在每个迭代阶段中，求取测量矩阵和残差向量的相关系数中幅值最大的 size 个系数对应的索引值并构成索引集，然后合并索引集和前一次迭代的支撑集来得到候选集，再选取残差向量与候选集对应向量的相关系数中幅值最大的 size 个系数对应的索引值来构成当前迭代阶段的支撑集，然后采用最小二乘法实现重构，同时更新残差向量。当更新的残差向量值大于前一次残差向量值时，则判定当前支撑集不能满足重构要求，以补偿步长来增大它的规模。重复上述迭代过程，直到残差向量的能量小于规定的阈值。

设测量矩阵为 $\boldsymbol{\Phi}$，测量向量为 $\boldsymbol{y}$，误差向量为 $\boldsymbol{r}$，$\boldsymbol{x}$ 的 K 稀疏逼近为 $\hat{\boldsymbol{x}}$。稀疏自适应匹配追踪算法的主要步骤如下：

① 初始化：残差向量 $\boldsymbol{r}_0=\boldsymbol{y}$，索引集 $\Gamma_0=\varnothing$，$J_0=\varnothing$，支撑集 $\boldsymbol{\Phi}_{\Gamma_0}=\varnothing$，size$\neq 0$，stage$=0$，迭代次数 $n=0$。

② 计算残差向量和测量矩阵的每一列内积 $\boldsymbol{g}_n=\boldsymbol{\Phi}^{\mathrm{T}}\boldsymbol{r}_{\mathrm{n}-1}$。

③ 找出 $\boldsymbol{g}_n$ 中绝对值最大的 size 个元素对应的索引值存入 J_n。

④ 更新索引集 $\Gamma_n=\Gamma_{\mathrm{n}-1}\cup\{J_n\}$ 以及支撑集 $\boldsymbol{\Phi}_{\Gamma_n}=\boldsymbol{\Phi}_{\Gamma_{\mathrm{n}-1}}\cup\{\varphi_{J_n}\}$。

⑤ 利用最小二乘法求得近似解 $\boldsymbol{x}_n=(\boldsymbol{\Phi}_{\Gamma_n}^{\mathrm{T}}\boldsymbol{\Phi}_{\Gamma_n})^{-1}\boldsymbol{\Phi}_{\Gamma_n}^{\mathrm{T}}\boldsymbol{y}$，并从中选择 size 个最大元素对应的索引值构成新的支撑集 $\boldsymbol{\Phi}_{\Gamma_n}$，更新残差向量 $\boldsymbol{r}_n=\boldsymbol{y}-\boldsymbol{\Phi}_{\Gamma_n}\boldsymbol{x}_n$。

⑥ 更新迭代次数，令 $n=n+1$，如果满足迭代终止条件，则令 $\hat{\boldsymbol{x}}=\boldsymbol{x}_n$，$\boldsymbol{r}=\boldsymbol{r}_n$。如果 $\|\boldsymbol{r}_n\|_2>\|\boldsymbol{r}_{n-1}\|_2$，则令 stage$=$stage$+1$，size$=$size · stage，转入步骤②；否则，直接转入步骤②。

从稀疏自适应匹配追踪算法的迭代过程来看，它引入了回溯的思想，将当前选出的元素构成的支撑集和先前迭代所得到的支撑集合并，从而得到候选集，再从中筛选部分元素得到最终的支撑集。该算法最突出的优点在于它实现了在未知稀疏度 K 的条件下就可以精确重构信号的目标。稀疏自适应匹配追踪算法的关键是如何确定初始步长，当步长等于 1 时，支撑集的大小可以准确达到稀疏度的大小，但是对于规模较大的信号，随之而来的时间代价则难以接受；当步长过大时，重构时间将会缩短，但支撑集的大小很可能会越过 K，从而出现过度估计现象，重构效果将打折扣。因此，需要根据信号和采样频率合理选择步长，以取得较为均衡的重构时间和重构效果。

5.1.4 贪婪算法性能测试

贪婪算法的性能测试方法和凸优化算法一样，分别采用两类信号(一维可压缩信号和二维图像信号)对它进行仿真实验，对比分析各凸优化算法在信号重构精度上的区别。

5.1.4.1 一维信号仿真分析

对于一维信号仿真，采用 4.1.6.1 小节中定义的信噪比来表示信号重构的精度。信号是维数为 256、稀疏度为 20 的非噪声信号，取不同的测量数 M，对不同重构算法进行仿真，测试其重构成功率。这里定义重构成功的标准为重构精度——信噪比大于 40 dB。由于测量矩阵的随机性，每次仿真的重构误差不一样，因此对每组参数进行 100 次仿真实验，测试其重构成功率的平均值，信号稀疏表示方法为离散余弦变换，测量矩阵采用第 4 章设计的正交对称循环矩阵。所有算法的迭代终止条件或其等价条件为 $\| \boldsymbol{y}-\boldsymbol{\Phi x}^n \|_2 \leqslant 1\times 10^{-5}$。

取测量数 $M=10:10:200$，得到各算法的重构结果如表 5.1 所列。

表 5.1 不同贪婪算法的一维信号重构结果

测量数	正交匹配追踪算法				正则化正交匹配追踪算法			
	重构成功率	迭代次数	重构时间/s	信噪比/dB	重构成功率	迭代次数	重构时间/s	信噪比/dB
60	0.47	20	0.006 823	130.363 5	0.16	3.12	0.009 063	36.832 7
70	0.87	20	0.007 917	241.206 8	0.54	3.50	0.009 434	120.401 9
80	0.95	20	0.008 906	272.947 2	0.77	3.86	0.008 042	226.844 4
90	0.99	20	0.009 427	286.169 7	1.00	4.14	0.008 198	268.999 2
100	0.99	20	0.011 250	291.753 4	1.00	4.51	0.008 854	270.101
110	1.00	20	0.012 292	292.221 9	1.00	4.93	0.007 708	271.917 8
120	1.00	20	0.012 865	289.760 1	1.00	5.19	0.007 188	277.396 1
130	1.00	20	0.013 021	292.981 0	1.00	5.22	0.006 823	290.289 0
140	1.00	20	0.012 604	293.733 0	1.00	5.13	0.007 031	292.349 4
150	1.00	20	0.015 781	294.391 8	1.00	5.10	0.007 24	293.468 1
160	1.00	20	0.016 458	292.498 5	1.00	4.96	0.007 604	295.569 9
170	1.00	20	0.018 438	291.143 0	1.00	5.06	0.008 021	290.325 8
180	1.00	20	0.020 000	293.240 1	1.00	4.97	0.008 385	291.751 6
190	1.00	20	0.021 563	295.683 9	1.00	4.94	0.008 229	295.067 9
200	1.00	20	0.021 354	289.755 1	1.00	4.99	0.008 646	294.820 7

续表 5.1

测量数	压缩采样匹配追踪算法				稀疏自适应匹配追踪算法			
	重构成功率	迭代次数	重构时间/s	信噪比/dB	重构成功率	迭代次数	重构时间/s	信噪比/dB
60	0.11	17.24	0.019 635	28.697 1	0.76	9.33	0.023 906	217.071 7
70	0.59	12.61	0.013 802	172.450 7	0.98	7.04	0.012 188	287.539 6
80	0.93	6.23	0.006 458	276.687 6	1.00	6.28	0.010 729	291.888 6
90	1.00	4.02	0.004 635	297.756 4	1.00	5.96	0.010 052	293.299 2
100	1.00	3.47	0.003 698	297.603 1	1.00	5.71	0.011 406	291.171 1
110	1.00	3.21	0.004 479	298.998 8	1.00	5.51	0.009 792	288.784 3
120	1.00	3.03	0.003 281	302.267 9	1.00	5.39	0.010 365	292.720 9
130	1.00	2.92	0.004 635	302.414 4	1.00	5.27	0.010 469	293.051 5
140	1.00	2.78	0.004 375	301.565 5	1.00	5.06	0.010 729	292.423 1
150	1.00	2.68	0.004 427	303.706 7	1.00	4.97	0.011 042	294.371 8
160	1.00	2.51	0.004 323	306.271 9	1.00	4.83	0.010 938	295.298 6
170	1.00	2.48	0.004 115	301.520 1	1.00	4.73	0.011 510	291.393 0
180	1.00	2.33	0.004 219	303.691 3	1.00	4.66	0.012 292	292.371 8
190	1.00	2.27	0.004 219	306.497 0	1.00	4.52	0.011 875	295.872 2
200	1.00	2.19	0.004 688	305.944 9	1.00	4.42	0.012 760	295.075 2

对比分析表 5.1 中不同重构算法的计算结果，可得出以下结论：

① 重构成功率随测量数 M 的增大而增大，当 M 取值达到一定数时，重构成功率可达 100%。但不同算法所需要的测量数不尽相同，其中稀疏自适应匹配追踪算法所需的测量数较少，正则化正交匹配追踪算法和压缩采样匹配追踪算法所需的测量数稍大，正交匹配追踪算法需要的测量数最大。不同贪婪算法的重构成功率与测量数的关系如图 5.1 所示。

② 各算法的收敛速度不同。各测量数下正交匹配追踪算法的迭代次数几乎没有变化，等于稀疏度 K，但其重构时间随着测量数的增加而增大；正则化正交匹配追踪算法的迭代次数和重构时间基本恒定；压缩采样匹配追踪算法和稀疏自适应匹配追踪算法在测量数较少的情况下，需要较多的迭代次数，随着测量数的增加，迭代次数依次递减，当测量数达到一定值时，迭代次数和重构时间都趋于稳定，其中压缩采样匹配追踪算法在稳定状态下的迭代次数和重构时间最优，如图 5.2 所示。

③ 各算法的信号重构精度在稳定状态下相差很小，都能够达到较高的信噪比，基本上稳定在 300 dB 左右，如图 5.3 所示。

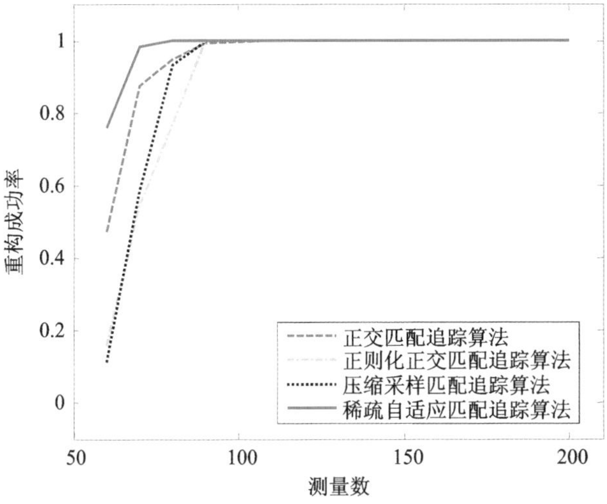

图 5.1 不同贪婪算法的重构成功率与测量数的关系

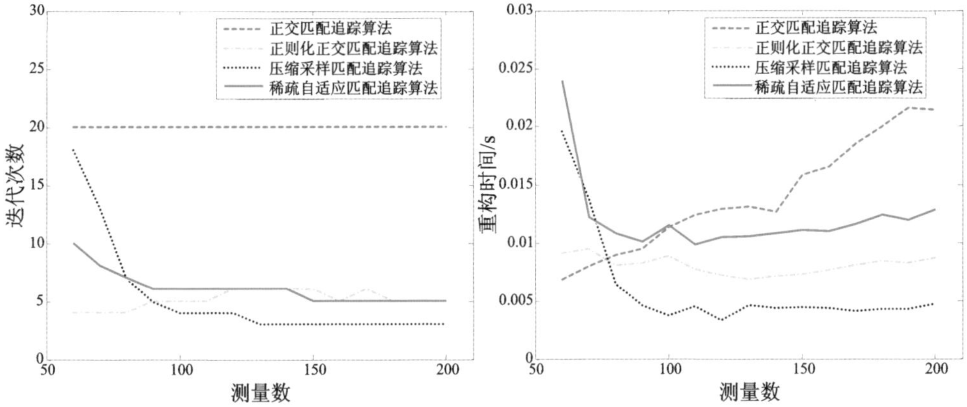

图 5.2 不同贪婪算法的迭代次数和重构时间与测量数的关系

5.1.4.2 二维信号仿真分析

二维信号仿真分析采用大小为 256×256 的 3 幅场景图像进行测试:细节丰富遥感图像、均匀场景遥感图像和 lena 图像。采用二维离散余弦变换对图像进行稀疏表示,测量矩阵仍采用第 4 章设计的正交对称循环矩阵,重构误差采用第 3 章定义的峰值信噪比表示。仿真得到不同重构算法的压缩比与重构误差以及重构时间之间的关系。

1. 场景均匀遥感图像的重构结果

各贪婪算法对场景均匀遥感图像的仿真结果如表 5.2 所列,其在压缩比为 0.5 时的重构结果如图 5.4 所示。

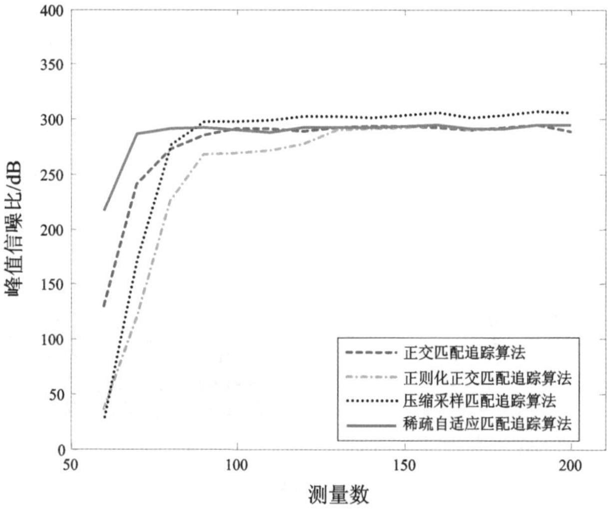

图 5.3 不同算法的重构精度与测量数的关系

表 5.2 各贪婪算法对场景均匀遥感图像的仿真结果

压缩比	正交匹配追踪算法		正则化正交匹配追踪算法		压缩采样匹配追踪算法		稀疏自适应匹配追踪算法	
	峰值信噪比/dB	重构时间/s	峰值信噪比/dB	重构时间/s	峰值信噪比/dB	重构时间/s	峰值信噪比/dB	重构时间/s
0.1	20.989 25	1.343 750	21.978 28	0.415 625	22.197 31	0.759 375	21.297 15	0.640 625
0.2	23.330 60	1.093 750	23.970 67	0.531 205	24.377 01	1.087 500	23.544 87	0.750 000
0.3	26.249 17	1.218 750	26.732 41	0.765 625	26.838 17	1.290 625	26.217 06	0.859 375
0.4	27.777 27	1.765 625	27.916 99	0.921 875	28.058 18	1.412 500	27.871 70	1.012 500
0.5	28.881 73	2.203 125	29.077 54	1.156 250	29.138 61	1.587 500	28.941 91	1.234 375

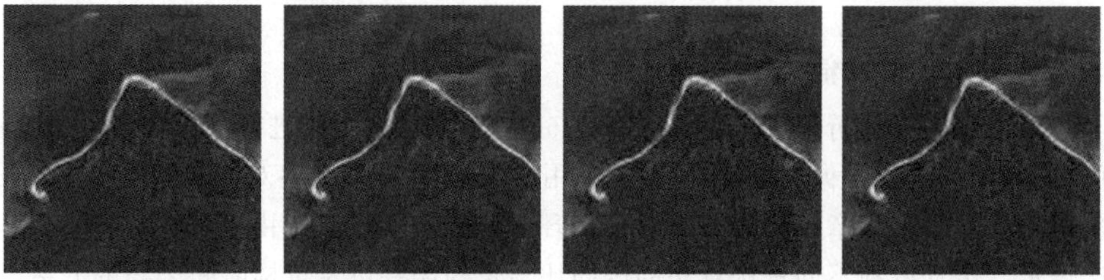

(a) 正交匹配追踪算法　(b) 正则化正交匹配追踪算法　(c) 压缩采样匹配追踪算法　(d) 稀疏自适应匹配追踪算法

图 5.4 各贪婪算法对场景均匀遥感图像的重构结果(压缩比 0.5)

2. 细节丰富遥感图像的重构结果

各贪婪算法对细节丰富遥感图像的仿真结果如表 5.3 所列,其在压缩比为 0.5 时的重构结果如图5.5所示。

表5.3 各贪婪算法对细节丰富遥感图像的仿真结果

压缩比	正交匹配追踪算法		正则化正交匹配追踪算法		压缩采样匹配追踪算法		稀疏自适应匹配追踪算法	
	峰值信噪比/dB	重构时间/s	峰值信噪比/dB	重构时间/s	峰值信噪比/dB	重构时间/s	峰值信噪比/dB	重构时间/s
0.1	14.988 90	0.640 625	15.096 08	0.453 125	15.194 45	0.671 875	15.408 46	0.468 750
0.2	17.136 70	0.890 625	17.761 66	0.703 125	18.306 13	0.937 500	17.626 39	0.671 875
0.3	19.028 48	1.265 625	19.449 22	0.859 375	19.631 30	1.093 750	19.708 27	0.821 875
0.4	20.661 80	1.578 125	20.973 72	0.937 500	21.335 86	1.175 000	20.921 51	0.906 250
0.5	21.747 23	1.953 125	21.931 60	1.071 875	22.398 90	1.312 500	21.904 61	1.018 750

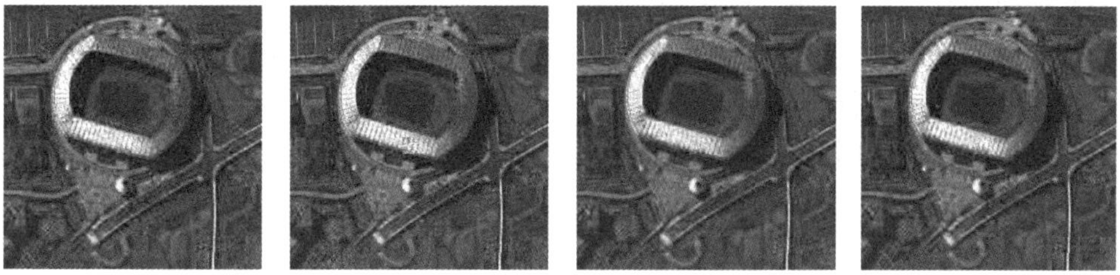

(a) 正交匹配追踪算法 (b) 正则化正交匹配追踪算法 (c) 压缩采样匹配追踪算法 (d) 稀疏自适应匹配追踪算法

图5.5 各贪婪算法下对细节丰富遥感图像的重构结果(压缩比0.5)

3. lena图像的重构结果

各贪婪算法对lena图像的仿真结果如表5.4所列,其在压缩比为0.5时的重构结果如图5.6所示。

表5.4 各贪婪算法对lena图像的仿真结果

压缩比	正交匹配追踪算法		正则化正交匹配追踪算法		压缩采样匹配追踪算法		稀疏自适应匹配追踪算法	
	峰值信噪比/dB	重构时间/s	峰值信噪比/dB	重构时间/s	峰值信噪比 dB	重构时间/s	峰值信噪比 dB	重构时间/s
0.1	17.346 73	0.796 875	17.331 48	0.500 000	17.902 10	0.846 875	17.263 78	0.696 875
0.2	20.787 03	1.093 750	20.913 21	0.593 750	20.951 86	1.156 250	20.859 78	0.781 250
0.3	23.474 67	1.265 625	23.696 24	0.875 000	23.665 84	1.259 375	23.519 66	1.015 625
0.4	25.271 35	1.875 000	25.363 78	1.015 625	25.769 25	1.396 875	25.378 28	1.181 250
0.5	26.535 80	2.078 125	27.030 53	1.312 500	27.127 93	1.509 375	26.587 51	1.256 250

从上述仿真结果来看,无论是对一维信号还是二维信号的仿真,正交匹配追踪算法的一系列改进算法在重构精度和重构时间上都稍优于正交匹配追踪算法。对于稀疏度

(a) 正交匹配追踪算法　(b) 正则化正交匹配追踪算法　(c) 压缩采样匹配追踪算法　(d) 稀疏自适应匹配追踪算法

图 5.6　各贪婪算法对 lena 图像的重构结果(压缩比 0.5)

已知的一维信号,正交匹配追踪算法的运行时间随着测量数的增大而增加,而其他三种算法的运行时间随着测量数的增大而逐渐缩短,这是因为较多的测量值使得算法的收敛速度加快,迭代次数减少,其中,压缩采样匹配追踪算法的运行速度和重构精度又稍优于其他两种算法;而对于二维图像,信号的稀疏度是通过估计得到的近似值,所有算法的重构时间都随着压缩比的增大而增加,其中,正则化正交匹配追踪算法和稀疏自适应匹配追踪算法的运行时间基本相当,压缩采样匹配追踪算法的运行时间稍长,正交匹配追踪算法的运行时间最长。

5.2　凸优化算法

贪婪算法通过直接求解 L_1 范数最优化问题来实现稀疏信号重构。在 2.3 节中已经介绍了内点法和梯度投影稀疏重建算法,本节将根据图像特点分析阈值迭代算法和 Bregman 迭代算法,并对这些算法进行仿真对比分析。

5.2.1　阈值迭代算法

阈值迭代技术在稀疏优化重构算法中经常被采用,阈值迭代算法又可分为硬阈值迭代(iterative hard thresholding,IHT)算法和软阈值迭代(iterative soft thresholding,IST)算法。

硬阈值迭代算法的迭代公式为

$$\boldsymbol{x}^{n+1}=H_k(\boldsymbol{x}^n+\mu\boldsymbol{\Phi}^{\mathrm{T}}(\boldsymbol{y}-\boldsymbol{\Phi}\boldsymbol{x}^n)) \tag{5.2}$$

其中,$H_k(\cdot)$为硬阈值操作:

$$H_k(x_i)=\begin{cases}0, & |x_i|\leqslant\lambda_k\\ x_i, & |x_i|>\lambda_k\end{cases}$$

硬阈值迭代算法是一种相对简便的方法,就是把 $\boldsymbol{x}$ 中的元素按幅值大小排列,取前 k 个元素值,令其他元素值为零。在实际应用中,它主要涉及两方面问题:选取合适的步长 μ 以保证算法的稳定性,算法的收敛性问题。BLUMENSATH 等[142]人给出了归一化μ 的计算方法为

$$\mu=\frac{\|\boldsymbol{\Phi}_{\Gamma^n}^{\mathrm{T}}(\boldsymbol{y}-\boldsymbol{\Phi}\boldsymbol{x}^n)\|_2^2}{\|\boldsymbol{\Phi}_{\Gamma^n}^{\mathrm{T}}\boldsymbol{\Phi}^{\mathrm{T}}(\boldsymbol{y}-\boldsymbol{\Phi}\boldsymbol{x}^n)\|_2^2}$$

在每步迭代中，Γ^n 为 $\boldsymbol{x}^n$ 的支撑集。这种取值方法可保证在一定有限等距性质条件下算法的收敛性。

文献[143]提出了一种用矩阵 $\boldsymbol{\Phi}$ 的伪逆值代替 μ 进行迭代的方法，其迭代公式为

$$\boldsymbol{x}^{n+1}=H_k(\boldsymbol{x}^n+\boldsymbol{\Phi}^{\mathrm{T}}(\boldsymbol{\Phi}\boldsymbol{\Phi}^{\mathrm{T}})^{-1}(\boldsymbol{y}-\boldsymbol{\Phi}\boldsymbol{x}^n)) \tag{5.3}$$

这种方法引入了矩阵 $\boldsymbol{\Phi}\boldsymbol{\Phi}^{\mathrm{T}}$ 的逆矩阵，保证了算法的收敛性。若 $\boldsymbol{\Phi}$ 的行向量为标准正交基，则 $\boldsymbol{\Phi}\boldsymbol{\Phi}^{\mathrm{T}}$ 为单位矩阵，相当于令式(5.2)中的 $\mu=1$。如果 $\boldsymbol{\Phi}\boldsymbol{\Phi}^{\mathrm{T}}$ 不是对角矩阵，则式(5.3)的算法就需要在每步迭代中计算逆矩阵 $(\boldsymbol{\Phi}\boldsymbol{\Phi}^{\mathrm{T}})^{-1}$，对于大规模二维计算，这种方法就有一定的局限性。

文献[143]指出，只要测量矩阵的模 $\|\boldsymbol{\Phi}\|_2<1$，$\mu=1$ 就可以保证式(5.2)算法的收敛性。实际上，对于大多数测量矩阵 $\boldsymbol{\Phi}$，都可以通过比例缩放方法使 $\|\boldsymbol{\Phi}\|_2<1$。因此，为了计算简便，后续讨论中都取 $\mu=1$，这样，硬阈值迭代算法的迭代公式可简化为

$$\boldsymbol{x}^{n+1}=H_k(\boldsymbol{x}^n+\boldsymbol{\Phi}^{\mathrm{T}}(\boldsymbol{y}-\boldsymbol{\Phi}\boldsymbol{x}^n)) \tag{5.4}$$

从式(5.4)可以得知，每次 6 迭代过程中都涉及一次矩阵乘法操作和两次向量加法操作，$H_k()$操作涉及向量 $\boldsymbol{a}^n=\boldsymbol{x}^n+\boldsymbol{\Phi}^{\mathrm{T}}(y-\boldsymbol{\Phi}\boldsymbol{x}^n)$ 的幅值排序操作，整个算法相对简单。对于迭代过程中的向量存储，也只需要储存向量长度为 k 的 $\boldsymbol{x}^n$ 和 $\boldsymbol{x}^{n+1}$。计算过程中的唯一瓶颈是矩阵 $\boldsymbol{\Phi}\boldsymbol{\Phi}^{\mathrm{T}}$ 的计算。对于常规矩阵，$\boldsymbol{\Phi}\boldsymbol{\Phi}^{\mathrm{T}}$ 的计算复杂度为 $O(NM)$。对于大规模问题计算，$\boldsymbol{\Phi}$ 一般具有特殊的结构形式，可以利用快速重构算法计算 $\boldsymbol{\Phi}\boldsymbol{\Phi}^{\mathrm{T}}$。如对于正交对称循环矩阵，可以采用快速傅里叶算法进行计算，此时它的计算复杂度为 $O(N\log M)$。假设 L 为 $\boldsymbol{\Phi}\boldsymbol{\Phi}^{\mathrm{T}}$ 的计算复杂度，k^* 为迭代次数，则整个算法的计算复杂度为 $O(k^*L)$。该算法的迭代终止条件为

$$\|\boldsymbol{y}-\boldsymbol{\Phi}\boldsymbol{x}^n\|_2\leqslant\varepsilon$$

其中，ε 为设定的小量。

软阈值迭代算法的迭代过程和硬阈值迭代算法的一致，只是它们的阈值操作函数有所不同，软阈值迭代算法的迭代公式为

$$\boldsymbol{x}^{n+1}=S_k(\boldsymbol{x}^n+\boldsymbol{\Phi}^{\mathrm{T}}(\boldsymbol{y}-\boldsymbol{\Phi}\boldsymbol{x}^n))$$

其中，$S_k(\cdot)$为软阈值操作：

$$S_k(x_i)=\begin{cases}x+\lambda_k, & x<-\lambda_k\\ 0, & |x_i|\leqslant\lambda_k\\ x-\lambda_k, & x>\lambda_k\end{cases}$$

相关研究表明[49,144-145]，在压缩感知应用中，硬阈值迭代算法优于软阈值迭代算法。

5.2.2 Bregman 迭代算法

Bregman 迭代算法是 OSHER 等[146]人在研究全变分图像去噪时提出的一种新型迭代算法，并被用于压缩感知信号重构当中，取得了较好的效果。

凸函数 $E(\cdot)$ 在点 $\boldsymbol{z}$ 的 Bregman 距离定义为

$$D_E^p(\boldsymbol{x},\boldsymbol{z})=E(\boldsymbol{x})-E(\boldsymbol{z})-\langle \boldsymbol{p},\boldsymbol{x}-\boldsymbol{z}\rangle \tag{5.5}$$

其中，$\boldsymbol{p}$ 为 $E(\cdot)$ 在 $\boldsymbol{z}$ 处的次梯度(subgradient)。显然，Bregman 距离不具有对称性，它并不是常用意义上的距离。然而，它仍具有一般距离的两个性质：$D_E^p(\boldsymbol{x},\boldsymbol{z})\geqslant 0$；对于 $\boldsymbol{x},\boldsymbol{z}$ 之间的任意一点 $\boldsymbol{u}$，有 $D_E^p(\boldsymbol{x},\boldsymbol{z})\geqslant D_E^p(\boldsymbol{x},\boldsymbol{u})$。因此，它在一定意义上表征了两点之间的接近程度。

对于求解式(5.5)的凸优化问题，可设两个凸能量函数 $E(\boldsymbol{x})=\|\boldsymbol{x}\|_1$ 和 $H(\boldsymbol{x})=\frac{1}{2}\|\boldsymbol{y}-\boldsymbol{\Phi x}\|_2^2$，则相应的非约束最小化问题可表示为[147]

$$\min_{\boldsymbol{x}} E(\boldsymbol{x})+\lambda H(\boldsymbol{x}) \tag{5.6}$$

这样，求解式(5.6)的最小值的 Bregman 迭代算法为

$$\begin{aligned}\boldsymbol{x}^{k+1}&=\min_{\boldsymbol{x}} D_E^p(\boldsymbol{x},\boldsymbol{x}^k)+\frac{\lambda}{2}\|\boldsymbol{y}-\boldsymbol{\Phi x}\|_2^2=\\&\min_{\boldsymbol{x}} E(\boldsymbol{x})-\langle \boldsymbol{p}^k,\boldsymbol{x}-\boldsymbol{x}^k\rangle+\frac{\lambda}{2}\|\boldsymbol{y}-\boldsymbol{\Phi x}\|_2^2\end{aligned} \tag{5.7}$$

$$\boldsymbol{p}^{k+1}=\boldsymbol{p}^k-\lambda\boldsymbol{\Phi}^{\mathrm{T}}(\boldsymbol{\Phi x}^{k+1}-\boldsymbol{y}) \tag{5.8}$$

如果式(5.6)可解，则有

① H 具有单调递减性：$H(\boldsymbol{x}^{k+1})\leqslant H(\boldsymbol{x}^k)$。

② H 收敛到某一最小值：$H(\boldsymbol{x}^k)\leqslant H(\boldsymbol{x}^*)+E(\boldsymbol{x}^*)/k$。

如果 $\boldsymbol{\Phi}$ 是线性的，则上述迭代过程可以表示为较为简单的形式[148]

$$\boldsymbol{x}^{k+1}=\min_{\boldsymbol{x}} E(\boldsymbol{x})+\frac{\lambda}{2}\|\boldsymbol{y}^k-\boldsymbol{\Phi x}\|_2^2 \tag{5.9}$$

$$\boldsymbol{y}^{k+1}=\boldsymbol{y}^k+\boldsymbol{y}-\boldsymbol{\Phi x}^k \tag{5.10}$$

式(5.9)为带惩罚项的非约束最优化问题，只求解该式也可实现稀疏重构，但是结果受控制参数 λ 选择的影响较大，且迭代次数过多。式(5.10)是在求解式(5.9)后对测量数据 $\boldsymbol{y}$ 进行修正，可大幅降低重构结果受 λ 选择的影响，并使迭代收敛的次数减少。

根据式(5.7)、式(5.8)和式(5.9)、式(5.10)的等价性，结合 H 的单调性和收敛性，可得

$$\lim_{k\to\infty}\boldsymbol{\Phi x}^k=\boldsymbol{y}$$

对于 L_1 范数的凸优化函数 $E(\boldsymbol{x})=\|\boldsymbol{x}\|_1$，令

$$\boldsymbol{z}^k=\sum_{i=0}^{k}\boldsymbol{\Phi}^{\mathrm{T}}(\boldsymbol{y}-\boldsymbol{\Phi x}^i)$$

则上述迭代过程可以表示为更为简单的线性 Bregman 迭代算法，其迭代过程为

$$\boldsymbol{z}^{k+1}=\boldsymbol{z}^k+\boldsymbol{\Phi}^{\mathrm{T}}(\boldsymbol{y}-\boldsymbol{\Phi x}^{k+1})$$

$$x_i^{k+1}=\delta\,\mathrm{shrink}(z_i^{k+1},\lambda),\quad i=1,2,\cdots,n$$

其中，$\boldsymbol{z}$ 为中间变量；δ 为控制参数，一般可取 $\delta=1$；shrink(z,λ) 定义为

$$\mathrm{shrink}(z,\lambda)=\mathrm{sgn}(z)\cdot\max\{|z|-\lambda,0\}=\begin{cases}z-\lambda, & z\in(\lambda,\infty)\\ 0, & z\in[-\lambda,\lambda]\\ z+\lambda, & z\in(-\infty,-\lambda)\end{cases}$$

当 $\boldsymbol{x}^{k+1}$ 收敛后，即可得到 $\boldsymbol{x}^*$。Bregman 迭代算法的优点主要有：

① 对于特殊的目标凸函数，如 L_1 范数凸优化目标 $E(\boldsymbol{x})=\|\boldsymbol{x}\|_1$，迭代收敛过程很快，迭代过程仅需要求解少量非约束问题。

② 整个迭代过程中参数 λ 为一常量，不需要求解不同 λ 下的优化问题；同时，可以选择一个合适的 λ 值，使得迭代优化算法（如牛顿迭代算法）能够快速收敛。

③ Bregman 迭代算法还可避免当 $\lambda\to\infty$ 时引起的数值计算不稳定性问题。

5.2.3 凸优化算法性能测试

分别采用两类信号（一维可压缩信号和二维图像信号）对上述凸优化算法进行仿真实验，对比分析各凸优化算法性能的优劣。在仿真实验中，一维信号选取长度为 256 的非噪声信号，主要分析信号重构精度、运行时间与测量数 M 的关系；二维信号采用 lena 图像和遥感图像，主要分析重构误差、运行时间与测量数 M 的关系。

5.2.3.1 一维信号仿真分析

一维信号仿真的测试条件和 5.1.4.1 小节一致，得到各凸优化算法的重构结果如表 5.5 所列。

表 5.5 不同凸优化算法的一维信号重构结果

测量数	内点法				梯度投影稀疏重建算法			
	重构成功率	迭代次数	重构时间/s	信噪比/dB	重构成功率	迭代次数	重构时间/s	信噪比/dB
60	0.05	26.28	0.131 563	19.724 7	0.00	1 298.57	0.300 781	9.438 62
70	0.44	25.81	0.154 219	59.766 7	0.15	1 293.26	0.284 063	21.192 71
80	0.90	23.00	0.159 375	101.901 3	0.39	1 047.96	0.247 031	31.694 84
90	1.00	21.17	0.170 313	120.066 7	0.85	677.50	0.158 906	42.188 20
100	1.00	20.20	0.183 750	122.200 1	1.00	405.24	0.094 844	44.101 10
110	1.00	19.58	0.200 469	126.622 7	1.00	277.55	0.067 031	44.414 07
120	1.00	19.04	0.217 344	128.571 4	1.00	192.34	0.047 500	45.468 69
130	1.00	18.76	0.240 625	130.776 4	1.00	127.40	0.032 813	45.833 50
140	1.00	18.41	0.262 500	133.136 4	1.00	97.79	0.024 844	45.933 96
150	1.00	17.97	0.283 906	133.694 0	1.00	71.44	0.019 531	46.359 36
160	1.00	18.14	0.312 031	134.943 1	1.00	59.39	0.016 875	46.373 41
170	1.00	17.67	0.332 656	137.409 5	1.00	50.69	0.014 219	46.473 41
180	1.00	17.73	0.361 094	137.584 1	1.00	50.28	0.014 531	46.816 18
190	1.00	17.59	0.390 000	139.148 8	1.00	44.61	0.013 438	46.777 43
200	1.00	17.60	0.420 625	139.691 9	1.00	40.15	0.013 906	46.852 15

续表 5.5

测量数	阈值迭代算法				Bregman 迭代算法			
	重构成功率	迭代次数	重构时间/s	信噪比/dB	重构成功率	迭代次数	重构时间/s	信噪比/dB
60	0.00	1 000.0	0.216 563	5.017 53	0.01	590.32	0.076 563	6.858 78
70	0.00	1 000.0	0.232 969	7.110 25	0.05	486.44	0.072 344	10.626 39
80	0.09	997.77	0.237 656	11.117 51	0.16	444.52	0.045 313	20.529 69
90	0.22	966.42	0.238 594	21.521 49	0.51	352.01	0.040 875	36.369 42
100	0.63	849.29	0.211 250	36.553 35	1.00	255.49	0.038 469	50.439 61
110	0.93	651.35	0.167 813	43.172 09	1.00	205.45	0.037 281	55.567 86
120	1.00	477.24	0.124 688	44.605 66	1.00	159.28	0.036 094	58.834 02
130	1.00	383.74	0.108 906	45.555 11	1.00	138.10	0.035 501	60.847 65
140	1.00	296.95	0.084 063	45.711 43	1.00	126.37	0.035 075	62.573 61
150	1.00	234.54	0.066 719	46.182 15	1.00	106.93	0.034 344	63.704 09
160	1.00	192.64	0.056 875	46.215 35	1.00	94.75	0.034 219	64.040 59
170	1.00	158.42	0.047 969	46.341 65	1.00	92.64	0.034 044	64.600 91
180	1.00	129.66	0.040 625	46.705 42	1.00	91.73	0.033 063	64.917 07
190	1.00	104.83	0.032 656	46.694 94	1.00	85.67	0.030 625	65.229 88
200	1.00	84.01	0.027 031	46.783 25	1.00	81.23	0.029 594	65.393 17

对比分析表 5.5 中不同重构算法的计算结果，可得出以下结论：

① 重构成功率随测量数 M 的增大而增大。当 M 取值达到一定数时，重构成功率可达 100%，但不同算法所需要的测量数不尽相同，其中内点法需要的测量数较少，梯度投影稀疏重建算法和 Bregman 迭代算法需要的测量数稍多，阈值迭代算法需要的测量数最多。不同凸优化算法的重构成功率与测量数的关系如图 5.7 所示。

② 各算法的收敛速度不同。内点法的迭代次数变化较小，但其重构时间随着测量数的增加而增大，在稳定状态下其重构时间远远大于其他算法。其他三种算法基本类似，在测量数较少的情况下，较多的迭代次数也难以重构出原始信号，随着测量数的增加，迭代次数依次递减，当测量数达到一定条件时，迭代次数减少得较慢，重构时间趋于稳定；它们的迭代次数和重构时间都在一个数量级上，其中梯度投影稀疏重建算法稍优于其他两种算法。不同凸优化算法的迭代次数、重构时间与测量数的关系如图 5.8 所示。

③ 各算法的信号重构精度也不尽相同，内点法的重构精度最高，并随测量数的增加而迅速提高，在重构成功率达到 100%之后，其信噪比增加得相对缓慢，最大能达到 140 dB；Bregman 算法的重构精度次之，在重构成功率达到 100%之后，其信噪比稳定

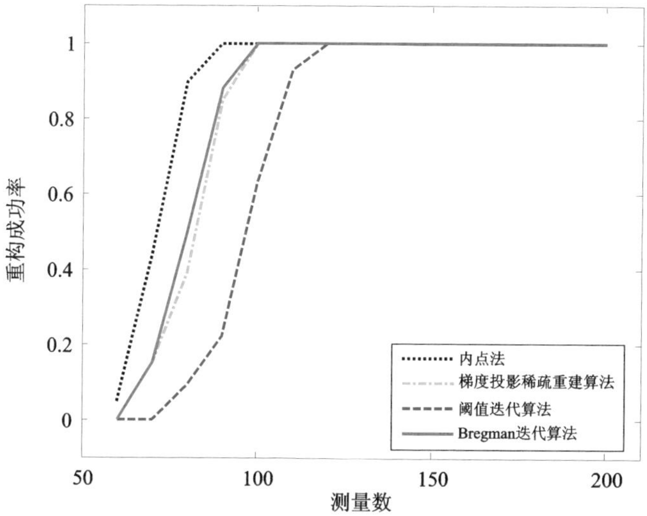

图 5.7 不同凸优化算法的重构成功率与测量数的关系

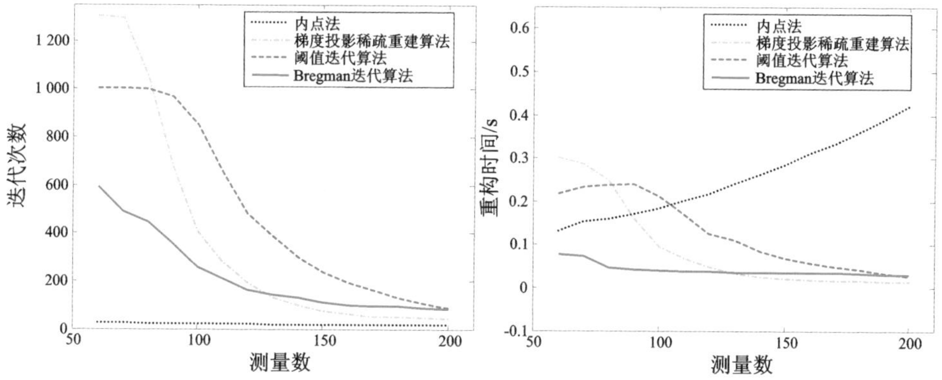

图 5.8 不同凸优化算法的迭代次数、重构时间与测量数的关系

在 50～65 dB；而梯度投影稀疏重建算法和阈值迭代算法的重构精度相对低一些，即使重构成功率达到 100%之后，其信噪比也基本上稳定在 45～50 dB。不同凸优化算法的重构精度与测量数的关系如图 5.9 所示。

由上述分析可知，不同算法在重构精度和速度上各有侧重，内点法的重构精度最优，但其计算复杂度稍高；Bregman 迭代算法在重构速度上优于内点法，在重构精度上优于梯度投影稀疏重建算法和阈值迭代算法，是综合性能较好的一种算法；梯度投影稀疏重建算法和阈值迭代算法的重构速度和精度基本相当，梯度投影稀疏重建算法的性能稍优于阈值迭代算法。图 5.10 给出了 $M=120$ 时上述四种算法的重构误差。

5.2.3.2 二维信号仿真分析

二维信号仿真的测试条件和 5.1.4.2 小节一致，通过仿真得到各算法的重构结果。

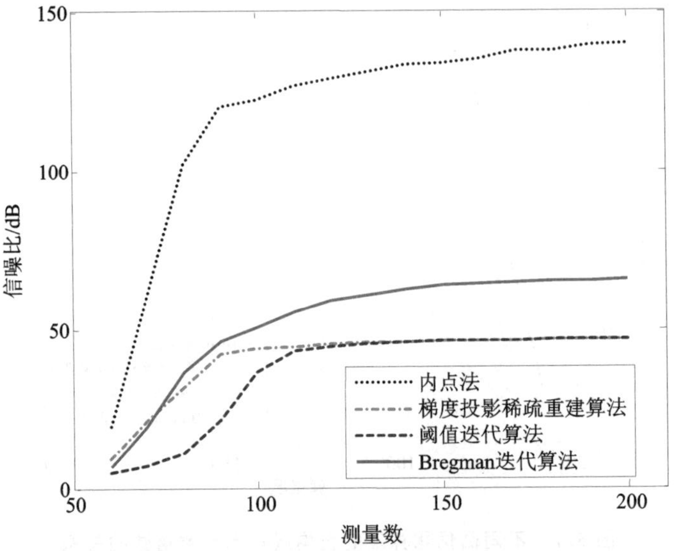

图 5.9 不同凸优化算法的重构精度与测量数的关系

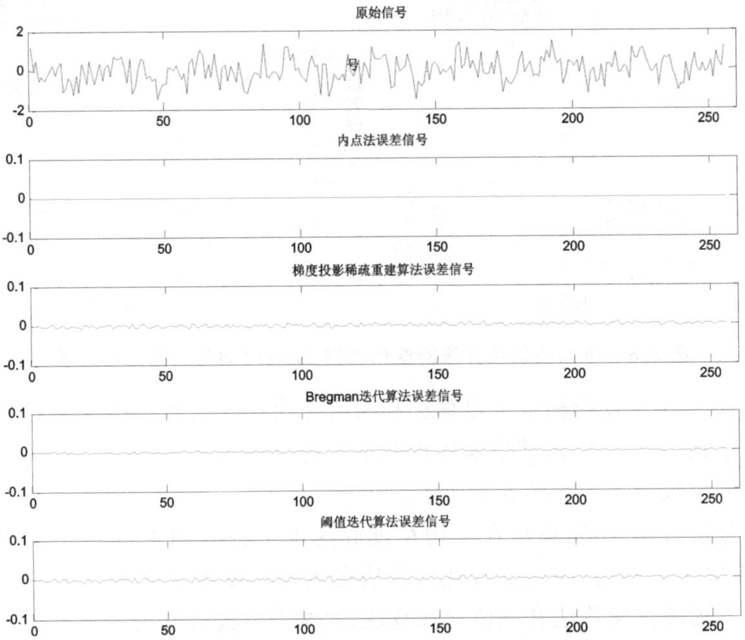

图 5.10 $M=120$ 时各凸优化算法的重构误差

1. 场景均匀遥感图像的重构结果

各凸优化算法对场景均匀遥感图像的仿真结果如表 5.6 所列。

表 5.6 各凸优化算法对场景均匀遥感图像的仿真结果

压缩比	tvqc_logbarrier 算法		梯度投影稀疏重建算法		阈值迭代算法		Bregman 迭代算法	
	峰值信噪比/dB	重构时间/s	峰值信噪比/dB	重构时间/s	峰值信噪比/dB	重构时间/s	峰值信噪比/dB	重构时间/s
0.1	23.606 91	26.453 13	22.573 88	91.671 88	22.325 49	66.468 75	22.727 45	53.484 38
0.2	25.894 45	28.375 01	24.785 92	57.921 88	24.031 24	57.734 38	24.976 75	47.906 25
0.3	27.080 68	28.546 88	26.506 52	47.796 88	26.123 54	50.828 13	26.660 76	43.734 38
0.4	29.102 83	30.359 38	28.706 69	34.875 01	28.625 11	47.890 63	28.878 81	37.859 38
0.5	30.619 43	32.468 75	30.152 88	27.265 63	30.196 34	44.171 88	30.143 54	31.203 13

在压缩比为 0.5 时，各凸优化算法对场景均匀遥感图像的重构结果如图 5.11 所示。

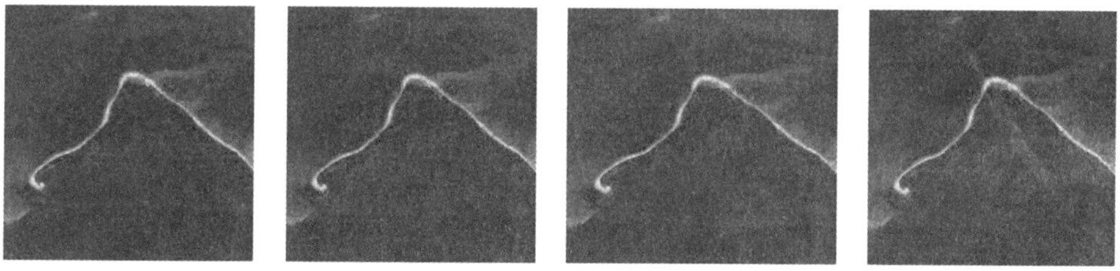

(a) tvqc_logbarrier算法　(b) 梯度投影稀疏重建算法　(c) 阈值迭代算法　(d) Bregman迭代算法

图 5.11 各凸优化算法对场景均匀遥感图像的重构结果(压缩比 0.5)

2. 细节丰富遥感图像的重构结果

各凸优化算法对细节丰富遥感图像的仿真结果如表 5.7 所列。

表 5.7 各凸优化算法对细节丰富遥感图像的仿真结果

压缩比	tvqc_logbarrier 算法		梯度投影稀疏重建算法		阈值迭代算法		Bregman 迭代算法	
	峰值信噪比/dB	重构时间/s	峰值信噪比/dB	重构时间/s	峰值信噪比/dB	重构时间/s	峰值信噪比/dB	重构时间/s
0.1	17.693 65	26.250 02	16.956 66	91.171 88	17.014 54	68.968 75	16.983 11	54.515 63
0.2	19.375 13	27.453 13	18.997 55	62.046 88	18.865 44	57.656 25	19.072 51	50.625 01
0.3	20.764 22	29.390 63	20.328 21	49.828 13	20.012 44	52.968 75	20.327 01	45.265 63
0.4	22.081 67	31.937 51	21.688 47	38.125 01	21.245 23	50.578 13	21.714 71	41.984 38
0.5	23.467 08	34.093 75	23.106 35	29.484 38	23.094 38	46.984 38	23.250 81	35.078 13

在压缩比为 0.5 时，各凸优化算法对细节丰富遥感图像的重构结果如图 5.12 所示。

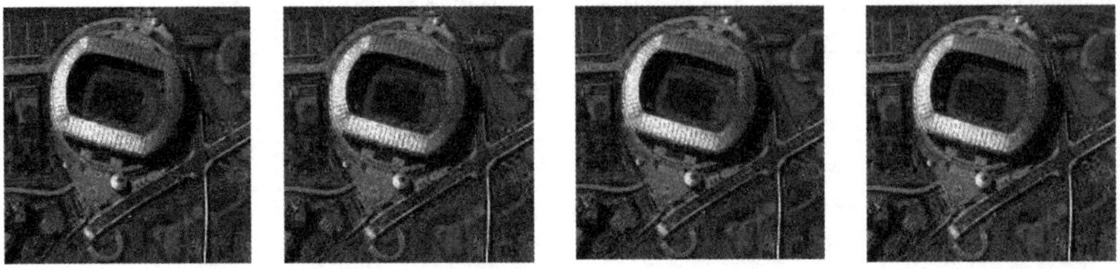

(a) tvqc_logbarrier算法 (b) 梯度投影稀疏重建算法 (c) 阈值迭代算法 (d) Bregman迭代算法

图 5.12 各凸优化算法对细节丰富遥感图像的重构结果(压缩比 0.5)

3. lena 图像的重构结果

各凸优化算法对 lena 图像的仿真结果如表 5.8 所列。

表 5.8 各凸优化算法对 lena 图像的仿真结果

压缩比	tvqc_logbarrier 算法		梯度投影稀疏重建算法		阈值迭代算法		Bregman 迭代算法	
	峰值信噪比/dB	重构时间/s	峰值信噪比/dB	重构时间/s	峰值信噪比/dB	重构时间/s	峰值信噪比/dB	重构时间/s
0.1	19.762 64	26.171 88	18.722 24	88.531 25	18.625 13	62.937 54	19.256 26	51.015 63
0.2	22.580 21	28.765 63	21.673 57	50.640 63	21.701 25	53.687 52	22.042 48	45.859 38
0.3	24.771 88	30.734 38	24.127 12	34.000 12	24.256 12	49.718 75	24.380 84	40.984 38
0.4	27.124 12	32.812 51	26.263 93	22.671 88	26.182 43	45.406 25	26.326 95	34.140 63
0.5	28.475 12	34.734 38	27.921 83	14.765 63	27.988 55	40.796 88	27.914 13	29.875 21

在压缩比为 0.5 时,各凸优化算法对 lena 图像的重构结果如图 5.13 所示。

(a) tvqc_logbarrier算法 (b) 梯度投影稀疏重建算法 (c) 阈值迭代算法 (d) Bregman迭代算法

图 5.13 各凸优化算法对 lena 图像的重构结果(压缩比 0.5)

从上述仿真结果来看,各算法在相同压缩比下的重构误差比较接近,但运行时间有所不同。其中 tvqc_logbarrier 算法的运行时间相对稳定,随着压缩比的增大稍有增加;而其他三种算法的运行时间随着压缩比的增大而逐渐缩短,这是因为较多的测量值使得算法的收敛速度加快。

5.3 基于梯度投影稀疏重建的快速重构算法

纵观5.1节、5.2节中贪婪算法和凸优化算法的性能测试结果可知，对于稀疏度已知的一维信号，贪婪算法的重构精度和速度都要优于凸优化算法；而对于二维图像，信号稀疏度难以准确评估，在相同压缩比下凸优化算法的重构精度比贪婪算法高出1～2 dB，但其运行时间远远大于贪婪算法。本章研究对象为二维遥感图像，图像重构时需要兼顾重构质量和重构时间，因此，本节将结合正交对称循环矩阵的特性，介绍基于梯度投影稀疏重建（Barzilai-Borweingradient Projection for Sparce Reconstruction，GPSR－BB）的快速重构算法。

5.3.1 梯度投影稀疏重建算法特性分析

梯度投影稀疏重建算法的重构时间为每次迭代的计算时间和迭代次数的乘积。迭代次数取决于算法的收敛速度，与参数选择相关；每次迭代的计算时间则与迭代过程的计算方法有关。分析2.3.2小节中梯度投影稀疏重建算法的求解过程可知，迭代目标函数的梯度式(2.25)除了与测量矩阵有关外，还与约束参数τ相关。在GPSR－BB算法中，τ为一标量常值，如果在迭代过程中的不同阶段取不同的参数τ，使得每步目标函数的梯度尽可能地大，则算法的收敛过程能加速。而在每步迭代内，主要的计算消耗包括少量的内积计算、矩阵-向量乘法和向量加法，其中以矩阵-向量乘法的消耗为主。下面分析矩阵-向量乘法的计算消耗。

测量矩阵$\boldsymbol{\Phi}\in\mathbf{R}^{M\times N}$是测量矩阵$\boldsymbol{A}\in\mathbf{R}^{M\times N}$和稀疏矩阵$\boldsymbol{\Psi}\in\mathbf{R}^{N\times N}$的复合矩阵，$\boldsymbol{\Phi}=\boldsymbol{A\Psi}$。如果用向量直接与这些矩阵相乘，那么与$\boldsymbol{A}$或者$\boldsymbol{A}^{\mathrm{T}}$相乘一次，计算复杂度为$O(MN)$；与$\boldsymbol{\Psi}$或者$\boldsymbol{\Psi}^{\mathrm{T}}$相乘一次，计算复杂度为$O(N^2)$。如果$\boldsymbol{A}$和$\boldsymbol{\Psi}$有着特殊的矩阵结构，那么就可以开发出一种快速重构算法进行求解。本节介绍的测量矩阵为正交对称循环矩阵，稀疏矩阵采用离散余弦变换矩阵，由于这两种矩阵都有着特殊的结构形式，因此为快速重构算法的研究提供了条件。

5.3.2 快速收敛方法研究

GPSR－BB算法使每次迭代过程中的目标函数值都逐步减小，能够收敛到最优解。其目标函数的梯度为

$$\nabla F\begin{pmatrix}u\\v\end{pmatrix}=\tau\boldsymbol{e}_{2n}+\begin{bmatrix}-\boldsymbol{\Phi}^{\mathrm{T}}\boldsymbol{y}\\\boldsymbol{\Phi}^{\mathrm{T}}\boldsymbol{y}\end{bmatrix}+\begin{bmatrix}\boldsymbol{\Phi}^{\mathrm{T}}\boldsymbol{\Phi} & -\boldsymbol{\Phi}^{\mathrm{T}}\boldsymbol{\Phi}\\-\boldsymbol{\Phi}^{\mathrm{T}}\boldsymbol{\Phi} & \boldsymbol{\Phi}^{\mathrm{T}}\boldsymbol{\Phi}\end{bmatrix}\begin{bmatrix}u\\v\end{bmatrix}\tag{5.11}$$

由式(5.11)可知，目标函数的梯度为τ和$[u\quad v]^{\mathrm{T}}$的函数，其中，$u_i=(x_i)_+$，$v_i=(-x_i)_+$，$i=1,2,\cdots,N$。希望在每次迭代中GPSR－BB算法能够求解出最优的目标函数梯度值，使得整个算法能够以较快的速度收敛。然而，在GPSR－BB算法里，约束参数τ取为常值，目标函数的梯度仅为$\boldsymbol{x}$的函数。当初始估计值$\boldsymbol{x}_0$确定后，每次迭代的目标函数梯度值随着参数τ的选取基本上得以确定，迭代的收敛速度基本上不会发

生变化。当 τ 取值过大时，算法的收敛速度很快，但重构精度不够理想；当 τ 取值过小时，尽管能够保证一定的重构精度，但算法的迭代次数增加，收敛速度很慢。通常情况下，选取能平衡重构精度和收敛速度的折中经验值：

$$\tau=\lambda\max(\text{abs}(\boldsymbol{\Phi}^{\mathrm{T}}\boldsymbol{y})),\quad \lambda\in(0.001,0.003)$$

改进算法的基本思想是将迭代过程分为多个不同阶段，在同一阶段中使用相同的 τ 值，不同阶段的 τ 值不同，并依次递减。由于过大的 τ 值对应的重构误差较大，如果该阶段的迭代终止条件阈值选取过小，则会导致迭代次数增加，因此不同阶段迭代终止条件阈值的选取也不尽相同，且随着 τ 值的递减而不断减小。然而，阶段数的选择和相应 τ 值的选取，以及该阶段迭代终止条件阈值的确定等问题难以通过详细的理论分析给出最优的参数。这里采用 τ 值分阶段取对数策略，令 $\tau=\tau_1,\tau_2,\cdots,\tau_n$，其中 n 为阶段数，分别设置 τ 的最大值 $\tau_{\max}$ 和最小值 $\tau_{\min}$，取它们之比的对数值的等距采样，各阶段 τ 值的选取为

$$\tau_{(i)}=\tau_{\min}\cdot 10^{(i-1)\cdot\log_{10}\left(\frac{\tau_{\max}}{\tau_{\min}}\right)/n-1} \tag{5.12}$$

其中，$\tau_{\min}$ 取式(5.12)的折中经验值，$\tau_{\max}\in(400\tau_{\min},500\tau_{\min})$。相应地，迭代终止条件阈值也采取同样的取值方式。设系统的最终终止条件阈值为 σ_{final}，取第一阶段的终止条件阈值为 σ_{initial}，则各阶段 σ_i 的取值为

$$\sigma_i=\sigma_{\text{inital}}\cdot 10^{-(i-1)\cdot\log_{10}\left(\frac{\sigma_{\text{inital}}}{\sigma_{\text{final}}}\right)/n-1} \tag{5.13}$$

一般取 $\sigma_{\text{initial}}=100\sigma_{\text{final}}$。

从式(5.12)和式(5.13)给出的 τ_i 与 σ_i 的计算公式来看，该算法引入了取阈值对数等间隔的策略，在迭代初始阶段信号残差较大时，采用较大的 τ 值和 σ 值，使得迭代算法快速收敛到目标值附近；随着迭代算法的进行，τ 和 σ 呈指数下降趋势，使得迭代算法在后续迭代阶段能够以较高的精度收敛到目标值。一般情况下，取阶段数 $n=5$ 能获得较好的重构效果。

此外，在 2.3.2.2 小节的迭代公式(2.26)中引入了参数 β^k，事实上，参数 β^k 的引入消除了 Barzilai-Borwein 方法的一些固有特性，使得迭代次数有所增加，而对重构精度的影响甚微[47]。因此，本章后续的仿真实验中取 $\beta^k\equiv 1$，以加快整个算法的收敛速度。

5.3.3 快速计算方法研究

由第 3 章的确定性测量矩阵仿真测试结果可知，正交对称循环矩阵无论在一维信号仿真还是在二维信号测试中，其性能都十分接近高斯随机测量矩阵，因此在后续的章节中，测量矩阵一致采用正交对称循环矩阵。由正交对称循环矩阵的性质可得，其 N 阶矩阵可表示为

$$\boldsymbol{A}_N=\frac{1}{N}\boldsymbol{F}_N^*\boldsymbol{\Sigma}\boldsymbol{F}_N$$

其中，$\boldsymbol{F}_N$ 为 N 阶傅里叶变换矩阵；$\boldsymbol{F}_N^*$ 为 $\boldsymbol{F}_N$ 的共轭对称矩阵；$\boldsymbol{\Sigma}$ 为对角矩阵，$\boldsymbol{\Sigma}=$

diag($\boldsymbol{\mu}$)，$\boldsymbol{\mu}=(\mu_1,\mu_2,\cdots,\mu_N)\in\{-1,1\}^N$。因此，在向量和矩阵 $\mathbf{A}$ 或者 $\mathbf{A}^{\mathrm{T}}$ 的乘法中，可以在离散傅里叶域内采用快速傅里叶变换(FFT)方式进行计算，当 $M=N$ 时，计算复杂度由原来的 $O(M^2)$降低为 $O(M\log M)$[149]。

对于稀疏矩阵 $\boldsymbol{\Psi}\in\mathbf{R}^{N\times N}$，一般情况下取小波变换矩阵或者离散余弦变换矩阵，这样一来，在向量和矩阵 $\boldsymbol{W}$ 或者 $\boldsymbol{W}^{\mathrm{T}}$ 的乘法中，就可以采用快速小波变换或快速离散余弦变换进行计算，算法的计算复杂度可由原来的 $O(M^2)$降低为 $O(N)$[9]。

由上述分析可知，当测量矩阵为正交对称循环矩阵时，可通过快速傅里叶变换算法减小向量-矩阵乘法的计算复杂度，当稀疏矩阵为小波变换矩阵或者离散余弦变换矩阵时，同样可通过相应的快速重构算法进行计算。因此，测量矩阵采用正交对称循环矩阵可大大提高迭代过程的计算效率，减小计算消耗。

5.3.4 基于梯度投影稀疏重建的快速重构算法性能测试

本小节与 5.2.3 小节一样，分别采用两类信号(一维可压缩信号和二维图像信号)进行仿真实验，并对比分析各算法在收敛速度上的区别，同时分析各算法对重构精度的影响。

5.3.4.1 一维信号仿真分析

一维信号仿真的测试条件和 5.1.4.1 小节一致。取参数 $n=5$，$\tau_{\min}=0.002\times\max(\mathrm{abs}(\boldsymbol{\Phi}^{\mathrm{T}}\boldsymbol{y}))$，$\tau_{\max}=400\tau_{\min}$，$\sigma_{\mathrm{final}}=1\times10^{-5}$，$\sigma_{\mathrm{initial}}=100\sigma_{\mathrm{final}}$，得到梯度投影稀疏重建算法和基于梯度投影稀疏重建的快速重构算法的重构结果如表 5.9 所列。

表 5.9 梯度投影稀疏重建算法和基于梯度投影稀疏重建的快速重构算法的一维信号重构结果

测量数	梯度投影稀疏重建算法				基于梯度投影稀疏重建的快速重构算法			
	重构成功率	迭代次数	重构时间/s	信噪比/dB	重构成功率	迭代次数	重构时间/s	信噪比/dB
60	0.00	1 298.57	0.300 781	9.438 62	0.00	120.55	0.032 344	9.384 32
70	0.15	1 293.26	0.284 063	21.192 71	0.19	106.78	0.029 688	21.434 93
80	0.39	1 047.96	0.247 031	31.694 84	0.35	117.86	0.026 875	30.687 28
90	0.85	677.50	0.158 906	42.188 20	0.81	89.03	0.023 594	41.801 30
100	1.00	405.24	0.094 844	44.101 10	1.00	61.25	0.016 406	44.055 86
110	1.00	277.55	0.067 031	44.414 07	1.00	48.63	0.013 281	45.286 30
120	1.00	192.34	0.047 500	45.468 69	1.00	42.79	0.012 500	45.574 06
130	1.00	127.40	0.032 813	45.833 50	1.00	39.34	0.011 563	45.884 54
140	1.00	97.79	0.024 844	45.933 96	1.00	37.13	0.010 938	45.966 61
150	1.00	71.44	0.019 531	46.359 36	1.00	35.39	0.010 469	46.165 55
160	1.00	59.39	0.016 875	46.373 41	1.00	34.00	0.010 469	46.489 49
170	1.00	50.69	0.014 219	46.473 41	1.00	32.54	0.010 156	46.642 48
180	1.00	50.28	0.014 531	46.816 18	1.00	30.75	0.009 688	46.870 63
190	1.00	44.61	0.013 438	46.777 43	1.00	28.67	0.009 844	46.837 99
200	1.00	40.15	0.013 906	46.852 15	1.00	26.71	0.009 063	47.102 26

从表 5.9 中可以得出，两种算法的重构精度和重构成功率都非常接近。当测量数较小时，基于梯度投影稀疏重建的快速重构算法的收敛速度非常快，迭代次数比梯度投影稀疏重建算法低一个数量级。随着测量数的增加，该算法的收敛速度虽然没有测量数较小时明显，但仍然比梯度投影稀疏重建算法快不少。图 5.14 给出了两种算法的迭代次数和重构时间更为直观的对比。

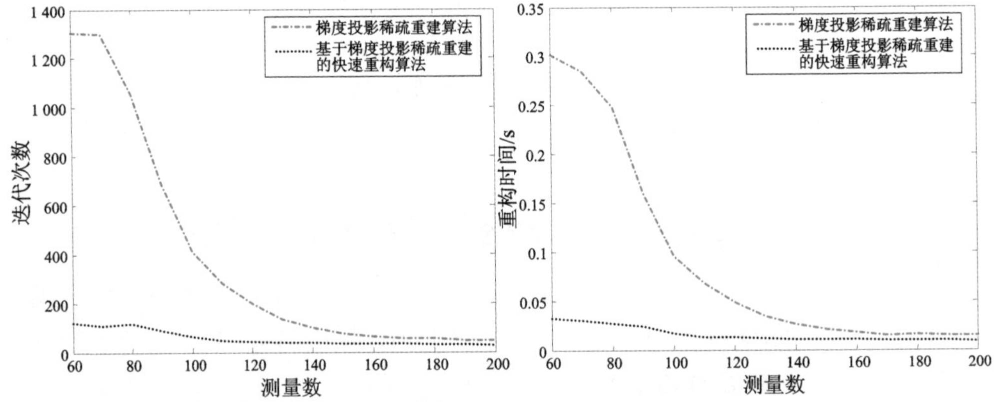

图 5.14　梯度投影稀疏重建算法和基于梯度投影稀疏重建的快速重构算法在迭代次数、重构时间上的对比

将基于梯度投影稀疏重建的快速重构算法与正交匹配追踪算法及其改进的一系列算法进行比较，得到它们在不同测量数下的重构时间曲线如图 5.15 所示。由图 5.15 可知，基于梯度投影稀疏重建的快速的重构时间重构算法的重构时间在测量数较小时仍大于正交匹配追踪算法及其改进的一系列算法的重构时间，但它们基本上还是在一个数量级上，随着测量数的增加，其重构时间逐渐接近正交匹配追踪算法系列算法及其

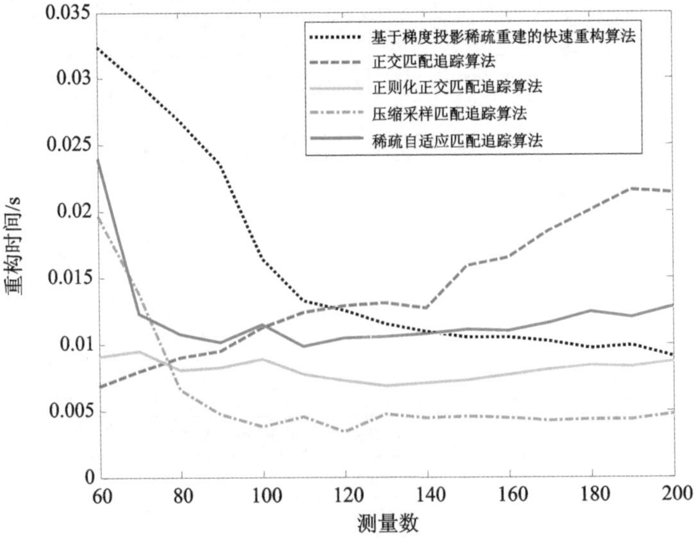

图 5.15　各类算法在重构时间上的对比

改进的一系列算法的重构时间，在测量数达到一定值后，其重构时间甚至小于正交匹配追踪算法及其改进的部分算法的重构时间。

5.3.4.2 二维信号仿真分析

二维信号仿真的测试条件和5.1.4.2小节一致，参数选取和与5.3.4.1小节一致。将仿真得到的基于梯度投影稀疏重建的快速重构算法的重构结果和梯度投影稀疏重建算法以及压缩采样匹配追踪算法的重构结果进行对比。

1. 场景均匀遥感图像的重构结果

不同算法下场景均匀遥感图像的仿真结果如表5.10所列。

在压缩比为0.5时，不同算法下场景均匀遥感图像的重构结果如图5.16所示。

表5.10 不同算法下场景均匀遥感图像的仿真结果

压缩比	基于梯度投影稀疏重建的快速重构算法		梯度投影稀疏重建算法		压缩采样匹配追踪算法	
	峰值信噪比/dB	重构时间/s	峰值信噪比/dB	重构时间/s	峰值信噪比/dB	重构时间/s
0.1	22.575 23	12.218 80	22.573 88	91.671 88	22.197 31	0.759 375
0.2	25.140 85	8.203 125	24.785 92	57.921 88	24.377 01	1.087 500
0.3	27.073 84	7.015 625	26.506 52	47.796 88	26.838 17	1.290 625
0.4	28.904 62	5.937 500	28.706 69	34.875 01	28.058 18	1.412 500
0.5	30.323 01	5.640 625	30.152 88	27.265 63	29.138 61	1.587 500

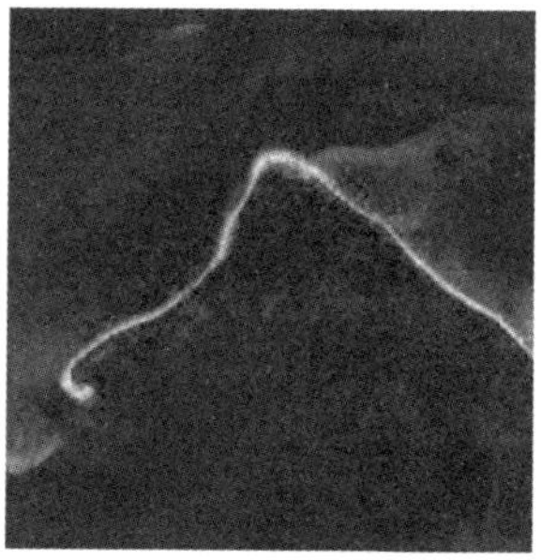

(a) 基于梯度投影稀疏重建的快速重构算法

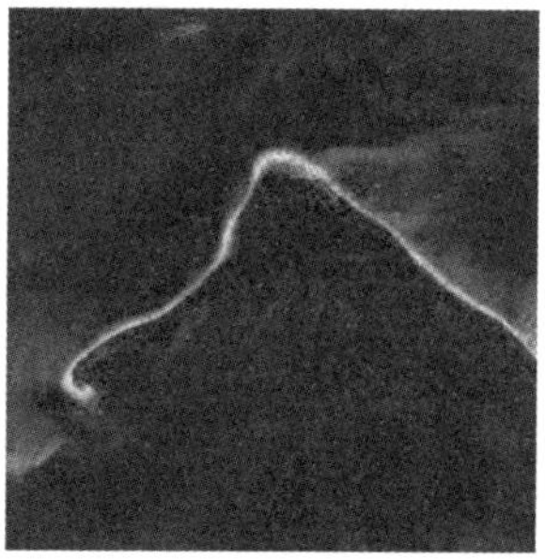

(b) 梯度投影稀疏重建算法

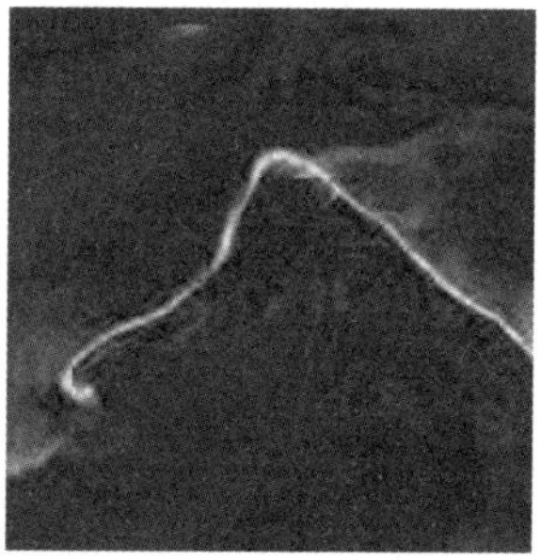

(c) 压缩采样匹配追踪算法

图5.16 不同算法下场景均匀遥感图像的重构结果(压缩比0.5)

2. 细节丰富遥感图像的重构结果

不同算法下细节丰富遥感图像的仿真结果如表5.11所列。

在压缩比为0.5时，不同算法下细节丰富遥感图像的重构结果如图5.17所示。

3. lena图像的重构结果

不同算法下lena图像的仿真结果如表5.12所列。

表 5.11　不同算法下细节丰富遥感图像的仿真结果

压缩比	基于梯度投影稀疏重建的快速重构算法		梯度投影稀疏重建算法		压缩采样匹配追踪算法	
	峰值信噪比/dB	重构时间/s	峰值信噪比/dB	重构时间/s	峰值信噪比/dB	重构时间/s
0.1	17.200 58	12.359 400	16.956 66	91.171 88	15.194 45	0.671 875
0.2	19.077 18	8.796 875	18.997 55	62.046 88	18.306 13	0.937 500
0.3	20.437 81	7.500 000	20.328 21	49.828 13	19.631 30	1.093 750
0.4	21.906 42	6.234 375	21.688 47	38.125 01	21.335 86	1.175 000
0.5	23.285 30	5.640 625	23.106 35	29.484 38	22.398 90	1.312 500

(a) 基于梯度投影稀疏重建的快速重构算法

(b) 梯度投影稀疏重建算法

(c) 压缩采样匹配追踪算法

图 5.17　不同算法下细节丰富遥感图像的重构结果(压缩比 0.5)

表 5.12　不同算法下 lena 图像的仿真结果

压缩比	基于梯度投影稀疏重建的快速重构算法		梯度投影稀疏重建算法		压缩采样匹配追踪算法	
	峰值信噪比/dB	重构时间/s	峰值信噪比/dB	重构时间/s	峰值信噪比/dB	重构时间/s
0.1	19.189 81	13.500 000	18.722 24	88.531 25	17.902 10	0.846 875
0.2	22.396 73	6.609 375	21.673 57	50.640 63	20.951 86	1.156 250
0.3	24.611 18	5.609 375	24.127 12	34.000 12	23.665 84	1.259 375
0.4	26.344 44	4.609 375	26.263 93	22.671 88	25.769 25	1.396 875
0.5	28.332 81	4.281 250	27.921 83	14.765 63	27.127 93	1.509 375

在压缩比为 0.5 时，不同算法下 lean 图像的重构结果如图 5.18 所示。

从上述仿真结果来看，在相同压缩比下基于梯度投影稀疏重建的快速重构算法的重构精度优于梯度投影稀疏重建算法的；而其重构时间较梯度投影稀疏重建算法大大缩短，与压缩采样匹配追踪算法基本在一个数量级上。无论是从一维信号还是二维信号的仿真结果分析来看，基于梯度投影稀疏重建的快速重构算法在保证重构精度的条

(a) 基于梯度投影稀疏重建的快速重物算法　(b) 梯度投影稀疏重建算法　(c) 压缩采样匹配追踪算法

图 5.18　不同算法下 lena 图像的重构结果(压缩比 0.5)

件下大大缩短了重构时间,基本上接近于正交匹配追踪算法及其改进的一系列算法。

5.4　正则化 Bregman 迭代算法

5.2 节已介绍 Begman 迭代算法对遥感图像有很好的重构效果,本节在此基础上,将正则化 Begman 迭代算法应用到遥感视频重构中,并根据正则化约束的变化,介绍 L_1 正则化的 Bregman 视频重构和 L_p 正则化的 Bregman 视频重构。

5.4.1　L_1 正则化的 Bregman 视频重构

在视频图像重构中,稀疏系数项的 L_1 正则化是目前最常用的正则化约束,限制条件采用表示距离最小的 L_2 正则化,视频单帧重构模型和视频差分重构模型表示为

$$\begin{cases} P_{\text{single}}: \quad \min \| \boldsymbol{x}_i^* \|_1 \quad \min \| \boldsymbol{y}_i^* - \boldsymbol{\Phi}_i \boldsymbol{\Psi}_i \boldsymbol{x}_i^* \|_2 \\ P_{\text{couple}}: \quad \min \left\| \begin{bmatrix} \hat{\boldsymbol{x}}_i^* \\ \Delta \hat{\boldsymbol{x}}_i^* \end{bmatrix} \right\|_1 \quad \min \left\| \begin{bmatrix} \boldsymbol{y}_i \\ \boldsymbol{y}_{i+1} \end{bmatrix} - \begin{bmatrix} \boldsymbol{\Phi}_i & \boldsymbol{O} \\ \boldsymbol{O} & \boldsymbol{\Phi}_{i+1} \end{bmatrix} \begin{bmatrix} \boldsymbol{\Psi} & \boldsymbol{O} \\ \boldsymbol{\Psi} & \boldsymbol{\Psi} \end{bmatrix} \begin{bmatrix} \boldsymbol{x}_i \\ \Delta \boldsymbol{x}_i^* \end{bmatrix} \right\|_2 \end{cases} \tag{5.14}$$

针对这两个模型,本小节分别介绍基于 Bregman、线性 Bregman、加速线性 Bregman 的视频单帧重构算法和视频差分重构算法。

5.4.1.1　L_1 正则化的 Bregman 视频重构迭代算法

Bregman 迭代算法是解决压缩感知 L_1 范数重构模型的有效方法。视频单帧重构模型实质上就是压缩感知重构的一般模型在每一帧图像中的独立重构,因此考虑压缩感知 L_1 范数的重构模型:

$$\min \| \boldsymbol{x} \|_1 \quad \text{s.t.} \quad \min \| \boldsymbol{y} - \boldsymbol{\Theta x} \|_2, \quad \boldsymbol{\Theta} = \boldsymbol{\Phi \Psi}$$

令 $J(\boldsymbol{x})=\|\boldsymbol{x}\|_1$，可以将视频单帧重构模型转换为全变分模型，即

$$\min_{\boldsymbol{x}} \lambda J(\boldsymbol{x})+\frac{1}{2\mu}\left\|\boldsymbol{y}-\boldsymbol{\Theta x}\right\|_2^2$$

其中，$J(\cdot)$表示一个凸函数。Bregman 迭代算法就是利用 $J(\boldsymbol{x})$的 Bregman 距离替代 $J(\boldsymbol{x})$构成 Bregman 迭代正则化模型，则 Bregman 迭代正则化可由下面的凸优化问题求解，即

$$\boldsymbol{x}^{k+1} \leftarrow \min_{\boldsymbol{x}} D_J^{q^k}(\boldsymbol{x},\boldsymbol{x}^k)+\frac{1}{2\mu}\left\|\boldsymbol{y}-\boldsymbol{\Theta x}\right\|_2^2$$

其中，$\boldsymbol{x}$ 和 $\boldsymbol{z}$ 点之间的 Bregman 距离定义为

$$D_J^q(\boldsymbol{x},\boldsymbol{z})=J(\boldsymbol{x})-J(\boldsymbol{z})-\langle \boldsymbol{q},\boldsymbol{x}-\boldsymbol{z}\rangle$$

其中，$\boldsymbol{q}\in\partial J(\boldsymbol{v})$是向量函数 $J(\boldsymbol{x})$在点 $\boldsymbol{z}$ 处的次梯度。经典 Bregman 迭代算法的迭代过程可以表示为

$$\begin{cases}\boldsymbol{x}^{k+1}=\arg\min\limits_{\boldsymbol{x}}\left\{\lambda D_J^{q^k}(\boldsymbol{x},\boldsymbol{x}^k)+\dfrac{1}{2\mu}\left\|\boldsymbol{y}^k-\boldsymbol{\Theta x}\right\|_2^2\right\}\\ \boldsymbol{q}^{k+1}=\boldsymbol{q}^k-\dfrac{1}{\mu}\boldsymbol{\Theta}^{\mathrm{T}}(\boldsymbol{\Theta x}^{k+1}-\boldsymbol{y})\\ \boldsymbol{x}^0=\boldsymbol{y}^0=\boldsymbol{0}\end{cases} \tag{5.15}$$

经典 Bregman 迭代正则化可以用残量迭代的方式进行计算，即

$$\begin{cases}\boldsymbol{x}^{k+1}=\arg\min\limits_{\vartheta}\left\{D_J^{q^k}(\boldsymbol{x},\boldsymbol{x}^k)+\dfrac{1}{2}\left\|\boldsymbol{y}^k-\boldsymbol{\Theta x}\right\|_2^2\right\}\\ \boldsymbol{y}^{k+1}=\boldsymbol{y}^k+\boldsymbol{y}-\boldsymbol{\Theta x}\\ \boldsymbol{x}^0=\boldsymbol{y}^0=\boldsymbol{0}\end{cases} \tag{5.16}$$

将式(5.15)称为 Bregman 迭代，将式(5.16)称为 Bregman 残差迭代。其实两种迭代算法在求极小化的过程中是等价的。所以本小节选择介绍其中一种迭代方式在遥感视频重构中的应用，针对式(5.14)的单帧重构模型和差分重构模型，介绍 L_1 正则化的 Bregman 视频单帧重构算法(重构算法 1)和 L_1 正则化的 Bregman 视频差分重构算法(重构算法 2)，如图 5.19 和图 5.20 所示。

在图 5.19 中，重构算法 1 利用 Bregman 迭代算法求解每一帧图像的最小目标函数，独立重构各帧图像。它实际上是将图像的重构算法推广到连续的视频序列图像重构中。从理论上看，该算法的优点是易于理解、操作；缺点是每一帧图像均独立重构，没有充分利用图像间的相关性，重构时间长，需要的采样数据多。

重构算法 2 分为两部分：第一部分利用 Bregman 迭代算法求解稀疏系数的最小值来重构第一帧图像，第二部分通过求解后续图像的稀疏系数差值的最小值重构后续图像。该算法的优点是充分利用了各帧图像间的相关性，通过求解稀疏性更好的稀疏系数差值，使重构时间更短，需要的采样数据更少。

重构算法 1:L_1 正则化的 Bregman 视频单帧重构算法

设:感知矩阵 $\boldsymbol{\Theta}_i$,测量矩阵 $\boldsymbol{y}_i$

for $i=1:1:N$(N 表示视频帧数)

初始化:$k=0,\lambda>0$,let $x_i^0=0$ and $q_i^0=0$

While"not converge",do

for $j=1:1:M$(M 表示迭代次数)

$\boldsymbol{x}_i^{k,0}=\boldsymbol{x}_i^k,\bar{\boldsymbol{x}}_i^{k,j},\boldsymbol{x}_i^{k,j}-\lambda\boldsymbol{\Theta}^{\mathrm{T}}(\boldsymbol{\Theta}\boldsymbol{x}_i^{k+1}-\boldsymbol{y}_i)$;

$$\boldsymbol{x}^{k,j+1}\leftarrow\operatorname*{argmin}_{\boldsymbol{x}}\left\{\lambda D_j^{\boldsymbol{q}^k}(\boldsymbol{x}_i,\boldsymbol{x}_i^k)+\frac{1}{2\mu}\left\|\boldsymbol{y}_i^k-\boldsymbol{\Theta}\bar{\boldsymbol{x}}_i^{k,j}\right\|_2^2\right\}$$

end for;

$\boldsymbol{x}_i^{k+1}=\boldsymbol{x}_i^{k,Mk}$;

$$\boldsymbol{q}_i^{k+1}=\boldsymbol{q}_i^k-\frac{1}{\mu\lambda}(\boldsymbol{x}_i^{x+1}-\boldsymbol{x}_i^{k,Mk})-\frac{1}{\mu}\boldsymbol{\Theta}_i^{\mathrm{T}}(\boldsymbol{\Theta}_i\boldsymbol{\vartheta}_i^{k,Mk-1}-\boldsymbol{y}_i);$$

$k\leftarrow k+1$

end while;

end for;

Return $\boldsymbol{x}_i^k$ and $\boldsymbol{f}_i=\boldsymbol{\psi}\boldsymbol{x}_i^k$

图 5.19 L_1 正则化的 Bregman 视频单帧重构算法(重构算法 1)

重构算法 2:L_1 正则化的 Bregman 视频差分重构算法

设:感知矩阵 $\boldsymbol{\Theta}$,测量矩阵 $\boldsymbol{y}_i$

1. 单帧重构第一帧图像:

While"not converge",do

for $j=1:1:M$(M 表示迭代次数)

$\boldsymbol{x}_1^{k,0}=\boldsymbol{x}_1^k,\bar{\boldsymbol{x}}_1^{k,j}=\boldsymbol{x}_1^{k,j}-\lambda\boldsymbol{\Theta}_1^{\mathrm{T}}(\boldsymbol{\Theta}_1\boldsymbol{x}_1^{k+1}-\boldsymbol{y}_1)$;

$$\boldsymbol{x}_1^{k,j+1}\leftarrow\operatorname*{argmin}_{\boldsymbol{x}_1}\left\{\lambda D_j^{\boldsymbol{q}^k}(\boldsymbol{x}_1,\boldsymbol{x}_1^k)+\frac{1}{2\mu}\left\|\boldsymbol{y}_1^k-\boldsymbol{\Theta}\bar{\boldsymbol{x}}_1^{k,j}\right\|_2^2\right\}$$

end for;

$\boldsymbol{x}_1^{k+1}=\boldsymbol{x}_1^{k,Mk}$;

$$\boldsymbol{q}_1^{k+1}=\boldsymbol{q}_1^k-\frac{1}{\mu\lambda}(\boldsymbol{x}_1^{x+1}-\boldsymbol{x}_1^{k,Mk})-\frac{1}{\mu}\boldsymbol{\Theta}_1^{\mathrm{T}}(\boldsymbol{\Theta}_1\boldsymbol{\vartheta}_1^{k,Mk-1}-\boldsymbol{y}_1)$$

$k\leftarrow k+1$

end while;

Return $\boldsymbol{x}_1^k$ and $\boldsymbol{f}_1=\boldsymbol{\psi}\boldsymbol{x}_1^k$

$\boldsymbol{x}_i\leftarrow\boldsymbol{x}_1,\boldsymbol{f}_i\leftarrow\boldsymbol{f}_1$

2. 差分重构后续图像:

for $i=1:1:\mathrm{N}$(N 表示视频帧数)

初始化:$k=0,\lambda>0$, let $\Delta\boldsymbol{x}_i^0=0$ and $\boldsymbol{q}_i^0=0$

While"not converge",do

for $j=1:1:M$(M 表示迭代次数)

$\Delta\boldsymbol{x}_1^{k,0}=\Delta\boldsymbol{x}_1^k,\Delta\bar{\boldsymbol{x}}_1^{k,j}=\Delta\boldsymbol{x}_i^{k,j}-\lambda\boldsymbol{\Theta}_i^{\mathrm{T}}(\boldsymbol{\Theta}_i\Delta\boldsymbol{x}_i^{k+1}-\Delta\boldsymbol{y}_i)$;

$$\Delta\boldsymbol{x}_i^{k,j+1}\leftarrow\operatorname*{argmin}_{\boldsymbol{x}_1}\left\{\lambda D_j^{q-1}(\Delta\boldsymbol{x}_i,\Delta\boldsymbol{x}_i^j)+\frac{1}{2\mu}\left\|\Delta\boldsymbol{y}_i^j-\boldsymbol{\Theta}\boldsymbol{\Delta}\bar{\boldsymbol{x}}_i^{j,i}\right\|_2^2\right\}$$

end for;

$\Delta\boldsymbol{x}_i^{k+1}=\Delta\boldsymbol{x}_i^{k,Mk}$;

$$\boldsymbol{q}_i^{k+1}=\boldsymbol{q}_i^k-\frac{1}{\mu\lambda}(\Delta\boldsymbol{x}_i^{k+1}-\Delta\boldsymbol{x}_i^{k,Mk})-\frac{1}{\mu}\boldsymbol{\Theta}_i^{\mathrm{T}}(\boldsymbol{\Theta}_i\Delta\boldsymbol{\vartheta}_i^{k,Mk-1}-\Delta\boldsymbol{y}_i);$$

$k\leftarrow k+1$

end while;

Return $\Delta\boldsymbol{x}_i^k$ and $\Delta\boldsymbol{f}_i=\boldsymbol{\Psi}_i\Delta\boldsymbol{x}_i^k$

3. 输出:$\boldsymbol{x}_{i+1}\leftarrow\boldsymbol{x}_i+\Delta\boldsymbol{x}_i,\boldsymbol{f}_{j+1}\leftarrow\boldsymbol{f}_i+\Delta\boldsymbol{f}_i$

图 5.20 L_1 正则化的 Bregman 视频差分重构算法(算构算法 2)

5.4.1.2 L_1 正则化的线性 Bregman 视频重构迭代算法

Bregman 迭代算法最大的缺点就是计算复杂，每次迭代都需要求解最优化问题。所以学者通过线性化二次项 $\frac{1}{2\mu}\|\boldsymbol{y}^k-\boldsymbol{\Theta x}\|_2^2$ 为 $\frac{1}{2\mu}\|\boldsymbol{x}-(\boldsymbol{x}^k-\mu\boldsymbol{\Theta}^{\mathrm{T}}(\boldsymbol{\Theta x}^k-\boldsymbol{y}))\|_2^2$ 获得线性化 Bregman 迭代算法，产生新的迭代方案：

$$\begin{cases}\boldsymbol{x}^{k+1}=\underset{\boldsymbol{x}}{\operatorname{argmin}}\left\{D_J^{q^k}(\boldsymbol{x},\boldsymbol{x}^k)+\dfrac{1}{2\mu}\|\boldsymbol{x}-(\boldsymbol{x}^k-\mu\boldsymbol{\Theta}^{\mathrm{T}}(\boldsymbol{\Theta x}^k-\boldsymbol{y}))\|^2\right\}\\ \boldsymbol{q}^{k+1}=\boldsymbol{q}^k-\dfrac{1}{\lambda\mu}(\boldsymbol{x}^{k+1}-\boldsymbol{x}^k)-\dfrac{1}{\lambda}\boldsymbol{\Theta}^{\mathrm{T}}(\boldsymbol{\Theta x}^k-\boldsymbol{y})\\ \boldsymbol{x}^0=\boldsymbol{q}^0=\boldsymbol{0}\end{cases}$$

当 $J(\boldsymbol{x})=\|\boldsymbol{x}\|_1$ 时，最小化问题被称为基追踪问题。迭代过程表示为

$$\begin{cases}\boldsymbol{x}^{k+1}=\underset{\boldsymbol{x}}{\operatorname{argmin}}\left\{\lambda(\|\boldsymbol{x}\|_1-\|\boldsymbol{x}^k\|_1-\langle\boldsymbol{q}^k,\boldsymbol{x}-\boldsymbol{x}^k\rangle)+\dfrac{1}{2\mu}\|\boldsymbol{x}-(\boldsymbol{x}^k-\mu\boldsymbol{\Theta}^{\mathrm{T}}(\boldsymbol{\Theta x}^k-\boldsymbol{y}))\|^2\right\}\\ \boldsymbol{q}^{k+1}=\dfrac{1}{\lambda}\sum\limits_{i=1}^{k}\boldsymbol{\Theta}^{\mathrm{T}}(\boldsymbol{y}-\boldsymbol{\Theta x}^i)-\dfrac{\boldsymbol{x}^{k+1}}{\lambda\mu}\\ \boldsymbol{x}^0=\boldsymbol{q}^0=\boldsymbol{0}\end{cases} \tag{5.17}$$

令 $\boldsymbol{v}^k=\lambda\boldsymbol{q}^{k+1}+\frac{1}{\mu}\boldsymbol{x}^{k+1}$，则式(5.17)中的第二式可以表示为

$$\boldsymbol{v}^{k+1}=\sum_{i=1}^{k}\boldsymbol{\Theta}^{\mathrm{T}}(\boldsymbol{y}-\boldsymbol{\Theta x}^i)$$

于是

$$\boldsymbol{v}^{k+1}=\boldsymbol{v}^k+\boldsymbol{\Theta}^{\mathrm{T}}(\boldsymbol{y}-\boldsymbol{\Theta x}^k)$$

定义阈值函数为

$$\operatorname{shrink}(v,\lambda)=\begin{cases}v-\lambda, & z\in(\lambda,\infty)\\ 0, & z\in[-\lambda,\lambda]\\ v+\lambda, & z\in(-\infty,-\lambda)\end{cases}$$

则迭代过程简化为

$$\begin{cases}\boldsymbol{x}^{k+1}=\mu\operatorname{shrink}(\boldsymbol{v}^k,\lambda)\\ \boldsymbol{v}^{k+1}=\boldsymbol{v}^k+\boldsymbol{\Theta}^{\mathrm{T}}(\boldsymbol{y}-\boldsymbol{\Theta x}^k)\\ \boldsymbol{x}^0=\boldsymbol{q}^0=\boldsymbol{0}\end{cases} \tag{5.18}$$

线性 Bregman 迭代算法对于求解压缩感知重构模型有很好的效果。L_1 正则化的线性 Bregman 视频单帧重构算法(重构算法 3)和 L_1 正则化的线性Bregman 视频差分重构算法(重构算法 4)分别如图 5.21 和图 5.22 所示。

重构算法 3: L_1 正则化的线性 Bregman 视频单帧重构算法

设:感知矩阵 $\boldsymbol{\Theta}_i$,测量矩阵 $\boldsymbol{v}_i$

for $i=1:1:N$(N 表示视频帧数)

初始化: $k=0, \lambda_i>0, \mu_i>0$, let $\boldsymbol{x}_i^0=\boldsymbol{0}$ and $\boldsymbol{v}_i^0=\boldsymbol{0}$

While"not converge",do

$\boldsymbol{x}_i^{k+1}=\mu_i \operatorname{shrink}(\boldsymbol{v}_i^k, \lambda_i)$;

$\boldsymbol{v}_i^{k+1}=\boldsymbol{v}_i^k+\boldsymbol{\Theta}_i^{\mathrm{T}}(\boldsymbol{v}_i-\boldsymbol{\Theta}_i \boldsymbol{x}_i^k)$;

$k \leftarrow k+1$.

end while;

Return $\boldsymbol{x}_i^k$ and $\boldsymbol{f}_i=\boldsymbol{\Psi} \boldsymbol{x}_i^k$

图 5.21 L_1 正则化的线性 Bregman 视频单帧重构算法(算构算法 3)

重构算法 4: L_1 正则化的线性 Bregman 视频差分重构算法

设:感知矩阵 $\boldsymbol{\Theta}_i$,测量矩阵 $\boldsymbol{v}_i$

1. 初始化: $k=0, \lambda_i>0, \mu_i>0$, let $\boldsymbol{x}_1^0=\boldsymbol{0}$ and $\boldsymbol{v}_i^0=\boldsymbol{0}$

While"not converge",do

$\boldsymbol{x}_i^{k+1}=\mu_i \operatorname{shrink}(\boldsymbol{v}_i^k, \lambda_i)$;

$\boldsymbol{v}_1^{k+1}=\boldsymbol{v}_1^k+\boldsymbol{\Theta}_1^{\mathrm{T}}(\boldsymbol{v}_1-\boldsymbol{\Theta}_1 \boldsymbol{x}_1^k)$;

$k \leftarrow k+1$.

end while;

Return $\boldsymbol{x}_1^k$ and $\boldsymbol{f}_1=\boldsymbol{\Psi} \boldsymbol{x}_1^k$

$\boldsymbol{x}_i \leftarrow \boldsymbol{x}_1^k, \boldsymbol{f}_i \leftarrow \boldsymbol{f}_1$

2. for $i=1:1:N$(N 表示视频帧数)

初始化: $k=0, \lambda_i>0, \mu_i>0$, let $\Delta \boldsymbol{x}_i^0=\boldsymbol{0}$ and $\boldsymbol{v}_i^0=\boldsymbol{0}$

While "not converge", do

$\Delta \boldsymbol{x}_i^{k+1}=\delta_2$ shrink $(\boldsymbol{v}_{\mathrm{i}}^{\mathrm{k}}, \lambda_{\mathrm{i}})$;

$\boldsymbol{v}_i^{k+1}=\boldsymbol{v}_i^k+\boldsymbol{\Theta}_i^{\mathrm{T}}(\Delta \boldsymbol{v}_i-\boldsymbol{\Theta}_i \cdot \Delta \boldsymbol{x}_i^k)$;

$\Delta \boldsymbol{v}_i=\boldsymbol{v}_{i+1}-\boldsymbol{\Theta}_{i+1} \boldsymbol{v}_i$;

$k \leftarrow k+1$.

end while;

Return $\Delta \boldsymbol{v}_i^k$, and $\Delta \boldsymbol{f}_i=\boldsymbol{\psi} \Delta \boldsymbol{x}_i^k$;

$\boldsymbol{x}_{i+1} \leftarrow \boldsymbol{x}_i+\Delta \boldsymbol{x}_i, \boldsymbol{f}_{j+1} \leftarrow \boldsymbol{f}_i+\Delta \boldsymbol{f}_i$;

end for;

3. Return f_i;

图 5.22 L_1 正则化的线性 Bregman 视频差分重构算法(重构算法 4)

重构算法 3 与重构算法 1 比较类似,只是迭代过程采用了线性 Bregman 迭代方案。它比重构算法 1 计算速度更快,更易于操作;其缺点是各帧仍需要独立重构。

重构算法 4 则类似于重构算法 2,具备线性 Bregman 迭代方案的快速性、易操作性,并具备差分重构模型的优点,能够充分利用各帧图像间的相关性,相邻帧图像的差值解稀疏性更好，需要的采样数据更少，重构时间更短。

5.4.1.3 L_1 正则化的加速线性 Bregman 视频重构迭代算法

学者们研究指出，对于一个线性系统 $\boldsymbol{\Theta x}=\boldsymbol{y}$，其矩阵 $\boldsymbol{\Theta}$ 的谱范数意义下的条件数越小，Bregman 迭代的收敛速度越快。

令 $\boldsymbol{g}^{k+1}=\boldsymbol{g}^k+(\boldsymbol{y}-\boldsymbol{\Theta x}^k)$，$\boldsymbol{g}^0=\boldsymbol{0}$，则有

$$\boldsymbol{v}^{k+1}=\boldsymbol{\Theta}^{\mathrm{T}}\boldsymbol{g}^{k+1}$$

所以，式(5.18)的线性 Bregman 迭代过程变为

$$\begin{cases}\boldsymbol{x}^{k+1}=\mu\,\mathrm{shrink}(\boldsymbol{\Theta}g^{k+1},\lambda)\\ \boldsymbol{g}^{k+1}=\boldsymbol{g}^k+(\boldsymbol{y}-\boldsymbol{\Theta x}^k)\\ \boldsymbol{x}^0=\boldsymbol{q}^0=\boldsymbol{0}\end{cases}$$

为了提高线性 Bregman 迭代生成序列 $\{\boldsymbol{x}_i^k\}$ 的收敛速度，本小节介绍加速线性 Bregman 视频重构迭代算法。在线性系统 $\boldsymbol{\Theta x}=\boldsymbol{y}$ 中引入预条件子 $(\boldsymbol{\Theta\Theta}^{\mathrm{T}})^{-\frac{1}{2}}$ 得

$$(\boldsymbol{\Theta\Theta}^{\mathrm{T}})^{-\frac{1}{2}}\boldsymbol{\Theta x}=(\boldsymbol{\Theta\Theta}^{\mathrm{T}})^{-\frac{1}{2}}\boldsymbol{y}$$

所以迭代过程变为

$$\begin{cases}\boldsymbol{x}^{k+1}=\mu\,\mathrm{shrink}(\boldsymbol{\Theta}^{+}\,\boldsymbol{g}^{k+1},\lambda)\\ \boldsymbol{g}^{k+1}=\boldsymbol{g}^k+(\boldsymbol{y}-\boldsymbol{\Theta x}^k)\\ \boldsymbol{x}^0=\boldsymbol{q}^0=\boldsymbol{0}\end{cases}$$

其中，$\boldsymbol{\Theta}^{+}=\boldsymbol{\Theta}^{\mathrm{T}}(\boldsymbol{\Theta\Theta}^{\mathrm{T}})^{-1}$。将上述迭代过程称为加速线性 Bregman 迭代。将该迭代过程用于求解视频重构模型，得到了 L_1 正则化的加速线性 Bregman 视频单帧重构算法（重构算法 5）和 L_1 正则化的加速线性 Bregman 视频差分重构算法（重构算法 6），如图 5.23 和图 5.24 所示。

重构算法 5：L_1 正则化的加速线性 Bregman 视频单帧重构算法

设：感知矩阵 $\boldsymbol{\Theta}_i$，测量矩阵 $\boldsymbol{v}_i$

for $i=1:1:N$（N 表示视频帧数）

　初始化：$k=0$，$\lambda_i>0$，$\mu_i>0$，let $\boldsymbol{x}_i^0=\boldsymbol{0}$ and $\boldsymbol{v}_i^0=\boldsymbol{0}$

　　While"not converge"，do

　　$\boldsymbol{x}_i^{k+1}=\mu_i\,\mathrm{shrink}(\boldsymbol{\Theta}_i^{+},\boldsymbol{g}_i^{k+1},\lambda_i)$；

　　$\boldsymbol{g}_i^{k+1}=\boldsymbol{g}_i^k+(\boldsymbol{v}_i-\boldsymbol{\Theta}_i\boldsymbol{x}_i^k)$；

　　$k\leftarrow k+1$.

　　end while；

　Return $\boldsymbol{x}_i^k$ and $\boldsymbol{f}_i=\boldsymbol{\Psi x}_i^k$

图 5.23 L_1 正则化的加速线性 Bregman 视频单帧重构算法(算构算法 5)

重构算法 6:L_1 正则化的加速线性 Bregman 视频差分重构算法

设:感知矩阵 $\boldsymbol{\Theta}_i$,测量矩阵 $\boldsymbol{v}_i$

1. 初始化:$k=0,\lambda_1>0,\mu_1>0$, let $\boldsymbol{x}_1^0=\boldsymbol{0}$ and $\boldsymbol{v}_1^0=\boldsymbol{0}$

   While“not converge”,do

   $\boldsymbol{x}_1^{k+1}=\mu_1\text{shrink}(\boldsymbol{\Theta}_1^+\boldsymbol{g}_1^{k+1},\lambda_1)$;

   $\boldsymbol{g}_1^{k+1}=\boldsymbol{g}_1^k+(\boldsymbol{v}_1-\boldsymbol{\Theta}_1\boldsymbol{x}_1^k)$;

   $k\leftarrow k+1$.

   end while;

   Return $\boldsymbol{x}_1^k$ and $\boldsymbol{f}_1=\boldsymbol{\Psi}\boldsymbol{x}_1^k$

   $\boldsymbol{x}_1\leftarrow\boldsymbol{x}_1^k,\boldsymbol{f}_i\leftarrow\boldsymbol{f}_1$

2. for $i=1:1:N$(N 表示视频帧数)

   初始化:$k=0,\lambda_i>0,\mu_i>0$, let $\Delta\boldsymbol{x}_i^0=\boldsymbol{0}$ and $\boldsymbol{v}_i^0=\boldsymbol{0}$

   While “not converge”, do

   $\Delta\boldsymbol{x}_i^{k+1}=\delta_2$ shrink $(\boldsymbol{\Theta}_i^++\boldsymbol{g}_i^{k+1},\lambda_i)$;

   $\boldsymbol{g}_i^{k+1}=\boldsymbol{g}_i^k+(\Delta\boldsymbol{v}_i-\boldsymbol{\Theta}_i\cdot\Delta\boldsymbol{x}_i^k)$;

   $\Delta\boldsymbol{v}_i=\boldsymbol{v}_{i+1}-\boldsymbol{\Theta}_{i+1}\boldsymbol{x}_i$;

   $k\leftarrow k+1$.

   end while;

   Return $\Delta\boldsymbol{x}_i^k$, and $\Delta\boldsymbol{f}_i=\boldsymbol{\psi}\ \Delta\boldsymbol{x}_i^k$;

   $\boldsymbol{x}_{i+1}\leftarrow\boldsymbol{x}_i+\Delta\boldsymbol{x}_i,\boldsymbol{f}_{j+1}\leftarrow\boldsymbol{f}_i+\Delta\boldsymbol{f}_i$;

   end for;

3. Return f_i;

图 5.24 L_1 正则化的加速线性 Bregman 视频差分重构算法(重构算法 6)

重构算法 5 是对重构算法 3 的进一步优化,通过加入预条件子提高了迭代的收敛速度。相对于重构算法 3 来说,其迭代的收敛速度更快,在视频重构中实时性更好。

重构算法 6 是对重构算法 4 的进一步优化,通过加入预条件子提高了迭代的收敛速度。相对于重构算法 4 来说,其迭代的收敛速度更快,在视频重构中实时性更好。相对于重构算法 5 来说,它充分利用了各帧图像间的相关性,通过求解稀疏性更好的稀疏系数差值,使得重构时间更短、需要的采样数据更少。

5.4.1.4 性能比较

下面选用稀疏和复杂的两类遥感图像开展数值仿真实验,比较 6 种算法的性能。由于单帧重构模型与差分重构模型的性能比较分析已经在第二章完成,因此本小节主要分析在单帧重构模型与差分重构模型下经典 Bregman 迭代算法、线性 Bregman 迭代算法以及加速线性 Bregman 迭代算法的重构性能,即比较重构算法 1、重构算法 3 与重构算法 5 的重构性能,以及比较重构算法 2、重构算法 4 与重构算法 6 的重构性能,比较分析上述重构算法在遥感图像重构中随压缩比和帧数变化的峰值信噪比和重构时间。

数值仿真参数设置如下:

① 选用稀疏和复杂的两类遥感视频序列图像，维数为 256×256，对它们进行数值仿真实验。

② 测量矩阵 $\boldsymbol{\Phi}_i$ 为一个块循环矩阵，表示光学成像透镜或其他采样设备。字典 $\boldsymbol{\Psi}$ 选用离散余弦变换字典。

③ 在重构算法中，设置参数 $\lambda_1=\mu_1=\delta_2=1$，$\tau$ 为 10^{-4}。

图 5.25 为采用重构算法 1、重构算法 3 与重构算法 5 对稀疏图像和复杂图像进行仿真得到的重构图像以及原始图像。从图中可以看出，对于稀疏图像，3 种算法的重构效果从视觉上看没有明显差别；对于复杂图像，重构算法 3 略比重构算法 1 的重构效果好，重构算法 5 明显比前两种算法的重构效果好。

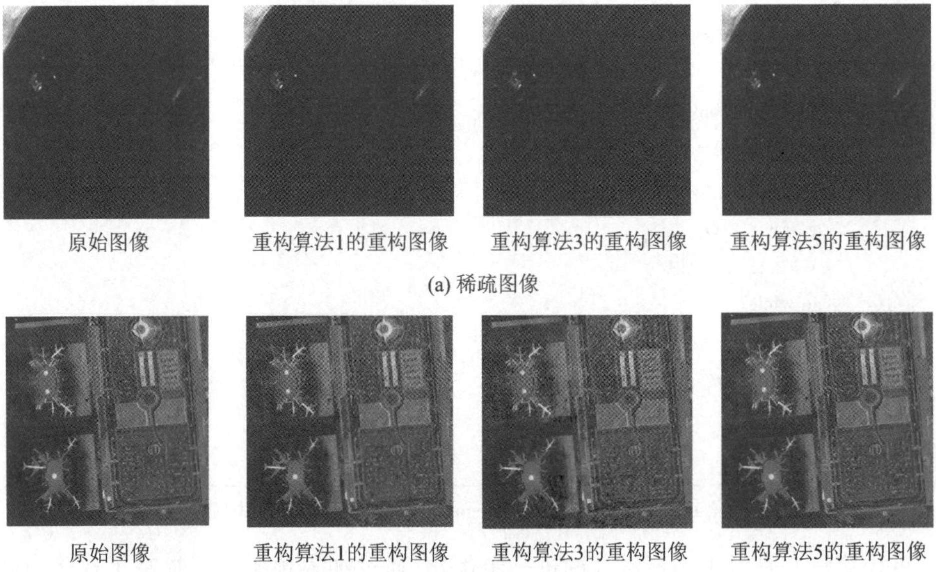

(b) 复杂图像

图 5.25　原始图像与重构图像

图 5.26 为利用重构算法 1、重构算法 3 与重构算法 5 对遥感图像进行重构得到的峰值信噪比随压缩比的变化曲线。从图中可以看出，随着压缩比的增加，重构算法 3 比重构算法 1 的重构质量好，重构算法 5 比重构算法 3 的重构质量好。

图 5.27 为利用重构算法 1、重构算法 3 与重构算法 5 对遥感图像进行重构得到的重构时间随压缩比的变化曲线。从图中可以看出，随着压缩比的增加，重构算法 3 比重构算法 1 的重构速度快，重构算法 5 比重构算法 3 的重构速度快。

图 5.28 为利用重构算法 2、重构算法 4 与重构算法 6 对稀疏图像和复杂图像进行仿真得到的重构图像以及原始图像。从图中可以看出，对于稀疏图像，3 种算法的重构效果从视觉上看没有明显差别；对于复杂图像，重构算法 6 的重构效果最好，重构算法 4 的重构效果次之，重构算法 2 的重构效果最差。

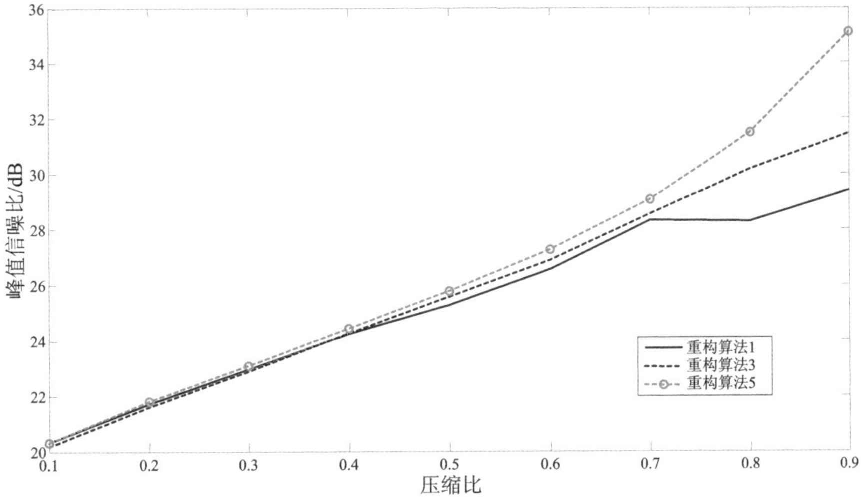

图 5.26 单帧重构图像的峰值信噪比随压缩比的变化曲线

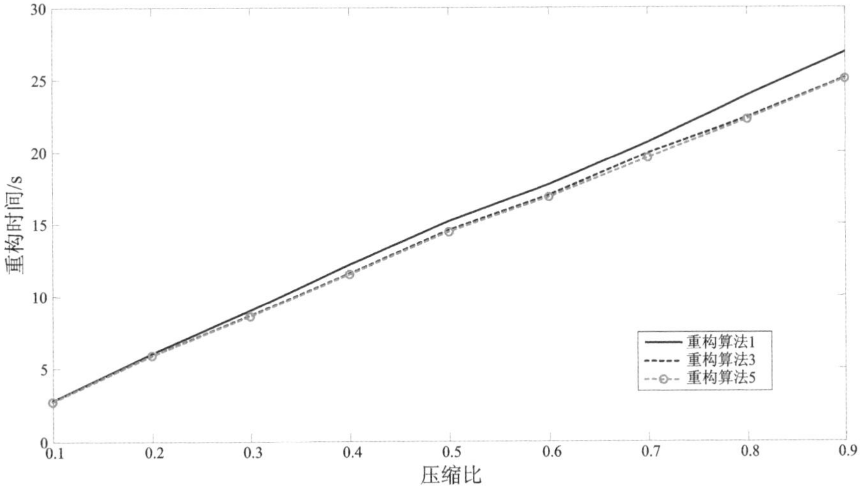

图 5.27 单帧重构图像的重构时间随压缩比的变化曲线

图 5.29 为利用重构算法 2、重构算法 4 与重构算法 6 对遥感图像进行重构得到的峰值信噪比随帧数的变化曲线。从图中可以看出，随着帧数的增加，重构算法 6 的峰值信噪比最高，重构算法 4 的峰值信噪比次之，重构算法 2 峰值信噪比最小。

图 5.30 为利用重构算法 2、重构算法 4 与重构算法 6 对遥感图像进行重构得到的重构时间随帧数的变化曲线。从图中可以看出，随着帧数的增加，重构算法 4 比重构算法 2 的重构速度快，重构算法 6 比重构算法 4 的重构速度快。

从数值仿真的结果可以看出：

① 重构算法 1、重构算法 3 和重构算法 5 是 Bregman 迭代算法、线性 Bregman 迭代算法和加速线性 Bregman 迭代算法在视频单帧重构模型 P_{single} 下的视频重构算法。

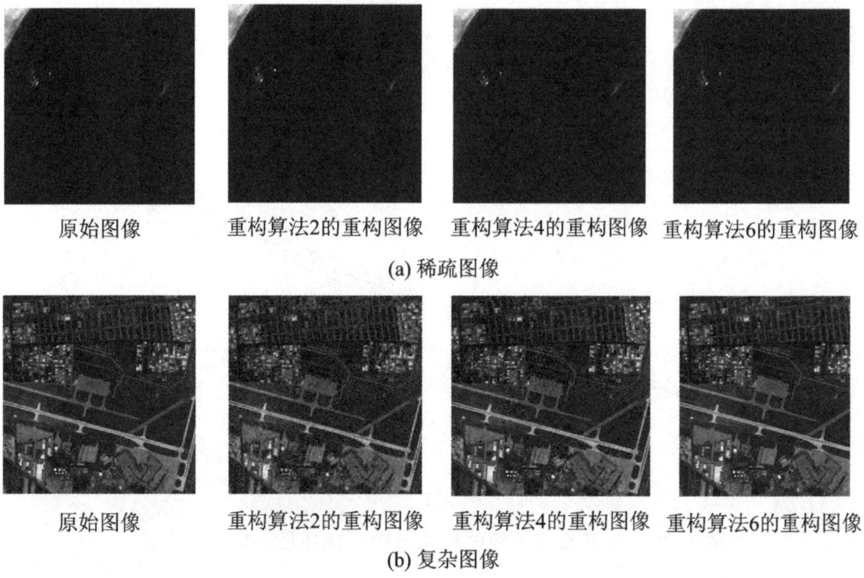

图 5.28　原始图像与重构图像

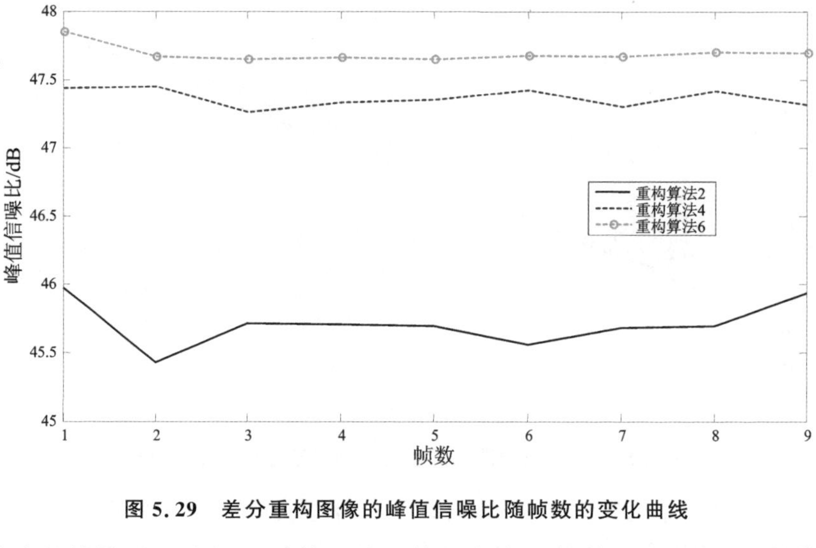

图 5.29　差分重构图像的峰值信噪比随帧数的变化曲线

从数值仿真的结果可以看出，3 种算法的重构性能中重构算法 5 最好，重构算法 3 次之，重构算法 1 最差。

② 重构算法 2、重构算法 4 和重构算法 6 是 Bregman 迭代算法、线性 Bregman 迭代算法和加速线性 Bregman 迭代算法在视频差分重构模型 P_{couple} 下的视频重构算法。从数值仿真的结果可以看出，3 种算法的重构性能中重构算法 6 最好，重构算法 4 次之，重构算法 2 最差。

综上所述，3 种迭代算法应用在压缩感知视频重构中时，加速线性 Bregman 迭代算法的重构效果最好，收敛速度最快，但在实施过程中比较复杂；Bregman 迭代算法的各

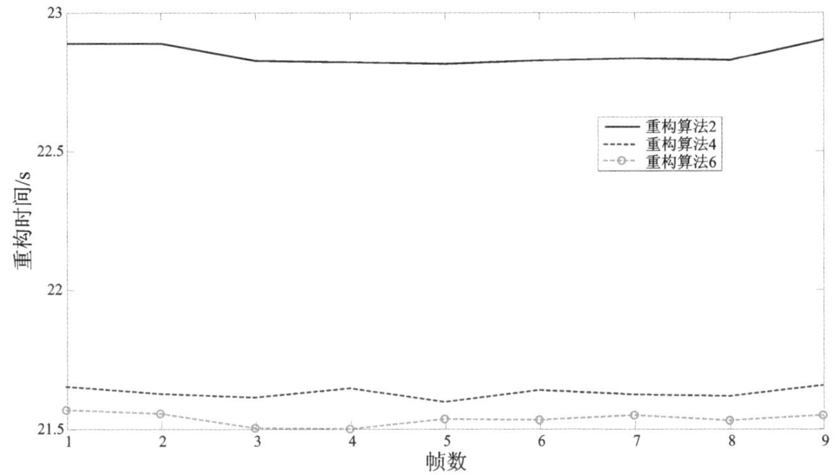

图 5.30　差分重构图像的重构时间随帧数的变化曲线

项重构指标都最差；相对来说，线性 Bregman 迭代算法的重构性能与加速线性 Bregman 迭代算法相差不太多，而且容易实施，是比较理想的重构迭代算法。

5.4.2　L_p 正则化的 Bregman 视频重构算法

压缩感知重构理论表明，稀疏系数项的 L_p 正则化比 L_1 正则化具有更好的稀疏性。但是由于 L_p 正则化是非凸的优化函数，求解相对困难，因此，本节介绍基于 Bregman 的加权迭代算法求解 L_p 正则化的优化重构模型。优化模型的限制条件采用表示距离最小的 L_2 正则化，则 L_p 正则化的视频单帧重构模型和视频差分重构模型表示为

$$\begin{cases} P_{\text{single}}: \quad \min \| \boldsymbol{x}_i^* \|_{p(0<p<1)} \qquad \min \| \boldsymbol{y}_i^* - \boldsymbol{\Phi}_i \boldsymbol{\Psi}_i \boldsymbol{x}_i^* \|_2 \\ P_{\text{couple}}: \quad \min \left\| \begin{bmatrix} \hat{\boldsymbol{x}}_i^* \\ \Delta \hat{\boldsymbol{x}}_i^* \end{bmatrix} \right\|_{p(0<p<1)} \qquad \min \left\| \begin{bmatrix} \boldsymbol{y}_i \\ \boldsymbol{y}_{i+1} \end{bmatrix} - \begin{bmatrix} \boldsymbol{\Phi}_i & \boldsymbol{0} \\ \boldsymbol{0} & \boldsymbol{\Phi}_{i+1} \end{bmatrix} \begin{bmatrix} \boldsymbol{\Psi} & \boldsymbol{0} \\ \boldsymbol{\Psi} & \boldsymbol{\Psi} \end{bmatrix} \begin{bmatrix} \boldsymbol{x}_i \\ \Delta \boldsymbol{x}_i^* \end{bmatrix} \right\|_2 \end{cases} \tag{5.19}$$

从 5.4.1 小节的分析看，加速线性 Bregman 迭代算法的收敛速度最快，但是在做加权迭代时引入预条件子使得算法反而更复杂，Bregman 迭代算法的收敛速度相对于线性 Bregman 迭代算法要慢。因此，线性 Bregman 迭代算法更符合实际需要。所以，针对式(5.19)的两个重构模型，本小节分别介绍基于线性 Bregman 加权迭代的视频单帧重构算法和视频差分重构算法。

5.4.2.1　L_p 正则化的线性 Bregman 加权迭代视频重构算法

考虑压缩感知 L_p 正则化的重构模型：

$$\min \| \boldsymbol{x} \|_p \quad \text{s.t.} \quad \min \| \boldsymbol{y} - \boldsymbol{\Theta x} \|_2$$

在重构过程中，稀疏系数在迭代时引入权值 λ，则 L_p 正则化的重构模型可以表示为

$$\boldsymbol{x}=\underset{\boldsymbol{x}}{\operatorname{argmin}}\left\{\lambda\ \|\boldsymbol{x}\|_p+\frac{1}{2}\|\boldsymbol{y}-\boldsymbol{\Theta}\boldsymbol{x}\|_2^2\right\}$$

其中,$\boldsymbol{x}$ 的 L_1 范数和 L_p 范数的矢量可以分别表示为

$$\|\boldsymbol{x}\|_1\overset{\text{def}}{=\!=}\sum_{i=1}^{m}|\boldsymbol{x}_i|,\quad \|\boldsymbol{x}\|_p\overset{\text{def}}{=\!=}\left(\sum_{i=1}^{m}|\boldsymbol{x}_i|^{1-p}\cdot|\boldsymbol{x}_i|\right)^{\frac{1}{p}}$$

因此,稀疏系数 $\boldsymbol{x}$ 的 L_p 范数可以由 $\boldsymbol{x}$ 的 L_1 范数和 L_{1-p} 范数的乘积等价。如果将每次迭代过程中 L_{1-p} 范数的矢量看作下次迭代的权值,即

$$\lambda_i^{k+1}=\lambda_i^k/|\boldsymbol{x}_i^k|^{1-p}=\lambda_i^k|\boldsymbol{x}_i^k|^{p-1}$$

则稀疏系数 $\boldsymbol{x}$ 的迭代过程可以描述为

$$\begin{aligned}\boldsymbol{x}^{k+1}&=\underset{\vartheta}{\operatorname{argmin}}\left\{\sum_i^N\lambda_i^k|\boldsymbol{x}_i|^p+\frac{1}{2}\sum_i^M(\boldsymbol{y}_i-\boldsymbol{\Theta}_i\boldsymbol{x})^2\right\}=\\&\underset{\vartheta}{\operatorname{argmin}}\left\{\sum_i^N(\lambda_i^k/|\boldsymbol{x}_i^k|^{1-p})|\boldsymbol{x}_i|+\frac{1}{2}\sum_i^M(\boldsymbol{y}_i-\boldsymbol{\Theta}_i\boldsymbol{x})^2\right\}=\\&\underset{\vartheta}{\operatorname{argmin}}\left\{\sum_i^N\lambda_i^{k+1}|\boldsymbol{x}_i|+\frac{1}{2}\sum_i^M(\boldsymbol{y}_i-\boldsymbol{\Theta}_i\boldsymbol{x})^2\right\}\end{aligned}$$

在迭代过程中,权值 λ_i 可能趋于 0。为了保证算法的可行性,引入任一固定的正实数 τ,使加权系数表示为

$$\lambda_i^{k+1}=\lambda_i^k(|\boldsymbol{x}_i^k|+\tau)^{p-1}$$

于是线性 Bregman 加权迭代过程可以表示为

$$\begin{cases}\boldsymbol{x}^{k+1}=\delta\,\text{shrink}(\boldsymbol{v}^k,\lambda^k)\\\lambda_i^{k+1}=\lambda_i^k(|\boldsymbol{x}_i^k|+\tau)^{p-1}\\\boldsymbol{v}^{k+1}=\boldsymbol{v}^k+\boldsymbol{\Theta}^{\mathrm{T}}(\boldsymbol{y}-\boldsymbol{\Theta}\boldsymbol{x}^k)\\\boldsymbol{x}^0=\boldsymbol{p}^0=\boldsymbol{0}\\\lambda^0=1\end{cases}$$

式(5.19)的 L_p 正则化的重构模型由上述迭代过程进行求解,分别得到 L_p 正则化的线性 Bregman 加权迭代的视频单帧重构算法(重构算法 7)和 L_p 正则化的线性 Bregman 加权迭代的视频差分重构算法(重构算法 8),如图 5.31 和图 5.32 所示。

重构算法 7 以系数的 L_p 范数最小作为优化目标,由于 L_p 范数函数不是凸函数,它在求解过程中同样面临 L_1 范数函数所面临的难题,因此稀疏系数 $\boldsymbol{x}$ 的 L_p 范数可以由 $\boldsymbol{x}$ 的 L_1 范数和 L_{1-p} 范数的乘积等价。如果将每次迭代过程中 L_{1-p} 范数的矢量看作下次迭代的权值,则 L_p 正则化可以看作加权的 L_1 正则化求解问题。而因为 L_p 正则化的稀疏性比 L_1 正则化的稀疏性更好,所以重构算法 7 是重构算法 3 从稀疏性角度的进一步提升。从理论上分析,相对于重构算法 3,重构算法 7 有利于降低压缩采样的数据量。

重构算法 7：L_p 正则化的线性 Bregman 加权迭代的视频单帧重构算法

设：感知矩阵 $\boldsymbol{\Theta}_i$，测量矩阵 $\boldsymbol{y}_i$

　for $i=1:1:N$（N 表示视频帧数）

　　初始化：$k=0, \lambda_i>0, \mu_i>0$，let $\Delta \boldsymbol{x}_i^0=\mathbf{0}$ and $\boldsymbol{v}_i^0=\mathbf{0}$

　　　While "not converge", do

　　　$\boldsymbol{x}_i^{k+1}=\mu_i$ shrink $(\boldsymbol{v}_i^k, w^k)$；

　　　$w_i^{k+1}=w_i^k(|\boldsymbol{x}_i^k|+\tau)^{p-1}$；

　　　$\boldsymbol{y}_i^{k+1}=\boldsymbol{y}_i^k+\boldsymbol{\Theta}_i^{\mathrm{T}}(\boldsymbol{v}_i-\boldsymbol{\Theta}_i\boldsymbol{x}_i^k)$；

　　　$k \leftarrow k+1$.

　　　end while；

　　Return $\boldsymbol{x}_i^k$, and $\boldsymbol{f}_i=\boldsymbol{\psi}_i\boldsymbol{x}_i^k$；

　end for；

Return f_i；

图 5.31　L_p 正则化的线性 Bregman 加权迭代的视频单帧重构算法（重构算法 7）

重构算法 8 是重构算法 4 从稀疏性角度的进一步提升。相对于重构算法 4 来说，重构算法 8 既能利用加权迭代的办法解决 L_p 范数的求解难题，又能降低压缩采样的数据量。另外，重构算法 8 相对于重构算法 7 来说，充分利用了各帧图像间的相关性，通过求解稀疏性更好的稀疏系数差值，使得重构时间更短、需要的采样数据更少。

重构算法 8：L_p 正则化的加速线性 Bregman 加权迭代的视频差分重构算法

设：感知矩阵 $\boldsymbol{\Theta}_i$，测量矩阵 $\boldsymbol{v}_i$

1. 重构第 1 帧图像

　初始化：$k=0, \lambda_i>0, \mu_i>0$，let $\boldsymbol{x}_1^0=\mathbf{0}, \boldsymbol{v}_1^0=\mathbf{0}$ and $\lambda^0=1$

　　While "not converge", do

　　$\boldsymbol{x}_1^{k+1}=\mu_1 \mathrm{shrink}(\boldsymbol{v}_1^k, \lambda_1^k)$；

　　$\lambda_i^{k+1}=\lambda_i^k(|\boldsymbol{x}_i^k|+\tau)^{p+1}$

　　$\boldsymbol{v}_1^{k+1}=\boldsymbol{y}_1^k+\boldsymbol{\Theta}_1^{\mathrm{T}}(\boldsymbol{y}_1-\boldsymbol{\Theta}_1\boldsymbol{x}_1^k)$；

　　$k \leftarrow k+1$.

　　end while；

　Return $\boldsymbol{x}_1^k$ and $\boldsymbol{f}_1=\boldsymbol{\Psi}\boldsymbol{x}_1^k$

2. $\boldsymbol{x}_i \leftarrow \boldsymbol{x}_1$

3. 重构后续图像

　for $i=1:1:N$（N 表示视频帧数）

　　初始化：$k=0, \lambda_i>0, \mu_i>0$，let $\Delta \boldsymbol{x}_i^0=\mathbf{0}$ and $\boldsymbol{v}_i^0=\mathbf{0}$

图 5.32　L_p 正则化的线性 Bregman 加权迭代的视频差分重构算法（重构算法 8）

While "not converge", do

$\Delta \boldsymbol{x}_i^{k+1}=\delta_2 \text{ shrink }(\boldsymbol{v}_i^+, w^k)$;

$w_i^{k+1}=w_i^k(|\Delta \boldsymbol{x}_i^k|+\tau)^{p-1}$

$\boldsymbol{v}_i^{k+1}=\boldsymbol{v}_i^k+\boldsymbol{\Theta}_i^{\mathrm{T}}(\Delta \boldsymbol{v}_i-\boldsymbol{\Theta}_I \Delta \boldsymbol{x}_i^k)$;

$\Delta \boldsymbol{v}_i=\boldsymbol{v}_{i+1}-\boldsymbol{\Theta}_{i+1}\boldsymbol{x}_i$;

$k \leftarrow k+1$.

end while;

Return $\Delta \boldsymbol{x}_i^k$, and $\Delta \boldsymbol{f}_i=\boldsymbol{\psi}\Delta \boldsymbol{x}_i^k$;

$\boldsymbol{x}_{i+1} \leftarrow \boldsymbol{x}_i+\Delta \boldsymbol{x}_i, \boldsymbol{f}_{j+1} \leftarrow \boldsymbol{f}_i+\Delta \boldsymbol{f}_i$;

end for;

4\. Return f_i;

图 5.32 L_p 正则化的线性 Bregman 加权迭代的视频差分重构算法(重构算法 8)(续)

5.4.2.2 性能比较

本小节主要比较在同一重构模型下,不同正则化条件对重构性能的影响。从 5.4.1.4 小节的数值实验中可以看出,差分重构模型比单帧重构模型有更多的优势。因此,在线性 Bregman 加权迭代重构算法中首先比较重构算法 7 与重构算法 8 的重构性能,然后主要比较重构算法 4 与重构算法 8 的重构性能。

数值仿真参数设置:

① 选用含有动态目标的 64×64 遥感视频图像(见图 5.33),移动目标在白色窗格内,对它进行数值仿真实验。

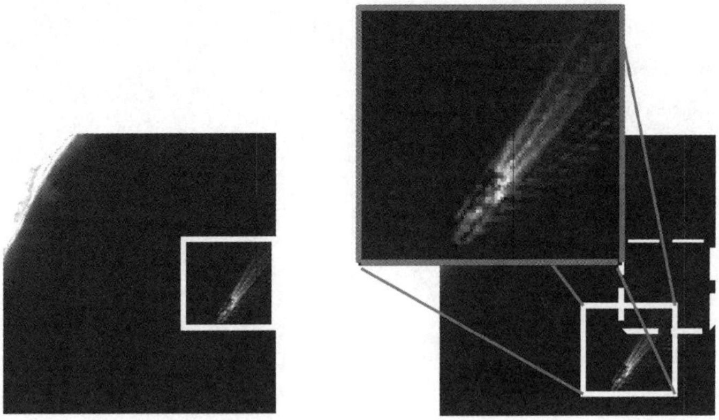

(a) 第1帧　　(b) 第i帧

图 5.33 遥感视频图像

② 测量矩阵 $\boldsymbol{\Phi}_i$ 为一个块循环矩阵,表示光学成像透镜或其他采样设备。字典 $\boldsymbol{\Psi}$ 选用离散余弦变换字典。

③ 在重构算法 4、重构算法 7 和重构算法 8 中，设置参数 $\lambda_1=\mu_1=\delta_2=1$，$\tau$ 为 10^{-4}。

④ 如果稀疏系数 $\boldsymbol{x}_i$ 有 $K(K \ll N)$ 个非零分量，则 $\boldsymbol{x}_i$ 是 K 稀疏的。定义稀疏度为 $R_s=\frac{K}{N}\times 100\%$。从 M 维测量值重构一个 N 维的信号 $\boldsymbol{x}$，定义压缩比为 $R_c=\frac{M}{N}\times 100\%$。所以可以从理论上定义图像重构成功率：

$$\mathrm{SR}=R_c/R_s=M/K$$

根据压缩感知理论，如果压缩感知的重构成功率 SR≥1，则图像在理论上可以被成功地重构。基于传统的奈奎斯特采样的方法，如果 SR≥2，则该信号可以被完全重构。

图 5.34 为利用重构算法 7 和重构算法 8 对遥感图像进行重构得到的重构图像。从图像直观地看，利用重构算法 8 得到的重构图像更清晰，这也与第二章中分析得到的结论一致，即差分重构模型的重构质量高于单帧重构模型的重构质量。

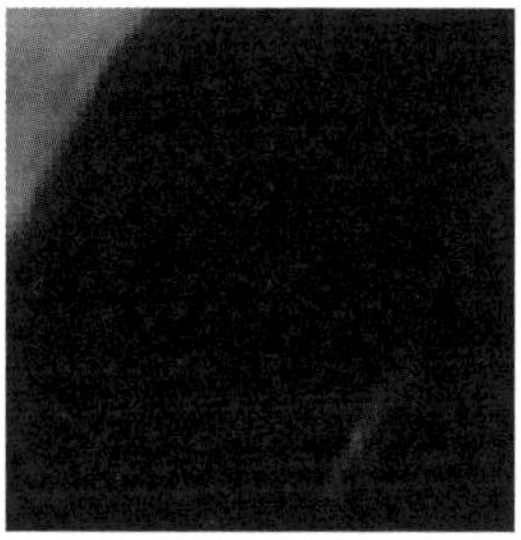

(a) 差分重构模型

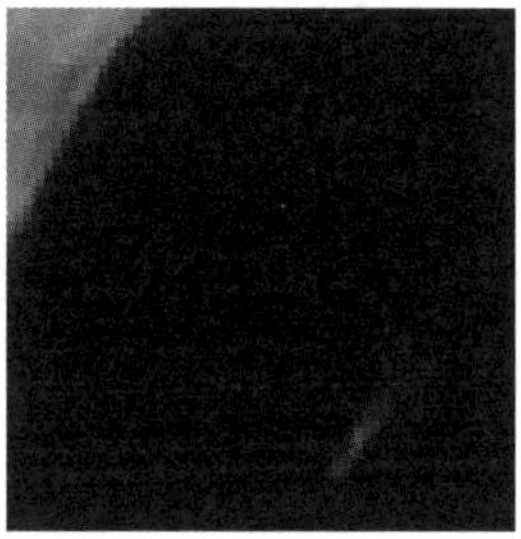

(b) 单帧重构模型

图 5.34　不同重构模型下的重构图像

图 5.35 为利用重构算法 4 和重构算法 8 对遥感图像进行重构得到的重构图像，从图上直观地看不出两者的明显差别。

下面分析不同算法在压缩比为 0～1 时的重构成功率。图 5.36 为重构算法 4 和重构算法 8 在不同压缩比下的重构成功率。若使用 L_p 正则化的线性 Bregman 加权迭代算法重构视频，则当 $R_c \geq 0.075$ 时，视频可以被完全重构。如果使用 L_1 正则化的线性 Bregman 迭代算法重构视频，则当 $R_c \geq 0.45$ 时，视频才能被完全重构。

图 5.37 给出了重构算法 4 和重构算法 8 的相对误差随迭代次数的变化曲线。从图中可以看出，两种算法的相对误差比较接近。

图 5.38 为利用重构算法 4 和重构算法 8 重构的图像的峰值信噪比随帧数的变化曲线。相对于重构算法 4，重构算法 8 重构的图像具有更高的峰值信噪比。

从上述实验可以得出结论：相对于重构算法 4，重构算法 8 具有更高的重构成功率和更好的重构质量。

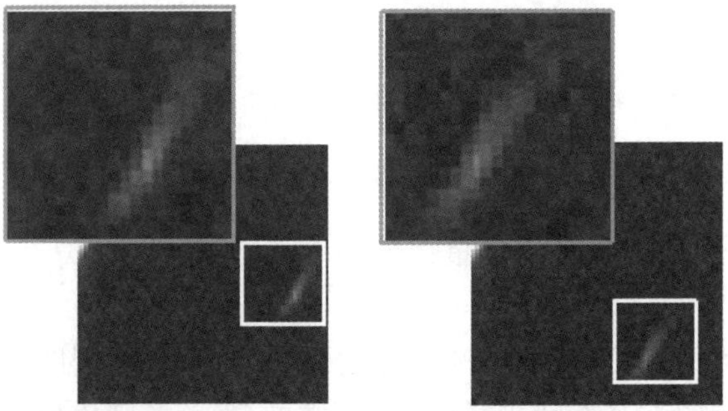

(a) 重构算法4重构第1帧　(b) 重构算法4重构第i帧

(c) 重构算法8重构第1帧　(d) 重构算法8重构第i帧

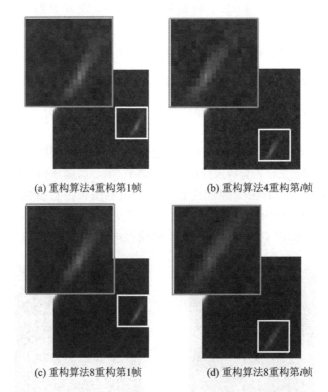

图 5.35　不同正则化条件下不同迭代算法的重构图像

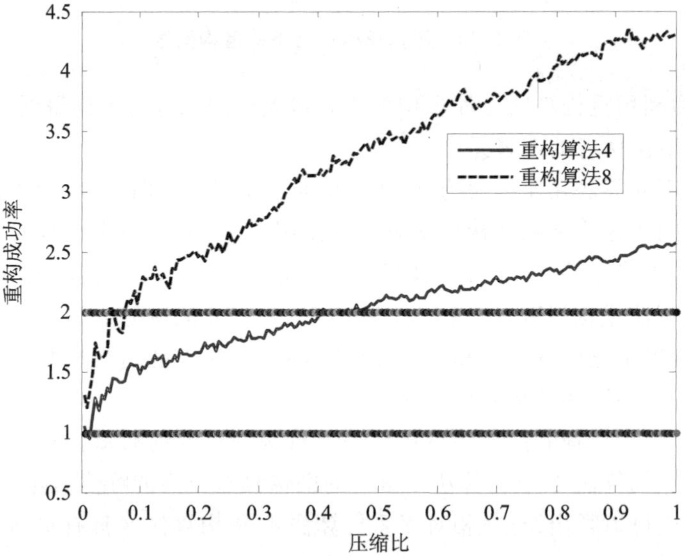

图 5.36　两种算法的重构成功率随压缩比的变化曲线

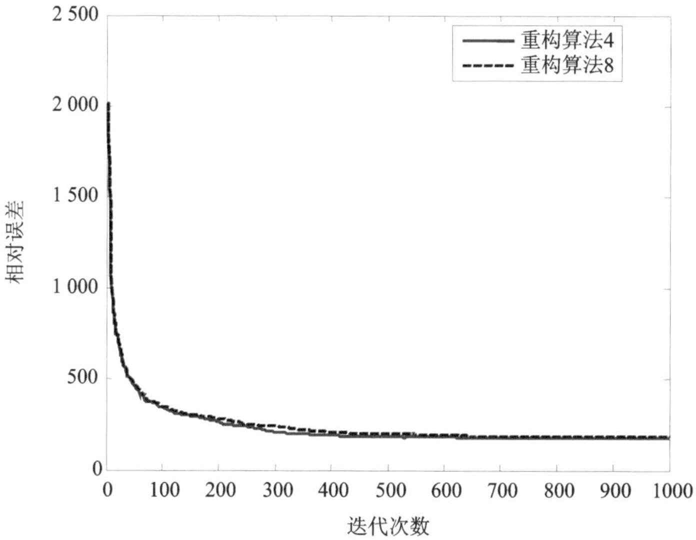

图 5.37 两种算法的相对误差随迭代次数的变化曲线

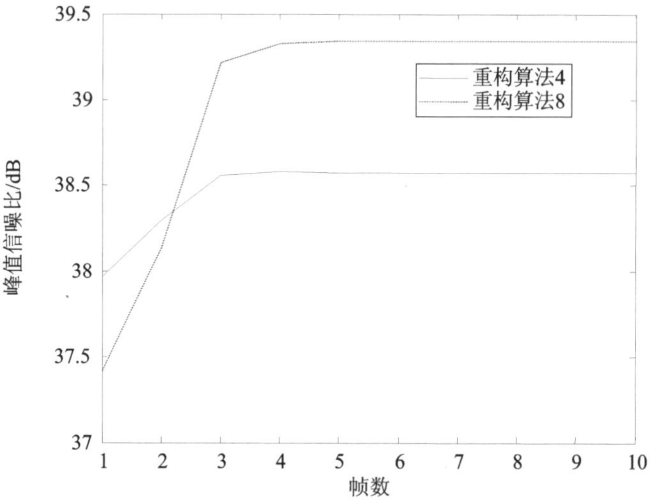

图 5.38 两种算法重构的图像的峰值信噪比随帧数的变化曲线

第 6 章　压缩感知遥感成像原理

第 3～5 章介绍了压缩感知的基本理论问题，属于基础理论知识。本章和后续章节将根据上述理论基础，将其应用到具体的压缩成像系统中，介绍压缩成像原理及应用方法。

6.1 节从成像系统的数学描述开始，介绍光学成像系统的基本原理，并从图像退化的求解引出压缩感知成像的理论依据和基本模型。6.2 节利用压缩感知的基本理论，回顾了传统的压缩感知遥感成像模型与框架，进而提出压缩感知在处理二维遥感图像时的两种数学方法。6.3 节根据传统的压缩感知遥感成像模型，提出压缩感知遥感视频成像的单帧测量模型、单帧重构模型、差分测量模型和差分重构模型，并通过数学仿真对几种模型的性能进行比较分析。

6.1　压缩成像原理

因为压缩是一种特殊的退化现象，所以压缩成像的求解实际上是对一种退化的图像进行求解。本节在介绍成像系统的数学描述和光学系统成像计算的基础上，论述从图像退化求解到压缩成像的演变过程，解释压缩测量的几何意义，在有噪声引入的情况下，描述压缩成像求解的数学模型和几何示意，为后续的压缩感知遥感成像系统建模奠定理论基础。

6.1.1　成像系统的数学描述

在成像过程中，输入图像的信息被光波携带从光学系统的物平面传播到像平面，输出图像的质量取决于光学系统对光波的传递特性。透镜是最常见的光学系统。当把一个物体放在透镜之前并使它受到光照射时，在另一个平面上将出现一个与物体极为相似的光强分布。遥感成像作为工程实现，只在有限范围内讨论成像问题。假设无相差的薄膜透镜在单色光照射的情况下成像，这就意味着成像系统对复振场是线性的，因而可以用线性系统的理论进行研究。

经典光学系统如图 6.1 所示，在透镜前面距离透镜为 z_1 的位置设置一个物平面，令在某一单色光照射下的探测物在点(x_0, y_0)处的反射特性为 $f(x_0, y_0)$，在透镜后面距离透镜为 z_2 的像平面上光场的复振幅分布为 $y(x, y)$。由于波动传播现象是线性的，因此像平面光场的复振幅分布 $y(x, y)$可以表示为叠加积分：

$$y(x, y) = \iint_{-\infty}^{+\infty} h(x, y; x_0, y_0) f(x_0, y_0) \mathrm{d}x_0 \mathrm{d}y_0 \tag{6.1}$$

其中，$h(x,y;x_0,y_0)$表示物平面坐标(x_0,y_0)上单位振幅点在像平面坐标(x,y)处产生的场振幅。因此，只要能够确定脉冲响应h，就能完备地描述成像系统的性质。

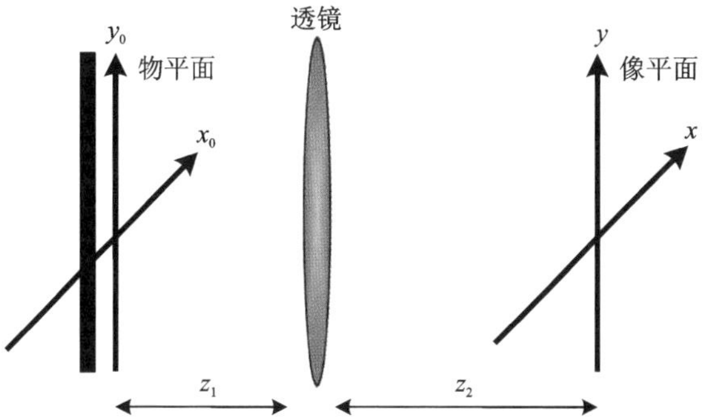

图 6.1 经典光学系统

为了求出脉冲响应h，令物为(x_0,y_0)点的一个δ响应函数，那么将有一个从(x_0,y_0)点发生的发射球面波投影到透镜上。光波通过透镜后衍射光场分布的表达式为

$$\begin{aligned} h(x,y;x_0,y_0)=&\frac{1}{\lambda z_1 z_2}\exp\left[\mathrm{j}\frac{k}{2z_2}(x^2+y^2)\right]\exp\left[\mathrm{j}\frac{k}{2z_1}(x_0^2+y_0^2)\right]\times \\ &\iint_{-\infty}^{+\infty}P(u,v)\exp\left[\mathrm{j}\frac{k}{2}\left(\frac{1}{z_1}+\frac{1}{z_2}-\frac{1}{f}\right)(u^2+v^2)\right]\times \\ &\exp\left\{-\mathrm{j}k\left[\left(\frac{x_0}{z_1}+\frac{x}{z_2}\right)u+\left(\frac{y_0}{z_1}+\frac{y}{z_2}\right)v\right]\right\}\mathrm{d}u\mathrm{d}v \end{aligned} \tag{6.2}$$

其中，λ表示波长，$k=\dfrac{2\pi}{\lambda}$表示波数，f表示透镜焦距，$P(u,v)$为光学器件传递函数，表示为

$$P(u,v)=\begin{cases}1, & u^2+v^2<r^2\\ 0, & u^2+v^2>r^2\end{cases}$$

选择像平面的距离为z_2，由物像公式$\dfrac{1}{z_1}+\dfrac{1}{z_2}-\dfrac{1}{f}=0$，得$\exp\left[\mathrm{j}\dfrac{k}{2}\left(\dfrac{1}{z_1}+\dfrac{1}{z_2}-\dfrac{1}{f}\right)\times(u^2+v^2)\right]$可简化为1；另外，在一个成像光学系统中，系统对一个特定物点的脉冲响应，在相空间的精确像点应当只伸展一个很小的区域，否则，成像将是一个不可接受的像斑。因此，二次相位因子可以舍弃，即式(6.2)中的项$\exp\left[\mathrm{j}\dfrac{k}{2z_2}(x^2+y^2)\right]\times\exp\left[\mathrm{j}\dfrac{k}{2z_1}(x_0^2+y_0^2)\right]\to 1$。因此，脉冲响应可以简化为

$$\begin{aligned} h(x,y;x_0,y_0)=&\frac{1}{\lambda z_1 z_2}\times\iint_{-\infty}^{+\infty}P(u,v)\times \\ &\exp\left\{-\mathrm{j}k\left[\left(\frac{x_0}{z_1}+\frac{x}{z_2}\right)u+\left(\frac{y_0}{z_1}+\frac{y}{z_2}\right)v\right]\right\}\mathrm{d}u\mathrm{d}v \end{aligned}$$

定义 $M=-z_2/z_1$ 为系统的放大率，脉冲响应可以进一步简化为

$$h(x,y;x_0,y_0)=\frac{1}{\lambda z_1 z_2}\times\iint_{-\infty}^{+\infty}P(u,v)\exp\left\{-\mathrm{j}\frac{2\pi}{\lambda z_2}\left[(x-Mx_0)u+(y-My_0)v\right]\right\}\mathrm{d}u\mathrm{d}v$$

如果光学系统要产生高质量的像，那么 $y(x,y)$ 要尽可能与 $f(x_0,y_0)$ 相似，即脉冲响应非常近似于狄拉克 δ 函数：

$$h(x,y;x_0,y_0)=K\delta(x\pm Mx_0,y\pm My_0)$$

其中，K 是一个复常数；正负号“±”中的“+”表示出现倒像，“−”表示不出现倒像。

上述成像系统是理想情况下的，在实际光学系统中，只有落在探测器孔径范围内的复振幅谱才能穿过光学系统，这样的系统被称为衍射受限系统，如图 6.2 所示。衍射效应来自有限大小的出射光瞳。物平面光波的衍射分量只有一部分被有限的入射光瞳截取，未被截取的分量是物平面的空间频率的高频分量。因此，衍射受限测像相较于物将损失高频信息。

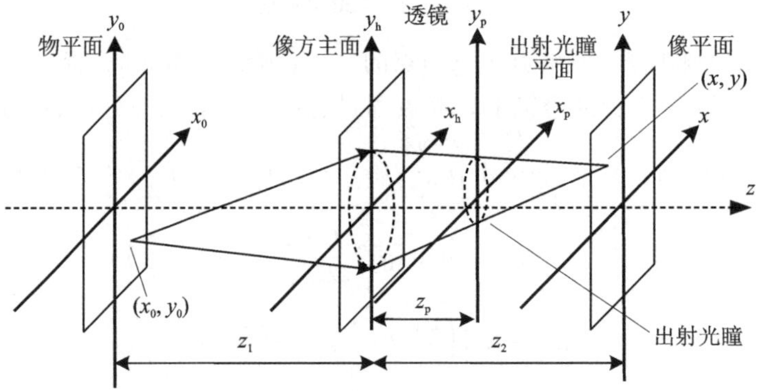

图 6.2 衍射受限系统

在图 6.2 中，物平面为 x_0y_0，出射光瞳平面为 x_py_p，像方主面为 x_hy_h，像平面为 xy。物点 (x_0,y_0) 在像平面的像点为 (x,y)。出射光瞳到像方主面的距离为 z_p，其中 z_p 可正可负。

物平面上的一个点经过衍射受限系统的点在像平面上的像点将是一个斑，令 A 表示像的垂轴放大率，则像点 (x,y) 为以 (Ax_0,Ay_0) 为中心的球面波。

出射光瞳函数为 $P(x_p,y_p)$，令 $z_{2p}=z_2-z_p$，$u_x=\dfrac{x_p}{\lambda z_{2p}}$，$u_y=\dfrac{y_p}{\lambda z_{2p}}$，则衍射受限系统的脉冲响应为

$$\begin{aligned}h(x,y;x_0,y_0)=&A\exp(\mathrm{j}kL)\exp\left[\frac{\mathrm{j}k}{2z_{2p}}(u^2+v^2)\right]\exp\left[-\frac{\mathrm{j}kA}{2z_2}(x_0^2+y_0^2)\right]\times\\&\exp\left[-\mathrm{j}kA^2\left(\frac{x_0^2+y_0^2}{2z_2}-\frac{x_0^2+y_0^2}{2z_{2p}}\right)\right]h_p(u-Ax_0,v-Ay_0)\end{aligned}\tag{6.3}$$

其中

$$h(u,v)=\iint_{-\infty}^{+\infty}P(\lambda z_{2p}u_x,\lambda z_{2p}u_y)\exp\left[-\mathrm{j}2\pi(uu_x+vu_y)\right]\mathrm{d}u_x\mathrm{d}u_y$$

由于 $z_2 \gg z_p$，因此式(6.3)可简化为

$$h(x,y;x_0,y_0)=A\exp(jkL)\exp\left[\frac{jk}{2z_{2p}}(u^2+v^2)\right]\exp\left[-\frac{jkA}{2z_2}(x_0^2+y_0^2)\right]\times h_p(u-Ax_0,v-Ay_0) \tag{6.4}$$

式(6.4)即为衍射受限系统的强度脉冲响应(或称为非相干脉冲响应、强度点扩散函数)。

6.1.2 光学系统成像计算

光学系统成像计算是利用强度脉冲响应求解物点对应的像点函数的过程，像点函数等于物点函数和强度脉冲响应的卷积。首先将空域内的卷积计算转换到频域内进行处理，然后做逆滤波完成光学系统成像计算。

实际像的强度分布正比于理想像的强度分布与成像系统光学传递函数(optical transfer function，OTF)的卷积，式(6.1)可以表示为

$$y(x,y)=f(x_0,y_0)\otimes h(x,y) \tag{6.5}$$

利用卷积的快速傅里叶变换，在频域上表示式(6.5)。假设 $y(x,y)\Leftrightarrow Y(u,v)$，$f(x,y)\Leftrightarrow F(u,v)$，$h(x,y)\Leftrightarrow H(u,v)$，则模型式(6.5)可表示为

$$Y(u,v)=F(u,v)H(u,v) \tag{6.6}$$

在成像计算时，最一般的算法就是将式(6.6)作逆傅里叶变换，即作逆滤波

$$f(x_0,y_0)=F^{-1}\{F[y(x,y)]F[h(x,y)]\}$$

但用逆滤波做成像计算是不稳定的，因为在实际成像中很多成像系统的响应函数是病态的，即 $H(u,v)$ 在高频部分的逆变换趋于无穷大。为了得到稳定的滤波器，在设计时要求成像系统的响应函数 $h(x-x_0,\ y-y_0)$ 自相关且趋于狄拉克 δ 函数。

6.1.3 从图像退化求解到压缩成像

6.1.1小节、6.1.2小节分析了理想成像情况下的脉冲响应与成像计算，得到了基于系统响应相关性的匹配滤波成像方法。将式(6.5)中的各项离散化为 $[y(x,y)]_{N\times 1}$，$[f(x,y)]_{N\times 1}$，$[h(x,y)]_{N\times 1}$，将图像矩阵排列为向量：

$$\boldsymbol{y}=\boldsymbol{hf}+\boldsymbol{v}$$

其中，$\boldsymbol{v}$ 表示服从均值为零的高斯分布的系统噪声。采样矩阵 $[h(x,y)]_{N\times N}$ 表示一个单位矩阵 $\boldsymbol{I}_{N\times N}$。成像过程的几何示意图如图6.3所示。

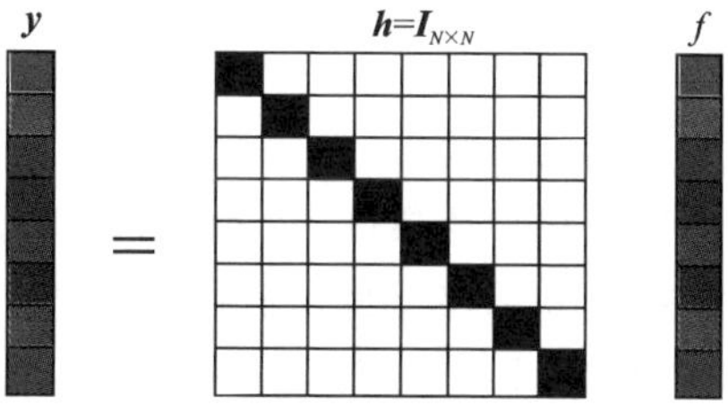

图6.3 成像过程的几何示意图

但在实际成像中的图像采样、传输、存储以及后续处理过程中，都不可避免地会引入图像失真。把这种现象叫作图像退化，特别是遥感图像，在受到大气扰动、平

台不稳定性扰动、相机失真。处理失真以及噪声扰动等因素的影响下，容易出现图像退化。图像退化时，退化算子矩阵 $\boldsymbol{h}$ 表示一个对角线元素 $h(x,y)\leqslant 1$ 的对角矩阵。

如果考虑满足 $M<N$ 的满秩矩阵 $\boldsymbol{h}\in\mathbf{R}^{M\times N}$，则系统 $\boldsymbol{y}=\boldsymbol{hf}$ 为欠定系统。该系统有无穷多组解，人们如果要选取所希望的解，则显然需要添加额外的条件，比如边界、纹理、细节等；另外，还需要引入优化函数 $J(\boldsymbol{x})$以对其解 $\boldsymbol{x}$ 的性能进行评估，例如选择极小化目标函数如下：

$$\min_{f} J(\boldsymbol{f}) \quad \text{s. t.} \quad \boldsymbol{y}=\boldsymbol{hf}$$

选择严格凸函数 $J(\boldsymbol{x})$可以保证其解的唯一性。对 $J(\boldsymbol{x})$取欧几里得范数 $\|\boldsymbol{x}\|_2^2$ 的情形都比较熟悉，可用最小二乘法计算上述模型，实际上其唯一解 $\hat{\boldsymbol{f}}$ 可以表示为

$$\hat{\boldsymbol{f}}=[\boldsymbol{h}^{\mathrm{T}}\boldsymbol{h}]^{-1}\boldsymbol{h}^{\mathrm{T}}\boldsymbol{y}=\boldsymbol{B}^{-1}\boldsymbol{h}^{\mathrm{T}}\boldsymbol{y}$$

习惯上将 $\boldsymbol{B}=\boldsymbol{h}^{\mathrm{T}}\boldsymbol{h}$ 称为信息矩阵。对于任意非零的量，要求信息矩阵为正定的埃尔米特(Hermite)二次型矩阵。

利用最小二乘法求解退化的图像，实际上是用参数估计的思想利用 $\hat{\boldsymbol{f}}$ 近似 $\boldsymbol{f}$。但是最小二乘法同样不能解决响应函数的病态问题。以遥感成像为例，为了减轻遥感传输的压力，成像系统设计往往采用压缩成像方法。压缩成像的响应函数通常是病态的，用最小二乘法根本无法求解。

要解决这个问题，往往需要图像的先验信息，通过先验信息的约束，使问题变为良态的。学者们先后提出了基于图像建模的最大后验(maximum a posteriori，MAP)估计方法和基于稀疏约束的方法：前者通过统计图像纹理的分布作为稀疏约束，按最大后验估计准则估计图像；后者的前提是图像在某一空间的投影具有稀疏性，以稀疏约束为先验信息，使成像系统在稀疏约束的条件下重构图像。这也是压缩感知理论的基础。所不同的是，图像退化是由客观条件约束造成信息损失；而压缩感知是人为有意地减少测量数据的数量，从而达到数据压缩的目的。比较退化测量系统与压缩测量系统，其不同之处为压缩测量系统中的压缩测量矩阵 $\boldsymbol{\Phi}$ 代替了退化测量系统中的退化算子矩阵 $\boldsymbol{h}$。压缩测量矩阵引入噪声后，测量模型可以表示为

$$\boldsymbol{y}=\boldsymbol{\Phi f}+\boldsymbol{v}=\boldsymbol{\Phi\Psi x}+\boldsymbol{v}$$

其中，$\boldsymbol{y}$ 为 M 维测量数据，$\boldsymbol{\Phi}$ 表示 $M\times N$ 测量矩阵，$\boldsymbol{\Psi}$ 表示 $N\times N$ 字典，$\boldsymbol{x}$ 表示稀疏系数。压缩测量的几何示意图如图 6.4 所示，压缩测量过程可以理解为一个 N 维信号 $\boldsymbol{f}$ 采用 $M(M<N)$个权值矢量进行加权求和，虽然维数减少，但信号 $\boldsymbol{f}$ 的所有信息并没有减少，只是进行了集中转换。

平方意义下的 L_2 范数当然表示的是总能量最小的性质，不能很直接地表示稀疏性。考虑其稀疏性条件，一种非常简单而直接的稀疏性度量是向量 $\boldsymbol{x}$ 所包含的非零元素的个数。如果在 $\boldsymbol{x}$ 的所有解中存在一种含有非零元素个数很少的解，则认为存在稀疏解。因此，引入 L_0 范数 $\|\boldsymbol{x}\|_0=|\{i:x_i\neq 0\}|$，求解模型如式(6.7)所示。

若引入测量噪声，则测量约束在几何上不再是一条直线，而是一个以噪声 δ 为半径的圆心区域，如图 6.5(a)所示。在稀疏约束下求解含噪声的重构模型如下：

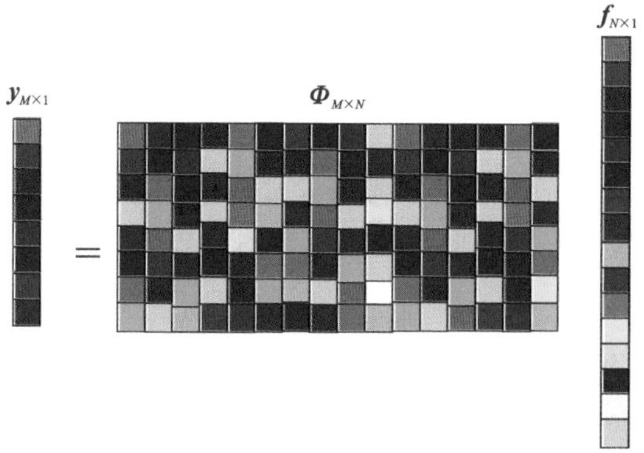

图 6.4 压缩测量的几何示意图

$$P_0: \quad \hat{x} = \min \| \boldsymbol{x} \|_0 \quad \text{s.t.} \quad \| \boldsymbol{y} - \boldsymbol{\Phi\Psi x} \|_2 \leqslant \sigma \tag{6.7}$$

根据1.2.4小节介绍的信号重构理论,上述模型同样可以松弛为L_1范数和$L_p(0<p<1)$范数进行求解,其几何示意图如图6.5(b)、图6.5(c)所示,重构模型P_1与P_p为

$$P_1: \quad \hat{x} = \min \| \boldsymbol{x} \|_1 \quad \text{s.t.} \quad \| \boldsymbol{y} - \boldsymbol{\Phi \Psi x} \|_2 \leqslant \sigma$$

$$P_p: \quad \hat{x} = \min \| \boldsymbol{x} \|_p \quad \text{s.t.} \quad \| \boldsymbol{y} - \boldsymbol{\Phi \Psi x} \|_2 \leqslant \sigma$$

另外,含噪声的重构模型根据正则化和约束条件的不同,可以表示成更为一般的表达式:

$$P_p: \quad \hat{x} = \min \| \boldsymbol{x} \|_p \quad \text{s.t.} \quad \min \| \boldsymbol{y} - \boldsymbol{\Phi \Psi x} \|_q$$

其中,$0 \leqslant p \leqslant 1, q \geqslant 1$。通过$p$和$q$的变化可以得到不同的重构效果。

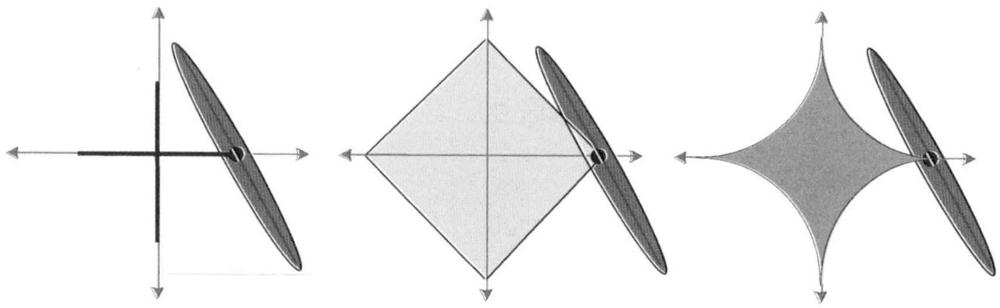

(a) L_0范数　(b) L_1范数　(c) L_p范数

图 6.5 含噪声的重构模型的几何示意图

因此,根据传统成像光学系统与压缩感知成像系统的关系可以得出结论:在传统的成像光学系统中,将一般的成像模型或退化成像模型通过人为压缩设计,将响应函数矩阵或者退化算子矩阵设计成满足重构条件的压缩测量矩阵,并将它物理实现,即构成一个压缩感知成像系统。

6.2 传统压缩遥感成像与压缩感知遥感成像

压缩感知遥感成像系统是将压缩感知成像理论应用到遥感成像中的成像光学系统。本节在回顾传统压缩遥感成像理论与框架的前提下，介绍压缩感知遥感成像的框架与原理。

6.2.1 传统压缩遥感成像

1957 年，世界上第一颗人造卫星发射成功，时任美国总统的艾森豪威尔便意识到卫星在侦察领域的巨大潜力，自此，遥感成像便成为卫星侦察领域绕不开的课题。与当时的遥感成像系统相比，现在的遥感成像系统的分辨率越来越高、数据量越来越大、成像手段从单纯的相机拍照升级到视频录像，但这在提高成像能力的同时，也增加了遥感传输的负担。所以压缩遥感成像便成为一个重要的研究方向。

如何降低遥感传输的数据量成为遥感成像的关注重点，其中有数据压缩和压缩成像两种方法，压缩遥感成像实际上就是将传统的图像压缩方法应用到遥感成像中。传统的图像压缩方法基于奈奎斯特-香农采样定理，以高于最高频率两倍的速度进行信号采样。首先将图像从 Euclidean 基变换到其他基上表示；然后通过保留变换基下的较大系数、略去零系数和接近于零的系数而进行信号编码，从而达到压缩的目的；最后通过信号逆变换恢复图像。所以传统的图像压缩方法被称为变换基压缩。压缩基变换可以看成从标准 Euclidean 基到新的基之间的系列旋转，通过旋转使能量集中，得到稀疏表示。简言之，变换基压缩技术的本质是可以做到信号的稀疏表示。比如信号经过离散余弦变换后通常前几行变换系数非常大而后面的系数非常小，将后面近似为零的系数看作零，然后对近似序列进行量化处理以尽可能减小存储空间，对近似序列实施逆变换以产生原始数据的近似表示。传统的信号压缩过程如图 6.6 所示。

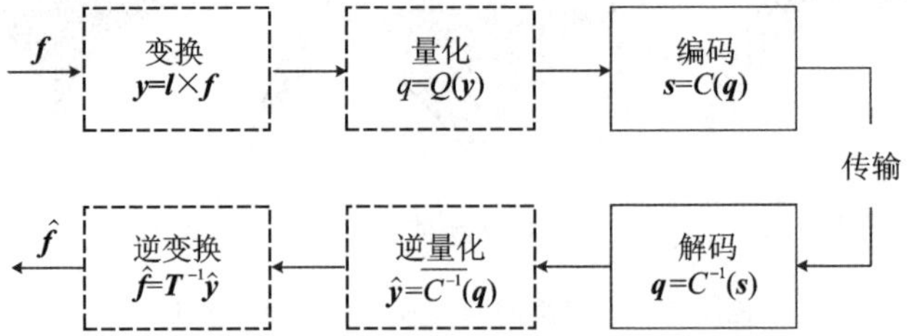

图 6.6 传统的信号压缩过程

根据图 6.6 可以对传统的信号压缩做如下总结：

① 信号 f 被压缩的前提是信号可压缩。信号可压缩的依据：图像中存在冗余，视觉系统对图像细节不敏感，实际应用对图像质量的要求不高。

② 信号压缩的目的是使信号更稀疏，因此，信号稀疏的程度是衡量信号压缩质量

的一个标准。信号稀疏的度量方法：设 $N(\varepsilon, \boldsymbol{x})$ 表示向量 $\boldsymbol{x}$ 中的分量绝对值超过 ε 的数目，稀疏性定义为

$$\|\boldsymbol{x}\|_{wl_p} = \sup_{\varepsilon>0} N(\varepsilon, \boldsymbol{x})\varepsilon^p, \quad 0 < p \leqslant 1$$

③ 不同信号在不同基函数下的稀疏性完全不同。例如，多项式信号(线性信号)采用多项式基函数表示只需要两个系数，而采用三角基函数并利用泰勒展开表示，则需要无穷多个系数。反之，三角基函数采用正、余弦表示时系数具有稀疏性，但是采用多项式基函数表示时系数是无穷的。因此，人们需要根据信号特征选取基函数以便进行稀疏表示。同样的道理，不同的编码方法带来的压缩比不一样。所以选择合适的基变换方法和编码方法对信号压缩产生的结果是不一样的。重构信号与原始信号之间的距离可以用作衡量基变换方法和编码方法的标准。基变换方法和编码方法可以如下选择

$$\{\boldsymbol{T}^*, C^*\} = \underset{\{\boldsymbol{T}, C\}}{\operatorname{argmin}} D(\boldsymbol{f}, \hat{\boldsymbol{f}}) \quad \text{s. t.} \quad l_s \leqslant L \tag{6.8}$$

其中，$D(\boldsymbol{f}, \hat{\boldsymbol{f}}) = \|\boldsymbol{f} - \hat{\boldsymbol{f}}\|_2^2$ 表示信号间的距离，l_s 表示码流长度。

信号压缩理论主要应用在信号的存储和传输过程中，以减轻存储空间和传输信道的压力。特别是在卫星遥感传输过程中，随着卫星相机载荷性能的提高，对地成像的分辨率和实时性的增强给遥感传输带来越来越大的压力。压缩遥感成像对于缓解遥感传输的压力、降低传输的成本有巨大意义。传统压缩遥感成像框架如图 6.7 所示。传统压缩遥感成像通过变换基压缩完成图像压缩，通过基的逆变换恢复图像。它最大的特点是采样与压缩编码分开进行，压缩过程中丢掉系数较小的项。这带来两方面的弊端：一是造成资源浪费，二是可能丢掉有用信息。

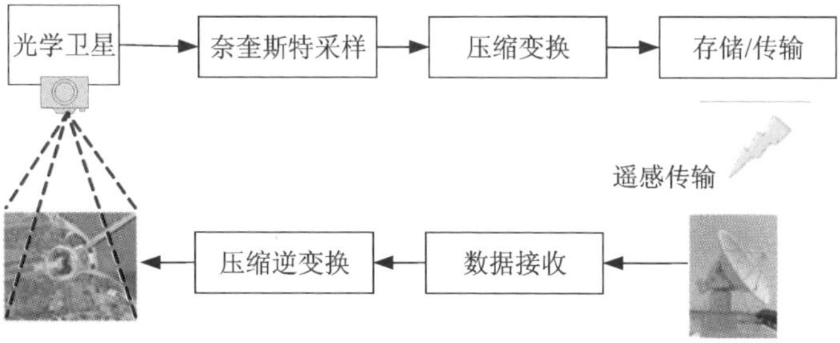

图 6.7 传统压缩遥感成像框架

6.2.2 压缩感知遥感成像

压缩感知遥感成像在压缩采样的同时完成压缩编码，数据通过遥感传输到地面站，地面站通过稀疏约束重构原始图像，如图 6.8 所示。

在压缩感知遥感成像时，图像可以用离散化的二维矩阵 $\boldsymbol{f}_{h,w}$ $(0<h<H, 0<w<W)$ 表示，其中 H、W 分别表示图像的高和宽，$\boldsymbol{f}_{h,w}$ 的值为 (h, w) 位置像素点的亮度。在处理二维图像的过程中，用于一维信号的处理形式已经不能满足二维图像的压缩重

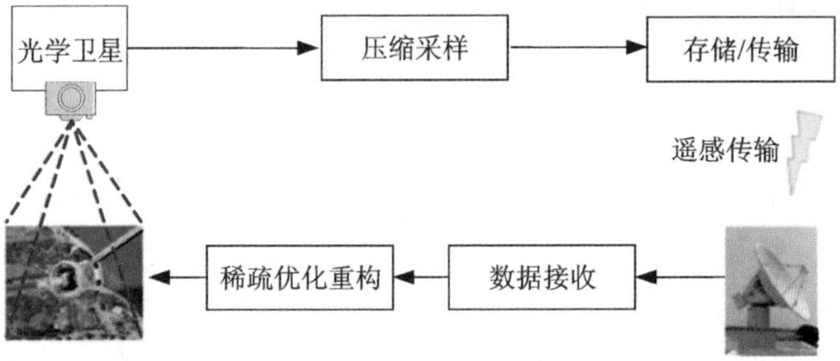

图 6.8　压缩感知遥感成像框架

构。目前解决这个问题有两种方法：一是先逐列处理图像，再合并；二是先对二维图像直接进行压缩成像，再通过数学方法将二维投影关系式转换为一维信号的处理形式，这也是目前广泛采用的处理方式。

将逐列处理图像的方法应用到基于推扫式的遥感成像中是最常见的。该成像方法利用卫星和地球的相对运动，保持每次的曝光频率与相对运动的速度一致，将每一次成像的列合并在一起组成整幅图像。这样卫星拍摄的图像就是卫星在星下点成像幅宽内的图像带。在进行压缩测量时对图像的每一列 $\boldsymbol{f}_w$ 可以表示为

$$\boldsymbol{y}_w=\boldsymbol{\phi}_w\boldsymbol{f}_w,\quad \forall w=1,2,\cdots,W$$

图像经压缩编码后传回地面站，可以进行逐列重构，然后合并为一幅遥感图像，即

$$\hat{x_w}=\min\|\boldsymbol{x}_w\|_p(0\leqslant p\leqslant 1)\quad \text{s.t.}\quad \boldsymbol{y}_w=\boldsymbol{\phi}_w\boldsymbol{\Psi}\,\boldsymbol{x}_w$$

当然也可以将所有测量值传回地面站后进行联合重构，其测量模型可以表示为

$$C_1:\quad \boldsymbol{y}^*=\boldsymbol{\Phi}\,\boldsymbol{\Psi}\,\boldsymbol{x}^*=\boldsymbol{\Phi}_W\,\boldsymbol{f}^*$$

其中，$\boldsymbol{y}^*=\begin{bmatrix}y_1\\y_2\\\vdots\\y_W\end{bmatrix}$，$\boldsymbol{\Phi}=\begin{bmatrix}\phi_1&0&\cdots&0\\0&\phi_2&\cdots&0\\\vdots&\vdots&&\vdots\\0&0&\cdots&\phi_W\end{bmatrix}$，$\boldsymbol{f}^*=\begin{bmatrix}f_1\\f_2\\\vdots\\f_W\end{bmatrix}$。重构模型可以表示为：

$$\hat{x}^*=\min\|\boldsymbol{x}^*\|_p(0\leqslant p\leqslant 1)\quad \text{s.t.}\quad \boldsymbol{y}^*=\boldsymbol{\Phi}\,\boldsymbol{\Psi}\,\boldsymbol{x}^*=\boldsymbol{\Phi}_W\,\boldsymbol{f}^*$$

这样得到的重构结果为原始图像矩阵按列拉直的向量，经过矩阵变换便可以得到重构的图像。

对二维图像直接进行压缩成像的方法是目前普遍采用的压缩感知成像方法。二维图像 $\boldsymbol{f}\in\mathbf{R}^{N\times N}$ 的压缩测量可以用一个 $M\times N$ 的行变换测量矩阵 $\boldsymbol{\Phi}_{\text{row}}$ 和一个 $N\times M$ 的列变换测量矩阵 $\boldsymbol{\Phi}_{\text{ver}}$ 表示：

$$\boldsymbol{y}=\boldsymbol{\Phi}_{\text{row}}\boldsymbol{f}\cdot\boldsymbol{\Phi}_{\text{ver}}\tag{6.9}$$

其中，$\boldsymbol{y}\in\mathbf{R}^{M\times M}$ 表示压缩测量值。

但是该测量模型与压缩感知的一般测量模型在形式上并不一致，不能套用压缩感知的一般原理进行重构。因此，需要通过数学方法将模型式(6.9)变换为如下形式

$$C_2: \quad \boldsymbol{y}^* = (\boldsymbol{\Phi}_{\text{row}} \odot \boldsymbol{\Phi}_{\text{ver}}^{\text{T}}) \cdot \boldsymbol{f}^* = \boldsymbol{\Phi} \boldsymbol{f}^*$$

其中，$\boldsymbol{y}^* \in \mathbf{R}^{(M\times M)\times 1}$ 和 $\boldsymbol{f}^* \in \mathbf{R}^{(N\times N)\times 1}$ 表示测量矩阵与图像矩阵按列拉直后的向量，$\odot$表示克罗内克（Kronecker）积，$\boldsymbol{\Phi} = (\boldsymbol{\Phi}_{\text{row}} \odot \boldsymbol{\Phi}_{\text{ver}}^{\text{T}})$为$(M\times M)\times(N\times N)$测量矩阵。

比较测量模型 C_1 与 C_2，两种测量模型在形式上一致。也可以利用一般重构模型进行图像重构，唯一不同的是测量矩阵定义不同

$$\boldsymbol{\Phi} = (\boldsymbol{\Phi}_{\text{row}} \odot \boldsymbol{\Phi}_{\text{ver}}^{\text{T}}) = [\phi_{MN} \boldsymbol{\Phi}_{\text{ver}}^{\text{T}}] = \begin{bmatrix} \phi_{11}\boldsymbol{\Phi}_{\text{ver}}^{\text{T}} & \phi_{12}\boldsymbol{\Phi}_{\text{ver}}^{\text{T}} & \cdots & \phi_{1N}\boldsymbol{\Phi}_{\text{ver}}^{\text{T}} \\ \phi_{21}\boldsymbol{\Phi}_{\text{ver}}^{\text{T}} & \phi_{22}\boldsymbol{\Phi}_{\text{ver}}^{\text{T}} & \cdots & \phi_{2N}\boldsymbol{\Phi}_{\text{ver}}^{\text{T}} \\ \vdots & \vdots & & \vdots \\ \phi_{M1}\boldsymbol{\Phi}_{\text{ver}}^{\text{T}} & \phi_{M2}\boldsymbol{\Phi}_{\text{ver}}^{\text{T}} & \cdots & \phi_{MN}\boldsymbol{\Phi}_{\text{ver}}^{\text{T}} \end{bmatrix}$$

对二维图像直接进行压缩成像的方法广泛应用于压缩感知成像中，如基于 CMOS 的压缩感知成像等。

6.3 压缩感知遥感成像系统建模

本节主要侧重于介绍压缩感知遥感视频成像，它是压缩感知遥感成像的拓展，不同点在于视频成像有更好的实时性、更高的信息冗余度、更多的信息相关性和更好的动态特性。由于视频成像相对于一般成像的特殊性，因此在设计压缩感知遥感视频成像系统时，有必要考虑遥感视频成像的特殊性，建立适合压缩感知遥感视频成像的模型。

6.3.1 压缩感知遥感视频成像系统建模

压缩感知遥感视频成像系统建模可以遵循两个思路分别建模：一是不考虑序列图像间的相关性，每帧独立建模，这与传统的压缩感知遥感成像思想一致，即建立单帧模型；二是考虑序列图像间的相关性，从序列图像帧频间的变化入手，建立压缩感知遥感视频成像的差分模型。下面分别论述两种模型的建立过程。

6.3.1.1 单帧模型

令集合 $F=\{\boldsymbol{f}_1, \boldsymbol{f}_2, \cdots, \boldsymbol{f}_K\}$表示遥感视频卫星获取的序列图像，其中 K 表示序列图像的帧数。为了便于与压缩感知的理论模型形式相衔接，则可以用集合 $F^*=\{\boldsymbol{f}_1^*, \boldsymbol{f}_2^*, \cdots, \boldsymbol{f}_K^*\}$表示遥感视频卫星获取的序列图像按列拉直的向量集合。

如果不考虑图像间的相关性，则遥感图像在压缩测量时各帧相互独立，压缩测量的过程可以表示为

$$C_{\text{single}}: \quad \boldsymbol{y}_i^* = \boldsymbol{\Phi}_i \boldsymbol{f}_i^* + \boldsymbol{w}_i$$

将模型 C_{single} 称为单帧测量模型。其中，$\boldsymbol{w}_i \in \mathbf{R}^{(M\times M)\times 1}$ 表示测量噪声，$\boldsymbol{\Phi}_i$ 表示第 $i=\{1,2,\cdots,K\}$帧图像的测量矩阵。单帧测量模型示意图如图 6.9 所示，该测量方式对视频序列图像的每一帧独立压缩采样编码，获取各帧独立的压缩测量值 $\boldsymbol{y}_i$。

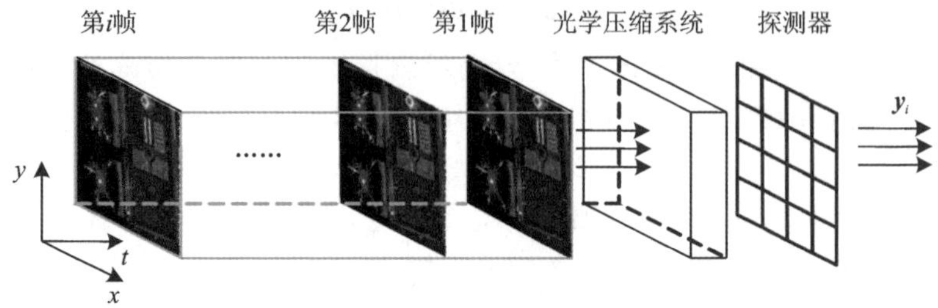

图 6.9　单帧测量模型示意图

这样可以根据压缩测量值重构第 i 帧图像。为了得到更为一般的重构模型，正则化约束和条件约束分别用 p 和 q 表示，其中 $0\leqslant p\leqslant 1, q\geqslant 1$，则重构模型可以表示为

$$\begin{cases} \hat{x}_i^* = \min \left\| \boldsymbol{x}_i^* \right\|_{p(0\leqslant p\leqslant 1)} \quad \text{s. t.} \quad \min \left\| \boldsymbol{y}_i^* - \boldsymbol{\Phi}_i \boldsymbol{\psi}_i \boldsymbol{x}_i^* \right\|_{q(q\geqslant i)} \\ \boldsymbol{f}_i^* = \boldsymbol{\Psi}_i \boldsymbol{x}_i^* \end{cases} \tag{6.10}$$

式(6.10)可以看作一个线性规划问题，在求解上述约束优化问题时，将约束条件转换为惩罚项，构造成非约束优化问题

$$P_{\text{single}}: \begin{cases} \hat{x}_i^* = \underset{\boldsymbol{x}_i^*}{\arg\min} \left\| \boldsymbol{y}_i^* - \boldsymbol{\Phi}_i \boldsymbol{\Psi}_i \boldsymbol{x}_i^* \right\|_{q(q\geqslant 1)} + \lambda \left\| \boldsymbol{x}_i^* \right\|_{p(q\geqslant 1, 0\leqslant p\leqslant 1)} \\ \boldsymbol{f}_i^* = \boldsymbol{\Psi}_i \boldsymbol{x}_i^* \end{cases}$$

将模型 P_{single} 称为单帧重构模型。单帧模型的优点是设计成像系统时相当简单独立，重构质量相对稳定；缺点是压缩测量时压缩比难以进一步降低，重构效率不高，难以体现压缩感知遥感视频成像的优势。

6.3.1.2　差分模型

为了进一步减少遥感视频图像的测量数据，提高图像的重构效率，充分发挥遥感视频成像的优势，本小节利用序列图像各帧频间相关性强的特点，建立压缩感知遥感视频成像的差分模型。

令 $\boldsymbol{f}_i$ 和 $\boldsymbol{f}_{i+1}$ 分别表示遥感视频凝视成像时获取的两帧相邻的图像，$\boldsymbol{f}_i^*$ 和 $\boldsymbol{f}_{i+1}^*$ 分别表示两帧图像按列拉直后的向量，$\boldsymbol{y}_i^*$ 和 $\boldsymbol{y}_{i+1}^*$ 分别表示相应的压缩测量值，$\boldsymbol{\Phi}_i$ 与 $\boldsymbol{\Phi}_{i+1}$ 分别表示相应的线性压缩测量矩阵。如果图像 $\boldsymbol{f}_i$ 和 $\boldsymbol{f}_{i+1}$ 的相关性强，则可以采用差分测量和差分重构。

图像 $\boldsymbol{f}_i$ 和 $\boldsymbol{f}_{i+1}$ 的相关性(序列图像相关性)定义如下：设 $f_{h,w}^i$ 表示第 i 帧图像在点(h,w)处的像素值，图像中像素点服从 Gauss-Markov 分布。如果两帧图像所有对应的像素点的相关系数 $r_{i,i+1} = \dfrac{\text{Con}(f_{h,w}^i, f_{h,w}^{i+1})}{\sqrt{D(f_{h,w}^i) \cdot D(f_{h,w}^{i+1})}} \geqslant 0.95$，则认为两帧图像的相关性较强。

如果序列图像相邻帧之间的相关性强，则可以认为图像相邻帧之间的变化较小，即

$$\Delta \boldsymbol{f}_i^* = \boldsymbol{f}_{i+1}^* - \boldsymbol{f}_i^* \leqslant \varepsilon$$

其中，ε 为一个较小的正实数。则第 $i+1$ 帧的测量值为

$$\begin{aligned}\boldsymbol{y}_{i+1}^{*}=\boldsymbol{\Phi}_{i+1}\boldsymbol{f}_{i+1}^{*}+\boldsymbol{w}_{i+1}=\\ \boldsymbol{\Phi}_{i+1}(\boldsymbol{f}_{i}^{*}+\Delta\boldsymbol{f}_{i}^{*})+\boldsymbol{w}_{i+1}=\\ \boldsymbol{\Phi}_{i+1}\boldsymbol{\Psi}(\boldsymbol{x}_{i}^{*}+\Delta\boldsymbol{x}_{i}^{*})+\boldsymbol{w}_{i+1}\end{aligned}$$

如果成像系统固定不变、测量矩阵固定，则 $\boldsymbol{\Phi}_{i+1}=\boldsymbol{\Phi}_i$。可以通过差分测量的方式得到相邻帧的测量值：

$$\begin{cases}\boldsymbol{y}_{i}^{*}=\boldsymbol{\Phi}_{i}\boldsymbol{f}_{i}^{*}+\boldsymbol{w}_{i}\\ \boldsymbol{y}_{i+1}^{*}=\boldsymbol{y}_{i}^{*}+\Delta\boldsymbol{y}_{i}^{*}+\boldsymbol{w}_{i+1}\end{cases}\tag{6.11}$$

将模型式(6.11)写成矩阵形式：

$$C_{\text{couple}}:\begin{bmatrix}\boldsymbol{y}_{i}^{*}\\ \boldsymbol{y}_{i+1}^{*}\end{bmatrix}=\begin{bmatrix}\boldsymbol{\Phi}_{i}&\boldsymbol{0}\\ \boldsymbol{0}&\boldsymbol{\Phi}_{i+1}\end{bmatrix}\begin{bmatrix}\boldsymbol{f}_{i}^{*}\\ \boldsymbol{f}_{i+1}^{*}\end{bmatrix}+\begin{bmatrix}\boldsymbol{w}_{i}\\ \boldsymbol{w}_{i+1}\end{bmatrix}=$$

$$\begin{bmatrix}\boldsymbol{\Phi}_{i}&\boldsymbol{0}\\ \boldsymbol{\Phi}_{i+1}&\boldsymbol{\Phi}_{i+1}\end{bmatrix}\begin{bmatrix}\boldsymbol{f}_{i}^{*}\\ \Delta\boldsymbol{f}_{i}^{*}\end{bmatrix}+\begin{bmatrix}\boldsymbol{w}_{i}\\ \boldsymbol{w}_{i+1}\end{bmatrix}$$

将模型 C_{couple} 称为差分测量模型。差分测量模型示意如图 6.10 所示，图像经光学压缩后进入探测器，得到第 i 帧图像的测量值 $\boldsymbol{y}_i$，然后将探测器内的电荷转存到转移存储器中；在转存的同时，探测器接收到下一帧图像的测量值 $\boldsymbol{y}_{i+1}$，通过差分处理得到相邻两帧图像的测量增量 $\Delta\boldsymbol{y}_i$。

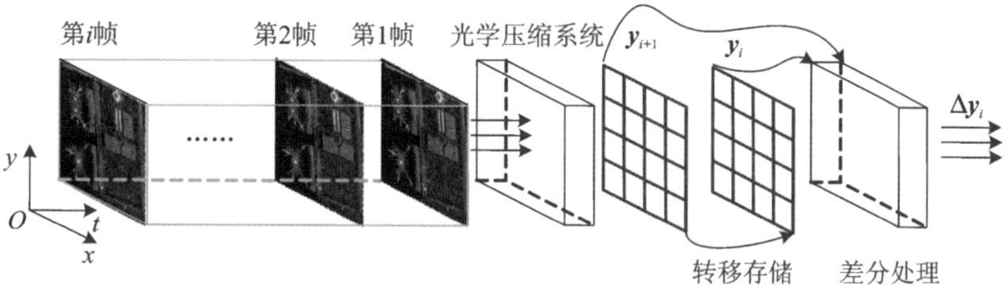

图 6.10 差分测量模型示意图

按照传统的单帧重构，第 $i+1$ 帧图像的重构模型为

$$\hat{x}_{i+1}^{*}=\underset{\boldsymbol{x}_{i+1}^{*}}{\arg\min}\left\|\boldsymbol{y}_{i+1}^{*}-\boldsymbol{\Phi}_{i+1}\cdot\boldsymbol{\Psi}_{i+1}\cdot\boldsymbol{x}_{i+1}^{*}\right\|_{q(q\geqslant 1)}+\lambda\left\|\boldsymbol{x}_{i+1}^{*}\right\|_{p(0\leqslant p\leqslant 1)}\tag{6.12}$$

由于相邻两帧图像间的相关性强，因此 $\Delta\boldsymbol{f}_i$ 在 Euclidean 基下投影系数的稀疏度较之于 $\boldsymbol{f}_i$ 更好。经过基变换后，投影系数会更集中，即 $\Delta\boldsymbol{x}_i^*$ 比 $\boldsymbol{x}_i^*$ 的非零个数将更少。在式(6.12)中，因为第 i 帧的投影系数 $\boldsymbol{x}_i^*$ 在求解该帧的重构图像时已经求出，所以在第 $i+1$ 帧图像求解过程中，只需要求解稀疏系数 $\Delta\boldsymbol{x}_i^*$ 即可重构第 $i+1$ 帧图像。稀疏系数 $\Delta\boldsymbol{x}_i^*$ 的求解过程可以描述为

$$\Delta x_{i}^{*}=\underset{\Delta\boldsymbol{x}_{i}^{*}}{\arg\min}\left\|\Delta\boldsymbol{y}_{i}^{*}-\boldsymbol{\Phi}_{i+1}\boldsymbol{\Psi}_{i+1}\Delta\boldsymbol{x}_{i}^{*}\right\|_{q}+\lambda_{2}\left\|\Delta\boldsymbol{x}_{i}^{*}\right\|_{p}=$$

$$\underset{\Delta\boldsymbol{x}_{i}^{*}}{\arg\min}\left\|\boldsymbol{y}_{i+1}^{*}-\boldsymbol{\Phi}_{i+1}\boldsymbol{\Psi}_{i+1}(\boldsymbol{x}_{i}^{*}+\Delta\boldsymbol{x}_{i}^{*})\right\|_{q(q\geqslant 1)}+\lambda_{2}\left\|\Delta\boldsymbol{x}_{i}^{*}\right\|_{p(0\leqslant p\leqslant 1)}$$

将第 i 帧图像与第 $i+1$ 帧图像进行联合重构时，可以表示为

$$P_{\text{couple}}:\begin{bmatrix}\hat{\boldsymbol{x}}_i^*\\ \Delta\hat{\boldsymbol{x}}_i^*\end{bmatrix}=\underset{\boldsymbol{x}_i^*,\Delta\boldsymbol{x}_i^*}{\operatorname{argmin}}\left\|\begin{bmatrix}\boldsymbol{y}_i\\ \boldsymbol{y}_{i+1}\end{bmatrix}-\begin{bmatrix}\boldsymbol{\Phi}_i & \boldsymbol{0}\\ \boldsymbol{0} & \boldsymbol{\Phi}_{i+1}\end{bmatrix}\begin{bmatrix}\boldsymbol{\Psi} & \boldsymbol{0}\\ \boldsymbol{\Psi} & \boldsymbol{\Psi}\end{bmatrix}\begin{bmatrix}x_i\\ \Delta\boldsymbol{x}_i^*\end{bmatrix}\right\|_{q(q\geqslant 1)}+$$

$$\lambda_1\left\|\boldsymbol{x}_i^*\right\|_{p(0\leqslant p\leqslant 1)}+\lambda_2\left\|\Delta\boldsymbol{x}_i^*\right\|_{p(0\leqslant p\leqslant 1)}^{(q\geqslant 1,0\leqslant p\leqslant 1)}$$

$$\text{s.t.}\quad \boldsymbol{\Psi}\boldsymbol{x}_i^*\geqslant 0,\quad \boldsymbol{\Psi}(\boldsymbol{x}_i^*+\Delta\boldsymbol{x}_i^*)\geqslant 0$$

将模型 P_{couple} 称为差分重构模型。差分模型充分利用了序列图像帧频间的相关性，通过差分测量提高数据的稀疏度、减少数据的采集量、增强图像的重构效率和质量，在视频遥感成像中有特别的优势。

6.3.2 成像模型性能分析

在 6.3.1 小节推导了压缩感知遥感视频成像的单帧模型与差分模型，即单帧测量模型 C_{single} 和单帧重构模型 P_{single}，以及差分测量模型 C_{couple} 与差分重构模型 P_{couple}。本小节将根据给定的成像能指标对上述模型进行对比分析。

6.3.2.1 成像性能指标

图像重构效果的评价方法可以分为主观评价法和客观评价法：

主观评价法，即由判读人员对重构图像的质量进行定性的评价。该方法受到观测者的知识背景、观测目的和当时的心理状态等因素的影响，具有主观性、片面性和不可重复性，是本小节用于评价图像重构效果的辅助手段。

客观评价法，即先定义一种或几种指标，然后计算重构图像的这些指标值。该方法是本小节用于评价图像重构效果的主要手段。本小节选用基于误差灵敏度的指标作为图像重构效果的评价指标，即比较不同压缩比下的峰值信噪比。

在遥感成像中，总是希望通过较少的测量值获取高质量的图像。测量值的多少用压缩比进行衡量，在压缩感知成像中，定义原始图像和重构图像分别为 $\boldsymbol{f}(m,n)$ 与 $\hat{\boldsymbol{f}}(m,n)$，图像维数为 $M\times N$，压缩测量后的测量值为 $\boldsymbol{y}\in\mathbf{R}^{M\times M}$，可以直接用测量值的维数与图像的维数之比表示压缩比：

$$R_{\text{c}}=\frac{N}{M}\times 100\%$$

用峰值信噪比作为视频图像重构效果的评价指标：

$$\text{PSNR}=10\lg\left\{MN/\left(\sum_{n=1}^{N}\sum_{m=1}^{M}[\boldsymbol{f}(m,n)-\hat{\boldsymbol{f}}(m,n)]^2\right)\right\}$$

另外，重构时间也是衡量压缩感知成像系统的一个重要指标，特别是在遥感视频成像中。因为视频序列图像帧间频率越高，对图像重构的实时性要求就越高。否则，将影响视频的实时性效果。

6.3.2.2 模型性能比较

分析单帧测量模型 C_{single} 和差分测量模型 C_{couple}：从理论上看，差分测量模型可以通过较少的测量数据获取与单帧测量模型相同的信息量。因为在获取第1帧测量数据以后，差分测量只需要获取信息增量 $\Delta \boldsymbol{f}_i^*$ 的测量值增量 $\Delta \boldsymbol{y}_i^*$，但是这相对于单帧测量并没有减少信息量，测量值增量 $\Delta \boldsymbol{y}_i^*$ 通过与前一帧的测量数据相叠加，理论上能获取与单帧测量相同的信息量。而信息增量 $\Delta \boldsymbol{f}_i^*$ 的稀疏性明显比图像 $\boldsymbol{f}_i^*$ 的稀疏性要好，图像越稀疏，意味着图像可压缩性越好，这样就可以用更大的压缩比测量数据，而不降低图像的重构质量。但是在实际压缩测量中，理论和实践会有一定的差距。

分析单帧重构模型 P_{single} 和差分重构模型 P_{couple}：从理论上看，差分重构模型利用了各帧图像间的关联性，后一帧图像的差分重构可以看作在前一帧图像的基础上进行修正，那么可以推出差分重构模型的重构图像的峰值信噪比将逐渐上升且趋于一个较高的值。

为了比较、测试两种测量模型真实的压缩重构性能和两种重构模型的重构性能，设置如下数值仿真实验对它们进行对比分析。

数值仿真参数设置：

① 选用稀疏和复杂的两类 256×256 的遥感视频序列图像各 10 帧，对它们进行数值仿真实验。

② 测量矩阵 $\boldsymbol{\Phi}$ 为一个块循环矩阵，表示光学成像透镜或其他采样设备。字典 $\boldsymbol{\Psi}$ 选用离散余弦变换字典。

③ 重构模型中的正则化约束为 $p=1, q=2$。

④ 重构算法选用固定步长的线性 Bregman 迭代算法，迭代步数为 2 000。算法详细过程见 5.4.1 小节的图 5.21 和图 5.22 中的重构算法 3 与重构算法 4。

根据上述参数设置，比较两种重构模型的重构效果，如图 6.11 所示。比较两种重构模型在不同帧数下重构图像的峰值信噪比，如图 6.12 所示。

图 6.11 为利用不同的重构模型对两类不同的遥感图像进行重构的图像与原始图像。其中，图 6.11(c)为差分重构模型重构的稀疏图像，局部放大后可以看出其重构效果比图 6.11(b)要好；图 6.11(f)为差分重构模型重构的复杂图像，它比单帧重构模型重构的复杂图像(见图 6.11(e))更接近原始图像(见图 6.11(d))。从图 6.11 中可以看出，不论是稀疏图像还是复杂图像，差分重构模型的重构效果要比单帧重构模型的重构效果好。

图 6.12 则从数值上展示了差分重构模型的重构效果要比单帧重构模型的重构效果好。从图 6.12 中可以看出，不论是稀疏图像还是复杂图像，利用差分重构模型与单帧重构模型重构的第 1 帧图像的峰值信噪比一致；但随着帧数的增加，差分重构模型重构图像的峰值信噪比逐渐上升并稳定，稳定后的峰值信噪比单帧重构模型的峰值信噪比增加 1.5 dB 左右。

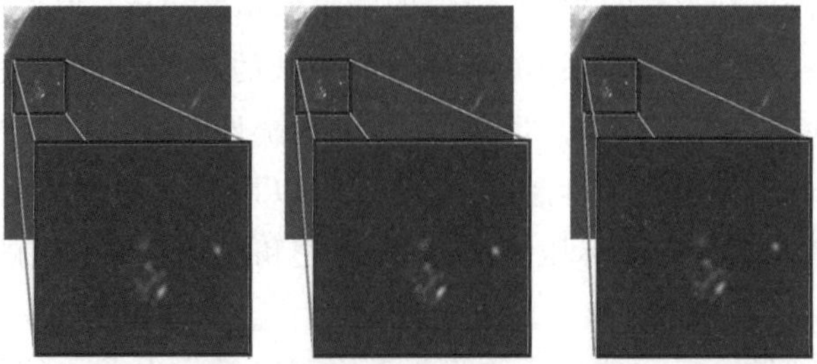

(a) 原始稀疏图像　(b) 单帧重构模型重构的稀疏图像　(c) 差分重构模型重构的稀疏图像

(d) 原始复杂图像　(e) 单帧重构模型重构的复杂图像　(f) 差分重构模型重构的复杂图像

图 6.11　不同重构模型重构的遥感图像与原始图像

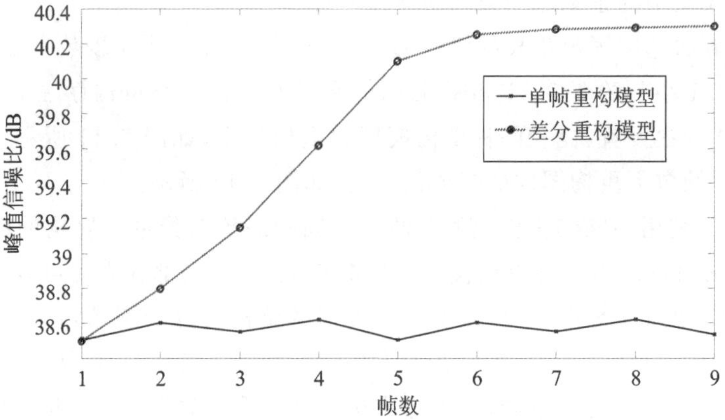

(a) 稀疏图像

图 6.12　不同重构模型重构图像的峰值信噪比

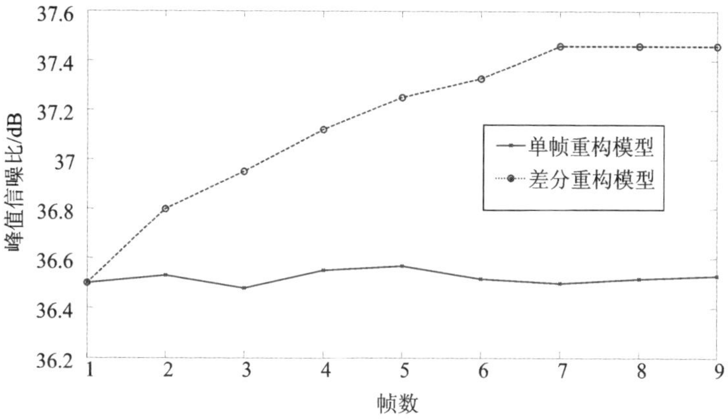

(b) 复杂图像

图 6.12　不同重构模型重构图像的峰值信噪比(续)

第 7 章　高分辨率红外遥感压缩成像方法

红外成像系统由于具有全天候成像能力，被广泛应用于对地观测、目标侦察和战场监视。然而，其航天级产品的红外探测器阵列规模一般都比较小，难以满足特殊空间任务需求。探测器工作条件和加工工艺的限制较为苛刻，很难通过采用减小像元尺寸和增加阵元数量的方式来提高分辨率。本章将压缩感知运用到高分辨率红外成像系统当中，利用频域编码掩模成像方法和空域编码孔径成像方法实现光场的压缩测量，通过稀疏优化算法重构出高分辨率红外图像。

7.1　频域编码掩模高分辨率成像方法

Willett 等人介绍了焦平面光学调制方法的压缩采样，它是在傅里叶光学平面和像平面处分别放置一个相位调制器，实现对光场的相位调制，这种结构可获得较高的信噪比，但探测器需要感知光场的复数信号，增加了系统的复杂度。刘吉英等人提出了一种利用随机相位调制傅里叶变换透镜后光场的压缩采样方法，给出了数值仿真结果，但没有详细分析压缩采样的具体实现过程，也没有分析测量矩阵的可重构特性。本节将介绍如何从压缩感知的信号获取方式入手，利用频域调制策略，采用较少的探测器阵元采集较多的像素信息，从而提高成像分辨率。

7.1.1　基于频域调制的压缩采样策略

会聚透镜最突出和最有用的性质是它固有的进行二维傅里叶变换的本领。利用光传播和衍射的基本定律，这种复杂的模拟运算可以用一组相关光学系统极其简单地完成，能完成上述变换的光学系统称为傅里叶透镜。进入系统的入射光线经过傅里叶透镜后，变换为一组有振幅和相位的复光场，采用编码掩模对变换后的光场进行振幅和相位调制，经过调制后的光场再通过傅里叶透镜进行傅里叶逆变换。上述过程相当于利用与信号同等维数的方阵对信号进行投影测量，测量值的维数大小和信号一致。实际上，在压缩感知理论中，只要测量矩阵满足有限等距性质，利用低维的测量值就能够重构出高维的原始信号。因此，对于傅里叶逆变换后的光场，可对它进行下采样操作，实现对原始光场的低维测量，下采样操作可通过编码孔径实现。基于频域调制的光场压缩采样策略如图 7.1 所示。

设 $\boldsymbol{f}$ 为原始图像，$\boldsymbol{F}$ 为二维傅里叶变换矩阵，$\boldsymbol{F}^{-1}$ 为二维傅里叶逆变换矩阵，$\boldsymbol{C}_H$ 表示频域调制器，$\boldsymbol{D}$ 表示下采样矩阵，$\boldsymbol{y}$ 为探测器测量值。则上述采样策略的探测器测

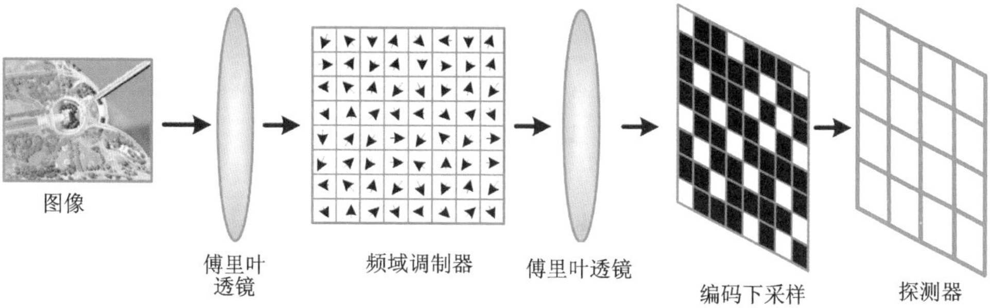

图 7.1 基于频域调制的光场压缩采样策略

量值可表示为

$$y = DF^{-1}C_H Ff \tag{7.1}$$

将式(7.1)与压缩采样的测量形式 $y=\Phi f$ 相比较,可以得出基于相位调制的光场压缩采样的测量矩阵为

$$\Phi = DF^{-1}C_H F \tag{7.2}$$

7.1.2 频域调制器的矩阵构造

频域调制器的设计就是从信号可重构特性入手,构造出频域调制器矩阵。对于式(7.2)若先不考虑下采样操作 D,则有

$$\Phi' = F^{-1}C_H F \tag{7.3}$$

这和 4.2.2 小节正交对称循环矩阵的构造形式是一致的:

$$\Phi_N = \frac{1}{N}F_N^* \Sigma \cdot F_N = F_N^{-1}\Sigma F_N$$

其中,F_N 为一维傅里叶变换矩阵;Σ 为对角矩阵,对角线元素取值±1。

然而,对于式(7.3)中的 F,它是二维傅里叶变换矩阵,可写成 $F=F\otimes F$ 的形式,其中⊗表示矩阵的克罗内克积。$m\times n$ 矩阵 A 和 $p\times q$ 矩阵 B 的克罗内克积定义为

$$A\otimes B=[a_{ij}B]=\begin{bmatrix} a_{11}B & a_{12}B & \cdots & a_{1n}B \\ a_{21}B & a_{22}B & \cdots & a_{2n}B \\ \vdots & \vdots & & \vdots \\ a_{m1}B & a_{m2}B & \cdots & a_{mn}B \end{bmatrix} \tag{7.4}$$

因此,当 C_H 取元素值为±1 的对角矩阵时,Φ'为对称循环矩阵但并不正交。矩阵 F 的特殊结构,使得其独立元素个数较少,从而其可重构性质远差于一般的循环矩阵,一般不作为测量矩阵使用。

下面利用逆向推导来构造频域调制器矩阵。先设定一个可重构特性良好的测量矩阵,然后对它进行对角化变换,从而推导出 C_H。

实际上,任意一个循环矩阵都可以被一维傅里叶变换矩阵对角化。第 4 章确定性测量矩阵设计中验证了分块循环矩阵具有较好的重构性能,因此,将这一性质推广到分

块循环矩阵中。对于如式(7.5)的 $n^2\times n^2$ 分块循环矩阵 $\boldsymbol{A}$，$n^2\times n^2$ 二维傅里叶变换矩阵 $\boldsymbol{F}$ 可将它对角化。

$$\boldsymbol{A}=\begin{bmatrix}\boldsymbol{A}_n & \boldsymbol{A}_{n-1} & \cdots & \boldsymbol{A}_1\\ \boldsymbol{A}_1 & \boldsymbol{A}_n & \cdots & \boldsymbol{A}_2\\ \vdots & \vdots & & \vdots\\ \boldsymbol{A}_{n-1} & \boldsymbol{A}_{n-2} & \cdots & \boldsymbol{A}_n\end{bmatrix} \tag{7.5}$$

其中，$\boldsymbol{A}_j$ 为 $n\times n$ 循环矩阵：

$$\boldsymbol{A}_j=\begin{bmatrix}a_n & a_{n-1} & \cdots & a_1\\ a_1 & a_n & \cdots & a_2\\ \vdots & \vdots & & \vdots\\ a_{n-1} & a_{n-2} & \cdots & a_n\end{bmatrix}$$

下面给出对角化的推导过程。

$$\boldsymbol{C}_H=\boldsymbol{F}\boldsymbol{A}\boldsymbol{F}^{-1}=\boldsymbol{F}\otimes\boldsymbol{F}\boldsymbol{A}(\boldsymbol{F}\otimes\boldsymbol{F})^{-1}=\boldsymbol{F}\otimes\boldsymbol{F}\boldsymbol{A}(\boldsymbol{F}^{-1}\otimes\boldsymbol{F}^{-1}) \tag{7.6}$$

将 $\boldsymbol{F}\otimes\boldsymbol{F}$ 和 $\boldsymbol{F}^{-1}\otimes\boldsymbol{F}^{-1}$ 写成如式(7.4)的形式，有

$$\boldsymbol{F}\otimes\boldsymbol{F}=[f_{ij}\boldsymbol{F}]=\begin{bmatrix}f_{11}\boldsymbol{F} & f_{12}\boldsymbol{F} & \cdots & f_{1n}\boldsymbol{F}\\ f_{21}\boldsymbol{F} & f_{22}\boldsymbol{F} & \cdots & f_{2n}\boldsymbol{F}\\ \vdots & \vdots & & \vdots\\ f_{n1}\boldsymbol{F} & f_{n2}\boldsymbol{F} & \cdots & f_{nn}\boldsymbol{F}\end{bmatrix}$$

$$\boldsymbol{F}^{-1}\otimes\boldsymbol{F}^{-1}=[\hat{f}_{ij}\boldsymbol{F}^{-1}]=\begin{bmatrix}\hat{f}_{11}\boldsymbol{F}^{-1} & \hat{f}_{12}\boldsymbol{F}^{-1} & \cdots & \hat{f}_{1n}\boldsymbol{F}^{-1}\\ \hat{f}_{21}\boldsymbol{F}^{-1} & \hat{f}_{22}\boldsymbol{F}^{-1} & \cdots & \hat{f}_{2n}\boldsymbol{F}^{-1}\\ \vdots & \vdots & & \vdots\\ \hat{f}_{n1}\boldsymbol{F}^{-1} & \hat{f}_{n2}\boldsymbol{F}^{-1} & \cdots & \hat{f}_{nn}\boldsymbol{F}^{-1}\end{bmatrix}$$

则式(7.6)可写成

$$\boldsymbol{C}_H=\begin{bmatrix}f_{11}\boldsymbol{F} & f_{12}\boldsymbol{F} & \cdots & f_{1n}\boldsymbol{F}\\ f_{21}\boldsymbol{F} & f_{22}\boldsymbol{F} & \cdots & f_{2n}\boldsymbol{F}\\ \vdots & \vdots & & \vdots\\ f_{n1}\boldsymbol{F} & f_{n2}\boldsymbol{F} & \cdots & f_{nn}\boldsymbol{F}\end{bmatrix}\begin{bmatrix}\boldsymbol{A}_n & \boldsymbol{A}_{n-1} & \cdots & \boldsymbol{A}_1\\ \boldsymbol{A}_1 & \boldsymbol{A}_n & \cdots & \boldsymbol{A}_2\\ \vdots & \vdots & & \vdots\\ \boldsymbol{A}_{n-1} & \boldsymbol{A}_{n-2} & \cdots & \boldsymbol{A}_n\end{bmatrix}\begin{bmatrix}\hat{f}_{11}\boldsymbol{F}^{-1} & \hat{f}_{12}\boldsymbol{F}^{-1} & \cdots & \hat{f}_{1n}\boldsymbol{F}^{-1}\\ \hat{f}_{21}\boldsymbol{F}^{-1} & \hat{f}_{22}\boldsymbol{F}^{-1} & \cdots & \hat{f}_{2n}\boldsymbol{F}^{-1}\\ \vdots & \vdots & & \vdots\\ \hat{f}_{n1}\boldsymbol{F}^{-1} & \hat{f}_{n2}\boldsymbol{F}^{-1} & \cdots & \hat{f}_{nn}\boldsymbol{F}^{-1}\end{bmatrix} \tag{7.7}$$

令

$$\boldsymbol{C}=\begin{bmatrix}f_{11}\boldsymbol{F} & f_{12}\boldsymbol{F} & \cdots & f_{1n}\boldsymbol{F}\\ f_{21}\boldsymbol{F} & f_{22}\boldsymbol{F} & \cdots & f_{2n}\boldsymbol{F}\\ \vdots & \vdots & & \vdots\\ f_{n1}\boldsymbol{F} & f_{n2}\boldsymbol{F} & \cdots & f_{nn}\boldsymbol{F}\end{bmatrix}\begin{bmatrix}\boldsymbol{A}_n & \boldsymbol{A}_{n-1} & \cdots & \boldsymbol{A}_1\\ \boldsymbol{A}_1 & \boldsymbol{A}_n & \cdots & \boldsymbol{A}_2\\ \vdots & \vdots & & \vdots\\ \boldsymbol{A}_{n-1} & \boldsymbol{A}_{n-2} & \cdots & \boldsymbol{A}_n\end{bmatrix}$$

则有

$$\boldsymbol{c}_{ij}=\sum_{t=1}^{n}f_{it}\boldsymbol{FA}_{(t+n-j)\bmod n} \tag{7.8}$$

将式(7.8)带入式(7.7)，令 $\boldsymbol{G}_j=\boldsymbol{FA}_j\boldsymbol{F}^{-1}$，则有

$$\boldsymbol{c}_{h_{ij}}=\sum_{s=1}^{n}c_{is}\hat{f}_{sj}\boldsymbol{F}^{-1}=\sum_{s=1}^{n}\sum_{t=1}^{n}f_{it}\hat{f}_{sj}\boldsymbol{FA}_{(t+n-s)\bmod n}\boldsymbol{F}^{-1}=\frac{1}{n}\sum_{s=1}^{n}\sum_{t=1}^{n}\omega^{-(i-1)(t-1)}\omega^{(s-1)(j-1)}\boldsymbol{G}_{(t+n-s)\bmod n} \tag{7.9}$$

当 $i\neq j$ 时，$\sum_{s=1}^{n}\sum_{t=1}^{n}\omega^{-(i-1)(t-1)}\omega^{(s-1)(j-1)}=0$，则有 $\boldsymbol{c}_{h_{ij}}=\boldsymbol{0}$；当 $i=j$ 时，式(7.9)可表示为

$$c_{h_j}=\frac{1}{n}\sum_{s=1}^{n}\sum_{t=1}^{n}\omega^{-(t-s)(j-1)}\boldsymbol{G}_{(t-s)\bmod n}=\sum_{s=1}^{n}\omega^{-s(j-1)}\boldsymbol{G}_s \tag{7.10}$$

由式(7.10)可知，因为 $\boldsymbol{G}_s$ 为对角矩阵，$\boldsymbol{c}_{h_j}$ 为 $\boldsymbol{G}_s$ 的线性组合，所以 $\boldsymbol{C}_H$ 为对角矩阵，其对角线元素可由式(7.10)求得，元素值为复数形式，频域调制器进行幅度和相位的双重调制。

当 $\boldsymbol{A}_j$ 为对称循环矩阵时，$\boldsymbol{G}_s$ 的对角线元素值为实数。在此条件下，如果 $\boldsymbol{G}_s=\boldsymbol{G}_{n-s}$(即矩阵 $\boldsymbol{A}$ 也为分块对称循环矩阵)，则有

$$c_{h_j}=\sum_{s=1}^{n/2}(\omega^{-s(j-1)}+\omega^{-(n-s)(j-1)})\boldsymbol{G}_s=2\sum_{s=1}^{n/2}\mathrm{Re}(\omega^{-s(j-1)}\boldsymbol{G}_s)$$

其中，$\boldsymbol{C}_H$ 为实对角矩阵。此时，频域调制器仅进行幅度调制。

对于下采样矩阵 $\boldsymbol{D}$，其构造过程为：首先构造 $n\times n$ 矩阵 $\boldsymbol{D}$，将它分成 $l\times l$ 小块，每块含有 $m\times m=n\times n/(l\times l)$ 个元素，从中随机选择一个元素赋值为1，其余元素赋值为0；然后将其列向量化，以列向量为对角线元素构造 $n^2\times n^2$ 对角矩阵 $\boldsymbol{D}$。将 $\boldsymbol{D}$ 的元素值和分块循环矩阵 $\boldsymbol{A}$ 相应的元素值做乘积，得到系统的测量矩阵为

$$\boldsymbol{\Phi}=\boldsymbol{D}\odot\boldsymbol{F}^{-1}\boldsymbol{C}_H\boldsymbol{F}=\boldsymbol{D}\odot\boldsymbol{A}$$

相当于从分块循环矩阵 $\boldsymbol{A}$ 中每 $m\times m$ 行中随机抽取一行，组成 $l^2\times n^2$ 的测量矩阵。利用这类测量矩阵得到的测量信号中非零元素个数只有原始信号的 $1/m^2$，采样所需的探测器阵列大小也只需被测量信号的 $1/m^2$。

7.1.3 频域调制器的硬件实现

7.1.2 小节介绍了通过对分块循环矩阵进行对角化得到频域调制器矩阵的过程，该过程是在二维图像列向量化的基础上进行的，构造的对角矩阵 $\boldsymbol{C}_H$ 的对角线元素值实际上等价于二维频域调制器矩阵 $\boldsymbol{H}$ 的元素值。当元素值为复数时，频域调制器进行幅度和相位的双重调制；当元素值为实数时，频域调制器仅进行幅度调制。

频域调制器可采用空间光调制器实现，典型的空间光调制器由液晶像素组成，被称为液晶空间光调制器(liquid crystal light spatial modulator，LC－LSM)。一般来说，液晶空间光调制器含有许多独立单元，称为像元。这些像元在空间上排列成阵列，每个像元都可以独立接受光信号或电信号的控制，并按此信号的特征来改变自身的光学性质，从而对光波进行振幅、相位、偏振态等调制[150]。

本小节介绍的频域调制器采用矩阵编址型的空间光调制器，是一种典型的电寻址方式。它是在液晶盒的前后两个基片表面镀以由平行条带组成的栅状透明电导层，两个表面上的栅带互相垂直，如图 7.2 所示。基片中间的液晶层被分成许多薄层，每一层内分子的取向基本一致，且平行于层面；相邻薄层因受到分子相互作用力的影响，薄层中分子取向将逐渐从一个基片处的方向“均匀”地过渡到另一个基片处的方向，形成均匀的扭曲排列形式。当液晶基片两端未加电场时，可将液晶层看作许多被分割成的与 z 轴正交垂直的薄片；当沿着 z 轴加上电场，且调制电压超过阈值电压 V_c 时，液晶分子朝电场方向转过一个角度 θ（与 xOy 面的夹角）。θ 是所加电压 V_c 的函数，可表示为

$$\theta=\begin{cases}0, & V\leqslant V_c\\ \pi/2-2\arctan\left(e^{-\frac{V-V_c}{V_0}}\right), & V>V_c\end{cases}$$

随着分子取向的偏转，光沿着 z 轴的折射率 n_e 也发生变化，有

$$\frac{1}{n_e^2(\theta)}=\frac{\cos^2\theta}{n_e^2}+\frac{\sin^2\theta}{n_0^2}$$

通过改变输入电压的大小，得到各像元相应的 θ 值，使线偏振光发生双折射，通过检偏实现对空间光的振幅和相位调制。

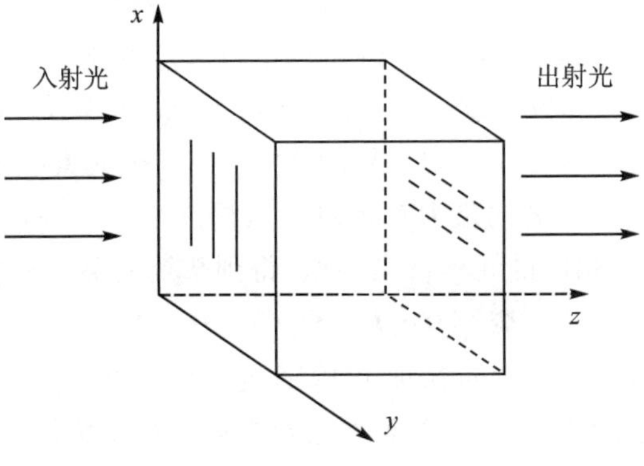

图 7.2　液晶空间光调制器液晶盒结构示意图

通过选择入射线偏振光振动方向与定向矢 x 轴的夹角和驱动电压的大小，可实现近振幅调制或近相位调制。当入射光偏振方向与定向矢 x 轴平行时，液晶对光束为纯相位调制，且入射光的偏振态不变；当入射光偏振方向与定向矢 x 轴垂直时，液晶对光束无相位调制。

对于液晶空间光调制器上的每一个像元而言，它都可以单独接受电信号的控制，从而对光波进行调制。对数字图像中的每一个像素而言，其灰度值与液晶空间光调制器中相应像元的驱动电压是成线性关系的，所以可以通过控制图像的各像素灰度级的不同来达到对相应像元上的驱动电压的控制，从而控制液晶空间光调制器上各像元对光波进行相应尺度的调制。

对于下采样编码掩模，同样可以采用液晶空间光调制器实现。另外一种实现方法

就是采用编码孔径掩模方式，这种方式将在7.2节中介绍。

7.2 编码孔径高分辨率成像方法

编码孔径成像是在成像光学系统的焦平面处放置编码孔径掩模，对入射到焦平面的光场进行编码，探测器接收并记录编码后的光场，然后利用重构算法恢复出图像。文献[151]对这种压缩成像方式进行了初步探索，但没有分析编码后光场的辐射效应影响，其仿真结果是在光沿直线传播的理想情况下得到的。本节在此研究的基础上，对焦平面编码孔径红外压缩成像进行系统介绍。

7.2.1 编码孔径压缩测量方法

7.2.1.1 编码孔径压缩采样方式

本小节介绍的编码孔径掩模方式仅对光强进行编码测量，编码孔径掩模将每一个探测器像元细分为 $m\times m$ 个“伪像素”。图7.3(a)为12×12像素的编码方式示意图，它对应于像元数目4×4的探测器阵列，即每一个像元对应一个3×3的编码掩模子阵。由于现有光学器件的限制，掩模上的像素值设计为(0,1)二值的，分别表示不透光和透光[152]。经过焦平面编码后，每一个探测器像元测量到的是被观测场景经过3×3掩模编码后的光强，如图7.3(b)所示，即图像的压缩采样，然后经过稀疏优化算法可重构出被观测场景图像。图像分辨率不再由探测器阵列和像元大小所决定，而是由编码方式和“伪像素”大小决定。由于“伪像素”尺寸小于探测器像元，因此可以提高成像系统的分辨率[151]。

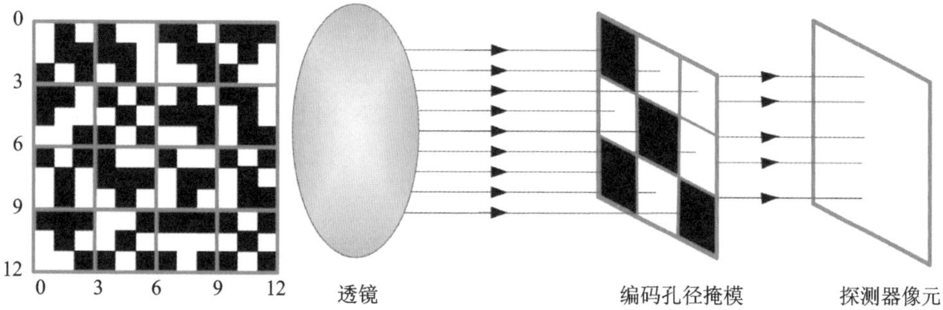

(a) 12×12像素的编码方式示意图　　(b) 单像元测量

图7.3 编码孔径压缩采样

探测器单个像元的测量值可表示如下

$$\boldsymbol{y}=\int_A f(\boldsymbol{r})\mathrm{d}\boldsymbol{r} \tag{7.11}$$

其中，$\boldsymbol{y}$ 为该像元的测量值，$f(\boldsymbol{r})$ 为焦平面上位置 $\boldsymbol{r}$ 处的光强，A 为像元的面积。若对

该像元的测量进行编码，如图 7.3(b)所示，则有

$$\boldsymbol{y}=\int \boldsymbol{\Phi}(\boldsymbol{r}) f(\boldsymbol{r}) \mathrm{d} \boldsymbol{r} \tag{7.12}$$

其中，$\boldsymbol{\Phi}(\boldsymbol{r})$为对应于该像元的编码矩阵。将位置 $\boldsymbol{r}$ 进行离散化，则式(7.12)可以表示为

$$\boldsymbol{y}=\boldsymbol{\Phi} \boldsymbol{f} \tag{7.13}$$

其中，$\boldsymbol{\Phi}$ 为该像元对应的编码掩模子阵转为行向量的结果，$\boldsymbol{f}$ 为该像元区域内光强转为列向量的结果。由式(7.13)可知，$\boldsymbol{y}$ 为 $\boldsymbol{f}$ 的一次压缩采样，而重构 $\boldsymbol{f}$ 一般需要多次压缩采样。获取多次压缩采样的一种可行方案是利用多路(multiplexing)技术，如图 7.4 所示。

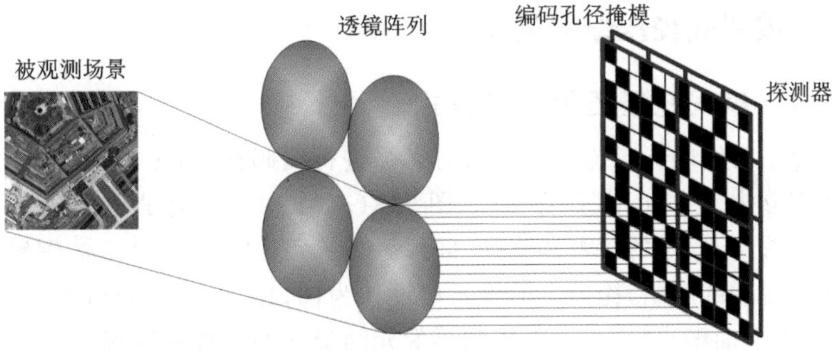

图 7.4　多路技术的压缩采样编码示意图

图 7.4 中用多组镜头对同一场景进行观测，每个镜头对应于同一探测器的一块大小为 $n \times n$ 的区域。设每一个探测器各像元上均有一个 $m \times m$ 像素的掩模子阵，共有 $l \times l$ 个透镜。若各透镜观测的场景是相同的，且每个透镜对应的探测器子区域中各像元上的掩模编码方式也是相同的，而各透镜之间的掩模编码方式是不同的，则在这种模式下，单次曝光可以得到 $M=(l \times l) \times(n \times n)$ 次测量，待重构的图像维数为 $N=(m \times m) \times(n \times n)$。根据压缩感知原理，在 $M<N$ 时仍能保证图像的精确重构，实现高分辨成像，图像分辨率为原来的 $m / l-1$ 倍。

7.2.1.2　编码孔径测量矩阵构造

获得图像的稀疏测量的关键是测量矩阵(本小节介绍的是编码孔径掩模方式)的设计。由于现有光学器件的限制，将测量矩阵的元素设计为(0,1)二值的，同时测量矩阵必须满足有限等距性质。第 4 章中介绍的测量矩阵分析表明，伯努利随机测量矩阵能够重构出质量较好的信号。因此，将测量矩阵中的元素设计为服从等概率的(0,1)二值伯努利分布。

根据 7.2.1.1 小节介绍的多镜头测量编码方式，稀疏测量的实现用矩阵形式表示为

$$\begin{bmatrix} y_{11} & y_{12} & \cdots & y_{1,n\times n} \\ y_{21} & y_{22} & \cdots & y_{2,n\times n} \\ \vdots & \vdots & & \vdots \\ y_{l1} & y_{l2} & \cdots & y_{l,n\times n} \end{bmatrix} = \begin{bmatrix} \varphi_{11} & \varphi_{12} & \cdots & \varphi_{1,m\times m} \\ \varphi_{21} & \varphi_{22} & \cdots & \varphi_{2,m\times m} \\ \vdots & \vdots & & \vdots \\ \varphi_{l1} & \varphi_{l2} & \cdots & \varphi_{l,m\times m} \end{bmatrix} \begin{bmatrix} f_{11} & f_{12} & \cdots & f_{1,n\times n} \\ f_{21} & f_{22} & \cdots & f_{2,n\times n} \\ \vdots & \vdots & & \vdots \\ f_{m\times m,1} & f_{m\times m,2} & \cdots & f_{m\times m,n\times n} \end{bmatrix}$$

其中，$\boldsymbol{\Phi}$ 的每一行 $\boldsymbol{\varphi}_i$ 为第 i 个探测器单一像元上编码掩模子阵的行向量化，$\boldsymbol{f}$ 的每一列 $\boldsymbol{f}_j$ 为被探测器阵列中第 j 个像元观测的场景的列向量化，$\boldsymbol{y}$ 的每一行 $\boldsymbol{y}_i$ 为每个探测器实际测量值的行向量化。用图解法表示如图 7.5 所示，由此可得到，$\boldsymbol{y}=\boldsymbol{\Phi f}$，再利用稀疏重构算法即可由低维测量数据 $\boldsymbol{y}$ 重构出图像 $\boldsymbol{f}$。

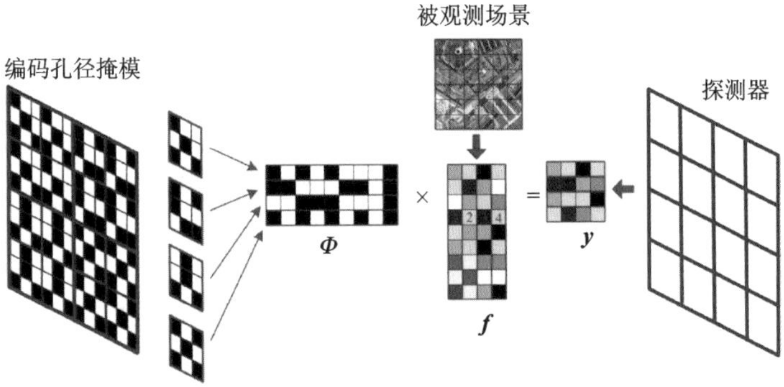

图 7.5　多路技术编码压缩采样示意图

7.2.2　编码孔径掩模辐射效应分析

压缩采样中设计的编码孔径掩模像素值服从等概率的(0,1)二值分布，一半左右的光场不能被探测器接收；由于编码孔径尺寸和波长在同一个数量级上，因此光场经过孔径后会有较为明显的衍射效应。这两种因素将带来辐射能量的衰减和波动，使得探测器的测量值与理想状态下有一定偏差，本小节将分析上述因素给压缩测量带来的影响。

7.2.2.1　衍射理论分析

如果没有衍射效应，则一半的光场被探测器接收，理想状态下的编码结果如式(7.13)所示。由于衍射效应的存在，光场通过孔径后并不沿直线传播，特别是本节介绍的编码孔径测量系统设计的孔径尺寸和波长在同一个数量级上，衍射效应更为明显。标量衍射理论广泛应用于自由空间光学，能够较好地计算衍射效应，因此本小节相关分析都基于标量衍射理论进行。

由于探测器和编码掩模之间的距离很短，因此 Fresnel 和 Fraunhofer 衍射定理都不适用于这样的场合。Reyleigh-Sommerfeld 衍射理论是一种较为精确的方法，将用于本小节的分析[153]。

假设单色光从坐标面 $\xi-\eta$ 平行发出，如图 7.6 所示。在源平面上，Σ 代表场源，光场分布为 $U_1(\xi,\eta)$，在观测面上可以得到场 $U_2(x,y)$ 的 Reyleigh-Sommerfeld 积分为

$$U_2(x,y)=\frac{z}{\mathrm{j}\lambda}\iint_{\Sigma}U_1(\xi,\eta)\frac{\exp(\mathrm{j}kr_{12})}{r_{12}^2}\mathrm{d}\xi\mathrm{d}\eta \tag{7.14}$$

其中，λ 为波长，k 为波数，z 是源平面和观测平面的距离，r_{12} 代表观测点和场点的距离，ξ 和 η 是积分变量，r_{12} 可写成

$$r_{12}=\sqrt{z^2+(x-\xi)^2+(y-\eta)^2}$$

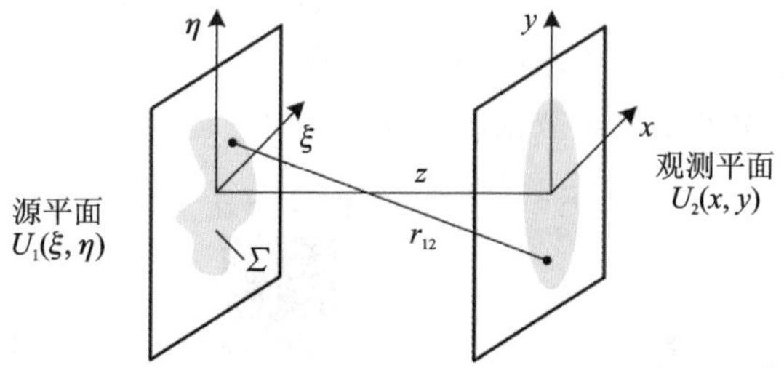

图 7.6　平行场和观测面的光传播示意图

式(7.14)是一个双重积分，可写成卷积形式：

$$U_2(x,y)=\iint U_1(\xi,\eta)h(x-\xi,y-\eta)\mathrm{d}\xi\mathrm{d}\eta \tag{7.15}$$

式(7.15)中的 Rayleigh-Sommerfeld 脉冲函数 $h(x,y)$ 为

$$h(x,y)=\frac{z}{\mathrm{j}\lambda}\frac{\exp(\mathrm{j}kr)}{r^2}$$

且

$$r=\sqrt{z^2+x^2+y^2}$$

利用傅里叶卷积公式将式(7.15)写成

$$U_2(x,y)=\mathfrak{F}^{-1}\{\mathfrak{F}[U_1(x,y)]\mathfrak{F}[h(x,y)]\}=\mathfrak{F}^{-1}\{\mathfrak{F}[U_1(x,y)]H(f_x,f_y)\}$$

其中，H 是 Rayleigh-Sommerfeld 传递函数，即

$$H(f_x,f_y)=\exp\left(\mathrm{j}kz\sqrt{1-(\lambda f_x)^2-(\lambda f_y)^2}\right)$$

严格地说，$\sqrt{f_x^2+f_y^2}<1/\lambda$。对于$\sqrt{f_x^2+f_y^2}>1/\lambda$，$H$ 是一个负指数，衍射效应随传播距离的增大而迅速退化，这种波称为隐失波，不能从孔径带走能量。

7.2.2.2　衍射效应数值分析

本小节介绍对孔径衍射效应进行数值仿真方法，分析不同参数下孔径衍射对探测器测量的影响。在 7.2.2.1 小节中，利用傅里叶卷积公式对 Reyleigh - Sommerfeld 积分进行了变换。对于数值仿真来说，傅里叶变换的采样周期特性和光场的离散化都会影响计算结果，主要原因是传递函数不是限带的，信号不能被充分采样。文献[153]对此进行了详细的理论分析。奈奎斯特采样频率 f_x 对应于最大空间采样频率的一半即可进行过采样，设空间频率对应的空间间隔为 Δx，若 f_x 大于信号带宽 $1/2\Delta x$，则传递函数可实现过采样。

7.2.1.1 小节介绍的压缩采样方式将每一个探测器像元细分为 $m\times m$ 个“伪像

素”，受编码掩模加工工艺和计算方法的约束，一般取 $m\in\{2,4,6,8\}$。设红外探测器像元边长为 $\delta=32\ \mu m$，则编码孔径边长为 $w=\delta/m$。由传递函数 H 可知，z 越大，衍射效应越为明显，取加工工艺上可行的最小 $z=5\ \mu m$ 进行计算仿真。考虑到相邻孔径之间的相互干扰，仿真窗口设像元阵列大小为 3×3，光源为单位幅度的单色光，如图 7.7 所示。计算中心位置像元的衍射效应，就可评估编码孔径掩模对压缩测量的影响。

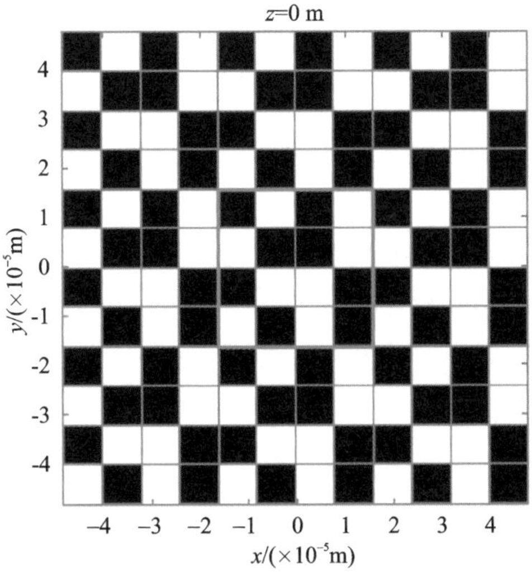

图 7.7 衍射效应数值仿真窗口

通过数值仿真分析不同 m 值、不同波长下中心位置像元的衍射能量效率和光场匹配度。波长取 1～14 μm。其中衍射能量效率计算公式为

$$\eta=\frac{\|\boldsymbol{I}_{\text{source}}\|}{\|\boldsymbol{I}_{\text{obs}}\|} \tag{7.16}$$

其中，$\boldsymbol{I}_{\text{source}}$ 为场源离散化后，每一个像元上场源的能量之和；$\boldsymbol{I}_{\text{obs}}$ 为观测面上的光场能量之和。光场匹配度定义为

$$\text{match\_rate}=1-\frac{\|\boldsymbol{I}_{\text{obs}}-\boldsymbol{I}_{\text{source}}\|_2}{\|\boldsymbol{I}_{\text{obs}}+\boldsymbol{I}_{\text{source}}\|_2} \tag{7.17}$$

从定义式(7.16)、式(7.17)可以看出，衍射能量效率和光场匹配度为正，且介于 0～1。衍射能量效率越接近于 1，说明编码孔径损失的能量越少；光场匹配度越接近于 1，说明编码孔径方式的采样结果越接近于理想状态。图 7.8 给出了不同 m 值下的数值仿真结果。

为了尽可能地减小衍射效应的影响，一般要求光场匹配度大于 0.9。而衍射效应主要用来衡量能量的损失，对测量质量影响较小，可以在图像重构时进行补偿。从图 7.8 中可以看出，当波长小于编码孔径边长 w 时，基本上能保证光场匹配度大于 0.9，同时有较高的衍射能量效率。这和衍射理论是相符合的。因此，可以得出以下结论：对于大气中透射率较高的 3 个窗口——1～2.5 μm、3～5 μm、8～14 μm，$m=8$ 和

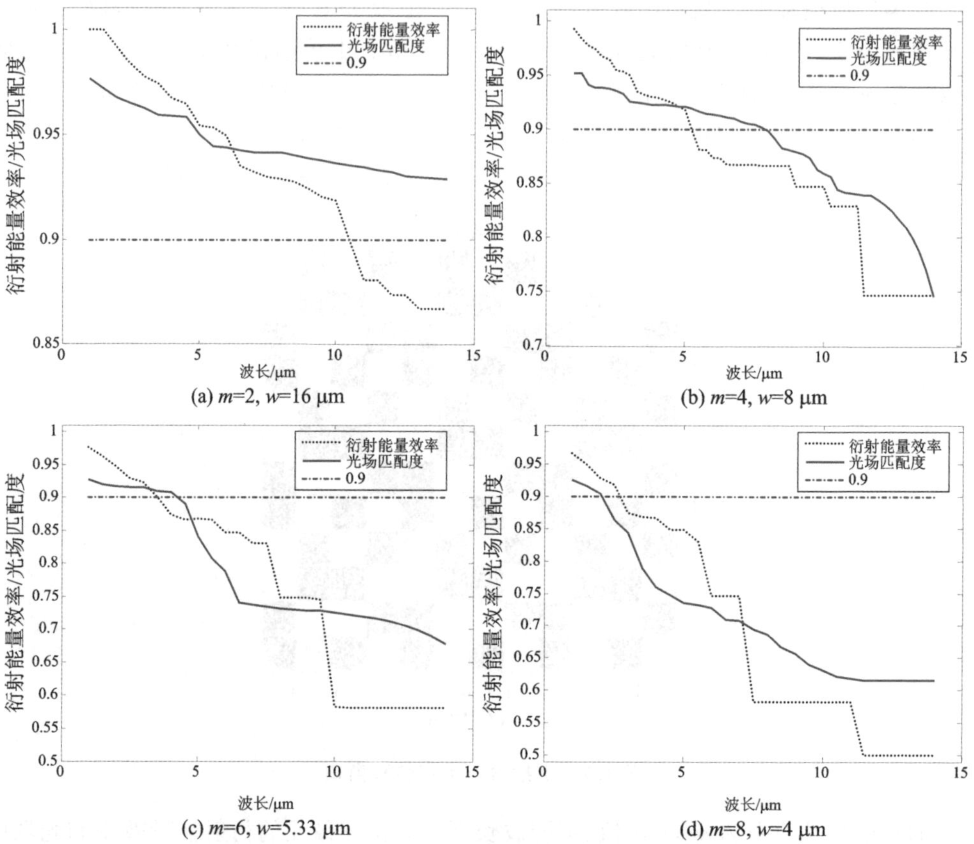

(a) m=2, w=16 μm　(b) m=4, w=8 μm

(c) m=6, w=5.33 μm　(d) m=8, w=4 μm

图 7.8　不同 m 值下的衍射效应与波长的关系

$m=6$ 仅适用于短波红外成像，$m=4$ 适用于短波和中波红外成像，$m=2$ 适用于上述 3 种波段的红外成像。图 7.9 给出不同 m 值下对应最大波长的衍射效果。

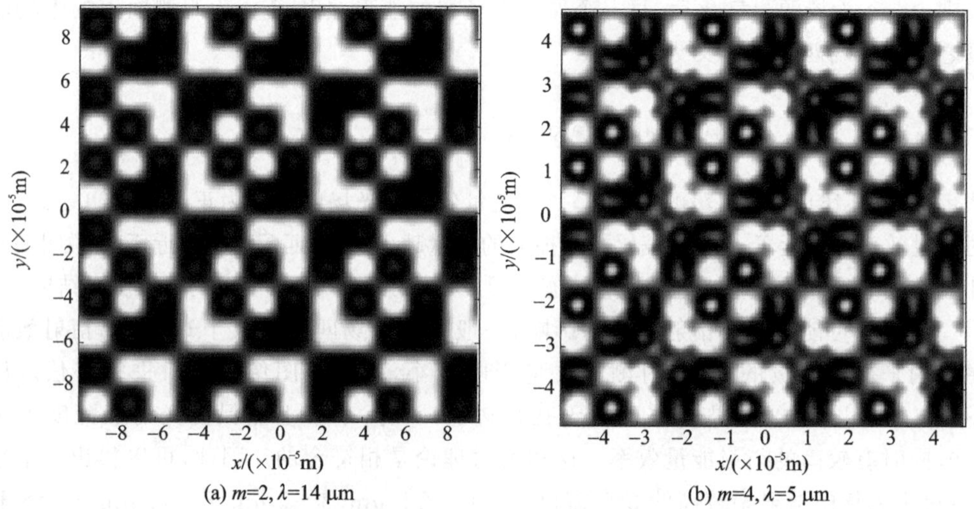

(a) m=2, λ=14 μm　(b) m=4, λ=5 μm

图 7.9　不同 m 值下对应最大波长的衍射效果

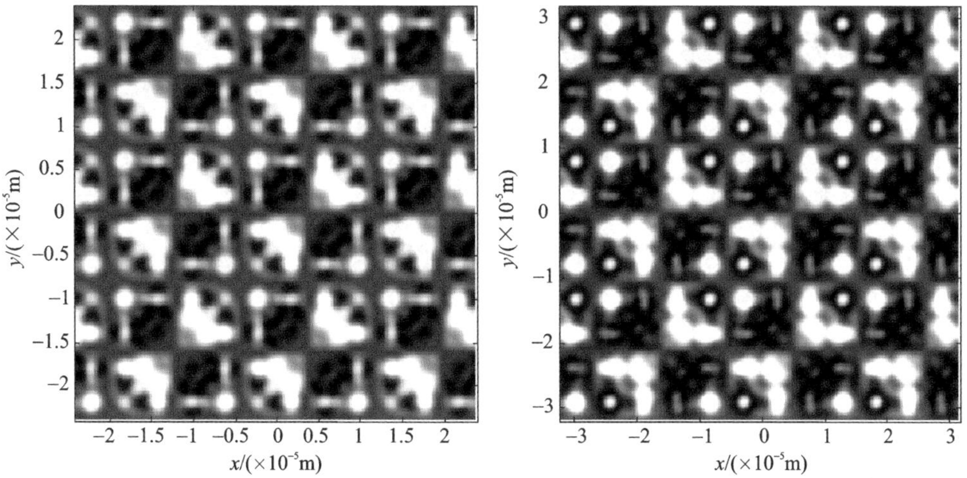

(c) m=6, λ=2.5 μm

(d) m=8, λ=2.5 μm

图 7.9 不同 m 值下对应最大波长的衍射效果(续)

本小节还介绍了对每一像元上不同编码模式的仿真结果,结果表明,对于不同的编码模式,衍射能量效率和光场匹配度基本上一致,这说明编码方式对衍射效应的影响甚微。

本小节介绍的仿真结果可以作为实际系统设计的理论依据和支撑。

7.3 仿真实验与分析

7.3.1 仿真实验设计

7.1 节、7.2 节讨论了基于频域调制和空域编码的红外压缩成像方法,本节介绍如何通过仿真实验测试上述压缩成像方法在红外成像方面的性能。考虑到航天级的红外探测器阵列较小而像元尺寸较大的特点,仿真实验取探测器像元边长 $\delta=32$ μm,测试图像为 3 幅红外图像——细节丰富红外图像、场景均匀红外图像和含目标红外图像,如图 7.10 所示。

对于频域编码掩模压缩成像方法,取 $m=2$,其像素级采样方式如图 7.11 所示。

对于编码孔径压缩成像方法,取 $m=4$,其像素级采样方式如图 7.12 所示。

7.3.2 仿真实验结果

基于 7.3.1 小节设计的实验条件,分别对频域编码掩模和空域编码孔径压缩成像方法进行仿真,图像稀疏算法采用二维离散余弦变换表示,信号重构算法为第 5 章设计的基于梯度投影稀疏重建的快速重构算法,重构误差采用 3.1.6 小节定义的峰值信噪化表示。

(a) 细节丰富红外图像　(b) 场景均匀红外图像　(c) 含目标红外图像

图 7.10　仿真测试红外图像

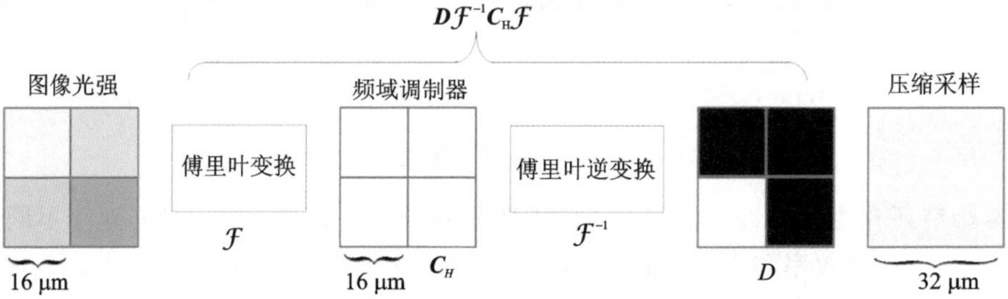

图 7.11　频域编码掩模压缩成像方法的像素级采样方式

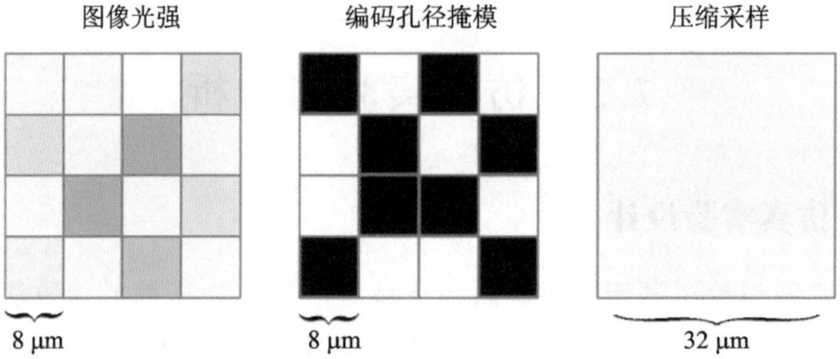

图 7.12　编码孔径压缩成像方法的像素级采样方式

7.3.2.1　频域编码掩模压缩成像方法实验结果

取 $m=2$，测试图像大小为 256×256，对 7.1 节设计的方法进行仿真，得到 3 幅图像的重构结果如图 7.13 所示。

从上述仿真结果可以得出，采用基于频域调制的压缩采样策略，取 $m=2$，即利用原始图像一半大小的探测器阵列采集调制后的信号，通过恢复算法就能重构出原始大小的图像信号，且该方法对于不同场景的红外图像均能获得较为清晰的重构图像。

7.3.2.2　空域编码孔径压缩成像方法实验结果

为了计算方便，仿真图像大小设为 240×240。仿真中分别取 $m=8$、$m=6$、$m=4$

(a) 细节丰富红外图像
(PSNR=25.919 5 dB)

(b) 场景均匀红外图像
(PSNR=38.945 5 dB)

(c) 含目标红外图像
(PSNR=31.803 0 dB)

图 7.13 红外图像重构结果

和 $m=2$。对于固定值 m，l 决定了探测器阵列大小，通过压缩采样，实际需要的探测器大小为$\frac{240l}{m}\times\frac{240l}{m}$。测试得到不同 m 值下 3 幅红外场景重构图像的峰值信噪比与 l 的关系如表 7.1～表 7.4 所列。

表 7.1 $m=2$ 时不同场景图像对应不同 l 值的重构误差

单位:dB

l	重构误差		
	细节丰富红外图像	场景均匀红外图像	含目标红外图像
1	25.356 5	36.961 4	30.358 9
2	64.744 5	65.565 7	67.213 9

表 7.2 $m=4$ 时不同场景图像对应不同 l 值的重构误差

单位:dB

l	重构误差		
	细节丰富红外图像	场景均匀红外图像	含目标红外图像
2	24.235 4	38.102 2	27.393 6
3	29.515 9	41.024 1	34.479 4
4	53.511 4	65.564 8	66.213 1

表 7.3 $m=6$ 时不同场景图像对应不同 l 值的重构误差

单位:dB

l	重构误差		
	细节丰富红外图像	场景均匀红外图像	含目标红外图像
2	21.671 53	34.714 38	25.225 19
3	24.326 03	37.369 93	28.289 97
4	27.849 11	40.444 33	32.391 22
5	32.309 58	44.787 63	37.006 33
6	49.665 03	61.251 33	54.044 05

表 7.4　$m=8$ 时不同场景图像对应不同 l 值的重构误差

单位：dB

l	重构误差		
	细节丰富红外图像	场景均匀红外图像	含目标红外图像
2	20.525 81	33.698 11	23.274 32
3	22.541 85	35.310 77	25.761 96
4	24.819 93	37.407 54	28.885 59
5	27.339 24	39.877 52	32.099 34
6	30.570 18	42.817 13	35.449 69
7	34.699 40	47.464 05	39.481 89
8	51.442 71	60.940 69	54.914 62

为了更为直观地观测 3 幅图像在不同 m、l 取值下的仿真结果，将上述结果用曲线表示，如图 7.14～图 7.16 所示。

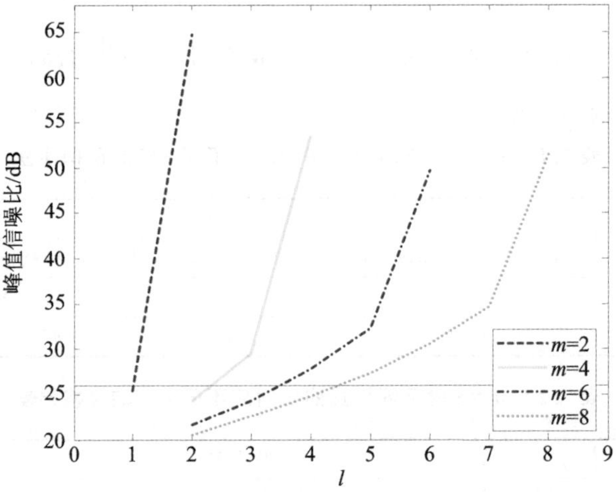

图 7.14　细节丰富红外图像重构误差与 l、m 的关系曲线

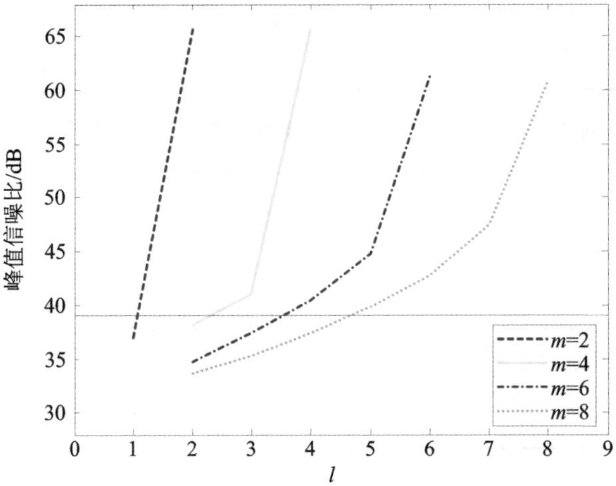

图 7.15　场景均匀红外图像重构误差与 l、m 的关系曲线

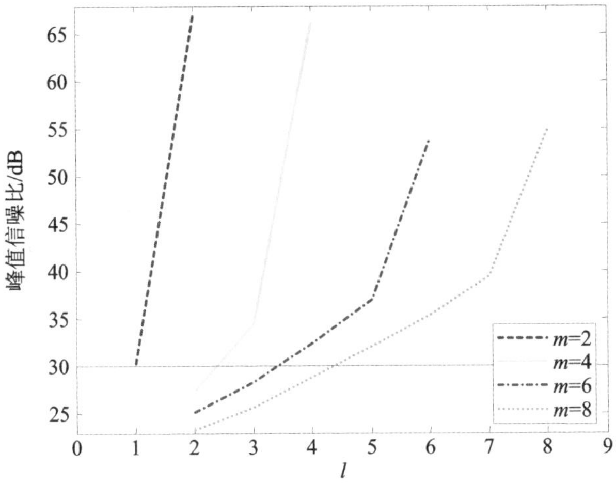

图 7.16 含目标红外图像重构误差与 l、m 的关系曲线

从图中可以看出，当 m 取定值时，随着 l 的增加，重构图像的峰值信噪比随之增大，但需要的探测器阵列也相应增大。对于不同场景，得到清晰重构图像所需的峰值信噪比不尽相同，其中，细节丰富红外图像所需的 PSNR 大于 26 dB，场景均匀红外图像所需的 PSNR 大于 39 dB，含目标红外图像所需的 PSNR 大于 30 dB。取不同 m 值下能够达到上述 PSNR 要求的最小 l 值，3 幅测试图像得到相同的参数组 $m=2$、$l=2$，$m=4$、$l=3$，$m=6$、$l=4$，$m=8$、$l=5$，它们对应的探测器阵列大小分别为 240×240，180×180，160×160，150×150。对于 $m=2$、$l=2$ 这组参数，峰值信噪比达到上述要求所需的探测器阵列大小没有减小，但 $l=1$ 时重构图像的峰值信噪比也接近于上述要求。由后 3 组参数可得，分别用阵列大小为 180×180、160×160 和 150×150 的探测器可以获得大小为 240×240 的质量良好的重构图像，相当于它们的成像分辨率分别提高了 33%，50%，60%。用这 3 组参数得到的重构图像分别如图 7.17～图 7.19 所示。

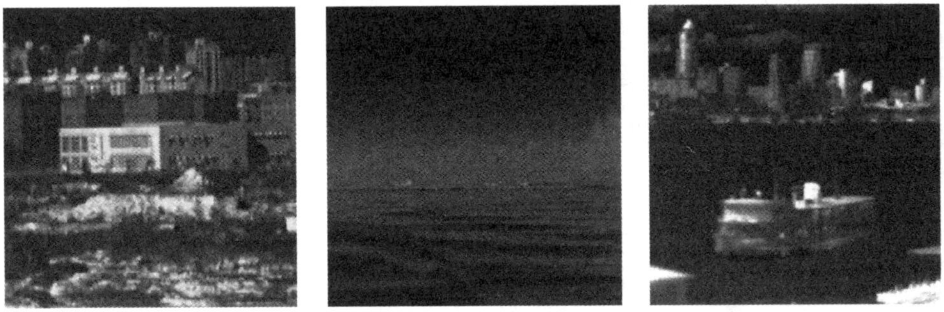

(a) 细节丰富红外图像 (PSNR=29.515 9 dB)　(b) 场景均匀红外图像 (PSNR=41.024 1 dB)　(c) 含目标红外图像 (PSNR=34.479 4 dB)

图 7.17 红外图像重构结果($m=4$、$l=3$)

(a) 细节丰富红外图像
(PSNR=27.849 1 dB)

(b) 场景均匀红外图像
(PSNR=40.444 3 dB)

(c) 含目标红外图像
(PSNR=32.391 2 dB)

图 7.18　红外图像重构结果($m=6$、$l=4$)

(a) 细节丰富红外图像
(PSNR=27.339 2 dB)

(b) 场景均匀红外图像
(PSNR=39.877 5 dB)

(c) 含目标红外图像
(PSNR=32.099 3 dB)

图 7.19　红外图像重构结果($m=8$、$l=5$)

7.3.3　实验结果分析

从 7.3.2 小节介绍的仿真结果来看，频域编码掩模压缩成像方法利用原始图像一半大小的探测器阵列采集调制后的信号可重构出较为清晰的红外图像；编码孔径压缩成像方法的成像质量与不同参数组的选取有关，且与孔径衍射有一定关系。实际上，成像系统的分辨率由镜头极限分辨率和探测器分辨率共同决定。镜头极限分辨率用焦平面上恰可分辨的两像点之间的距离来量度：

$$\varepsilon=\frac{1.22\lambda f}{D}=1.22\lambda F$$

其中，λ 为波长；F 为镜头 F 数，目前红外镜头 F 数最小可取 0.6。依此计算得到大气中透射率较高的 3 个窗口 1～2.5 μm、3～5 μm 和 8～14 μm 对应的镜头极限分辨率分别为 0.732～1.83 μm、2.196～3.66 μm 和 5.956～10.248 μm。

对于频域编码掩模压缩成像，下采样的像素大小为 16 μm，镜头极限分辨率对成像分辨率没有影响。对于编码孔径压缩成像，当 $m=8$、$m=6$、$m=4$ 和 $m=2$ 时，对应的“伪像素”大小分别为 4 μm、5.3 μm、8 μm 和 16 μm。由此可得，$m=8$ 和 $m=6$ 适用于短波和中波成像，$m=4$ 适用于短波、中波和部分长波成像，$m=2$ 可适用于上述 3 种波段的成像。

结合衍射效应分析，对于编码孔径压缩成像系统中每一个探测器像元细分的“伪像素”阵列大小，可得出以下结论：$m=8$ 和 $m=6$ 适用于短波红外成像，$m=4$ 适用于短波和中波红外成像，$m=2$ 适用于 1～14 μm 所有波长的红外成像。

当 $m=2$ 时，l 只有 1 和 2 两种取值。对于 $l=1$，尽管可以将分辨率扩大一倍，但成像质量不是十分理想；对于 $l=2$，虽然成像质量非常理想，但不能提升分辨率。若不采用多路技术，而是将每一个透镜观测到的场景投射到单独的探测器阵列上，用 4 片 120×120 的探测器重构 240×240 的图像，则可获得很好的图像质量。这种成像方式相当于对探测器进行了拼接，它不需要将每片探测器在物理上精确对接，在探测器光学拼接技术难以实现的情况下可以采用。

综上所述，可以得出以下结论：频域编码掩模压缩成像方法在成像分辨率提高 100%时仍能获得较为清晰的红外图像；编码孔径压缩成像方法的不同参数组适用于不同波段成像，且要获得相同质量的红外图像，它需要的探测器阵列较频域编码掩模压缩成像方法多，但其实现过程较频域编码掩模压缩成像方法简单。

第 8 章　高分辨率 CMOS 压缩成像方法

现代作战方式要求光学成像载荷具有极高的分辨率，而高分辨率必然带来高数据率，给数据的存储和传输带来巨大的压力。现有的遥感成像系统中，探测器遵循奈奎斯特-香农采样定理采集信号，在获取大量的数据之后，并不是直接存储和传输，而是先进行数据压缩，然后存储和传输。这种信号采集、压缩的方式存在这样的矛盾：一方面，高分辨率要求探测器尽可能多地获取更多的测量数据；而另一方面，数据压缩却“想方设法”丢弃更多的冗余数据。如果能在信号采集时突破奈奎斯特-香农采样定理的限制，直接获得信号的压缩采样，则可从本质上提升现有遥感成像系统的性能。本章根据压缩感知原理，利用 CMOS 探测器每个像元均可独立控制的特点，在模拟域中实现压缩采样，详细介绍其硬件电路的实现方法，然后再通过重构算法恢复原图像，实现 CMOS 低数据率压缩成像。

8.1　CMOS 图像传感器

CMOS 图像传感器的像素阵列是由大量相同的像素单元组成，每个 CMOS 像素单元都有自己的缓冲放大器，而且可以被单独选址和读出，这些都为 CMOS 压缩成像方法提供理论基础。本节简要介绍 CMOS 图像传感器的结构特性和像元电路的工作方式。

8.1.1　CMOS 图像传感器总体结构

电荷耦合器件(CCD)和 CMOS 图像传感器在光检测方面都利用了硅的光电效应原理，不同点在于像元产生电荷的读出方式。电荷耦合器件(CCD)完成曝光后光子通过像元转换为电子电荷包，电荷包顺序转移到下一个感光像元，直到最后共同的输出端，然后转换为电压信号并输出到芯片外的信号处理电路。CMOS 图像传感器的每一个感光元件都直接整合了放大器和模/数转换逻辑，光子转换为电子后直接在每个像元中完成电子电荷-电压转换[154]。

CMOS 图像传感器的内部结构如图 8.1 所示，其基本结构由像元阵列、行选通逻辑、列选通逻辑、定时和控制电路、模拟信号处理器(analog signal processor，ASP)、模/数转换器(analog to digital converter，ADC)等部分组成。

CMOS 图像传感器的光敏单元(即像元阵列的组成单元)包括无源像素结构(passive pixel sensor，PPS)和有源像素结构(active pixel sensor，APS)两大类，其中有源像

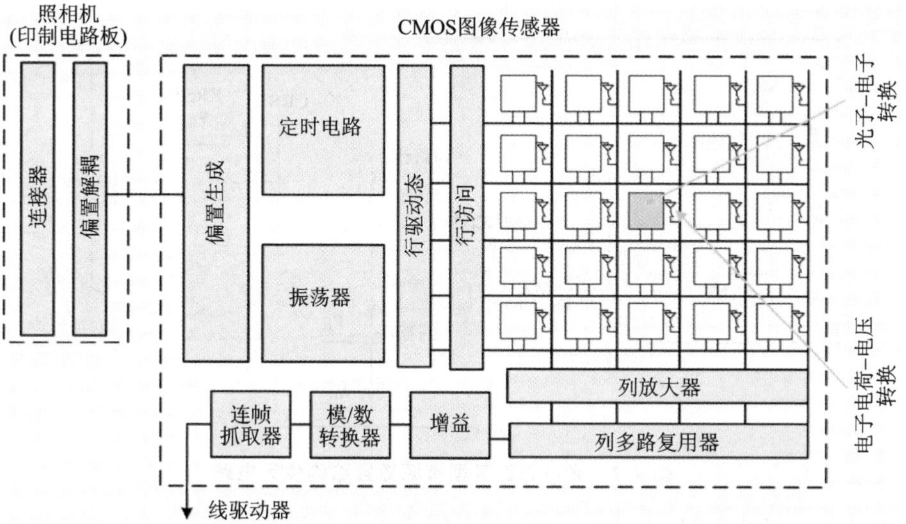

图 8.1 CMOS 图像传感器的内部结构

素结构主要包括光敏二极管型和光栅型两种。行选通逻辑和列选通逻辑可以是移位寄存器,也可以是译码器。定时和控制电路限制信号读出模式、设定积分时间、控制数据输出率等。模拟信号处理器实现信号积分、放大、采样和保持、相关双采样等功能。模/数转换器是片上数字成像系统所必需的。CMOS 图像传感器可以是整个成像阵列有一个模/数转换器或几个模/数转换器(每种颜色一个),也可以是成像阵列每列各有一个模/数转换器。CMOS 图像传感器图像信号有 3 种读出模式:整个阵列逐行扫描读出,这是一种较普通的读出模式;窗口读出模式,仅读出感兴趣窗口内像元的图像信息,这增加了感兴趣窗口内信号的读出率;跳跃读出模式,每隔 n 个像元读出,以降低分辨率为代价,允许图像采样,以增加读出速率[155]。

8.1.2 CMOS 图像传感器像元电路

CMOS 有源像素传感器因在电路中引入一个有源放大器而得名,放大器可以改善像元的性能。常用的 CMOS 图像传感器像元为光敏二极管型有源像素结构,其像元电路如图 8.2 所示。

光敏二极管型有源像素结构像元电路由光敏二极管、复位管 M4、源跟随器 M1 和行选通开关管 M2 组成。此外,还有电荷溢出门管 M3,它的作用是增加电路的灵敏度,在分析器件工作原理时可以将其忽略,看成短路。复位管 M4 对光敏二极管复位,同时作为横向溢出门控制光生电荷的积累和转移。源跟随器 M1 的作用是实现对信号的放大和缓冲,改善有源像素结构的噪声问题。像元电路的工作过程是:首先进入“复位状态”,M4 打开,对光敏二极管复位;然后进入“采样状态”,M4 关闭,光照射到光敏二极管上产生光生载流子,并通过源跟随器 M1 放大输出;最后进入“读出状态”,这时行选通开关管 M2 打开,信号通过列总线输出。输出到总线上的信号进行模/数转换,就能

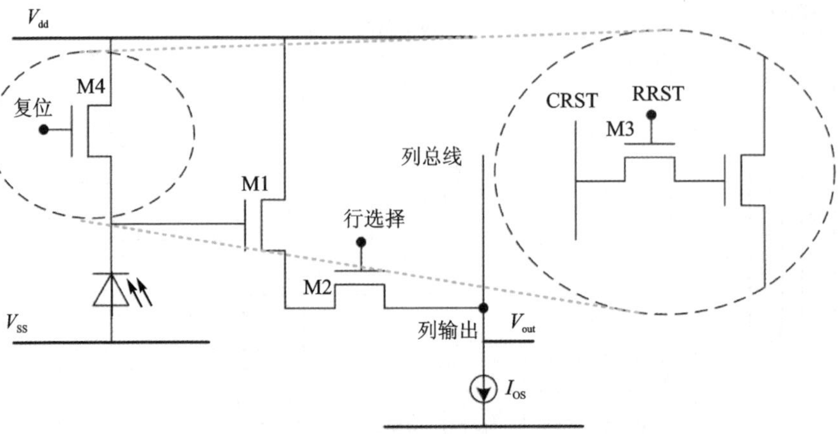

图 8.2　光电二极管型有源像素结构像元电路

获得该像元的数字信号。

基于上述结构，CMOS 传感器具有集成度高、编程方便、易于控制等优点，特别是它具有的窗口读出模式，可实现对感兴趣目标的读取。这些特点为压缩成像方法的设计提供了必要条件。

8.2　CMOS 压缩成像方法

根据 CMOS 图像传感器的每个像元均可独立控制的特点，本节将介绍一种行列可分离变换的压缩成像方法。在图像信号采集时通过 CMOS 外部电路设计实现图像模拟域内的二维压缩采样，通过重构算法恢复出原始图像。

8.2.1　模拟域内的压缩采样策略

由 8.1 节分析可知，CMOS 图像传感器将探测器、电荷/电压转换以及提供缓冲和寻址的晶体管都集成到像元内。由于入射光子转换为信号电荷后，信号电荷到电压的转换直接在每个像元中完成，因此 CMOS 图像传感器的大部分工作都在电压域内进行。每个像元的读出会降低模/数转换速率，同时进行数据压缩，可减小信号存储和传输的压力。

根据像元电路可知，每个像元的测量信号都通过列总线输出且均可独立操作。由于图像的许多二维投影具有可分离变换特性，因此可通过适当的像元外围电路设计实现模拟域内的加权求和与乘法操作，完成特定投影测量矩阵下图像的压缩采样。假设需要对 CMOS 探测器上 f 分块进行测量，其测量过程如图 8.3 所示。其投影测量过程主要分两步进行：第一步将每一列中各像元加权后的电流根据基尔霍夫定律相加，得到一个列像元电流值的加权线性和，加权系数由 $m\times n$ 矩阵 $\boldsymbol{\Phi}_1$ 生成的电压决定；第二步将第一步得到的结果在模拟域内实现向量-矩阵乘法，$n\times m$ 矩阵 $\boldsymbol{\Phi}_2$ 由编程决定。第一步相当于对 $\boldsymbol{f}$ 进行行变换，第二步相当于对第一步变换的结果再进行列变换。经过上述两步操作，得到的测量结果为

$$\boldsymbol{y}=\boldsymbol{\Phi}_1\boldsymbol{f}\boldsymbol{\Phi}_2 \tag{8.1}$$

其中，$\boldsymbol{f}$ 为 $n\times n$ 矩阵，$\boldsymbol{\Phi}_1$ 为 $m\times n$ 矩阵，$\boldsymbol{\Phi}_2$ 为 $n\times m$ 矩阵，$\boldsymbol{y}$ 为 $m\times m$ 矩阵。这实现了从 $n\times n$ 到 $m\times m$ 的压缩测量。式(8.1)虽然实现了压缩测量，但它与压缩感知测量方式的表达形式有所区别，从中无法得到具体的测量矩阵。由于图像特定变换下的二维投影具有行列可分离变换特性，取 $\boldsymbol{\Phi}_2=\boldsymbol{\Phi}_1^{\mathrm{T}}$，则式(8.1)可写成

$$\boldsymbol{y}=\boldsymbol{\Phi}\boldsymbol{f} \tag{8.2}$$

其中，$\boldsymbol{\Phi}=\boldsymbol{\Phi}_1\otimes\boldsymbol{\Phi}_1$，$\boldsymbol{f}$ 为被测量区域转化为列向量的结果。这样得到压缩采样之后，就可以利用稀疏优化算法从中恢复出原始图像。

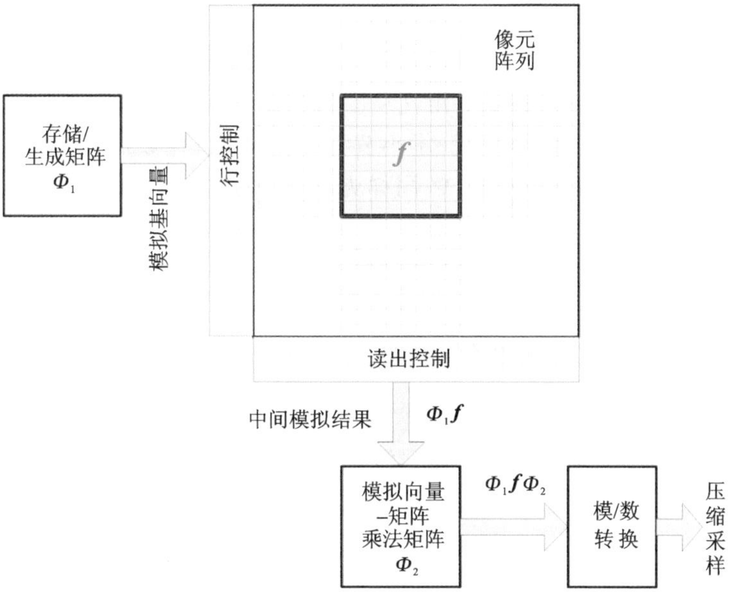

图 8.3 CMOS 压缩测量过程示意图

8.2.2 可分离测量矩阵

8.2.2.1 矩阵构造

在压缩采样设计中，要求测量矩阵具有行列可分离变换性质，式(8.2)给出了压缩测量的表达式，其中 $\boldsymbol{\Phi}$ 为 $\boldsymbol{\Phi}_1$ 与它自己的克罗内克积。第 4 章介绍的正交对称循环矩阵和分块循环矩阵以及常用的高斯和伯努利随机测量矩阵都不具备这样的性质，需要对矩阵 $\boldsymbol{\Phi}_1$ 进行特殊设计。在第 2 章介绍的图像稀疏表示理论中提到，图像的傅里叶变换和离散余弦变换具有行列可分离变换性质，可以用来构造本章介绍的测量矩阵。

由于傅里叶变换涉及复数计算，硬件电路实现较为困难，且其压缩性能明显差于离散余弦变换，因此在这里暂不考虑。另外，文献[156]介绍了用 Noiselets 变换矩阵也可实现图像的二维可分离变换，但它同样涉及复数计算，难以在可分离测量矩阵的电路中实现。因此，下面将着重介绍基于离散余弦变换矩阵的测量矩阵构造方式及其性质。

由压缩采样的测量方式可知，测量矩阵 $\boldsymbol{\Phi}=\boldsymbol{\Phi}_1\otimes\boldsymbol{\Phi}_1$，$\boldsymbol{\Phi}_1$ 为 $m\times n$ 矩阵。记 $n\times n$ 离散余弦变换矩阵为 $\boldsymbol{D}_{n\times n}$，矩阵元素 d_{ij} 为

$$d_{ij}=\begin{cases}\dfrac{1}{\sqrt{n}}, & i=0,0\leqslant j\leqslant n-1\\ \sqrt{\dfrac{2}{n}}\cos\dfrac{\pi(2j+1)i}{2n}, & 1\leqslant i\leqslant n-1,0\leqslant j\leqslant n-1\end{cases}\tag{8.3}$$

d_{ij} 的下标为 $0\sim n-1$，取 $\boldsymbol{D}_{n\times n}$ 的前 m 行构造 $\boldsymbol{\Phi}_1$，得到测量矩阵为 $\boldsymbol{\Phi}=\boldsymbol{D}_{m\times n}\otimes\boldsymbol{D}_{m\times n}$。

8.2.2.2 矩阵特性分析

文献[4]指出，为了保证信号的精确重构，要求测量矩阵 $\boldsymbol{\Phi}$ 和稀疏基 $\boldsymbol{\Psi}$ 组成的复合矩阵——感知矩阵 $\boldsymbol{\Theta}$ 满足有限等距性质。目前还没有文献研究基于离散余弦变换矩阵构造的测量矩阵的可重构特性。本小节将从感知矩阵的累加互相关性方面分析其有限等距性质。这里取稀疏基矩阵 $\boldsymbol{\Psi}$ 同样为离散余弦变换矩阵，对于二维图像变换，矩阵 $\boldsymbol{\Psi}$ 同样可表示为离散余弦变换矩阵 $\boldsymbol{D}_{n\times n}$ 的克罗内克积形式 $\boldsymbol{\Psi}=\boldsymbol{D}_{n\times n}\otimes\boldsymbol{D}_{n\times n}$。则感知矩阵 $\boldsymbol{\Theta}$ 可表示为

$$\boldsymbol{\Theta}=(\boldsymbol{D}_{m\times n}\otimes\boldsymbol{D}_{m\times n})\cdot(\boldsymbol{D}_{n\times n}\otimes\boldsymbol{D}_{n\times n})=(\boldsymbol{D}_{m\times n}\cdot\boldsymbol{D}_{n\times n})\otimes(\boldsymbol{D}_{m\times n}\cdot\boldsymbol{D}_{n\times n})$$

文献[157]给出了 K 阶累加互相关性定义，对于 $m\times n$ 感知矩阵 $\boldsymbol{\Theta}$，有

$$\mu_{1,K}(\boldsymbol{\Theta})=\max_{|\Gamma|=K}\max_{\boldsymbol{\varphi}}\sum_{i\in\Gamma}|\langle\boldsymbol{\varphi},\boldsymbol{\varphi}_i\rangle|\tag{8.4}$$

其中，Γ 为指标集，$\boldsymbol{\varphi}_i$ 为根据 Γ 索引得到的向量，$\boldsymbol{\varphi}$ 为 $\boldsymbol{\Theta}\backslash\boldsymbol{\Theta}_\Gamma$ 的任意向量。为了通过稀疏重构算法精确恢复稀疏度为 K 的信号，累加互相关性需满足

$$\mu_{1,K}+\mu_{1,K-1}<1\tag{8.5}$$

显然，$\mu_{1,K}$ 具有单调非减特性，故式(8.5)可简化为

$$\mu_{1,K}<1/2\tag{8.6}$$

令 $\boldsymbol{A}=\boldsymbol{D}_{m\times n}\boldsymbol{D}_{n\times n}$，有

$$a_{ij}=\sum_{k=0}^{n-1}d_{ik}\cdot d_{kj},\quad 0\leqslant i\leqslant m-1,0\leqslant j\leqslant n-1$$

相应地，有

$$\boldsymbol{\Theta}=\begin{bmatrix}a_{00}\boldsymbol{A} & a_{01}\boldsymbol{A} & \cdots & a_{0,n-1}\boldsymbol{A}\\ a_{10}\boldsymbol{A} & a_{11}\boldsymbol{A} & \cdots & a_{1,n-1}\boldsymbol{A}\\ \vdots & \vdots & & \vdots\\ a_{m-1,1}\boldsymbol{A} & a_{m-1,2}\boldsymbol{A} & \cdots & a_{m-1,n-1}\boldsymbol{A}\end{bmatrix}\tag{8.7}$$

由式(8.3)可知，离散余弦变换变换矩阵元素之间没有明显的加法和乘积特性，难以利用解析表达式分析式(8.7)中感知矩阵 $\boldsymbol{\Theta}$ 的累加互相关性。由于需要进行图像分

块采集，数值计算量不会很大，因此本小节将从数值上分析感知矩阵 $\boldsymbol{\Theta}$ 的累加互相关性。一般情况下，将图像分为 16×16 的小块，即 $n=16$。考虑到压缩比的范围，m 取值为 5～16，相应地，基于 n、m 参数的取值构造感知矩阵 $\boldsymbol{\Theta}_5 \sim \boldsymbol{\Theta}_{16}$。利用式(8.4)，可得出满足式(8.6)的各感知矩阵的最大 K 值，如表 8.1 所列。

表 8.1 感知矩阵满足累加互相关性的 m 与 K 的关系($n=16$)

m	K	m	K	m	K	m	K
5	17	8	20	11	23	14	69
6	18	9	21	12	24	15	105
7	19	10	22	13	26	16	256

由表 8.1 可知，随着 m 值的增加，满足累加互相关性的 K 值逐渐增大。当 $m=16$ 时，没有进行压缩采样，感知矩阵为正交矩阵，即使对于不具有稀疏特性的信号，也能恢复原始信号。在 $m\in[5,12]$ 这个区间，K 值在区间[17,24]逐一递增，这个区间段也是常用压缩比的区间段，其对应的压缩比区间为[0.098,0.562 5]。在第 4 章介绍的基追踪法数值仿真中，对于需要预估稀疏度的算法，16×16 大小的图像块一般取 $K=20$ 左右，这样不会影响图像信号的重构。因此，对于[5,12]这个区间的 m 值，用上述方法构造的测量矩阵都能重构出图像信号，重构质量与 m 的取值相关，相关仿真实验将在 8.3 节中介绍。

累加互相关性是描述感知矩阵是否满足可重构特性的充分而非必要条件，通过对离散余弦变换矩阵构造的测量矩阵和稀疏变换矩阵的累加互相关性分析可知，这种矩阵能够满足 16×16 大小图像块的压缩采样，为后续介绍的压缩采样硬件电路设计提供了依据。

8.2.3 压缩采样的硬件实现

由 CMOS 压缩成像方法可知，压缩采样过程实际上就是利用像元外围电路实现图像采集过程中的二维变换。这个过程主要分两步实现：首先通过各列像元电流的加权求和实现图像的行变换，然后将求和后的向量与矩阵相乘以实现图像的列变换。

8.2.3.1 行变换——电流加权求和

各列像元电流的加权求和电路如图 8.4 所示。图 8.4(b)为一列 16×1 像元电流加权求和电路，每个像元都由一个光敏二极管和一对差分晶体管组成。光敏二极管接收照射到其上的光子能量并将之转化为感应电流。差分晶体管作为一个乘法单元，输入感应电流和差分电压(加权因子)，输出带加权的差分感应电流。每一列中各个像元的电流输出到一对差分线上，电流求和满足基尔霍夫电流定律。在每一列的输出端设置一个选择开关，当本列像元不被选中时，输出到差分线上的电流将被切断，差分电流将输出到单独的输出线上。加权因子储存在模拟存储器当中，模拟存储器的基本结构为一个放大器，如图 8.4(a)所示[53]。用可编程的浮栅 P 型晶体管取代输入端的差分晶体管，如图 8.4(a)中阴影部分所示。每一个浮栅 P 型晶体管共用输入信号 V_{bias}，可对偏置电压进行编程以实现所需的电压信号。上述过程实际上就是一个加权求和，相当于对两个向量做了一次点乘，即 $\boldsymbol{\Phi}_1$ 的行向量和 $\boldsymbol{f}$ 的列向量的内积。

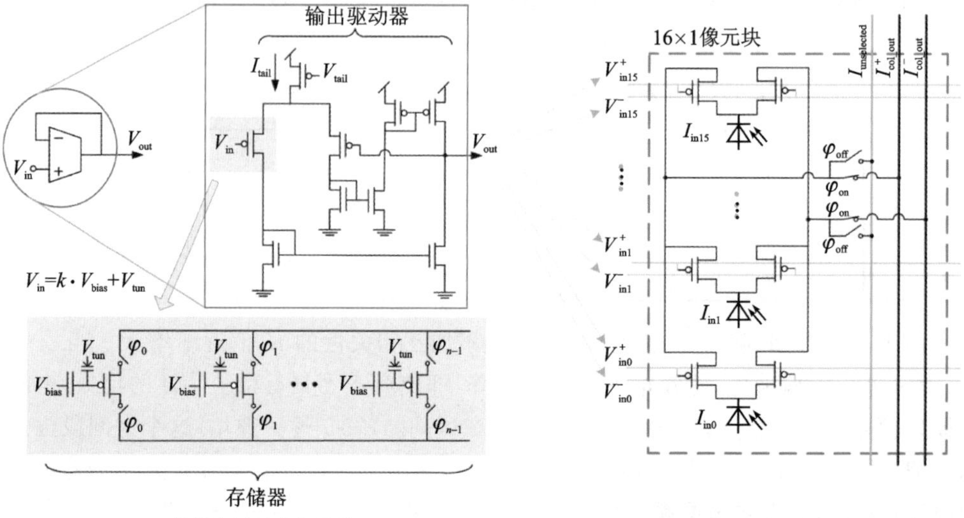

(a) 模拟存储器内部结构

(b) 16×1列像元电流加权求和电路

图 8.4　各列像元电流的加权求和电路

8.2.3.2　列变换——向量矩阵乘法

图像的列变换通过模拟域内的向量矩阵乘法实现。向量矩阵乘法可定义为

$$\boldsymbol{Y}_j=\sum_i W_{ji}\boldsymbol{I}_i$$

其中，$\boldsymbol{I}_i$ 为输入向量，W_{ji} 为矩阵元素，$\boldsymbol{Y}_j$ 为输出向量。向量矩阵乘法的实现有两种方式——电压方式和电流方式。电压方式采用的 MOS 场效晶体管对沟道效应十分敏感，工作在四个象限饱和状态，至少需要 12 个晶体管，双输入浮栅 MOS 场效晶体管的每个单元需要两个电容器。这些操作都会导致计算速度变慢，而且会消耗较大的功率。因此，这里采用基于电流方式的向量矩阵乘法结构。这种乘法结构工作在亚阈值状态，可明显降低功耗。在亚阈值状态下利用晶体管实现 $I-V$ 指数关系转换，增加了乘法结构的线性度。在信号端，采用浮栅 MOS 场效晶体管，实现固化的可编程加权系数[158]。基于电流方式的向量-矩阵乘法结构如图 8.5 所示。

在图 8.5(a)中，输入向量 $\boldsymbol{I}_i$ 和每一列的加权系数 W_{ji} 相乘然后相加，得到每一行的 $\boldsymbol{Y}_j$。计算编程通过开关、译码器和多路选择器的操作来实现。为了便于测量，得到的输出电流经过放大器后利用线性 $I-V$ 转换器转换成电压信号。图 8.5(b)为浮栅向量矩阵乘法电路详图，利用浮栅电流镜实现电流的输入，利用浮栅 MOS 场效晶体管对来设置不同的差分加权系数对。加权系数可根据需要进行编程和固化，不同行的加权系数不同，同一行的加权系数设置为相同，且可实现正负两种加权系数。在浮栅设备中，沟道电压偏差耦合到浮栅节点上，这将导致输出端的阻抗降低。在输出端串联晶体管可降低这种耦合效应，使输出端保持在高阻抗状态，同时在编程时也可作为开关使用。

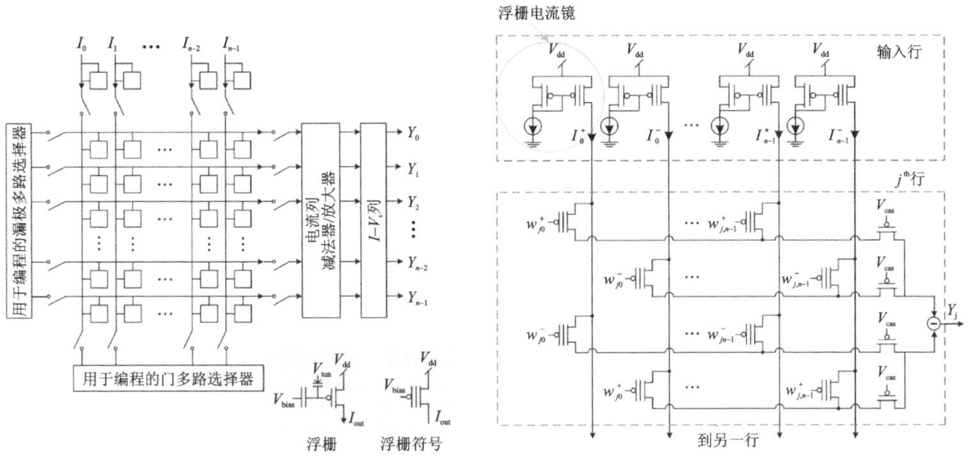

(a) 电流方式向量矩阵乘法结构示意图 (b) 浮栅向量矩阵乘法电路详图

图 8.5 基于电流方式的向量-矩阵乘法结构

8.3 仿真实验与分析

8.3.1 离散余弦变换(DCT)测量矩阵实验结果

根据8.2节的压缩采样方法和测量矩阵设计,将图像分为16×16的小块进行计算。图8.6为16×16离散余弦变换矩阵及它的克罗内克积(256×256)。压缩采样时,从16×16矩阵中选取前m行后,再计算其克罗内克积并构成测量矩阵,此时压缩前后的数据率之比为256∶m^2。

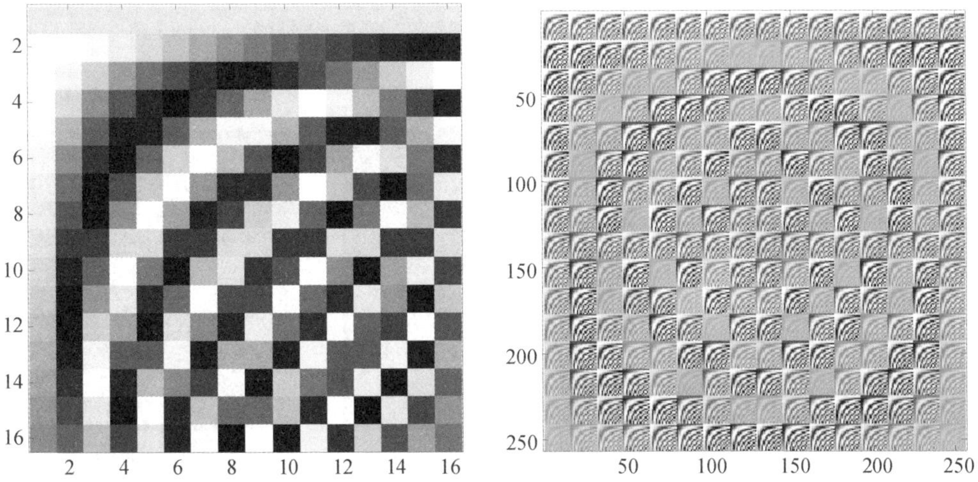

(a) 离散余弦变换矩阵 (b) 离散余弦变换矩阵的克罗内克积

图 8.6 离散余弦变换测量矩阵

仿真实验采用 3 幅大小为 256×256 的场景图像进行测试：细节丰富遥感图像、场景均匀遥感图像和 lena 图像。信号重构算法为第 5 章介绍的基于梯度投影稀疏重建的快速重构算法，重构误差采用 3.1.6 小节定义的峰值信噪比表示。

仿真得到重构误差与 m 值的关系如表 8.2 所列。

表 8.2 CMOS 压缩成像离散余弦变换测量矩阵的重构误差与 m 值的关系

m	压缩比	峰值信噪比/dB		
		细节丰富的遥感图像	场景均匀的遥感图像	Lena 图像
5	0.098	21.86	29.83	26.67
6	0.141	22.53	30.86	28.02
7	0.191	23.28	31.69	29.25
8	0.250	24.10	32.40	30.42
9	0.316	24.83	33.06	31.59
10	0.391	25.58	33.74	32.75
11	0.473	26.35	34.46	33.91
12	0.563	27.33	35.30	35.06
13	0.660	38.70	36.27	36.27
14	0.766	30.69	37.62	37.55
15	0.879	33.38	29.70	38.93
16	1.000	39.85	43.57	40.65

从表 8.2 中可以看出，图像的重构质量随 m 值的增大而提高。当 $m>8$（压缩比大于 0.25）时，3 幅场景图像的重构图像都较为清晰。图 8.7～图 8.9 依次显示 3 幅图像的原始图像、离散余弦变换测量矩阵的压缩采样重构图像（$m=8$）和二者的差值图像。

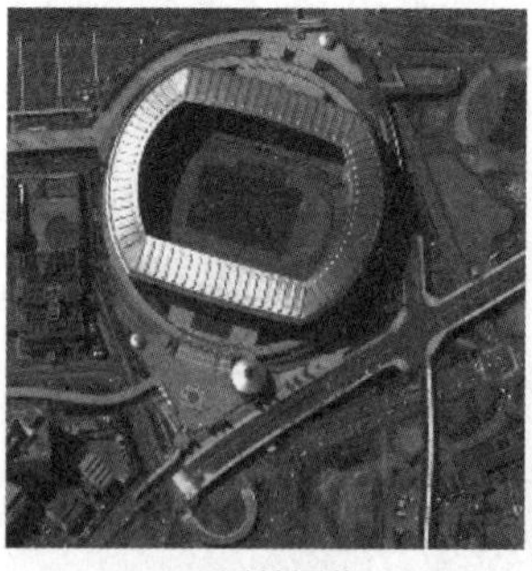

(a) 原始图像

(b) 重构图像(PSNR=24.10 dB)

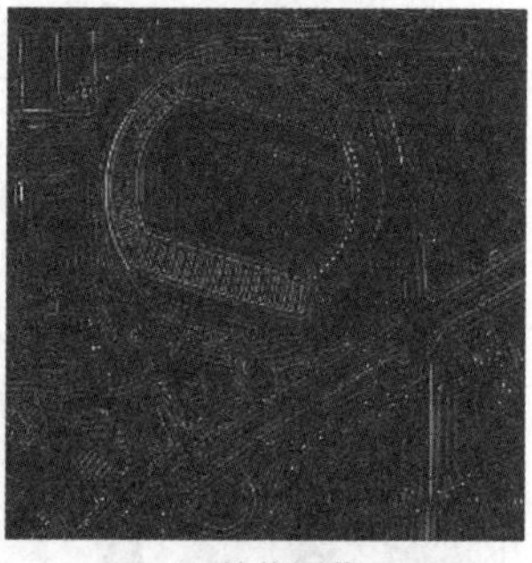

(c) 差值图像

图 8.7 细节丰富遥感图像仿真结果

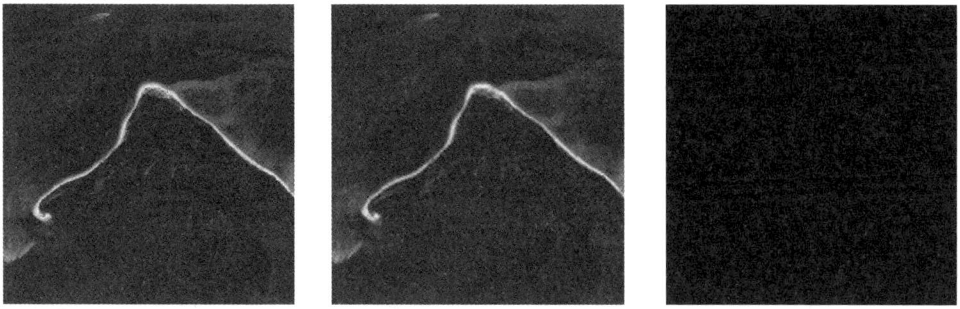

(a) 原始图像　　(b) 重构图像(PSNR=32.40 dB)　　(c) 差值图像

图 8.8　场景均匀遥感图像仿真结果

(a) 原始图像　　(b) 重构图像(PSNR=30.42 dB)　　(c) 差值图像

图 8.9　lena 图像仿真结果

8.3.2　量化余弦变换(QCT)测量矩阵实验结果

从压缩采样的硬件实现来看，电流的加权求和和向量-矩阵乘法都涉及矩阵元素的存储以及电流的放大，硬件电路结构相对复杂。为此，考虑将离散余弦变换变换矩阵进行量化，使得矩阵元素仅在{−1,0,1}中取值，称量化后的离散余弦变换变换矩阵为量化余弦变换(quantized cosine transform，QCT)矩阵。量化策略采用四舍五入法，设 q_{ij} 为量化余弦变换矩阵元素，则有

$$q_{ij}=\begin{cases}1, & 0.5<d_{ij}\leqslant 1\\ 0, & -0.5\leqslant d_{ij}\leqslant 0.5\\ -1, & -1\leqslant d_{ij}<-0.5\end{cases}$$

这样一来，电路的结构就变得相对简单。对于加权系数为 1 的像元差分电流，可以直接输出到差分电流线上；对于加权系数为 −1 的像元差分电流，可以通过开关电路将差分电流反接输出到差分电流线上；对于加权系数为 0 的像元差分电流，则可以通过开关电路切断输出到差分电流线上的电流。

将离散余弦变换矩阵换成量化余弦变换矩阵，同样采用 8.3.1 小节的方法进行仿真实验。图 8.10 为 16×16 量化余弦变换矩阵及其的克罗内克积(256×256)。

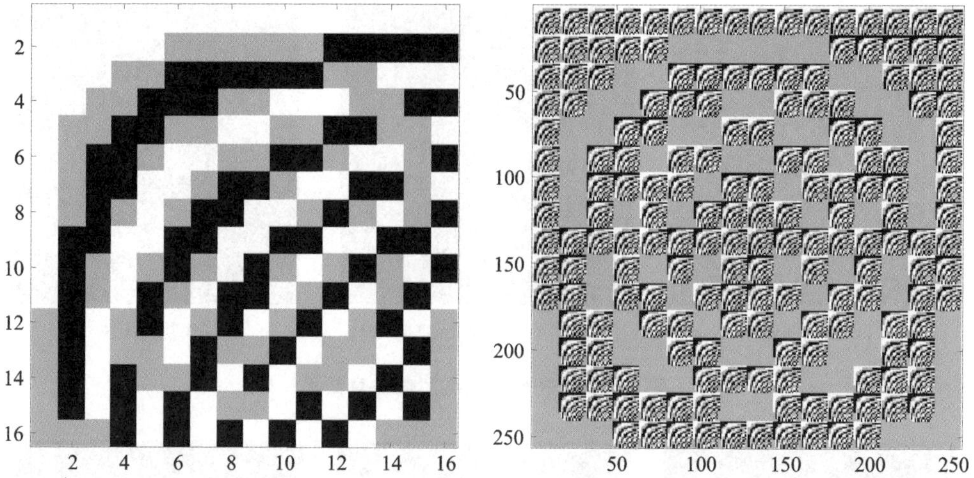

(a) 量化余弦变换矩阵　　(b) 量化余弦变换矩阵的克罗内克积

图 8.10　量化余弦变换测量矩阵

对 3 幅场景图像进行仿真得到的重构误差与 m 值的关系如表 8.3 所列。

表 8.3　CMOS 压缩成像量化余弦变换测量矩阵的重构误差与 m 值的关系

m	压缩比	峰值信噪比/dB		
		细节丰富的遥感图像	场景均匀的遥感图像	Lena 图像
5	0.098	21.73	29.64	26.44
6	0.141	22.34	30.57	27.66
7	0.191	23.00	31.22	28.66
8	0.250	23.72	31.76	29.58
9	0.316	24.40	32.31	30.53
10	0.391	24.95	32.66	31.00
11	0.473	25.48	33.00	31.70
12	0.563	26.15	33.40	32.16
13	0.660	27.21	34.03	33.14
14	0.766	28.35	34.59	33.64
15	0.879	29.360	35.04	33.88
16	1.000	30.59	35.72	34.23

将上述重构误差和离散余弦变换测量矩阵的重构误差对比，得到如图 8.11 所示的对比曲线。

从图 8.11 中可以看出，对于 3 幅不同场景的图像，离散余弦变换测量矩阵的图像重构质量优于量化余弦变换测量矩阵的图像重构质量，并随着 m 的增大两者的差别越

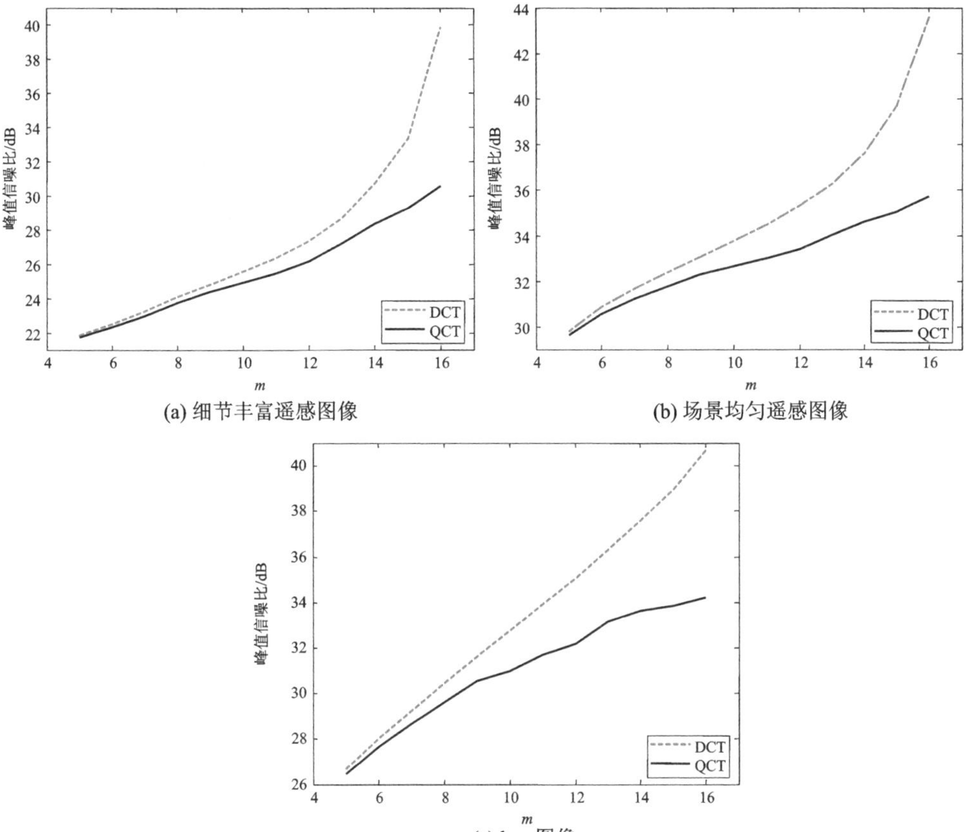

(a) 细节丰富遥感图像　(b) 场景均匀遥感图像　(c) lean图像

图 8.11　离散余弦变换和量化余弦变换测量矩阵的图像重构质量对比

来越大。当 $m<8$(压缩比小于 0.25)时，两类测量矩阵的重构误差相差很小，峰值信噪比的差值在 1 dB 以内。图 8.12～图 8.14 依次显示 3 幅图像的原始图像、量化余弦变换测量矩阵的压缩采样重构图像($m=8$)和二者的差值图像。

对比离散余弦变换和量化余弦变换测量矩阵的重构结果，它们在 $m=8$ 时重构图

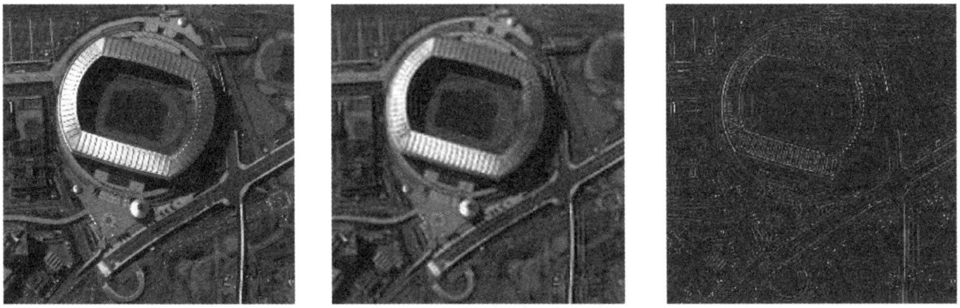

(a) 原始图像　(b) 重构图像(PSNR=23.72 dB)　(c) 差值图像

图 8.12　细节丰富遥感图像仿真结果

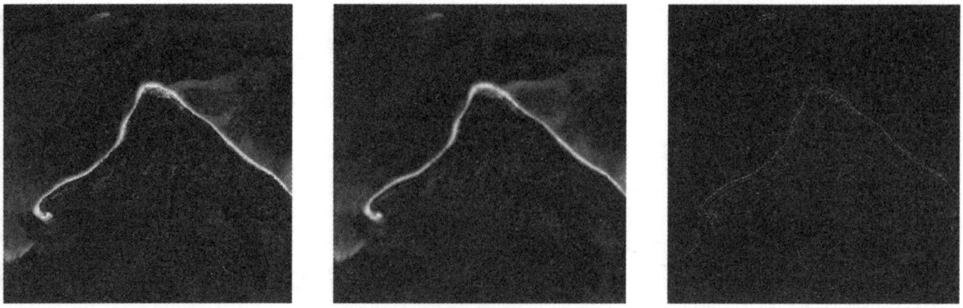

(a) 原始图像　　(b) 重构图像(PSNR=31.76 dB)　　(c) 差值图像

图 8.13　场景均匀遥感图像仿真结果

(a) 原始图像　　(b) 重构图像(PSNR=29.58 dB)　　(c) 差值图像

图 8.14　lena 图像仿真结果

像的视觉效果几乎没有区别。对于遥感图像压缩,其压缩比通常会小于 0.25,因此,在这个压缩比的区间段采用量化余弦变换矩阵作为测量矩阵,在对成像质量影响甚微的情况下,可大大简化电路结构的设计,是一种较为合理的选择。

8.3.3　系统功耗分析

从上述仿真实验结果来看,在压缩比为 0.25 的情况下,两类测量矩阵都能获得较为清晰的重构图像,本小节将在 $m=8$ 的基础上分析系统功耗。

CMOS 图像传感器功耗的主要来源为像元阵列、扫描电路、模拟前端、模/数转换器、基准电路和数字时序电路等。本小节介绍的外围电路直接对像元的输出进行压缩采样,这种压缩方法将影响后续电路的工作方式。它与传统 CMOS 图像传感器的主要区别在像元阵列结构和读出电路上,其他结构上的功耗差别基本上可以忽略不计。

传统有源像素阵列 CMOS 图像传感器最常见的像元结构由一个光敏二极管和三个晶体管(复位管、源跟随器和行选通开关管)组成读出电路。在压缩采样芯片中,像元结构由一个光电二极管和一对差分晶体管组成。由浮栅电路生成和存储系统的加权因子,每 16 个像元共用一对开关,有选择地将像元电流输出,实现电流的加权求和。向量-矩阵乘法单元同样采用浮栅门电路结构,浮栅门电路的寄生电容不会跟随漏电流变化，其输出阻抗较低，消耗的功率较一般晶体管低。由于电流的加权求和与向量-矩阵乘法单元都在电流域实现，因此相比于传统 CMOS 图像传感器，压缩采样 CMOS 图像传感器具有更快的速度，消耗更小的功率。

功耗的另一大区别在模/数转换电路上，模/数转换器的功耗也是图像传感器功耗最为主要的组成部分，它主要由模/数转换速率决定。传统 CMOS 图像传感器模/数转换的实现有三种方式：像元级模/数转换器、列级模/数转换器和芯片级模/数转换器。选择何种方式主要取决于像元阵列大小、分辨率和读出速率，最为常见的方式为列级模/数转换器，在像元阵列的每一列末端放置一个模/数转换器，每个像元读出后进行一次模/数转换。而在压缩采样芯片中，每 16×16 像元块共用一个模/数转换器，由于数据的压缩操作在模/数转换之前进行，因此大大降低了模/数转换速率。和传统 CMOS 图像传感器相比，它们的模/数转换速率之比等同于采样压缩比，模/数转换器功耗随着压缩比的增大而减小。

本小节主要定性地分析了压缩采样 CMOS 图像传感器和传统 CMOS 图像传感器的两个主要功耗单元，相比传统 CMOS 图像传感器，压缩采样 CMOS 图像传感器的功耗更小。Fisha 等人给出了详细的理论分析，对于采用 0.5 μm CMOS 工艺制造的 256×256 图像传感器，在考虑所有电路功耗的情况下，0.25 压缩比下的压缩采样 CMOS 图像传感器将降低 30%～40%的功耗。

第 9 章 遥感视频压缩成像方法

遥感视频压缩成像的关键是遥感视频压缩测量系统的设计，本章主要介绍 3 种遥感视频压缩测量系统——相位调制和半帧叠加的遥感视频压缩测量系统、相关性估计的遥感视频压缩测量系统、动态估计的遥感视频压缩测量系统的设计，以及相关成像实验。

9.1 相位调制和半帧叠加的遥感视频压缩测量系统设计

压缩感知理论在遥感成像领域有很好的应用前景。在遥感成像中，压缩感知理论可以减轻遥感数据传输的压力，提高遥感图像的分辨率。然而，压缩感知理论在实际遥感成像系统的应用中面临一些关键的挑战：

① 许多压缩测量矩阵在实际成像系统中不能物理实现。

② 在压缩测量系统设计中，线性光学系统一旦被固定下来，压缩测量矩阵便固定下来，不易改变。这使得压缩测量系统对多变的成像场景适应能力不强。

③ 一些传统的压缩成像系统（如单像素相机）在遥感压缩成像中并不适用。

因此，设计新型的遥感视频压缩测量系统非常必要。本节主要介绍相位调制和半帧叠加的遥感视频压缩测量系统的设计。相位调制和半帧叠加的遥感视频压缩测量系统通过相位调制器可以精确获取期望的压缩测量矩阵，并通过半帧叠加的光学结构设计增加视场（FOV）。

9.1.1 系统结构

相位调制和半帧叠加的遥感视频压缩测量系统主要由两部分组成：光学相位调制系统和半帧叠加光学系统，如图 9.1 所示。

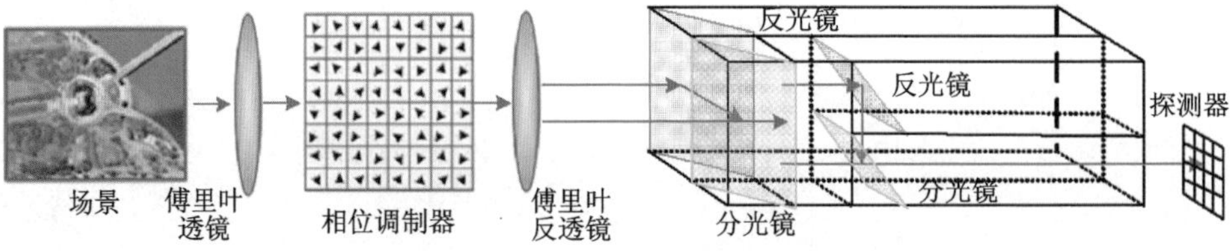

图 9.1 相位调制和半帧叠加的遥感视频压缩测量系统

光学相位调制系统包括相位调制器、傅里叶透镜和反透镜。光线进入傅里叶透镜被变换到频域后进入相位调制器，相位调制器可以对频域内的光场进行相位和幅值的调节，然后通过傅里叶反透镜将光场变换到空域内。由于相位调制器可以对频域内的光场进行相位和幅值调节，且相位调制器对每一个光路都可以独立地调节，因此可以选择一个满足有限等距性质的压缩测量矩阵，通过调制相位与幅值逆向设计测量系统，使压缩测量系统与选取的压缩测量矩阵相匹配。压缩测量矩阵的设计过程将在9.3.2小节进行介绍。

半帧叠加光学系统通过分光镜和反光镜对光场进行叠加，该光学系统最大的优点是可以成倍增加成像场景视场。

相位调制和半帧叠加的遥感视频压缩测量系统可以建模为

$$\boldsymbol{y}=\boldsymbol{D}\boldsymbol{F}^{-1}\boldsymbol{C}_H\boldsymbol{F}\cdot\boldsymbol{f}$$

其中，$\boldsymbol{y}$ 表示压缩测量值；$\boldsymbol{f}$ 表示遥感图像；$\boldsymbol{D}$ 表示两次半帧叠加的矩阵；$\boldsymbol{F}$ 和 $\boldsymbol{F}^{-1}$ 分别表示二维傅里叶变换矩阵和逆矩阵；符号 · 表示对应元素的相乘；$\boldsymbol{C}_H$ 为相位调制矩阵，该矩阵元素为 $\mathrm{e}^{-\mathrm{j}\pi\theta}$，其中，$\theta\in[1,-1]$。因此，该模型可表示为

$$\boldsymbol{y}=\boldsymbol{\Phi}\boldsymbol{f}=[(\boldsymbol{D}_1\otimes\boldsymbol{D}_2)\boldsymbol{F}^{-1}\boldsymbol{C}_H\boldsymbol{F}]\boldsymbol{f}$$

其中，$\boldsymbol{\Phi}=[(\boldsymbol{D}_1\otimes\boldsymbol{D}_2)\boldsymbol{F}^{-1}\boldsymbol{C}_H\boldsymbol{F}]$ 表示测量矩阵，符号 $\otimes$ 表示克罗内克积。在上述模型中可以通过逆向求解测量矩阵设计相位调制矩阵，即

$$\boldsymbol{C}_H=\boldsymbol{F}[(\boldsymbol{D}_1\otimes\boldsymbol{D}_2)^{-1}\boldsymbol{\Phi}]\boldsymbol{F}^{-1} \tag{9.1}$$

详细设计过程将在9.1.2小节介绍。

9.1.2 相位调制矩阵设计

相位调制矩阵的设计是压缩测量矩阵的逆向设计的关键部分，它通过事先选定的压缩测量矩阵，逆向推导相位调制矩阵，然后通过相位调制器物理实现相位调制矩阵，从而达到设计期望的压缩测量系统的目的。

式(9.1)是相位调制矩阵设计的基本模型，令

$$\widetilde{\boldsymbol{\Phi}}=(\boldsymbol{D}_1\otimes\boldsymbol{D}_2)^{-1}\boldsymbol{\Phi}$$

则式(9.1)可以表示为

$$\boldsymbol{C}_H=\boldsymbol{F}\widetilde{\boldsymbol{\Phi}}\boldsymbol{F}^{-1}$$

分块循环矩阵被证明在压缩感知图像测量中有很好的有限等距性质。本小节以分块循环矩阵作为期望设计的压缩测量矩阵，用 $\boldsymbol{A}$ 表示分块循环矩阵，则 n 维分块循环矩阵 $\boldsymbol{A}$ 可以表示为

$$\boldsymbol{A}=\begin{bmatrix}\boldsymbol{A}_n & \boldsymbol{A}_{n-1} & \cdots & \boldsymbol{A}_1\\ \boldsymbol{A}_1 & \boldsymbol{A}_n & \cdots & \boldsymbol{A}_2\\ \vdots & \vdots & & \vdots\\ \boldsymbol{A}_{n-1} & \boldsymbol{A}_{n-2} & \cdots & \boldsymbol{A}_n\end{bmatrix}$$

分块循环矩阵 $\boldsymbol{A}$ 的每一矩阵块为

$$A_j=\begin{bmatrix} a_n & a_{n-1} & \cdots & a_1 \\ a_1 & a_n & \cdots & a_2 \\ \vdots & \vdots & & \vdots \\ a_{n-1} & a_{n-2} & \cdots & a_n \end{bmatrix}$$

分块循环矩阵可以通过二维傅里叶变换 $\boldsymbol{F}=\boldsymbol{F}\otimes\boldsymbol{F}$ 对角化,其中 $\boldsymbol{F}$ 表示一维傅里叶变换矩阵。$\boldsymbol{C}_H$ 可以表示为

$$\boldsymbol{C}_H=(\boldsymbol{F}\otimes\boldsymbol{F})\boldsymbol{A}(\boldsymbol{F}\otimes\boldsymbol{F})^{-1} \tag{9.2}$$

如果

$$\boldsymbol{F}\otimes\boldsymbol{F}=[f_{ij}\boldsymbol{F}],\quad \boldsymbol{F}^{-1}\otimes\boldsymbol{F}^{-1}=[\hat{f}_{ij}\boldsymbol{F}^{-1}]$$

则式(9.2)可表示为

$$\boldsymbol{C}_H=\begin{bmatrix} f_{11}\boldsymbol{F} & f_{12}\boldsymbol{F} & \cdots & f_{1n}\boldsymbol{F} \\ f_{21}\boldsymbol{F} & f_{22}\boldsymbol{F} & \cdots & f_{2n}\boldsymbol{F} \\ \vdots & \vdots & & \vdots \\ f_{n1}\boldsymbol{F} & f_{n2}\boldsymbol{F} & \cdots & f_{nn}\boldsymbol{F} \end{bmatrix}\begin{bmatrix} \boldsymbol{A}_n & \boldsymbol{A}_{n-1} & \cdots & \boldsymbol{A}_1 \\ \boldsymbol{A}_1 & \boldsymbol{A}_n & \cdots & \boldsymbol{A}_2 \\ \vdots & \vdots & & \vdots \\ \boldsymbol{A}_{n-1} & \boldsymbol{A}_{n-2} & \cdots & \boldsymbol{A}_n \end{bmatrix}\begin{bmatrix} \hat{f}_{11}\boldsymbol{F}^{-1} & \hat{f}_{12}\boldsymbol{F}^{-1} & \cdots & \hat{f}_{1n}\boldsymbol{F}^{-1} \\ \hat{f}_{21}\boldsymbol{F}^{-1} & \hat{f}_{22}\boldsymbol{F}^{-1} & \cdots & \hat{f}_{2n}\boldsymbol{F}^{-1} \\ \vdots & \vdots & & \vdots \\ \hat{f}_{n1}\boldsymbol{F}^{-1} & \hat{f}_{n2}\boldsymbol{F}^{-1} & \cdots & \hat{f}_{nn}\boldsymbol{F}^{-1} \end{bmatrix}$$

由于 $\boldsymbol{G}_j=\boldsymbol{F}\boldsymbol{A}_j\boldsymbol{F}^{-1}$ 是一个对角矩阵,因此矩阵 $\boldsymbol{C}_H$ 中的元素表示如下:

$$\boldsymbol{c}_{h_{ij}}=\sum_{s=1}^{n}c_{is}\hat{f}_{sj}\boldsymbol{F}^{-1}=\sum_{s=1}^{n}\sum_{t=1}^{n}f_{it}\hat{f}_{sj}\boldsymbol{F}\boldsymbol{A}_{(t+n-s)\bmod n}\boldsymbol{F}^{-1}=\frac{1}{n}\sum_{s=1}^{n}\sum_{t=1}^{n}\omega^{-(i-1)(t-1)}\omega^{(s-1)(j-1)}\boldsymbol{G}_{(t+n-s)\bmod n}$$

其中,如果 $i\neq j$,则 $\boldsymbol{c}_{h_{ij}}$ 等于零;如果 $i=j$,则 $\boldsymbol{c}_{h_j}=\sum_{s=1}^{n}\omega^{-s(j-1)}\boldsymbol{G}_s$,且 $\boldsymbol{C}_{\mathrm{H}}$ 为对角矩阵,该矩阵的每个元素 $\boldsymbol{c}_{h_j}$ 是独立的,元素的相位和幅值可以独立地进行调节。这样通过相位调制器即可调制出期望的压缩测量矩阵。

9.1.3 性能分析

在本小节中,为了验证相位调制和半帧叠加的遥感视频压缩测量系统的性能,将该系统与传统的编码孔径压缩测量系统、半帧叠加与编码孔径压缩测量系统进行对比分析。

数值仿真参数设置:

① 选用稀疏和复杂的两类 256×256 的遥感视频序列图像,对它们进行数值仿真实验。

② 相位调制和半帧叠加的遥感视频压缩测量系统的测量矩阵 $\boldsymbol{\Phi}$ 为一个块循环矩阵,字典 $\boldsymbol{\Psi}$ 选用离散余弦变换字典。

③ 重构算法选用第 5 章介绍的重构算法 4,设置参数 $\lambda_1=\mu_1=\delta_2=1$,$\tau$ 为 10^{-4}。

④ 在下面介绍的实验中,对于重构算法 4,如果 $\left(\sum_{i=1}^{n}\|\hat{\boldsymbol{\vartheta}}_i(k)-\boldsymbol{\vartheta}\|\right)/(n\|\boldsymbol{\vartheta}\|)\leqslant 10^{-2}$,则表示重构图像成功。

图 9.2 为使用 3 种测量系统获得的稀疏图像和复杂图像的重构图像与原始图像。

图 9.2(b)中的视场仅是图 9.2(c)中视场的 1/4,在图 9.2(b)中不能找出一条移动的船,而在图 9.2(c)中能找到一条移动的船。同样,图 9.2(g)中视场比图 9.2(f)中的视场增大了 4 倍。这表明半帧叠加光学结构可以有效增大视场。

为了更进一步提高视觉效果,将图 9.2(c)和图 9.2(d)中移动的船进行局部放大,从图像的局部对比看,图 9.2(d)中的船比图 9.2(c)中的船提供了更丰富的细节。而图 9.2(h)比图 9.2(g)更接近图 9.2(e)。这是因为相位调制和半帧叠加成像系统可以通过相位调制器的调节获取期望的测量矩阵,但是半帧叠加与编码孔径压缩测量系统的测量矩阵是确定的,不能根据期望改变。因此,不管是稀疏图像还是复杂图像,相位调制和半帧叠加的遥感视频压缩测量的重构图像总是优于半帧叠加与编码孔径压缩测量系统的重构图像。

此外,在第 10 帧稀疏图像成像时,峰值信噪比分别为 47.2 dB 和 46.1 dB。在第 10 帧复杂图像成像时,相位调制和半帧叠加的遥感视频压缩测量系统与编码孔径压缩测量系统的重构图像的峰值信噪比分别为 27.9 dB 和 27.7 dB。这表明相位调制和半帧叠加的遥感视频压缩测量系统可以提高成像的分辨率。

综上所述,可以得出结论,相位调制和半帧叠加的遥感视频压缩测量系统可以提高成像的分辨率、增大成像视场。

(a) 原始图像(稀疏图像)　(b) 编码孔径压缩测量系统重构图像(稀疏图像)　(c) 半帧叠加与编码孔径压缩测量系统重构图像(稀疏图像)　(d) 相位调制和半帧叠加的遥感视频压缩测量系统重构图像(稀疏图像)

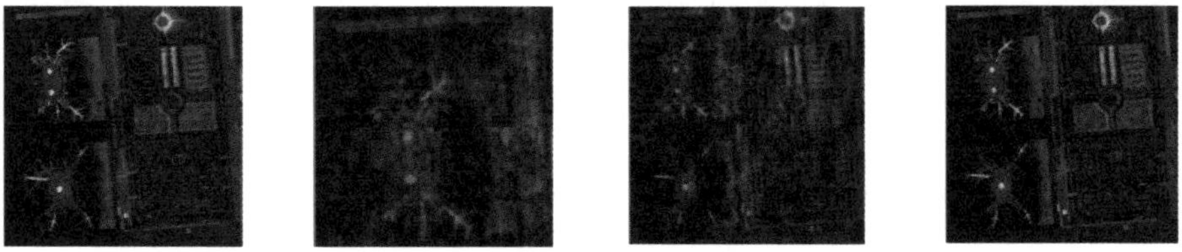

(e) 原始图像(复杂图像)　(f) 编码孔径压缩测量系统重构图像(复杂图像)　(g) 半帧叠加与编码孔径压缩测量系统重构图像(复杂图像)　(h) 相位调制和半帧叠加的遥感视频压缩测量系统重构图像(复杂图像)

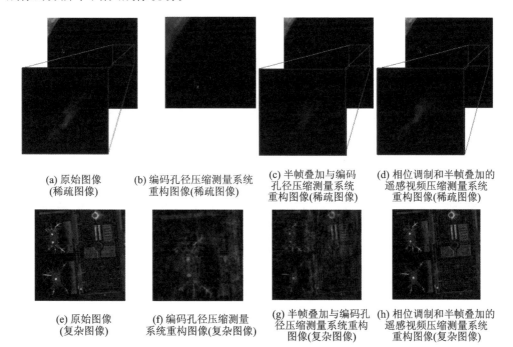

图 9.2　使用 3 种测量系统获得的稀疏图像和复杂图像的重构图像与原始图像

9.2 相关性估计的遥感视频压缩测量系统设计

传统的基于压缩感知图像处理的采样和重构很少考虑图像间的关系，因为图像在大多数时候都是相互独立的。然而，视频序列图像经常表示不同时刻或不同视角的同一场景，这样的序列图像间的相关性一般都比较强。因此，在压缩感知遥感视频成像中有必要考虑各帧图像间的相关性。

遥感成像对图像分辨率有非常严格的要求。但高分辨率的成像容易产生大量的数据，这将给数据存储和实时传输带来较大的压力。针对提高数据的传输效能问题，本节根据序列图像相关性强的特点，介绍相关性估计的遥感视频压缩测量系统，讨论图像之间的相关性，并对相关性估计模型和相关性估计压缩测量进行分析；介绍如何使用线性 Bregman 迭代算法求解相应的相关性估计联合重构模型；给出数值仿真结果及分析。

9.2.1 系统结构

相关性估计的遥感视频压缩测量系统如图 9.3 所示。先对相邻两帧图像中的图像块进行相关性分析，然后对相邻帧的图像块和相关性估计的参数进行编码，这样可以大大减少编码的数据量。将编码的数据遥感传输到地面站后进行解码，通过相关性重构模型进行图像重构，即可获取遥感视频图像。

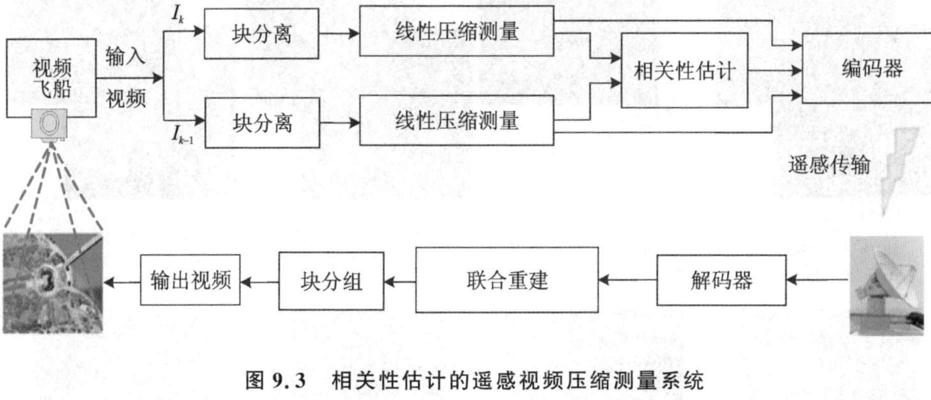

图 9.3 相关性估计的遥感视频压缩测量系统

9.2.2 块线性压缩测量

在一般情况下，通过压缩测量的数据表示如下：

$$\boldsymbol{y} = \boldsymbol{\Phi f} + \boldsymbol{w}$$

其中，$\boldsymbol{y} \in \mathbf{R}^M$ 表示测量数据，$\boldsymbol{w} \in \mathbf{R}^M$ 表示噪声，$\boldsymbol{f} \in \mathbf{R}^N$ 表示真实图像，$\boldsymbol{\Phi} \in \mathbf{R}^{M \times N}$ 是线性测量矩阵，且 $M \ll N$。

对于视频的序列图像 $\boldsymbol{f}_i \in \mathbf{R}^{N \times N}$（其中 i 表示时间），需要注意的是 $\hat{\boldsymbol{f}}_i \in \mathbf{R}^{N^2 \times 1}$ 表示

图像拉直的列向量。测量过程描述为

$$\hat{\boldsymbol{y}}_i=\boldsymbol{\Phi}_i\hat{\boldsymbol{f}}_i+\hat{\boldsymbol{w}}_i$$

其中，测量矩阵 $\boldsymbol{\Phi}_i\in\mathbf{R}^{M^2\times N^2}$ 表示相应的测量系统，$\hat{\boldsymbol{y}}_i\in\mathbf{R}^{M^2\times 1}$ 表示从序列图像 $\hat{\boldsymbol{f}}_i\in\mathbf{R}^{N^2\times 1}$ 中获取的测量值。

将图像 $\boldsymbol{f}_i\in\mathbf{R}^{N\times N}$ 分割成 K_1 个 $b\times b$ 大小的图像块。$\boldsymbol{f}_i^k\in\mathbf{R}^{b\times b}$ 表示图像 $\boldsymbol{f}_i\in\mathbf{R}^{N\times N}$ 的第 k 个块，$\widetilde{\boldsymbol{f}}_i^k\in\mathbf{R}^{b^2\times 1}$ 表示图像块 $\boldsymbol{f}_i^k\in\mathbf{R}^{b\times b}$ 拉直后的向量，$\widetilde{\boldsymbol{y}}_i^k\in\mathbf{R}^{a^2\times 1}$ 表示利用测量矩阵 $\widetilde{\boldsymbol{\phi}}_i^k\in\mathbf{R}^{a^2\times b^2}$ 和 $\widetilde{\boldsymbol{f}}_i^k\in\mathbf{R}^{b^2\times 1}$ 计算出的线性测量值，则有

$$\begin{bmatrix}\widetilde{\boldsymbol{y}}_i^1\\ \widetilde{\boldsymbol{y}}_i^2\\ \vdots\\ \widetilde{\boldsymbol{y}}_i^{K_1}\end{bmatrix}=\begin{bmatrix}\widetilde{\boldsymbol{\phi}}_i^1 & \mathbf{0} & \cdots & \mathbf{0}\\ \mathbf{0} & \widetilde{\boldsymbol{\phi}}_i^2 & \cdots & \mathbf{0}\\ \vdots & \vdots & & \vdots\\ \mathbf{0} & \mathbf{0} & \cdots & \widetilde{\boldsymbol{\phi}}_i^{K_1}\end{bmatrix}\begin{bmatrix}\widetilde{\boldsymbol{f}}_i^1\\ \widetilde{\boldsymbol{f}}_i^2\\ \vdots\\ \widetilde{\boldsymbol{f}}_i^{K_1}\end{bmatrix}\tag{9.3}$$

其中，$\widetilde{\boldsymbol{y}}_i$、$\widetilde{\boldsymbol{f}}_i$ 和 $\widetilde{\boldsymbol{\Phi}}_i$ 的维数分别为 $(K_1\cdot M_1)\times 1$、$(K_1\cdot N_1)\times 1$ 和 $(K_1\cdot M_1)\times(K_1\cdot N_1)$，$M_1=a^2$，$N_1=b^2$，且 $M_1\ll N_1$。

9.2.3 相关性估计

在遥感视频成像中，图像之间的相关性主要是由图像块的相对位移来描述的。用 $\boldsymbol{f}_i^k$ 表示移动目标块，它是第 i 帧图像 $\boldsymbol{f}_i$ 中的第 k 个图像块。当图像中的移动目标块从第 i 帧图像 $\boldsymbol{f}_i$ 向第 $i+1$ 帧图像 $\boldsymbol{f}_{i+1}$ 移动时，假设它到下一帧图像中为第 n 个图像块 $\boldsymbol{f}_{i+1}^n$，则 $\boldsymbol{f}_i$ 和 $\boldsymbol{f}_{i+1}$ 之间的关系可以描述如下：

$$\boldsymbol{f}_{i+1}(n)=\alpha\cdot\boldsymbol{f}_i(k)+(1-\alpha)\cdot\boldsymbol{f}_i(n),\quad\forall n=1,2,\cdots,K_1\tag{9.4}$$

其中，$\alpha\in[0,1]$ 表示更新参数。当 $\alpha\to 1$ 时，图像块 $\boldsymbol{f}_i^k$ 完全代替图像块 $\boldsymbol{f}_{i+1}^n$，式(9.4)可以简化为

$$\boldsymbol{f}_{i+1}(n)=\boldsymbol{f}_i(k)\tag{9.5}$$

式(9.5)可以用矩阵乘法的形式来表示：

$$\boldsymbol{f}_{i+1}^n=\boldsymbol{A}^n\begin{bmatrix}f_{i1}\\ f_{i2}\\ \vdots\\ f_{i,K_1}\end{bmatrix},\quad\forall n=1,2,\cdots,K_1$$

其中，$\boldsymbol{A}^n$ 是一个 $N_1\times(N_1\cdot K_1)$ 矩阵，可以分割表示成 K_1 个块矩阵。因此，矩阵 $\boldsymbol{A}^n$ 可以表示为

$$\boldsymbol{A}^n=\begin{bmatrix}\boldsymbol{A}_n^1 & \boldsymbol{A}_n^2 & \cdots & \boldsymbol{A}_n^{K_1}\end{bmatrix}\tag{9.6}$$

其中，$\boldsymbol{A}_n^k$ 是一个 $N_1\times N_1$ 矩阵，即

$$\boldsymbol{A}_n^k=\begin{cases}\boldsymbol{I}, & n=l+k\\ \mathbf{0}, & \text{其他}\end{cases}$$

其中,l 表示运动距离。式(9.6)给出的图像块之间的关系可以延伸到图像 $\boldsymbol{f}_{i+1}$ 的所有块,则图像 $\boldsymbol{f}_i$ 和 $\boldsymbol{f}_{i+1}$ 之间的关系可以表示为

$$\begin{bmatrix} f_{i+1,1} \\ f_{i+1,2} \\ \vdots \\ f_{i+1,K_1} \end{bmatrix} = \begin{bmatrix} \boldsymbol{A}^1 \\ \boldsymbol{A}^2 \\ \vdots \\ \boldsymbol{A}^{K_1} \end{bmatrix} \cdot \begin{bmatrix} f_{i1} \\ f_{i2} \\ \vdots \\ f_{i,K_1} \end{bmatrix}^{\mathrm{T}}$$

还可以将相关性估计模型扩展到压缩成像中,这样的测量值 $\boldsymbol{y}_{i+1}^n$ 与 $\boldsymbol{y}_i$ 的关系可以表示为

$$\begin{aligned} \boldsymbol{y}_{i+1}^n &= \boldsymbol{B}^n \boldsymbol{y}_i, \quad \forall n = 1,2,\cdots,K_1 \\ \boldsymbol{y}_{i+1} &= \boldsymbol{B}\boldsymbol{y}_i \end{aligned} \tag{9.7}$$

其中,$\boldsymbol{B}^n$ 是一个 $M_1 \times (M_1 \cdot K_1)$ 矩阵。然而,矩阵 $\boldsymbol{B}^n$ 没有任何特殊的形式。因此,只能根据式(9.3)和式(9.7)求解该矩阵

$$\boldsymbol{y}_{i+1} = \boldsymbol{\Phi}_{i+1}\boldsymbol{f}_{i+1} = \boldsymbol{\Phi}_{i+1}\boldsymbol{A}\boldsymbol{f}_i = \boldsymbol{B}\boldsymbol{y}_i = \boldsymbol{B}\boldsymbol{\Phi}_i\boldsymbol{f}_i$$

其中,矩阵 $\boldsymbol{B}$ 由下式给出

$$\boldsymbol{B} = \boldsymbol{\Phi}_{i+1}\boldsymbol{A}\boldsymbol{\Phi}_i^* \tag{9.8}$$

其中,$(\cdot)^*$ 表示求解伴随矩阵,$\boldsymbol{\Phi}_i$ 是正交矩阵(如正交对称循环矩阵)。如果 $\boldsymbol{\Phi}_i^* = \boldsymbol{\Phi}_i^{\mathrm{T}}$,则 $\boldsymbol{y}_i$ 和 $\boldsymbol{y}_{i+1}$ 之间的关系可以表示为

$$\begin{aligned} \boldsymbol{y}_{i+1} &\approx \boldsymbol{\Phi}_{i+1} A \boldsymbol{\Phi}_i^{\mathrm{T}} \boldsymbol{y}_i \\ \boldsymbol{y}_{i+1}^n &\approx \boldsymbol{\Phi}_{i+1}^n \boldsymbol{A}^k \boldsymbol{\Phi}_i^{\mathrm{T}} \boldsymbol{y}_i, \quad \forall n = 1,2,\cdots,K_1 \end{aligned} \tag{9.9}$$

式(9.9)中的相关性模型可以通过使用相关性估计用于块的线性压缩测量。但上述相关测量是通过近似求得的测量值,含有一定的测量误差,需要分析误差对测量值的影响。令第 n 个图像块的测量值为

$$\boldsymbol{y}_{i+1}^n = \boldsymbol{\Phi}_{i+1}^n \boldsymbol{f}_{i+1}^n$$

则测量误差可表示为

$$\begin{aligned} \|\boldsymbol{E}\|_2 = & \|\boldsymbol{\Phi}_{i+1}^n \boldsymbol{A}^n \boldsymbol{f}_i - \boldsymbol{\Phi}_{i+1}^n \boldsymbol{A}^k \boldsymbol{\Phi}_i^{\mathrm{T}} \boldsymbol{\Phi}_i \boldsymbol{f}_i\|_2 = \\ & \|\boldsymbol{\Phi}_{i+1}^n \boldsymbol{A}^n (\boldsymbol{f}_i - \boldsymbol{\Phi}_i^{\mathrm{T}} \boldsymbol{\Phi}_i \boldsymbol{f}_i)\|_2 \leqslant \\ & \|\boldsymbol{A}^n (\boldsymbol{f}_i - \boldsymbol{\Phi}_i^{\mathrm{T}} \boldsymbol{\Phi}_i \boldsymbol{f}_i)\|_2 \leqslant \quad (\text{根据 } \|\boldsymbol{\Phi x}\| \leqslant \|\boldsymbol{x}\|) \\ & \|\boldsymbol{A}^n\|_2 \|\boldsymbol{f}_i - \boldsymbol{\Phi}_i^{\mathrm{T}} \boldsymbol{\Phi}_i \boldsymbol{f}_i\|_2 = \\ & \delta_{\max}(\boldsymbol{A}^n) \|\boldsymbol{f}_i - \boldsymbol{\Phi}_i^{\mathrm{T}} \boldsymbol{\Phi}_i \boldsymbol{f}_i\|_2 = \eta_k \end{aligned}$$

其中,当 $\boldsymbol{\Phi}$ 维数没有扩展时,$\|\boldsymbol{\Phi x}\| \leqslant \|\boldsymbol{x}\|$;$\delta_{\max}(\boldsymbol{A}^n)$ 表示 $\boldsymbol{A}^n$ 中最大单值;当测量值的维数增加时,$\|\boldsymbol{f}_i - \boldsymbol{\Phi}_i^{\mathrm{T}} \boldsymbol{\Phi}_i \boldsymbol{f}_i\|_2$ 的值逐渐收敛到一个较小的值,所以测量误差也随之收敛到一个较小的值。

9.2.4 小节将介绍根据该模型和块的距离最小实施的相关性估计算法。其中 $\boldsymbol{f}_i^k$ 和 $\boldsymbol{f}_{i+1}^n$ 块之间的距离描述为

$$d(k,n) = \|\boldsymbol{f}_i^k - \boldsymbol{f}_{i+1}^n\|_2, \quad n = k + l$$

9.2.4 相关性估计压缩测量

相关性估计压缩测量可以减少更多的冗余数据。相关性估计优化模型 $C_{\text{correlation}}$ 由相关性估计模型求得，即

$$C_{\text{correlation}}:\hat{\boldsymbol{l}}=\underset{l}{\operatorname{argmin}}\boldsymbol{E}(l)=\underset{l}{\operatorname{argmin}}\sum_{k=1}^{K_1}\|\boldsymbol{y}_{i+1}^k-\boldsymbol{\Phi}_{i+1}^k\boldsymbol{A}_k^n\boldsymbol{\Phi}_i^{\mathrm{T}}\boldsymbol{y}_i\|_2^2$$

$$(n=k+l,l\in[-k+1,K_1-k])$$

其中，不同的相关图像块之间的距离用不同的 l_k 表示，并且 $\hat{\boldsymbol{l}}=[l_1\quad l_2\quad\cdots\quad l_k]$。模型 $C_{\text{correlation}}$ 是一个凸优化问题，通过该模型可以求得图像块移动的距离 l，并找出不同帧中最相似的图像块。求解该凸优化问题一般用图分割(graph cuts,GC)算法求解模型 $C_{\text{correlation}}$，如图9.4所示。

在编码过程中就可以通过第一帧图像对压缩数据进行编码，并将模块移动的距离向量作为一个像素存储。因此，在遥感传输过程中只需要记录下第一帧图像的像素数据和后续帧相关图像块的距离向量即可，这样就大大减少了遥感传输的数据。可以通过9.2.5节中描述的相关性估计联合重构算法重构视频图像。

图分割算法求解模型 $C_{\text{correlation}}$

1. For $k=1:1:K_1$;
2. Set success: $=0$;
3. Find $\hat{\boldsymbol{l}}_k=\underset{l_k}{\operatorname{argmin}}\boldsymbol{E}(l_k)=\underset{l}{\operatorname{argmin}}\sum_k\left\|\boldsymbol{y}_{i+1}^k-\boldsymbol{\Phi}_{i+1}^k\boldsymbol{A}_{i+1}^n\boldsymbol{\Phi}_i^{\mathrm{T}}\boldsymbol{y}_i\right\|_2^2$;
4. if $\boldsymbol{E}(\hat{l}_k)<\boldsymbol{E}(l_k)$, set $l_k:=l_k$ and success: $=1$;
5. else goto 2;
6. Return l_k;
7. End for;
8. Output $\hat{\boldsymbol{l}}=[l_1\quad l_2\quad\cdots\quad l_k]$

图9.4 图分割算法求解模型 $C_{\text{correlation}}$

9.2.5 相关性估计联合重构

根据相关性估计测量模型，提出相关性估计联合重构模型 $P_{\text{correlation}}$，使用线性Bregman迭代算法求解该模型，如图9.5所示。

相关性估计联合重构模型是建立在相关性估计测量基础上的重构模型，通过单帧重构模型重构第1帧图像，如第5章介绍的重构算法3，即

$$\hat{x}_1=\min_x\|\boldsymbol{y}_1-\boldsymbol{\Phi}_1\boldsymbol{\Psi}\boldsymbol{x}_1\|_2^2+\lambda_1\|\boldsymbol{x}_1\|_1$$

重构算法 9：线性 Bregman 迭代算法求解模型 $P_{\text{correlation}}$

设：感知矩阵 $\boldsymbol{\Theta}_i$，测量矩阵 $\boldsymbol{y}_i$

1. 初始化：$k=0$，let $\boldsymbol{r}_1^0=\boldsymbol{0}$ and $\boldsymbol{v}_1^0=\boldsymbol{0}$

   While"not converge"，do

   $\boldsymbol{x}_1^{k+1}=\delta_1\text{shrink}(\boldsymbol{v}_1^k,\lambda_1)$；　　where，$\text{shrink}(\boldsymbol{v},\lambda)=\text{sgn}(\boldsymbol{v})\cdot\max\{|\boldsymbol{v}|-\lambda,0\}$

   $\boldsymbol{v}_1^{k+1}=\boldsymbol{v}_1^k+\boldsymbol{\Theta}_1^{\text{T}}(\boldsymbol{y}_1-\boldsymbol{\Theta}_1\boldsymbol{x}_1^k)$；（迭代方案）

   $k\leftarrow k+1$. end while；

   Return$\boldsymbol{x}_1^k$ and $\boldsymbol{f}_1=\boldsymbol{\Psi}\boldsymbol{x}_1^k$　（输出第 1 帧图像）

2. 通过优化模型 $C_{\text{correallon}}$ 求解距离 l：

3. $\boldsymbol{y}_{i+1}=\boldsymbol{\Phi}_{i+1}\boldsymbol{A}(l)\boldsymbol{\Phi}_1^{\text{T}}\boldsymbol{y}_f$；（获取第 i 帧图像的测量值）

4. for $i=1:1:N$（N 表示视频帧数）

   lnitlalize：$k=0,\delta_i=1$，let $\boldsymbol{x}_i^{\boldsymbol{0}}=0$ and $\boldsymbol{v}_i^0=\boldsymbol{0}$

   While"not converge"，do

   $\boldsymbol{x}_i^{k+1}=\delta_i\text{shrink}(\boldsymbol{v}_i^k,\lambda_i)$；　Where，$\text{shrink}(\boldsymbol{v},\lambda)=\text{sgn}(\boldsymbol{v})\cdot\max\{|\boldsymbol{v}|-\lambda,0\}$

   $\boldsymbol{v}_i^{k+1}=\boldsymbol{v}_i^k+\boldsymbol{\Theta}_i^{\text{T}}(\boldsymbol{v}_i-\boldsymbol{\Theta}_i\boldsymbol{x}_i^k)$；（迭代方案）

   $k\leftarrow k+1$. end while；

   Return $\boldsymbol{x}_i^k$

5. Return $\boldsymbol{x}_i$ and $\boldsymbol{f}_i=\boldsymbol{\Psi}\boldsymbol{x}_i^k$（输出第 i 帧图像）；

图 9.5　模型 $P_{\text{correlation}}$ 的线性 Bregman 迭代算法（重构算法 9）

后续图像则通过相关性估计获取的参数 $\boldsymbol{A}(l)$ 和单帧重构模型联合重构，所以可以建立相关性联合重构模型为

$$P_{\text{correlation}}:\begin{cases}\hat{x}_1=\min\limits_{x}\|\boldsymbol{y}_1-\boldsymbol{\Phi}_1\boldsymbol{\Psi}\boldsymbol{x}_1\|_2^2+\lambda_1\|\boldsymbol{x}_1\|_1\\ \hat{x}_{i+1}=\min\limits_{x}\|\boldsymbol{\Phi}_{i+1}\boldsymbol{A}(l)\boldsymbol{\Phi}_i^{\text{T}}\boldsymbol{y}_i-\boldsymbol{\Phi}_{i+1}\boldsymbol{\Psi}\boldsymbol{x}_{i+1}\|_2^2+\lambda_2\|\boldsymbol{x}_{i+1}\|_1,\quad\forall i=1,2,\cdots,N_f\end{cases}$$

其中，N_f 表示视频的帧数。通过模型 $P_{\text{correlation}}$ 可以将相关性估计测量问题转换成相关性估计联合重构问题。

9.2.6　性能分析

本小节通过数值仿真实验对重构算法 9 和重构算法 3 的重构性能进行比较，即通过仿真对比分析相关性估计的遥感视频压缩测量系统与一般的压缩感知测量系统的性能。

数值仿真参数设置如下：

① 选用 10 帧 256×256 的遥感视频序列图像，如图 9.6(a)所示，图像中方格内为移动目标。

② 块测量矩阵 $\boldsymbol{\Phi}$ 为正交循环矩阵，块线性压缩比是 0.25，字典 $\boldsymbol{\Psi}$ 选用离散余弦变换字典。

③ 在重构算法 9 和重构算法 3 中，设置参数 $\delta_i=\delta_1=1,\lambda_1=\lambda_i=10^{-6}$。如果满足收敛条件 $\left(\sum\limits_{i=1}^{n}\|\hat{\boldsymbol{\vartheta}}_i(k)-\boldsymbol{\vartheta}\|\right)/(n\|\boldsymbol{\vartheta}\|)\leqslant 10^{-2}$，则表示重构图像成功。

重构算法3和重构算法9的重构图像分别如图9.6(b)、图9.6(c)所示。对比两种重构算法的重构图像,从视觉上看不出明显区别。从数值上看,两种算法重构图像的峰值信噪比分别为38.6 dB和38.5 dB,区别也不是很明显。通过一般的压缩感知测量系统测量视频的10帧图像,需要存储和遥感传输(256×256)×0.25×10=163 840个像素。而通过相关性估计的遥感视频压缩测量系统可以有效减少记录和传输的像素数量。以本小节的数值实验为例,原始图像只有一个浮动目标块移动,如果将每次获取的

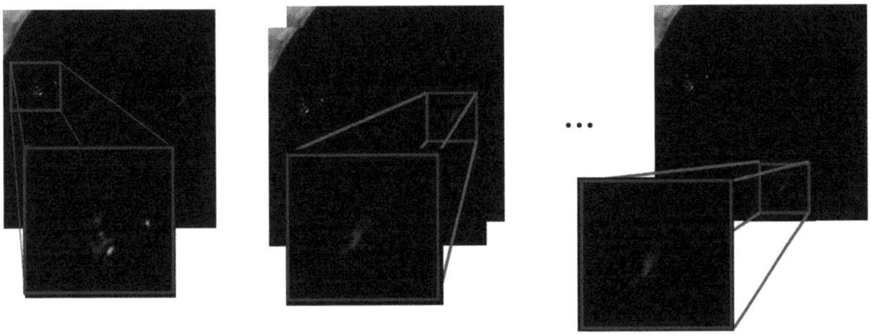

第1帧　　第2帧　　第10帧

(a) 原始图像

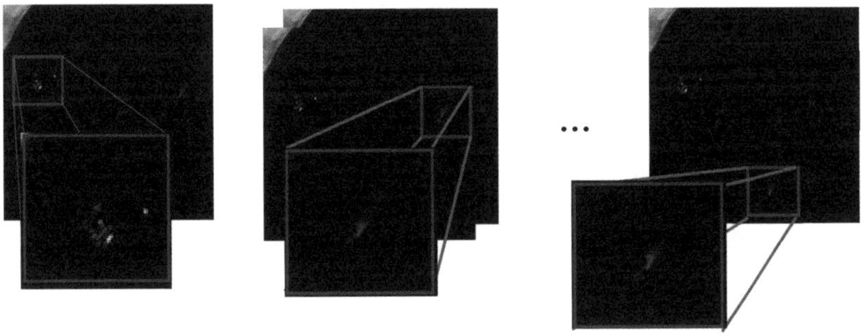

第1帧　　第2帧　　第10帧

(b) 重构算法3的重构图像

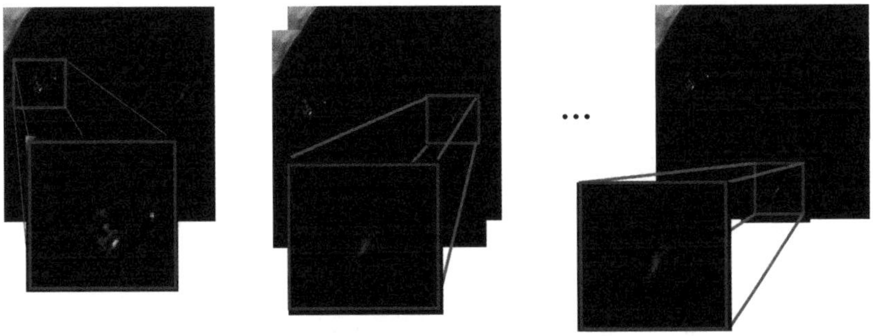

第1帧　　第2帧　　第10帧

(c) 重构算法9的重构图像

图9.6　两种算法的重构图像与原始图像

图像块移动距离向量 $\mathbf{A}(l)$ 记为一个像素，同样测量 10 帧视频的序列图像，则只需要存储和遥感传输 $(256\times256)\times0.25+9=16\ 393$ 个像素。显然，使用相关性估计联合重构模型比使用单帧重构模型减少了存储和遥感传输的像素数量，而重构视频图像的性能却不会相应地降低。

图 9.7(a)为两种算法重构图像的峰值信噪比随帧数变化的情况，重构图像的性能比较相近，没有明显差别；图 9.7(b)为两种算法重构图像的峰值信噪比随压缩比变化

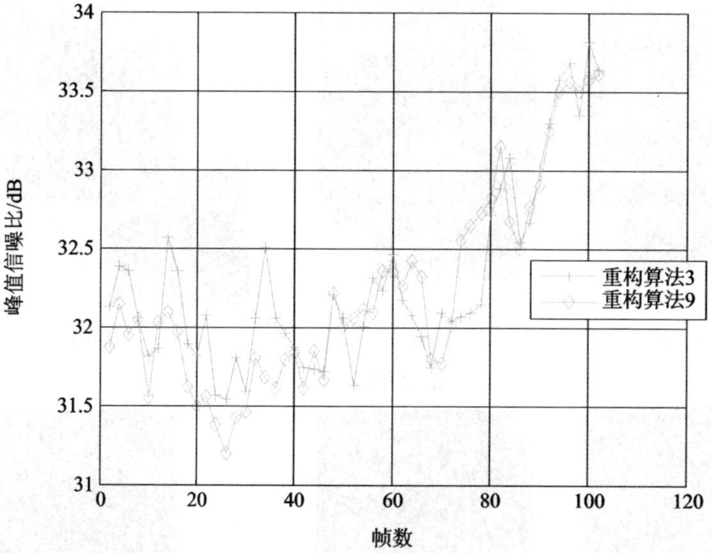

(a) 峰值信噪比随帧数变化的情况

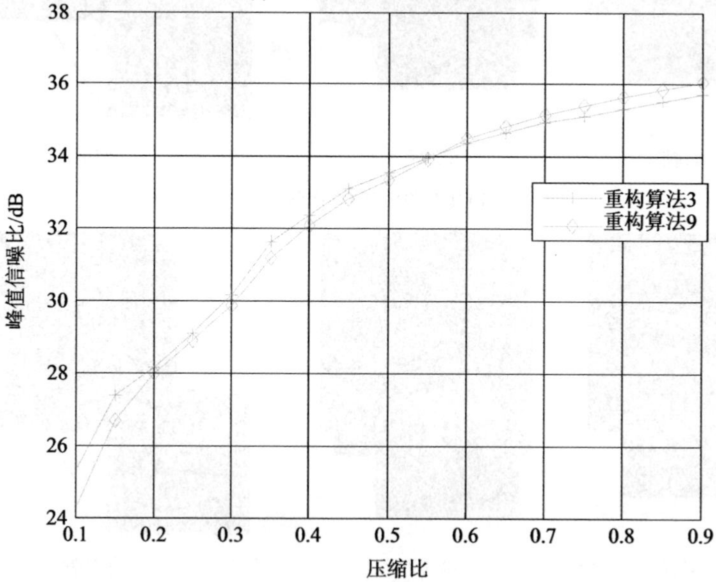

(b) 峰值信噪比随压缩比变化的情况

图 9.7　两种算法重构图像的峰值信噪比随帧数、压缩比变化的情况

的情况，重构图像的性能也没有明显差别。

结论：从数值实验的结果看，在重构图像性能没有明显差别的时候，相关性估计的遥感视频压缩测量系统能有效降低存储和遥感传输的数据量。当然，在本节介绍的数值实验是只有一个移动目标图像块的理想场景。在实际应用中，场景比实验中的情况更复杂。然而，数值实验却有效地反映了相关性估计的遥感视频压缩测量系统在减少存储和遥感传输数据量方面的优势。

9.3 动态估计的遥感视频压缩测量系统设计

在高动态场景的视频成像中，利用传统的压缩感知测量模型很难降低测量数据量，当序列图像的每一帧都随时间变化时，基于块相关性估计的测量方法也不能有效降低测量数据量。针对高动态场景，本节介绍一种动态估计的遥感视频压缩测量系统的设计。该系统将重构问题转换成模型的参数估计问题，通过两种压缩测量方式获取测量值：一种测量方式利用不变的测量矩阵获取累积测量值，用于估计模型的动态参数；另一种测量方式采用时变的测量矩阵获取的测量值，用于估计模型的静态参数。该系统的最大优点是能够以较低的压缩比获取的测量数据重构高动态视频。

9.3.1 系统结构

动态估计的遥感视频压缩测量系统如图9.8所示，是一种估计低维动态参数和高维静态参数的测量系统。该系统可以从整体上分为三个部分：压缩测量部分、动态序列估计部分以及测量矩阵估计部分。

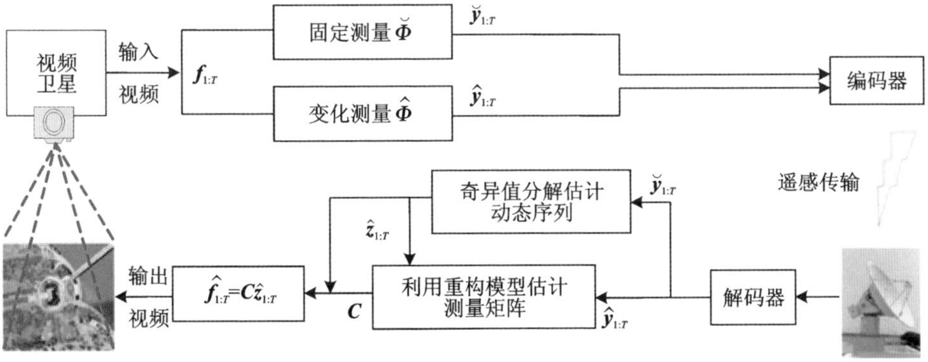

图9.8 动态估计的遥感视频压缩测量系统

压缩测量部分分为固定测量和变化测量：固定测量是指压缩测量矩阵固定为一常数矩阵，变化测量是指压缩测量矩阵随帧频的变化而变化，两种测量方式分别测量、获取遥感视频的序列图像压缩测量值;动态序列估计部分主要是将固定测量获取的测量值进行奇异值分解,获取视频的动态参数;测量矩阵估计部分是利用压缩感知重构模型的基本原理估计测量矩阵。最后利用动态参数和测量矩阵恢复视频图像。

9.3.2 数据压缩测量

数据压缩测量由两种不同的设备完成,对于每一帧图像的压缩测量值可以用下式的模型进行描述

$$\boldsymbol{y}_t = \begin{pmatrix} \breve{\boldsymbol{y}}_t \\ \hat{\boldsymbol{y}}_t \end{pmatrix} = \begin{bmatrix} \breve{\boldsymbol{\Phi}} \\ \hat{\boldsymbol{\Phi}}_t \end{bmatrix} \boldsymbol{f}_t = \boldsymbol{\Phi}_t \boldsymbol{f}_t \tag{9.10}$$

其中,$\boldsymbol{f}_t \in \mathbf{R}^N$ 表示第 t 帧图像,$\breve{\boldsymbol{\Phi}}$、$\hat{\boldsymbol{\Phi}}_t$ 分别表示固定测量矩阵和变化测量矩阵,$\breve{\boldsymbol{y}}_t \in \mathbf{R}^{\breve{M}}$、$\hat{\boldsymbol{y}}_t \in \mathbf{R}^{\hat{M}}$ 分别表示固定测量值和变化测量值。所以压缩测量的总体维数为

$$M = \breve{M} + \hat{M}$$

因此,遥感传输的数据压缩比为 M/N。

9.3.3 动态序列估计

将压缩测量值编码、遥感传输到地面站后进行解码,利用固定测量值 $\breve{\boldsymbol{y}}_t \in \mathbf{R}^{\breve{M}}$ 对视频序列图像矩阵进行动态参数估计,当进行一段时间 T 的测量后,获得一组序列图像的测量值:

$$[\breve{\boldsymbol{y}}]_{1:T} = [\breve{y}_1 \quad \breve{y}_2 \quad \cdots \quad \breve{y}_T]$$

首先求解动态序列 $[\breve{\boldsymbol{z}}]_{1:T}$,其与视频图像的测量值 $[\breve{\boldsymbol{y}}]_{1:T}$ 的关系可以描述为

$$[\breve{\boldsymbol{y}}]_{1:T} = \breve{\boldsymbol{\Phi}}\boldsymbol{C}[\breve{\boldsymbol{z}}]_{1:T} = \breve{\boldsymbol{\Phi}}\boldsymbol{C}[\breve{z}_1 \quad \breve{z}_2 \quad \cdots \quad \breve{z}_T]$$

对动态序列进行奇异值分解,即

$$[\breve{\boldsymbol{y}}]_{1:T} = \boldsymbol{U}\boldsymbol{S}\boldsymbol{V}^{\mathrm{T}}$$

若序列图像 $[\boldsymbol{f}]_{1:T}$ 是矩阵 $\boldsymbol{C}$ 张成的,则 $[\breve{\boldsymbol{y}}]_{1:T}$ 由 $\breve{\boldsymbol{\Phi}}\boldsymbol{C}$ 张成,因此,$[\breve{\boldsymbol{y}}]_{1:T}$ 的奇异值分解的线性转移矩阵可以看作动态序列

$$[\breve{\boldsymbol{z}}]_{1:T} = \boldsymbol{S}_d\boldsymbol{V}_d^{\mathrm{T}}$$

其中,d 表示奇异值个数;$\boldsymbol{S}_d$ 是 $\boldsymbol{S}$ 的子矩阵,维数为 $d \times d$;$\boldsymbol{V}_d$ 表示 $\boldsymbol{V}$ 中 d 个最大奇异值对应的矩阵,维数为 $T \times d$。事实上,图像 $\boldsymbol{y}_t$ 隐藏在 $\boldsymbol{C}$ 张成的子空间中,这使得 $\boldsymbol{C}$ 的投影对图像 $\boldsymbol{y}_t$ 有较高的近似度。所以当图像 $\boldsymbol{y}_t$ 可压缩时,$[\breve{\boldsymbol{y}}]_{1:T}$ 的奇异值分解可以精确地估计动态序列 $[\breve{\boldsymbol{z}}]_{1:T}$。当动态序列是一个 d 维的线性动态系统,且 $\breve{M} > d$ 时,由一个 d 维子空间便能精确地估计该动态序列。

9.3.4 测量矩阵估计

当获取了视频图像的动态序列 $[\breve{z}]_{1:T}$ 后，可以通过下式的凸优化重构模型获取测量矩阵 $\boldsymbol{C}$

$$P_C:\quad \min\sum_{k=1}^{d}\|\boldsymbol{\Psi}^{\mathrm{T}}\boldsymbol{c}_k\|_1\quad \text{s.t.}\quad \|\hat{\boldsymbol{y}}_t-\boldsymbol{\Phi}_t\boldsymbol{C}\breve{\boldsymbol{z}}_t\|\leqslant\tau \tag{9.11}$$

其中，$\boldsymbol{c}_k$ 是矩阵 $\boldsymbol{C}$ 的第 k 列，$\boldsymbol{\Psi}$ 表示矩阵 $\boldsymbol{C}$ 的列稀疏基，且矩阵 $\boldsymbol{C}$ 具有结构稀疏特性，该稀疏特性使得上述凸优化重构模型可以被有效求解。为了将式(9.11)的模型进行一般化处理，令

$$\boldsymbol{A}=\boldsymbol{\Psi}^{\mathrm{T}}\boldsymbol{C},\quad \boldsymbol{\Theta}_t=\boldsymbol{\Phi}_t\boldsymbol{\Psi}$$

则式(9.11)的模型可表示为

$$P_C:\quad \min\sum_t\|\boldsymbol{A}\|_1\quad \text{s.t.}\quad \|\hat{\boldsymbol{y}}_t-\boldsymbol{\Theta}_t\boldsymbol{A}\breve{\boldsymbol{z}}_t\|\leqslant\tau$$

式(9.11)模型的形式与压缩感知一般模型的形式一致，本节采用线性 Bregman 迭代算法求解 P_C 模型并进行性能分析。求出稀疏矩阵 $\boldsymbol{A}$ 后，即可得到测量矩阵 $\boldsymbol{C}$，即

$$\boldsymbol{C}=\boldsymbol{\Psi}\boldsymbol{A}$$

从而可恢复图像

$$\hat{\boldsymbol{f}}_{1:T}=\boldsymbol{C}\hat{\boldsymbol{z}}_{1:T}$$

其中，$\hat{\boldsymbol{f}}_{1:T}$ 表示动态估计测量方法重构的序列图像。

9.3.5 性能分析

本小节通过数值仿真实验对比分析动态估计的遥感视频压缩测量系统与一般的压缩感知测量系统的性能。

数值仿真参数设置：

① 选用图像本身稀疏和复杂的两类遥感视频 64×64 的序列图像，将其应用到数值仿真实验。

② 动态估计的遥感视频压缩测量系统的测量矩阵 $\boldsymbol{\Phi}$ 为一个块循环矩阵，字典 $\boldsymbol{\Psi}$ 选用离散余弦变换字典。

图 9.9 为动态估计的遥感视频压缩测量系统、一般的压缩感知测量系统所获得的前五帧重构图像与前五帧原始视频图像比较的情况。对比两种测量系统获取的重构图像，从视觉上看不出明显区别，两者均能较好地重构视频图像。

图 9.10 为动态估计的遥感视频压缩测量系统与一般的压缩感知测量系统的重构图像的峰值信噪比随帧数变化的情况，动态估计的遥感视频压缩测量系统重构图像的峰值信噪比整体上比一般的压缩感知测量系统重构图像的峰值信噪比要高，尽管有些波动，但整体优势比较明显。另外，由于动态估计的遥感视频压缩测量系统是获取多帧测量值后一起进行重构，因此重构时视频图像帧间没有时间间隙，连续性更好，比一般

(a) 原始图像

(b) 一般的压缩感知测量系统的重构图像

(c) 动态估计的遥感视频压缩测量系统的重构图像

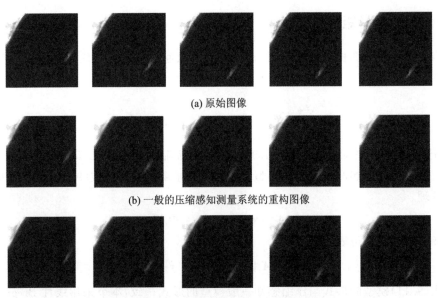

图 9.9　两种测量系统的重构图像与原始图像的比较

的压缩感知测量系统更适合遥感视频成像。因此，动态估计的遥感视频压缩测量系统比一般的压缩感知测量系统重构效果更好、重构时间更短、帧频的连续性更好。

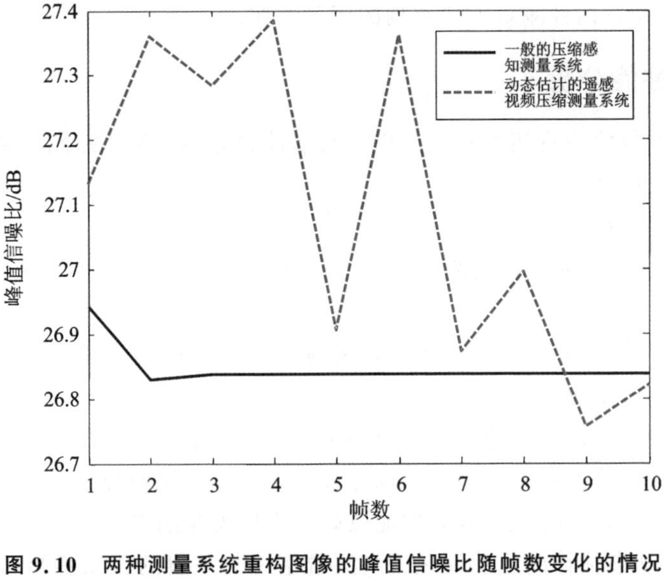

图 9.10　两种测量系统重构图像的峰值信噪比随帧数变化的情况

9.4 遥感视频压缩成像实验研究

压缩感知成像实验是对压缩感知成像系统的总体验证，较之于数学仿真更接近实际情况，对推动压缩感知遥感成像走向应用有至关重要的作用。

目前，压缩感知成像实验的成功案例主要是单像素成像实验，它虽然降低了存储和传输成本，但耗时过长，可以理解为“用时间换空间”。因此，单像素成像实验在实际应用中受到极大的限制，特别是在遥感成像中，不可能将镜头长久地对准一个不变场景进行成像，这就要求开发其他的成像系统以满足遥感成像的需求，在不增加成像时间的情况下节约存储和传输资源。本节以单像素成像实验作为对比实验，主要介绍基于电路压缩采样的压缩感知线阵遥感成像实验，并将它与单像素成像实验进行对比分析，推动压缩感知成像走向实际应用。

9.4.1 单像素成像实验

到目前为止，单像素成像实验是验证压缩感知成像原理最为有效的成像实验，但它在实际应用中受到诸多限制。在利用该实验验证压缩感知成像基本原理的同时，主要将它作为对比实验验证后续成像实验的性能。

9.4.1.1 实验系统设计

采取半实物仿真的方式进行实验，即压缩采样部分用光学器件实现，稀疏重构部分由计算机完成。单像素成像实验示意图如图 9.11 所示。

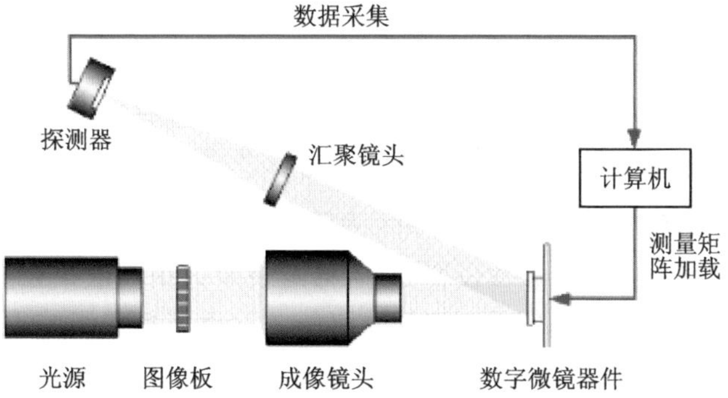

图 9.11 单像素成像实验示意图

光源出射的平行光照射到图像板上，图像板的影像经过成像镜头投影到数字微镜器件上；经过数字微镜器件的压缩采样反射到汇聚镜头，汇聚镜头将所有的光子集中到探测器，探测器记录下光子的强度，即完成了一次测量。

在实际操作中，单像素成像半实物仿真系统主要由以下实验器件组成：面光源、分辨率鉴别板、远心镜头、数字微镜器件、汇聚镜头、光功率计以及计算机。为了提供成像需要的平行光，光源采用面光源；分辨率鉴别板为实验系统提供原始图像，因为分辨率鉴别板上的图像具有标准的间隔度，便于重构图像的性能分析；远心镜头主要是将目标图像清晰地成像在数字微镜器件上；数字微镜器件主要用来模拟测量矩阵的权值系数，计算机生成的伯努利测量矩阵以图片的形式加载到数字微镜器件上，实现像素的加权；汇聚镜头则将所有的光子汇聚到一点，实现图像的压缩；光功率计将汇聚到一点的光子能量进行计数；计算机则将光功率计上采集的数据进行存储并通过重构算法重构原始图像。实验系统光学部分实物图如图 9.12 所示。

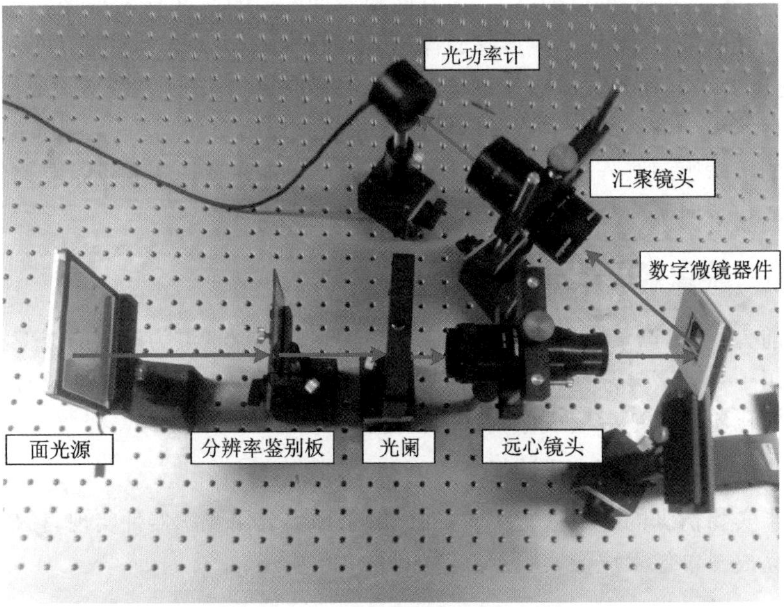

图 9.12 实验系统光学部分实物图

为了同步测量矩阵的加载和数据的采集，这两项工作通过 Labview 通信界面进行统一管理，实现单像素成像压缩与采集的同步进行。

9.4.1.2 实验过程与数据分析

基于上述实验组件，实验参数设置如下：稀疏表示选用离散余弦变换字典，重构算法选用基追踪算法，投影矩阵选用伯努利随机矩阵。由于投影矩阵需要制作成图片以便用数字微镜器件进行加载，因此投影矩阵需要考虑数字微镜器件的属性。实验采用的数字微镜器件的微元数为 1 024×768，投影矩阵的维数为 64×64，则对应图像的维数也是 64×64。与数字微镜器件对应的微元矩阵也要求是 64×64 的维数，如果只选取 64×64 的数字微镜器件微元数，则其投影效果受尺寸影响往往不好。为了提高数字微镜器件的投影效果并与投影矩阵要求的维数相匹配，数字微镜器件选取 768×768 的微元，这就需要将毗连的 12×12 的微元使用同一个调制系数进行联合调制，使得投影矩阵对应的维数为 64×64。将数字微镜器件上右侧 768×768 的微元分成维数为 64×64 的投影矩阵，如图 9.13 所示。

图 9.13 投影矩阵

光子经数字微镜器件投影反射后进入光功率计，光功率计记录下每一次经投影反射后的光子能量。经过 4 096 次测量后，将这些测量数据进行归一化处理，并按 8 位的位深进行灰度值分级，排列成一幅维数为 64×64 的测量值图像，如图 9.14 所示。

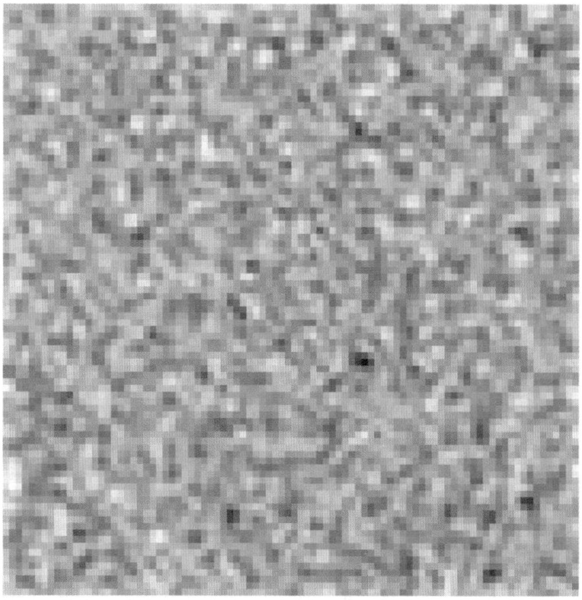

图 9.14 测量值图像

将测量的数据按照不同的压缩比进行重构，即采用 4 096 个测量数据中的部分数据重构原始图像，压缩比为 0.1～0.8 时的重构图像如图 9.15 所示。

从图 9.15 中可以看出，当压缩比大于 0.5 时，随着压缩比的增加，重构图像越来越清晰，基本上可以反映原始图像的轮廓，实验结果反映了压缩感知成像原理的可行性。但是在单像素成像时，每一次测量数据的获取都独立完成，并且每次只能获取一个测量像素，如果要获取原始图像的像素数量的一半（即 2 048 个像素）则需要 25 min 左右。也就是说，如果将数据压缩一半，则耗时增加许多倍，这种"时间换空间"的做法除了在某些对数据量限制严格的领域有应用价值外，在很多对成像实时性要求高的领域基本上没有使用价值。比如在遥感成像领域，当相机随着航天器运动时，不可能长期凝视某一固定区域，因此该方法在遥感成像中没有使用价值。压缩感知遥感成像需要开发新的成像系统，既满足数据量的压缩，又满足遥感成像实时性的要求。9.4.2 小节介绍的基于电路压缩采样的压缩感知线阵遥感成像实验，将会在遥感成像领域弥补单像素成像实时性不足的缺点，并能满足数据压缩的要求，是一个极具应用潜力的压缩感知遥感成像系统。

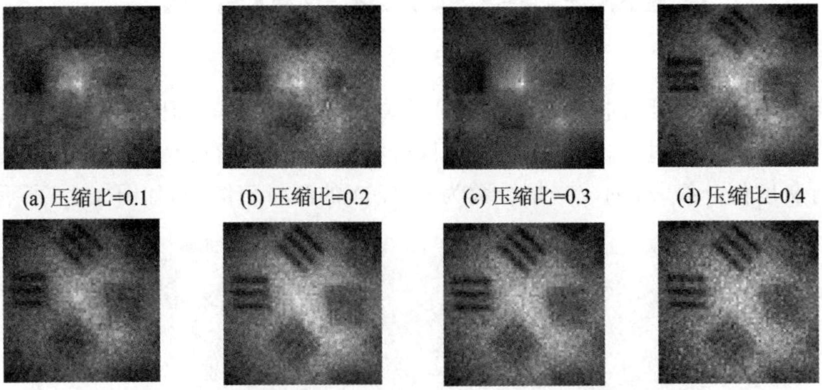

(a) 压缩比=0.1 (b) 压缩比=0.2 (c) 压缩比=0.3 (d) 压缩比=0.4

(e) 压缩比=0.5 (f) 压缩比=0.6 (g) 压缩比=0.7 (h) 压缩比=0.8

图 9.15 单像素实验重构图像（压缩比为 0.1～0.8）

9.4.2 基于电路压缩采样的压缩感知线阵遥感成像实验

根据卫星相对地球表面运动的特点，为了节约成像资源，相机的成像板往往采用线阵芯片而不用面阵芯片，因为只需要将卫星与地球表面的相对运动速度与相机的成像速度同步，即可实现卫星星下点成像带的无缝成像。基于电路压缩采样的压缩感知线阵遥感成像实验即是以模拟该过程为目的的实验系统。

9.4.2.1 实验系统设计

基于电路压缩采样的压缩感知线阵遥感成像实验由两大部分组成：光学成像部分和压缩采样部分。本小节先从总体上介绍实验的框架设计，然后分别具体介绍实验的光路设计和电路设计，其中电路设计是实现压缩采样的关键，也是实验设计的重点。

1. 实验原理与总体方案

基于电路压缩采样的压缩感知线阵遥感成像实验框架如图 9.16 所示。当面光源出射光到达图像板后，通过电控位移台控制图像板的平移，模拟卫星与地球表面的相对运动(在实验中即图像与探测器之间的相对运动)，平移一次便采集一次数据；图像板的影像投向光阑后，由光阑控制图像板的成像范围，然后经过成像镜头投影到探测器上，探测器为 $N\times1$ 的线阵芯片；当光信号转换成电信号时，实验通过压缩采样电路完成对信号的压缩采样，从而输出 $M\times1$ 的电信号到计算机，计算机将它转换成数字信号进行重构处理。其中压缩采样电路的压缩测量矩阵可以通过可编程逻辑器件进行实时编译，由计算机将编译好的压缩测量矩阵加载到压缩采样电路，实现压缩采样电路设计的灵活性。下面通过实物具体介绍实验的光路设计和电路设计。

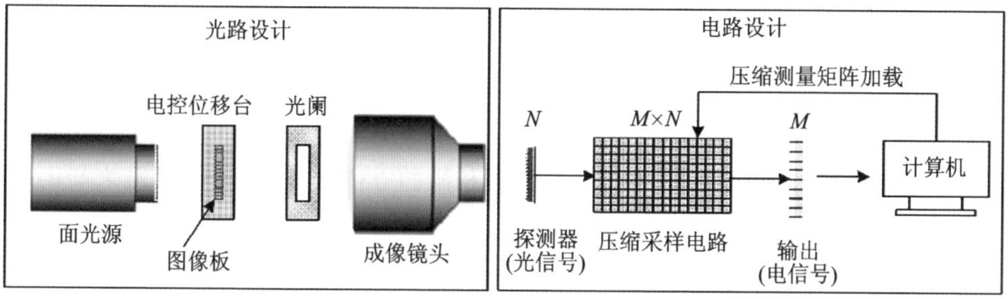

图 9.16 基于电路压缩采样的压缩感知线阵遥感成像实验框架

2. 光路设计

实验光路部分模拟卫星推扫成像过程，该部分主要由光源、分辨率鉴别板、镜头、像元采集板和三轴位移台组成，如图 9.17 所示。

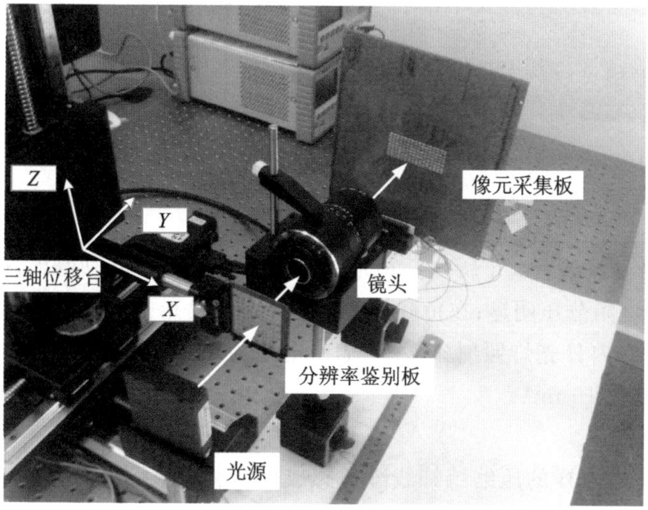

图 9.17 实验光路部分

光源出射光到达分辨率鉴别板，将分辨率鉴别板上的影像通过镜头投影到像元采集板上。其中光源为一个可控制光强的面光源，像元采集板模拟卫星上的相机，分辨率鉴别板模拟地球表面场景。将分辨率鉴别板置于三轴位移台上，通过三轴位移台 Z 轴的平移模拟卫星与地球表面的相对运动。三轴位移台的 X 轴可以调节成像范围，Y 轴可以自动对焦用于调节图像的成像大小和清晰度。镜头采用放大倍数高的光学镜头，主要是考虑到像元数量少、分布面积大，需要通过镜头的放大功能提高图像的分辨率。

像元采集板是一个以光电探测器阵列为核心的光电采集板，如图 9.18(a)所示。该阵列分为两部分：一部分是 16×8 的独立采样探测器阵列，如图 9.18(a)中虚线框部分；另一部分是从独立采样探测器阵列中选用 16×1 的阵列复用为压缩采样探测器阵列，如图 9.18(a)中实线框部分。两个探测器阵列分别对应不同的信号采集电路，该电路将在后续电路设计中进行详细介绍。

像元采集板正面贴装 LSSPD－SMDB1.5 型光电二极管，组成 16×8 的阵列。光电探测器阵列靶面大小为 68.6 mm×25.857 mm，像元大小为 1.5 mm×1.5 mm，像元间距(像元中心到像元中心的距离)为 X 轴方向 4.318 mm、Y 轴方向 3.302 mm。探测器排布如图 9.18(b)所示，各探测器按照相同的方位排布，每行探测器之间的缝隙尽可能小。

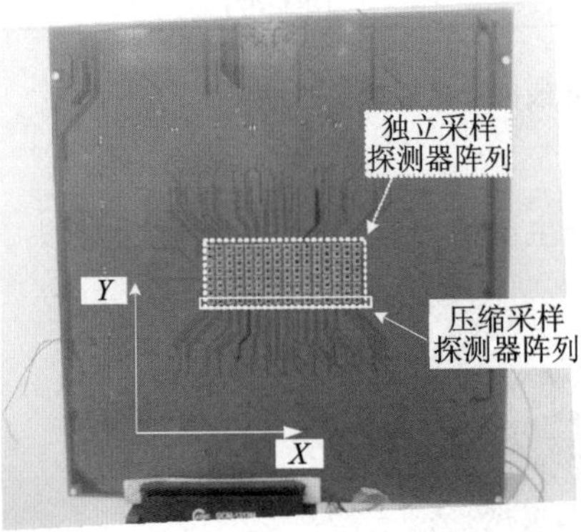

(a) 像元采集板

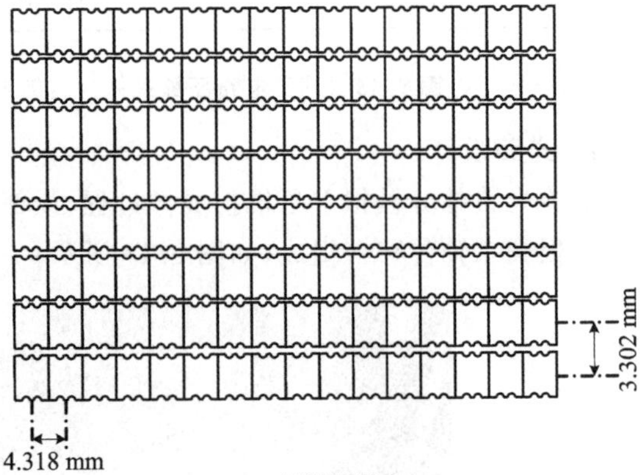

(b) 探测器排布

图 9.18　像元采集板设计

光电探测器参数如表 9.1 所列。对光电探测器进行实测可以得出，探测器负载不得低于 1 kΩ，否则电阻分压明显；在负载为 1 kΩ、室内自然光条件下，输出电压为 0.12 V；在负载为1 kΩ、室内日光灯照射条件下，输出电压为 0.06 V；使用 40 mW 激光器照射，短路电流计算值约 10 mA。

3. 电路设计

基于电路压缩采样的压缩感知线阵遥感成像实验的电路设计是整个实验的核心所在，因为电路是压缩感知成像的压缩环境，它的可行性和精度关系到整个成像系统的实现与效果。

表 9.1 光电探测器参数

参数	典型值	备注
正向电流	10 mA	
反向电流	1 000 μA	
工作温度	−25～85 ℃	
存储温度	−40～85 ℃	
有效探测区域	1.5 mm×1.5 mm	t=25 ℃
光谱区间	300～1 250 nm	
开路电压	0.4 V	光强 5 mW/cm^2 波长 940 nm
短路电流	35 μA	
反向光电流	35 μA	
暗电流	10 nA	
上升时间	10 ns	R_L=1 000 Ω
反向击穿电压	170 V	
结电容	6 pF	

为了在完成压缩采样的同时可以将原信号如实地记录下来,以便进行数据对比分析,在信号采样的过程中采用独立采样和压缩采样同时进行的数据采样方法,两个数据采样电路均由一个电路板实现,如图 9.19(a)所示,图中虚线框部分表示控制模拟放大控制器(VGA),实线框部分表示加法器。布置阵列独立采样单元和阵列压缩采样单元两部分电路并行工作,其工作电路总体结构如图 9.19(b)所示。

独立采样部分为一个 16×8 的采样阵列,共 128 个采样点。当光子进入探测器像元后,各像元采集的光子转化为电信号,经过 128 个独立的超导放大器被放大到采集量程,然后通过 FPGA。FPGA 用来读取模/数转换器转换值和控制模/数转换器采样输入/输出,将采集的电路进行 3.3～5 V 的电平转换(因为 FPGA 为 3.3 V,双端口 RAM 为 5 V),并将模/数转换器的转换值写到各自双端口 RAM 中。压缩采样是将独立采样阵列中 16×1 的一列作为压缩采样的原始数据,同相放大到模/数转换器输入量程后,与数/模转换器(DAC)产生的 VGA 参数进行加权,利用 16 路加法器进行求和,再输入到 FPGA,与独立采样的数据一样被采集到计算机中。其数/模转换器输出值由微控制单元(micro control unit,MCU)根据 PC 并通过 RS232 传来的参数进行设置,微控制单元是单片机电路,用来控制 VGA 的增益、数/模转换器输出、与 PC 通信、接收上位机命令等。

独立采样和压缩采样有 16×1 的探测器阵列进行复用,独立采样与压缩采样的复用电路如图 9.20 所示。独立采样和压缩采样复用部分 U1A 实现光电二极管的电流到电压的转换。其电路与独立采样电路一样,但它输出的电压范围由压缩采样电路决定。通过压缩采样模/数转换器输入电压范围,综合考虑增益放大器、加法器和衰减器得出

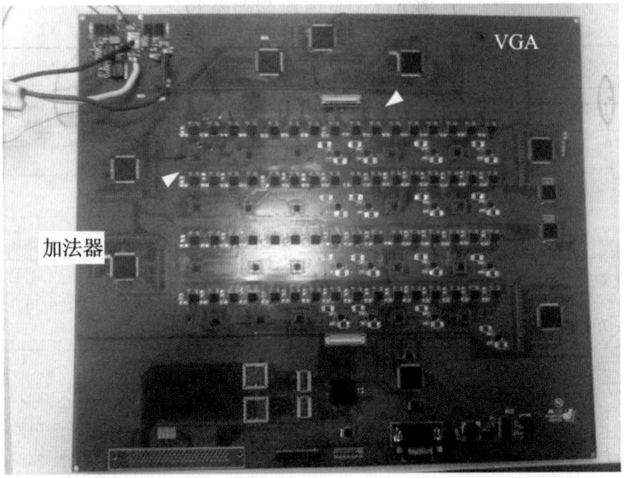

(a) 数据采样电路板

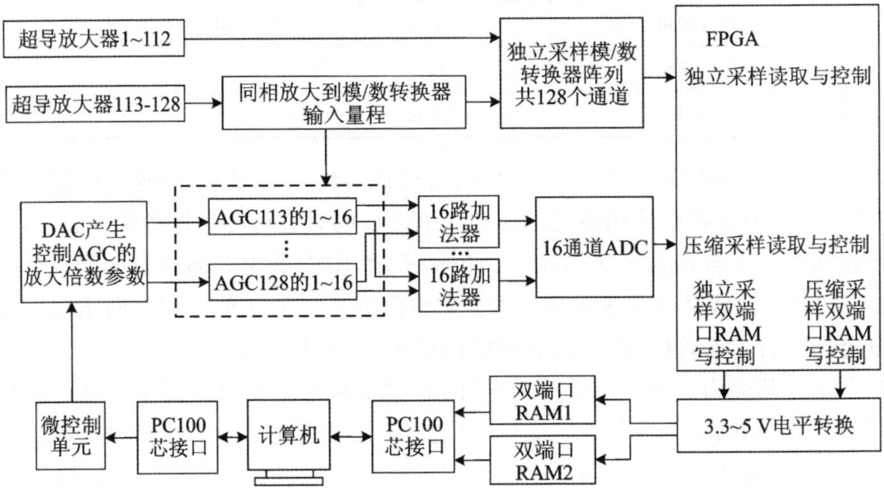

(b) 工作电路总体结构

图 9.19　数据采样电路

U1A 的电压输出范围，将电信号放大到 0～0.5 V，以便后面压缩采样的 AGC 处理。在此基础上根据独立采样模/数转换器输入电压范围来决定压缩采样部分 U2A 的放大倍数，将复用部分输出的电压用同相放大器放大到独立采样的模/数转换器输入满量程。

独立采样电路是将光信号转换成独立采样模/数转换器输入满量程范围的电信号后进行采样，并将该电压进行电平转换存储到 RAM 中，从而完成独立采样，采样得到的图像作为真实参考图像。独立采样电路如图 9.21 所示。

阵列独立采样单元完成 128 路光敏探测器的模/数采样。每一路光敏探测器的输出为幅值 0.1～0.4 V 的信号，低于 0.07 V 的信号为背景噪声。模/数采样使用 ADAS1127/ADAS1128 芯片。芯片在使用前需要进行合理配置以使输入信号对应满

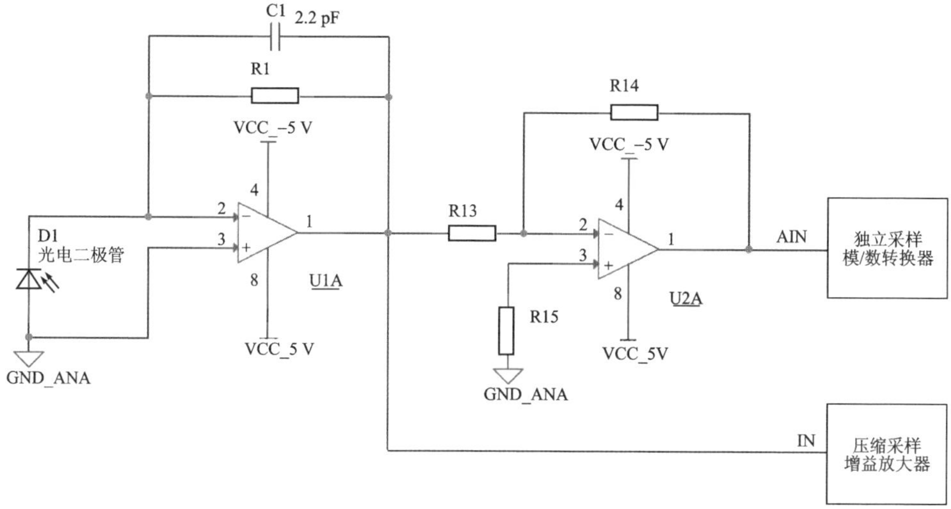

图 9.20 独立采样与压缩采样的复用电路

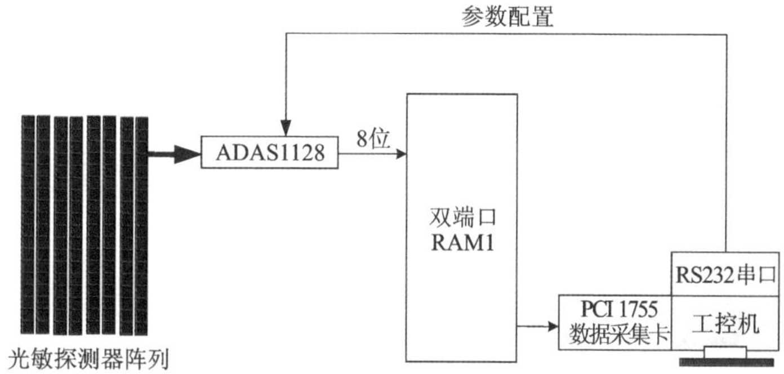

图 9.21 独立采样电路

量程，并且在有背景噪声输入时输出值为 0。阵列独立采样单元采用触发方式工作。由上升沿触发开始，准备采样保持，对所有 128 路信号采用 75 ms 信号保持、25 ms 完成信号采集的时序工作。24 位的采样输出只选用高 8 位，模块内应完成 LVDS 到并行接口的转换，并存储到一片双端口 RAM 的 128 字节中。ADAS1127/ADAS1128 芯片的详细配置参数可由用户调节。

压缩采样电路是整个采样电路的核心，它的核心部件由可编程放大器和加法器组成，其原理如图 9.22 所示。为了保证在测量中得到不同压缩比的测量值，实验选用 16×16 测量矩阵，这样就可以获取压缩比为 100%的测量数据。如果需要压缩比较小的测量数据，则可从中选取不同行数的测量矩阵，即相对应的测量数据即可。所以阵列压缩采样单元对一列光敏探测器(16 路)实现压缩采样。16 路光敏探测器中每一路的输出信号经 16 个不同增益的可编程放大器分别输出；然后重新按顺序分配到 16 个 16 路加法器，16 个加法器的输出信号各自经过一个可编程放大器进行范围调节，形成 16 路模拟信号；16 路模拟信号同时完成模/数采样，得到的 16 个采样结果存入双端口

RAM 的四个连续地址中。阵列压缩采样单元由外部触发信号触发工作,各可编程放大器的增益值可由用户调节。各放大器的增益应具有三位有效数字可调。

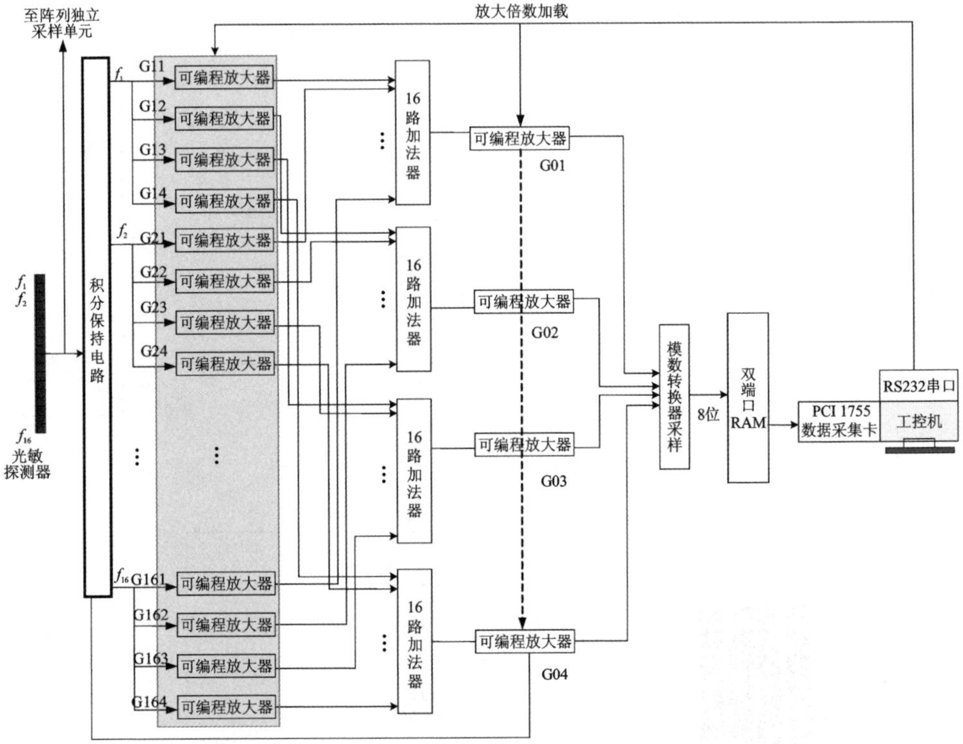

图 9.22　压缩采样电路原理

9.4.2.2　实验过程与数据分析

9.4.2.1 小节介绍的实验系统,实验参数设置如下:测量时投影矩阵选用高斯随机矩阵,稀疏表示选用离散余弦变换字典,重构算法选用基追踪算法。根据该设置进行如下实验操作:

① 选择镜头。根据像元阵列的大小和图像分辨率的要求,选择镜头的放大倍数,使成像场景准确地布满像元阵列。

② 设置光路。根据第①步选择的镜头的焦距和光学中心,计算、设置光源、分辨率鉴别板、镜头以及像元采集板的摆放位置,使分辨率鉴别板上的图像在像元采集板上有清晰、大小适中的影像。

③ 选择成像场景。调节三轴位移台 X 轴与 Z 轴,选择符合需要的成像场景,并将成像场景的下边沿对准像元阵列的最下面一行。

④ 获取独立直接采样数据。首先,根据像元的宽度和物像距离计算每一个像元对应的成像场景的宽度。其次,利用三轴位移台精确控制分辨率鉴别板沿三轴位移台 Z 轴进行平移,模拟卫星推扫成像过程,每平移一次进行一次数据采集。再次,将采集到的模拟数据矩阵 $\boldsymbol{A}_{16\times16}$ 转化为数字图像 $\boldsymbol{D}_{16\times16}$,即

$$D_{16\times16}=\frac{A_{16\times16}-\min(A_{16\times16})}{\max(A_{16\times16})}\times256 \tag{9.12}$$

最后，显示独立采样图像，将获取的独立采样数据按式(9.12)转换成图像，如图9.23(a)所示。为了显示图像的整体效果，将9幅图像进行无间隙的拼接，最终获得独立采样图像 $\boldsymbol{D}_{48\times48}$，如图9.23(b)所示。

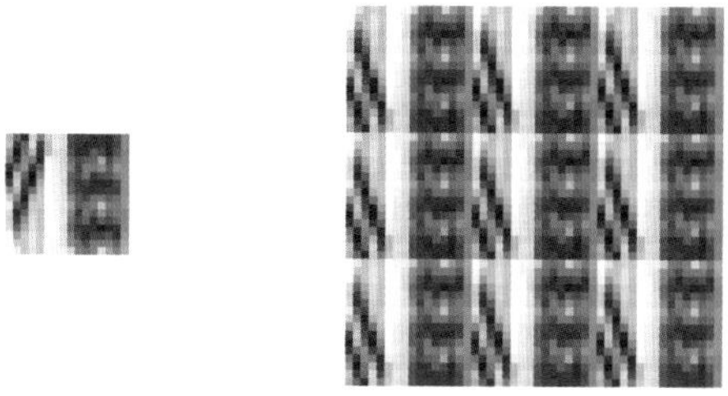

(a) $\boldsymbol{D}_{16\times16}$　　(b) $\boldsymbol{D}_{48\times48}$

图9.23　独立采样图像

⑤ 获取压缩采样数据。独立采样的模拟信号经过压缩采样，得到维数为16×16的压缩采样数据，如图9.24(a)所示。按照第④步中的方法进行拼接，得到维数48×48的压缩采样数据，如图9.24(b)所示。

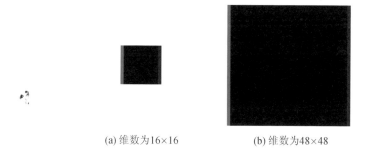

(a) 维数为16×16　　(b) 维数为48×48

图9.24　压缩采样数据

由于压缩测量值是按100%压缩比获取的全维测量值，因此可以按照一定的压缩比选取其中的部分测量值进行重构实验，在压缩比为0.1～1时重构图像如图9.25所示。

从图9.25中可以看出，当压缩比为0.5时，图像的基本轮廓开始变得清晰，随着压缩比的增加，重构图像越来越清晰，重构图像基本上可以反映原始图像的轮廓。实验结果再次证明了压缩感知成像原理的可行性，同时说明基于电路压缩采样的成像方式是可行的。而且，基于电路压缩采样的压缩感知线阵遥感成像实验成像时间极短，通过一次测量即可获取成像靶面对应的图像重构所需要的所有测量信息，成像效率比单像素成像实验明显提高。只是本次实验由于条件限制，设计的推扫成像的光电探测器只有16个像元，因此所成图像范围很小，图像分辨率不高。两种成像实验的成像效率和成像质量将在9.4.3小节进行具体的对比分析。

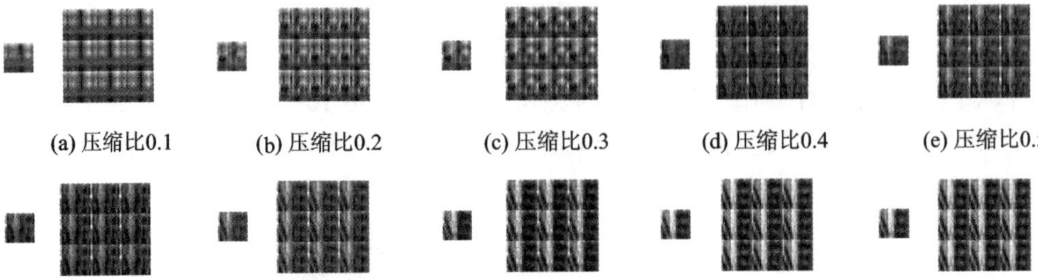

(a) 压缩比0.1 (b) 压缩比0.2 (c) 压缩比0.3 (d) 压缩比0.4 (e) 压缩比0.5

(f) 压缩比0.6 (g) 压缩比0.7 (h) 压缩比0.8 (i) 压缩比0.9 (j) 压缩比1.0

图 9.25 电路压缩成像的重构图像(压缩比 0.1～1)

9.4.3 对比分析

本小节主要从重构图像的成像质量和成像时间两方面对基于电路压缩采样的压缩感知线阵遥感成像实验与单像素成像实验的结果进行对比分析。

为了能够准确地比较两种成像实验的成像效率,对两种成像实验的条件进行统一:稀疏字典均选用小波基字典;重构方法均选用基追踪算法;像元数目均为 256 个,即所成图像的维数为 16×16。这样可以在统一的成像标准下进行比较。

两种成像实验重构图像的峰值信噪比如表 9.2 所列。随着压缩比的上升,两种成像实验重构图像的峰值信噪比都逐渐增加,从数值上看,基于电路压缩采样的压缩感知线阵遥感成像实验比单像素成像实验重构图像的峰值信噪比略高,但并没有明显优势。分析其原因主要是两种成像实验的测量矩阵略有不同,单像素成像实验采用的是二值伯努利矩阵,而基于电路压缩采样的压缩感知线阵遥感成像实验的测量矩阵则可以根据需要进行选择性设置,所以其测量矩阵的有限等距性质比单像素成像实验测量矩阵的有限等距性质要好。因此,基于电路压缩采样的压缩感知线阵遥感成像实验的图像重构效果更好。

表 9.2 两种成像实验重构图像的峰值信噪比

单位:dB

压缩比	单像素成像实验	基于电路压缩采样的压缩感知线阵遥感成像实验
0.1	5.739 167	6.031 480
0.2	5.739 172	6.031 481
0.3	5.739 174	6.031 491
0.4	5.739 174	6.031 512
0.5	5.739 177	6.031 534
0.6	5.739 183	6.031 545
0.7	5.739 187	6.031 573
0.8	5.739 192	6.031 614
0.9	5.739 195	6.031 623
1.00	5.739 196	6.031 633

在相同的成像维数(16×16)下，当两种成像实验均实现50%的压缩测量，即压缩比均为0.5时，单像素成像实验需要进行128次测量，而每次测量的时间延迟为2 s，所以总的时间为256 s；基于电路压缩采样的压缩感知线阵遥感成像实验只需要将16×1的像元阵列展开16次推扫，即可获取16×16维的图像，而每次推扫的时间延迟为2 s，所以基于电路压缩采样的压缩感知线阵遥感成像实验只需要32 s即可获取16×16维的图像。

另外，从遥感成像的应用出发，单像素成像实验需要将镜头长久地对准同一场景，因此该成像实验在遥感成像中难以实施；而基于电路压缩采样的压缩感知线阵遥感成像实验则可以设计成遥感推扫成像模式，因此该方法在遥感成像领域将有很好的应用前景。

第 10 章　合成孔径雷达压缩成像方法

合成孔径雷达(Synthetic Aperture Radar,SAR)压缩成像是一种全新的微波成像理论、体制和方法,在提升雷达成像质量、降低数据率和系统复杂度方面具有一定的优势。当前,对 SAR 压缩成像技术的研究仍处于起步阶段,尚有许多关键技术问题需要解决和完善。本章首先分析合成孔径雷达压缩成像技术及其中的难点问题,然后设计压缩感知雷达成像模型,最后针对 SAR 压缩成像干扰抑制问题,分析干扰结构化表征方式和干扰机理,并设计干扰抑制方法。

10.1　合成孔径雷达成像概述

合成孔径雷达是一种主动式微波成像雷达,能够全天候、全天时对地球表面目标进行观测,具有高分辨率、宽测绘带、可穿透和远程成像能力,在资源勘测、环境评估等民用领域以及目标监视、侦察预警等军事领域中都发挥着重要作用。近年来,世界各地自然灾害频发,给人类的生命财产造成了巨大的损失。2019 年 7 月,印度持续降雨导致多地发生洪灾,应空间与重大灾害国际宪章组织请求,中国国家航天局(CNSA)紧急调度高分系列卫星对洪灾地区多次成像,为灾情评估、灾后救援和重建工作提供了重要的技术支撑。由于灾害发生地区往往存在气候异常现象,光学成像系统无法实时准确获取地球表面信息,因此必须借助微波遥感手段执行这一类应急响应方案,这对合成孔径雷达的成像性能提出了更高的要求。另外,当前国际形势日益严峻,战乱和区域纷争不断升级,及时准确地定位重要军事目标并获取其动向是赢得未来军事斗争主动权的关键因素。这使得合成孔径雷达在军事侦察领域中的地位和作用变得更加重要,在提高其成像分辨能力的同时,增强它在复杂电磁环境下抵御干扰的能力也成为世界各军事强国更加关注的问题。

自 1951 年 Wiley 提出“多普勒波束锐化”的思想以来,合成孔径雷达成像技术历经了半个多世纪的发展,各国相关机构和学者对合成孔径雷达成像技术展开了大量的研究,以求得到更高分辨率的雷达图像。从最初的光学处理方法发展到了现今的数字处理方法,在处理精度和灵活性上都有了极大的提升,相继出现了以距离多普勒算法(range doppler algorithm,RDA)、线性调频变标算法(chirp scaling algorithm,CSA)、$\omega-K$ 算法为代表的频域经典成像算法[159]和以后向投影算法(back projection algorithm,BPA)为代表的时域经典成像算法[160]。

传统合成孔径雷达成像技术以奈奎斯特采样框架下的匹配滤波方法为基础，具有实现简单和对任何场景都能得到稳定结果的优点。但是匹配滤波方法的局限性也同样明显，由于没有利用任何先验信息，因此其性能难以取得突破。匹配滤波方法最主要的局限是必须根据奈奎斯特-香农采样定理对信号进行采样并且成像分辨率受限于系统带宽。也就是说，匹配滤波方法对数据的要求很高但是得出的结果却性能有限。在回波数据获取上，雷达成像二维分辨率由信号带宽和多普勒带宽决定，若要获得具有高分辨率和宽测绘带的合成孔径雷达图像，就必须增大系统带宽，而由此会导致采样频率和数据量激增、系统复杂度增大。当前用于数据采集、传输和存储的电子器件发展水平并不能满足雷达成像高分辨率的需求，已成为制约雷达成像性能的主要因素。例如，若要得到0.05 m分辨率的合成孔径雷达图像，则单通道下的理论采样频率就要求为3 GHz，而实际采样频率要求更是高达4～5 GHz。常规的模/数转换器在这种条件下会出现非线性失真，只能使用研制成本更高的模/数转换器或利用阵列天线、多通道处理技术来实现，使成像系统结构更加复杂化。在成像处理方法上，由于匹配滤波过程中存在带限信号固有的窗函数效应，信号经过二维脉冲压缩后，在距离向和方位向上都存在一定的主瓣和旁瓣宽度，使目标电磁散射特征的细节出现模糊，场景中邻近目标点之间可区分能力减弱，导致合成孔径雷达成像分辨质量不高。可以看出，受电子器件水平和处理方法的制约，合成孔径雷达成像性能已经接近极限，在现有硬件和系统复杂度条件下，要想进一步提高其成像分辨能力，只能从微波成像理论上寻求突破。

如果从更一般的数学模型来理解雷达成像，则雷达成像可以看作一个逆问题，即通过测量场景的电磁散射信号反推出场景信息。由于物理限制，测量数据的信息量是有限的，(比如有限的带宽和有限的观测角)，而人们对场景信息详细程度的追求是无止境的，因此希望得到的场景信息量可能大于测量数据能够提供的信息量。所以雷达成像通常是一个病态的逆问题。经典的最小二乘估计方法无法求解病态的逆问题，而匹配滤波方法则是对最小二乘估计中的不可逆或者不稳定部分做了近似处理，近似处理的后果就是匹配滤波方法得到的结果具有一定的主瓣宽度并且具有旁瓣效应，因此匹配滤波方法得到的是模糊了细节信息的场景图像。

导致最小二乘估计方法无法求解的原因依然是没有利用先验信息。而正则化方法正是在最小二乘估计的基础上增加了约束项，使原本病态的逆问题得到稳定的解。为使增加约束后得到的解更靠近真实值，增加的约束必须符合场景的先验信息。正则化方法的合理性可以用贝叶斯(Bayesian)最大后验概率估计理论来解释，利用先验信息的正则化方法和 Bayesian 估计理论在本质上是一致的。

合成孔径雷达稀疏成像可以认为是稀疏信号处理在微波遥感技术上的一种创新性应用，这种新的成像体制主要涉及以下三个科学问题[161]：

(1) 观测场景的稀疏域表征

目标的稀疏性是合成孔径雷达稀疏成像体制的首要前提，要求雷达目标或场景在特定的表征域上具备稀疏分布的特性。由电磁散射理论可知，雷达场景中的目标通常可以通过几个独立的强散射点来建模，其强散射点的个数要远远少于整个场景的像元个数，因而称它具有潜在的空域稀疏性。除此之外，还可以从时域[162]、频域[163]、小波域[164]、分数傅里叶变换(fractional fourier transform)域[165]以及混合域[166]上稀疏表征。

(2) 约束性测量矩阵设计

测量矩阵的设计与成像几何和信号参数密切相关,根据对雷达回波数据处理方式的不同,合成孔径雷达观测模型具体可分为精确观测模型[167]近似观测模型[168-169]两种。合成孔径雷达稀疏成像研究的起步阶段是建立在精确回波模型基础上的,众多学者从成像模式[170]、压缩采样[171]、信号波形[172]以及参数估计[173]等方面相继展开了大量研究。由于距离向和方位向的回波数据存在一定耦合,因此精确观测模型需要对二维数据进行向量化处理,这导致用于重构的感知矩阵维度急剧增大,提高了计算负荷。近似观测模型利用匹配滤波成像过程的广义逆作为近似观测算子,巧妙地借助了经典成像算法在距离-方位解耦上的优势,有效解决了大场景条件下快速成像的问题。在欠定采样问题上,压缩感知理论迈向实际应用过程中最大的障碍在于其硬件实现问题,对此以莱斯大学、加州理工学院为代表的多个研究团队在美国国防部高级研究计划局(DARPA)的支持下,针对模拟信息转换方法进行了探索性的研究,提出了随机采样(random sampling,RS)、随机解调(random demodulation,RD)、宽带调制转换器(modulated wideband converter,MWC)等模拟信号压缩采样方法[174]。Eldar团队在2011年正式提出了子空间并集(union of subspace,UoS)采样的思想,以面向硬件实现为目标,提出了模拟信号压缩采样和低速处理的统一框架Xampling,为模拟压缩信号采样赋予了更广义的理论基础[175]。在此基础上,国内学者建立了中频直接欠采样[176]和正交采样[177]两种可应用于雷达稀疏成像的采样系统,并结合实测数据验证了方案的可行性。

(3) 场景的非线性无模糊重构

信号稀疏重构是雷达成像的最后一步,也是决定成像质量的关键,按照不同的优化方式可将重建算法划分为凸优化算法[178]、贪婪算法[37]和贝叶斯方法[179]三大类。将稀疏信号处理应用在雷达成像中需要解决两个主要问题:首先,雷达信号一般在复数域上进行处理和分析,现有的非线性优化方法并非都适用于复信号处理,在不适用的情况下,一般通过幅值-相位联合优化迭代或信号虚部和实部级联[180]的方式来解决此问题;其次,合成孔径雷达观测场景规模通常很大,而在欠定数据条件下稀疏信号处理又将前端采样的压力转移到了后端信号处理上,二者共同导致信号重构过程中的海量运算。如何解决快速重构是合成孔径雷达稀疏成像面临的最棘手的问题,现有方法主要从回波降维[181-182]、分段重构[183-184]、降低算法复杂度[185]上来实现。

随着电磁环境日益复杂化,广域空间中的电磁干扰会不同程度地削弱合成孔径雷达准确获取信息的能力。合成孔径雷达成像系统一般工作在范围较宽的微波频段,不可避免地会受到自然辐射以及各种同波段无线电信号的干扰,导致成像质量下降。在电子对抗领域中,为保护己方目标不被雷达成像系统侦察和定位,通常会对合成孔径雷达实施有意的人为干扰,产生目标遮盖或欺骗的效果,破坏合成孔径雷达图像质量,进而影响后续的图像判读和解译。考虑到合成孔径雷达在军事领域中的特殊性,许多国家已经将合成孔径雷达干扰技术的更新换代与合成孔径雷达成像技术的发展摆在了同等重要的位置。而干扰与抗干扰本身是“矛”与“盾”的关系，在信息化战争这一背景下，发展新体制合成孔径雷达成像技术的同时，必须重视其抵御复杂电磁干扰的能力。

10.2 压缩感知雷达成像模型

在合成孔径雷达成像系统中，宽带宽的发射信号可以实现高距离分辨率。步进频波形、随机频波形和LFM波形都可以实现宽带信号。本节聚焦于LFM波形，这种波形是一种可以实现宽带信号的发射信号波形，它的使用可以获取高分辨合成孔径雷达图像。以LFM体制的条带成像模式为例，合成孔径雷达以LFM脉冲信号作为基带发射波形：

$$s_{\mathrm{p}}(t)=\mathrm{rect}\left(\frac{t}{T_{\mathrm{r}}}\right)\exp(\mathrm{j}\pi K_{\mathrm{r}}t^{2})$$

其中，t为距离向时间，K_{r}为距离向调频斜率，T_{r}为脉冲宽度，$\mathrm{rect}(\cdot)$表示矩形脉冲包络。

合成孔径雷达回波信号通常建模为观测场景中各个点目标后向散射系数与其二维冲激响应卷积的相干累加，因此经过解调后的基带接收信号可以表示为

$$s_{\mathrm{r}}(\tau,t)=\iint_{(x,y)\in D}\sigma(x,y)w_{\mathrm{a}}(\tau-\tau_{c})s_{\mathrm{p}}\left(t-\frac{2R(\tau,x,y)}{c}\right)\exp\left(-\frac{\mathrm{j}4\pi R(\tau,x,y)}{\lambda}\right)\mathrm{d}x\,\mathrm{d}y \tag{10.1}$$

其中，τ为方位向时间，τ_{c}为方位中心时刻，c为光速，λ为雷达波长，$\sigma(\cdot)$表示后向散射系数，$w_{\mathrm{a}}(\cdot)$表示方位向加权窗，$R(\cdot)$表示散射点与雷达之间的瞬时斜距，(x,y)表示观测区域D内的散射点位置。由式(10.1)可以看出，合成孔径雷达接收信号不仅是二维时间的函数，还取决于场景中各个目标位置在二维空间上的分布。因此，在建立观测模型的过程中需要对场景和回波依次进行离散化处理，如图10.1所示。

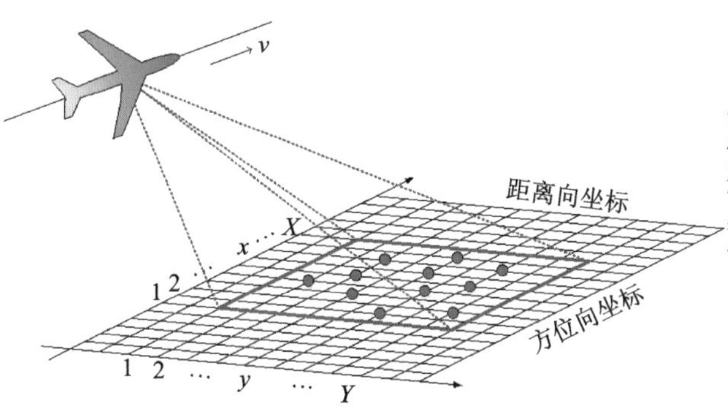

(a) 场景的空间离散化

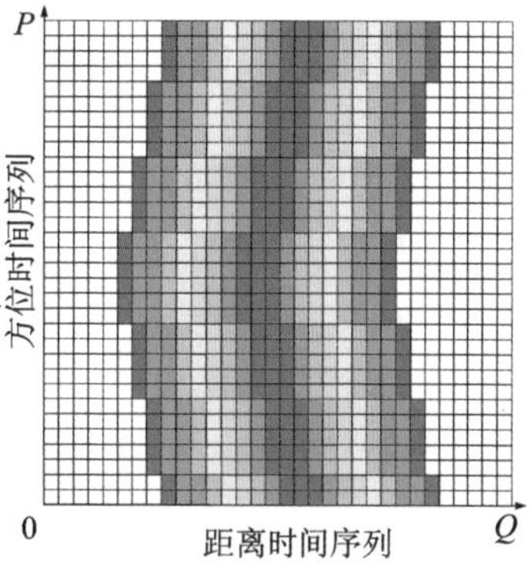

(b) 回波的时间离散化

图10.1　合成孔径雷达观测模型离散化示意图

在场景离散化处理上，通常假设雷达照射的区域位于均匀划分的网格上，若区域中强散射点数目远小于网格数，则认为该场景是空域稀疏的。因此，遍历整个观测区域的后向散射系数矩阵可以表示为

$$\boldsymbol{A}=\begin{bmatrix}\sigma(1,1) & \cdots & \sigma(Y,1)\\ \vdots & & \vdots\\ \sigma(1,X) & \cdots & \sigma(Y,X)\end{bmatrix}$$

其中，X 和 Y 分别为方位向和距离向的网格数。

实际上，基于数字化处理的合成孔径雷达成像方法都需要进行离散化处理。此时，将时间信号进行网格划分后，位于(x,y)处散射点的二维时间矩阵为

$$\boldsymbol{\Psi}_{x,y}=\begin{bmatrix}\psi_{x,y}(1,1) & \cdots & \psi_{x,y}(1,Q)\\ \vdots & & \vdots\\ \psi_{x,y}(P,1) & \cdots & \psi_{x,y}(P,Q)\end{bmatrix}$$

其中，P、Q 分别为方位和距离时间采样点数，T_s、T_f 分别为方位和距离采样间隔，且

$$\psi_{x,y}(p,q)=\sigma_{x,y}w_a(pT_s-\tau_c)s_p\left(qT_f-\frac{2R_{x,y}(pT_s)}{c}\right)\exp\left(-\frac{\mathrm{j}4\pi R_{x,y}(pT_s)}{\lambda}\right)$$

因此，能够表示时间信号与散射点位置映射关系的测量矩阵为

$$\boldsymbol{\Psi}_B=\begin{bmatrix}\boldsymbol{\Psi}_{1,1} & \cdots & \boldsymbol{\Psi}_{1,Y}\\ \vdots & & \vdots\\ \boldsymbol{\Psi}_{X,1} & \cdots & \boldsymbol{\Psi}_{X,Y}\end{bmatrix}$$

在一个合成孔径时间内，经过时间和空间离散化后的合成孔径雷达回波信号可以表示为

$$\boldsymbol{S}=\boldsymbol{\Psi}_B\otimes\boldsymbol{A}=\begin{bmatrix}\boldsymbol{\Psi}_{1,1}\boldsymbol{A} & \cdots & \boldsymbol{\Psi}_{1,Y}\boldsymbol{A}\\ \vdots & & \vdots\\ \boldsymbol{\Psi}_{X,1}\boldsymbol{A} & \cdots & \boldsymbol{\Psi}_{X,Y}\boldsymbol{A}\end{bmatrix}\tag{10.2}$$

其中，$\otimes$表示克罗内克积。

由于式(10.2)是一种高维分块矩阵的表达形式，为便于后续分析，分别对 $\boldsymbol{A}$ 和 $\boldsymbol{\Psi}_B$ 进行向量化和分块向量化处理，可得到一维回波信号观测模型为

$$\boldsymbol{s}=\boldsymbol{\Psi}\boldsymbol{\alpha}+\boldsymbol{\varepsilon}$$

其中，$\boldsymbol{\varepsilon}$ 为加性噪声向量，$\boldsymbol{\alpha}=\mathrm{vec}(\boldsymbol{A}^{\mathrm{T}})$表示对 $\boldsymbol{A}$ 进行向量化得到的 $\boldsymbol{XY}\times 1$ 后向散射系数向量，$\boldsymbol{\Psi}$ 表示对 $\boldsymbol{\Psi}_B$ 进行分块行向量化得到的 $PQ\times XY$ 测量矩阵，即

$$\boldsymbol{\Psi}=\mathrm{rvec}_B(\boldsymbol{\Psi}_B)=[\mathrm{vec}(\boldsymbol{\Psi}_{1,1}^{\mathrm{T}}),\cdots,\mathrm{vec}(\boldsymbol{\Psi}_{1,Y}^{\mathrm{T}}),\cdots,\mathrm{vec}(\boldsymbol{\Psi}_{X,1}^{\mathrm{T}}),\cdots,\mathrm{vec}(\boldsymbol{\Psi}_{X,Y}^{\mathrm{T}})]$$

基于上述观测模型，将合成孔径雷达稀疏成像过程建模为后向散射系数向量 α 优化估计问题，同时引入稀疏先验对该正则化模型加以约束，模型优化求解过程可以表示为

$$\hat{\alpha}=\underset{\alpha}{\operatorname{argmin}}\|\boldsymbol{s}-\boldsymbol{\Psi}\boldsymbol{\alpha}\|_2+\lambda\|\boldsymbol{\alpha}\|_p\tag{10.3}$$

其中，λ 为正则化参数，$\|\cdot\|_p$ 表示欧氏范数($0\leqslant p\leqslant 1$)。当 $p=0$ 时，式(10.3)转化为压缩感知雷达成像问题，即

$$\hat{\alpha}=\min_{\alpha}\|\boldsymbol{\alpha}\|_0 \quad \text{s.t.} \quad \|\boldsymbol{y}-\boldsymbol{\Phi\Psi}\alpha\|_2<\xi \tag{10.4}$$

其中，$\xi>0$ 为常数，$\boldsymbol{\Phi}$ 为欠定的测量矩阵，$\boldsymbol{y}$ 为压缩测量向量。若感知矩阵 $\boldsymbol{\Theta}=\boldsymbol{\Phi\Psi}$ 满足有限等距属性，即

$$(1-\delta)\|\boldsymbol{\alpha}\|_2^2\leqslant\|\boldsymbol{\Theta\alpha}\|_2^2\leqslant(1+\delta)\|\boldsymbol{\alpha}\|_2^2$$

其中，$\delta\in(0,1)$ 为常数，则可将式(10.4)中病态的 L_0 范数问题松弛为凸优化或贪婪迭代算法进行求解。

10.3 合成孔径雷达压缩成像干扰抑制

雷达成像利用有限观测数据反演出场景的电磁散射特征，本质上是一种逆问题求解的过程。在合成孔径雷达成像过程中，运动几何和信号波形通常是先验已知的，成像结果可认为是对观测场景的最优估计。然而，这种逆问题在实际观测条件下通常是病态的，利用经典估计方法很难得到稳定的解。针对这一问题，当前有两种解决方式：一种是通过引入具有 sinc 型响应的线性算子来抵消模型中的病态部分，而付出的代价则是引入了旁瓣，使成像质量受到限制，这类方法被称为匹配滤波方法[186]；另一种方式则是利用目标的先验信息，在估计过程中增加约束条件，使问题的解更具稳定性，这类方法一般被称为正则化方法[187]。合成孔径雷达稀疏成像是一种典型的正则化问题求解过程，通过在非线性优化模型中引入稀疏约束，提高了雷达成像质量，同时也为欠定数据条件下的目标重构提供了可行性支撑。

对于传统的合成孔径雷达成像系统来说，二维匹配滤波为输出信号提供了较高的处理增益，使其本身具备一定的抗干扰能力，而且该处理增益有一定的数学理论支撑。而稀疏微波成像与传统成像的机理不同，在回波数据观测上，以随机的信息采样代替了奈奎斯特采样；在图像重构过程中，以非线性正则化代替了线性匹配滤波。信号的非线性处理本身对信噪比的变化非常敏感，如果在干扰条件下不采取必要的措施，则将严重影响合成孔径雷达成像质量甚至出现无法成像的情况。现有的合成孔径雷达抗干扰技术和方法多数都是建立在传统匹配滤波框架基础上而提出的，无论是在处理结构还是在算法原理上都并不适用于这种新的合成孔径雷达成像体制，因此需要从稀疏信号处理这一新的角度上分析干扰对合成孔径雷达成像过程的影响机理，进而有针对性地设计干扰抑制算法和相应的处理结构。另外，效果评估是设计合成孔径雷达干扰抑制算法中的重要环节，用于检验干扰抑制算法的有效性，现有评估方法主要以干扰抑制前后合成孔径雷达图像统计特征变化构建评价指标。稀疏微波成像在信号处理机制上的不同必然使它重构出的二维合成孔径雷达图像与传统方法成像结果存在一定的差异性，有必要分析现有指标在新体制合成孔径雷达成像干扰抑制效果评估中的可用性，并在此基础上结合该体制合成孔径雷达图像的特征结构提出新的评价思路和方法。目前，针对稀疏微波成像干扰抑制问题的研究相对较少，尚没有形成一套相对完整的技术体系，开展此方面的研究具有一定的现实意义和前沿性。

10.3.1 合成孔径雷达压缩成像中的干扰

10.3.1.1 合成孔径雷达压缩成像中干扰的结构化表征与分类

雷达成像系统通常工作在微波频段，容易受到各种类型的电磁干扰的影响，这些干扰一般可以概括为自然辐射和人为干扰两大类。其中，对合成孔径雷达压缩成像的人为干扰主要出于保护己方重要目标或区域的目的，将特定干扰波形与原始回波信号一同送入雷达接收机，破坏图像原有的电磁散射分布，使后续的检测和识别难度增大。传统雷达成像问题中根据信号形式将合成孔径雷达压缩成像干扰分为(部分)相干干扰和非相干干扰。相干干扰一般由数字射频存储器(DRFM)生成，这种相干性使得干扰信号在脉冲压缩后能够获得很高的处理增益，理论上可实现更高效的压制或欺骗效果。但在实际应用中，由于平台运动和信号参数存在一定的估计误差，这种相干性是无法严格保证的。此外，在大场景条件下，观测区域内各个散射点的回波信号在时域上相互重叠，使它们对干扰功率的需求进一步增大[188]。非相干干扰通过向雷达发射大功率干扰信号实现大面积压制的效果，其不足之处在于波形失配会引起干扰能量损失，主要优势在于干扰机结构简单通用，无须对信号进行截获、存储、调制和转发。从实际的雷达成像干扰效果上看，高功率的非相干压制是目前最常用且效果最佳的一种干扰类型。本小节从信号稀疏性这一新的角度对合成孔径雷达压缩成像中的干扰进行分类。

在稀疏表示理论中，一般认为大多数信号具有一定的稀疏特征结构，有用信息只位于结构中少量的特征成分上，即信号的自由度远低于其元素本身的维度。广义上，若一个本征低维的稀疏信号位于高维空间中，则可以通过降维使它能够在一个低维子空间中得到更紧致的表达。这里结合叶伟等人的研究给出稀疏信号的定义。

定义 10.1：若 N 维空间中的信号向量 $\boldsymbol{x}$ 可以表示为某个框架 $\boldsymbol{\Psi}$ 中 $K(K\ll N)$个原子与其对应表征系数 $\boldsymbol{\alpha}$ 的线性加权组合，即 $\boldsymbol{x}=\boldsymbol{\Psi}\boldsymbol{\alpha}$，$|\mathrm{supp}(\boldsymbol{\alpha})|=K$，则称 $\boldsymbol{x}$ 是 K 稀疏的。

字典 $\boldsymbol{\Psi}$ 中与支撑集对应的原子 ψ_Λ 张成了信号空间中的一个 K 维子空间 S_K，即

$$S_K=\mathrm{span}\{\boldsymbol{\psi}_\Lambda \mid \Lambda\subset\{1,2,\cdots,N\},|\Lambda|=K\} \tag{10.5}$$

一个理想的稀疏信号支撑集在整个索引中是随机分布的，因此信号位于任意一个 K 维子空间的概率均为 $1/C_N^K$。在实际应用中，某些信号的支撑集分布还具有一定的相关性，使得信号位于每个低维子空间的概率不再是均等的，而是呈现一定的聚集特征。由于不均匀的支撑集分布赋予了原有稀疏模型额外的结构信息，因此一般称这类信号是结构化稀疏的[189]。在式(10.5)的基础上，结构化稀疏可进一步推广为子空间并集模型[190]：

$$X_K=\bigcup_{k=1}^{K}S_M^k \quad \text{s.t.} \quad S_M^k=\mathrm{span}\{\psi_{\Lambda k} \mid \psi_{\Lambda_k}\in\{\psi_{\Lambda k}\}_1^{C_N^M},\psi_{\Lambda_k^C}=0,|\Lambda_k|=M\}$$

其中，K 为并集中子空间的个数，Λ_k^C 表示 Λ_k 的补集。块稀疏是一种最典型的结构化稀疏模型，这里结合文献[191-192]重新给出块稀疏信号的定义。

定义 10.2：在 N 维空间中，信号向量 $\boldsymbol{x}$ 的表征系数 α 被划分为 g 个块，每块包含 d

个元素，即

$$\boldsymbol{A}=\mathrm{unvec}_{d,g}(\alpha)=\begin{bmatrix}\alpha_1 & \alpha_{d+1} & \cdots & \alpha_{N-d+1}\\ \vdots & \vdots & & \vdots\\ \alpha_d & \alpha_{2d} & \cdots & \alpha_N\end{bmatrix}^{d\times g}$$

若 $\boldsymbol{A}$ 中有 K 个非零范数的列，即

$$\|\boldsymbol{A}\|_{2,0}=K$$

则称 $\boldsymbol{x}$ 是 K 块稀疏的。

从另一个角度理解信号的结构化表示，可认为它是一种从信号空间到特征空间的投影，因此判断结构化信号的关键在于找到联接这两种空间的映射关系。对于定义 10.1 中的线性表示，表征系数 $\boldsymbol{\alpha}$ 可以看成信号 $\boldsymbol{x}$ 在字典 $\boldsymbol{\Psi}$ 上的投影。

基于上述定义和分析，根据信号投影系数的分布特点来划分干扰类型，如图 10.2 所示。若干扰在某个字典下的投影系数分布满足定义 10.1 或定义 10.2 中的条件，则称它为稀疏干扰或块稀疏干扰。在定义 10.2 中，稀疏信号可以表示为当 $d=1$ 时块稀疏的一个特例。可以看出，无论是稀疏信号还是块稀疏信号，都是一种信号结构化特征的表现。若干扰在任何已知解析字典上的投影系数分布都不满足稀疏性，则称它为非稀疏干扰。因此，干扰可以分为结构化干扰(structured interference，SI)和非结构化干扰(non-structured interference，NSI)两种类型。

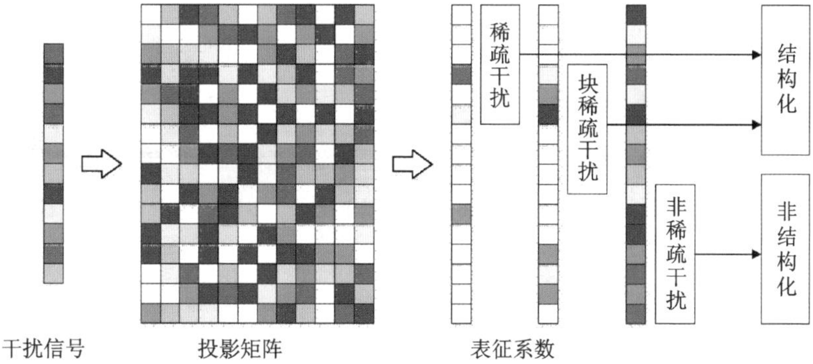

图 10.2 根据信号投影系数的分布特点划分干扰类型

为了验证结构化表征模型与实际合成孔径雷达压缩成像中干扰信号的关联性，在时域、频域和时频联合域上分析 5 种典型合成孔径雷达压缩成像中干扰在超完备字典上的投影分布。在合成孔径雷达压缩成像常见的干扰中，随机脉冲干扰在时域上具有一定的冲激特征，其脉冲宽度和发射间隔是随机变化的，这种干扰会在合成孔径雷达图像上产生斑点状的虚假目标[193]；射频窄带干扰可以建模为多个谐波的叠加，具有明显的频谱冲激特征，在合成孔径雷达图像中产生明亮的距离线斑[194]；线性调频干扰与合成孔径雷达波形具有一定的相干性，信号特征主要体现在二维时频域上，这类干扰具有较大的带宽和变化的中心频率，在合成孔径雷达图像中产生方位向线斑[195]；窄带和宽带噪声干扰是一种典型的压制干扰，在各个域上都具有随机特性，能够有效降低合成孔

径雷达图像的信噪比[196-197]。

针对上述类型的干扰，利用信号时延、频谱和时频变换构建各自域上的 256×512 超完备字典，它们对应的投影矩阵以及不同干扰在各自域上的投影分布分别如图 10.3、图 10.4 所示。

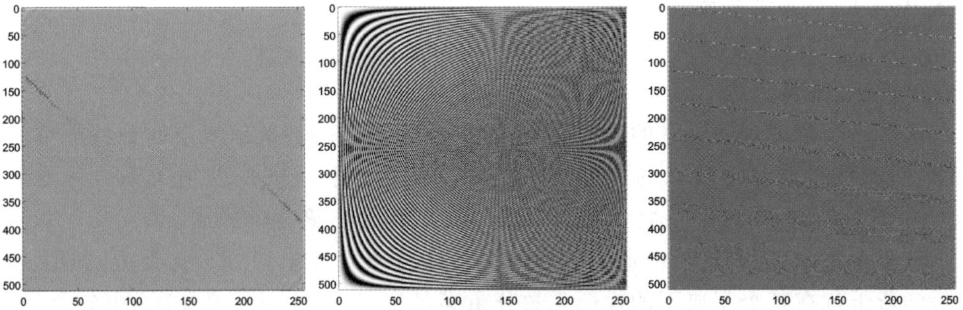

(a) 时域投影矩阵　(b) 频域投影矩阵　(c) 时频域投影矩阵

图 10.3　不同信号域上的投影矩阵

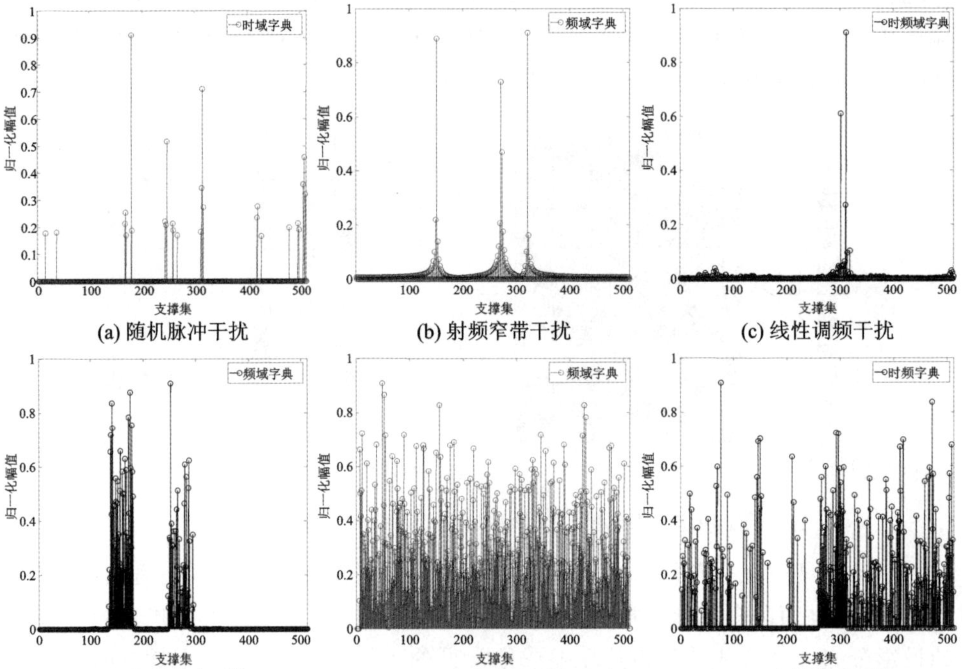

(a) 随机脉冲干扰　(b) 射频窄带干扰　(c) 线性调频干扰

(d) 窄带噪声干扰　(e) 宽带噪声干扰　(f) 宽带噪声干扰

图 10.4　典型合成孔径雷达压缩成像干扰信号在字典上的投影分布

由图 10.4 可以看出，除宽带噪声干扰之外，其余干扰类型都在特定的超完备字典下具有结构化特征。图 10.4(a)～图 10.4(c)中随机脉冲干扰、射频窄带干扰以及线性调频干扰在时域、频域和时频域字典上的投影呈现稀疏分布。图 10.4(d)中的窄带噪声干扰在频域字典上的投影呈现块稀疏分布。图 10.4(e)和(f)中的宽带噪声干扰目前无法找到合适的字典使其投影系数满足定义 10.1 和定义 10.2 中的分布特点。因此，利用信号结构特征对合成孔径雷达压缩成像中常见的有源压制性干扰进行分类的结果如图 10.5 所示。

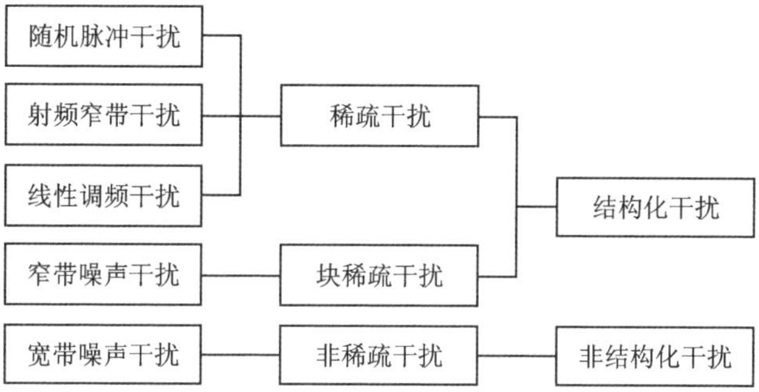

图 10.5 基于信号结构特征的合成孔径雷达压缩成像干扰分类

10.3.1.2 干扰机理的几何解释

若合成孔径雷达观测场景具有稀疏性，则可以利用成像几何与信号波形的先验知识设计测量矩阵，进而实现对回波信号的结构化表征。为便于后续的分析和推导，并且不失一般性，这里假设干扰 $\boldsymbol{n}$ 可以在任意一个字典 $\boldsymbol{\Omega}$ 下做线性表示，此时雷达回波信号模型为

$$\boldsymbol{x}=\boldsymbol{\Psi}\boldsymbol{\alpha}+\boldsymbol{\Omega}\boldsymbol{v}+\boldsymbol{\varepsilon} \tag{10.6}$$

其中，$\boldsymbol{v}$ 为干扰 $\boldsymbol{n}$ 在字典 $\boldsymbol{\Omega}$ 下的表征系数，其非零元素的分布决定了干扰的结构特征。

合成孔径雷达稀疏成像的本质是对观测场景电磁散射特性的最优估计，式(10.3)中的正则化算法是这类估计问题的一种非线性求解途径，一般以迭代追踪的方式获取全局最优解，很难给出明确的解析式。因此，为了给出干扰对合成孔径雷达信号稀疏重构的影响机理的解析表达，本小节通过线性近似的方法对它进行分析和推导。

假设在稀疏观测场景下，后向散射系数向量 $\boldsymbol{\alpha}$ 中存在大量的非零元素，此时式(10.6)是一种超完备的表征方式。实际上，回波信号 $\boldsymbol{s}$ 位于由矩阵 $\boldsymbol{\Psi}_\Lambda$ 张成的 K 维子空间 $\mathrm{span}(\boldsymbol{\Psi}_\Lambda)$上。$\boldsymbol{\Psi}_\Lambda$ 又称为子空间矩阵，由支撑集 Λ 在字典 $\boldsymbol{\Psi}$ 中索引的列组成。因此，式(10.6)中的信号模型有一种更紧致的表达，即

$$\boldsymbol{s}=\boldsymbol{\Psi}_\Lambda\boldsymbol{\alpha}_\Lambda \tag{10.7}$$

其中，$\boldsymbol{\alpha}_\Lambda$ 是由 $\boldsymbol{\alpha}$ 中非零元素构成的向量，也可以称 $\boldsymbol{\alpha}_\Lambda$ 是 $\boldsymbol{s}$ 在子空间 $\mathrm{span}(\boldsymbol{\Psi}_\Lambda)$上的投影。

若存在$\boldsymbol{\Psi}_\Lambda^\dagger$，满足$\boldsymbol{\Psi}_\Lambda^\dagger\boldsymbol{\Psi}_\Lambda=\boldsymbol{I}$，则可以得到式(10.7)中对 $\boldsymbol{\alpha}_\Lambda$ 的估计为

$$\hat{\boldsymbol{\alpha}}_\Lambda=\boldsymbol{\alpha}_\Lambda+\hat{\boldsymbol{v}}_\Lambda+\boldsymbol{\varepsilon}'$$

其中，$\hat{\boldsymbol{v}}_\Lambda=\boldsymbol{\Psi}_\Lambda^\dagger\boldsymbol{\Omega}\boldsymbol{v}$ 为干扰 $\boldsymbol{n}$ 在 $\boldsymbol{\alpha}_\Lambda$ 上的投影，$\boldsymbol{\varepsilon}'$为加性噪声 $\boldsymbol{\varepsilon}$ 在 $\boldsymbol{\alpha}_\Lambda$ 上的投影。考虑到本小节重点研究干扰对信号重构的影响，若无特殊说明，则假设 ε 可忽略不计，即 $\boldsymbol{\varepsilon}'=\boldsymbol{0}$。

可以看出，估计的非零元素向量 $\hat{\boldsymbol{\alpha}}_\Lambda$ 中除了真实信号投影之外还包含了干扰的投影分量，而且该分量的大小与信号、干扰的特征结构以及观测参数密切相关。图 10.6

分别给出了干扰与信号在相同字典、不同字典上表征这两种条件下的投影几何。下面从干扰投影的角度，对合成孔径雷达信号稀疏重构的干扰机理进行几何解释与分析。

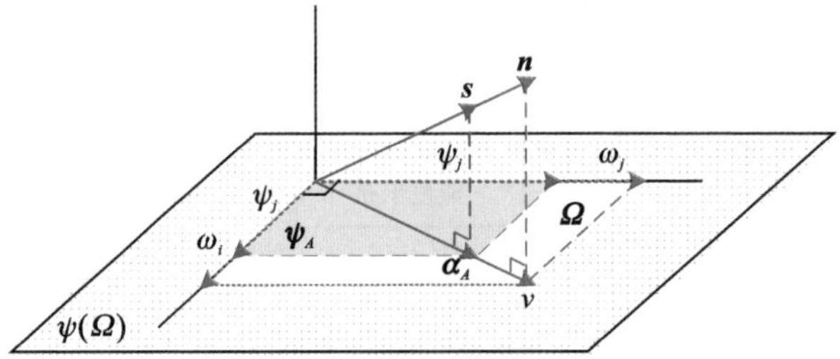

(a) 干扰与信号在相同字典上的投影

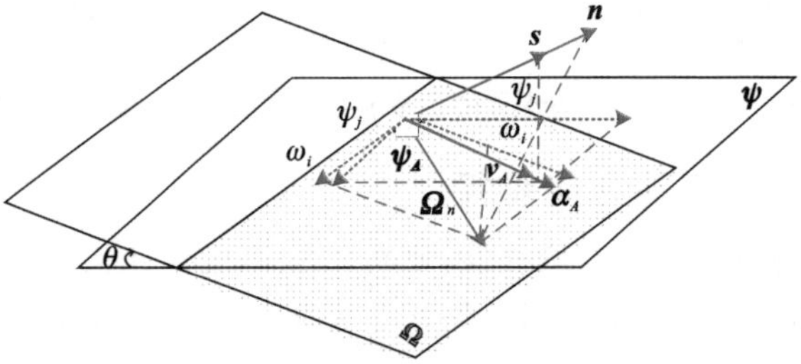

(b) 干扰与信号在不相同字典上的投影

图 10.6　干扰投影几何示意图

10.3.2　合成孔径雷达稀疏成像结构化干扰抑制算法

成像质量是合成孔径雷达稀疏成像干扰抑制算法研究的首要前提和基础。在合成孔径雷达稀疏成像涉及的三个科学问题中，场景的非线性无模糊重构是雷达成像最重要、最核心的环节，重构算法的性能直接决定了成像质量和效率。目前，用于合成孔径雷达稀疏成像的重构算法主要分为三大类：凸优化算法、贪婪算法和贝叶斯算法。凸优化算法一般利用 L_1 正则最小化(L_1 regularized minimization，L_1RM)算法[198]来实现，重构算法以迭代收缩阈值(IST)算法[199]为典型代表，其特点是重构精度较高、可分解性强，但计算复杂度大；贪婪算法通过寻找字典中与信号残差内积最大的原子对信号进行逼近，主要包括正交匹配追踪算法、子空间追踪(subspace pursuit，SP)算法[200]等，其特点是计算效率高，但重构精度低，可分解性差。贝叶斯方法通过统计推理的方式学习信号参数进而提高重构性能，主要包括稀疏贝叶斯学习(SBL)算法[201]、块稀疏贝叶斯学习(block sparse bayesian learning，BSBL)算法等，该方法的主要优势在于能有效降低信号重构对稀疏性和测量矩阵的约束，能够获得问题模型最稀疏的解，但在优化求解过程中涉及大量的矩阵求逆，处理大规模问题的实时性较差。因此，从信号干扰联合优化的角度以及信号重构性能上来看，凸优化算法和贝叶斯方法在干扰抑制问题上更具优势。

本小节针对合成孔径雷达稀疏成像中的结构化干扰抑制问题，从联合优化的角度出发，介绍了一种基于形态成分分析(morphological component analysis，MCA)的合成孔径雷达稀疏成像干扰抑制模型，介绍如何对模型进行结构化扩展，并作为实现干扰分离重构的基础；介绍如何利用凸优化算法的可分解性，建立一种基于交替 L_1/L_2 正则最小化（alternating L_1/L_2 regularized minimization，$\mathrm{A}-L_1/L_2\mathrm{RM}$）的合成孔径雷达稀疏成像干扰抑制算法，对具有较强稀疏特性的合成孔径雷达稀疏成像干扰进行抑制。

10.3.2.1 合成孔径雷达稀疏成像结构化干扰抑制的形态成分分析模型

从联合优化角度进行合成孔径雷达稀疏成像干扰抑制的本质是寻找一个子空间并集，把由不同分量构成的回波信号投影到各自的子空间上。形态成分分析是一种稀疏驱动的信号分离方法，可对混合信号中具有形态差异的分量分别进行提取[202]。结构化干扰在已知的解析字典上具有稀疏或块稀疏分布的特征，只要干扰子空间与信号子空间不完全重合，二者在形态上的差异就始终存在。如图 10.7 所示，形态成分分析模型将合成孔径雷达信号 $\boldsymbol{x}$ 看作多个形态独立信号分量的线性组合，即

$$x=\boldsymbol{\Psi\alpha}+\boldsymbol{\Omega v}+\varepsilon$$

其中，$\boldsymbol{\Psi}$、$\boldsymbol{\Omega}$ 分别为信号字典和干扰字典，$\boldsymbol{\alpha}$、$\boldsymbol{v}$ 分别为信号和干扰在各自字典上的投影系数。可以利用信号分量 $\boldsymbol{s}$ 和干扰分量 $\boldsymbol{n}$ 在各自字典上的稀疏性来实现信号分离。

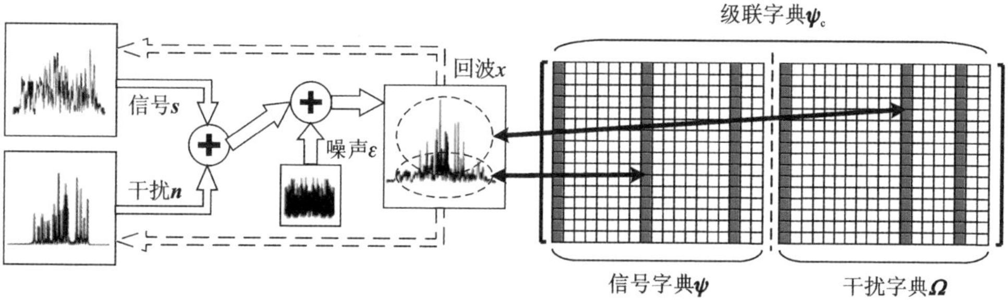

图 10.7 基于形态成分分析的合成孔径雷达稀疏成像干扰抑制示意图

将形态成分分析模型应用到合成孔径雷达稀疏成像干扰与目标信号的分离重构问题中，需要同时满足以下三个基本条件：

① 对于干扰 $\boldsymbol{n}$ 及其对应的超完备字典 $\boldsymbol{\Omega}$，式(10.8)的优化问题的解是稀疏的：

$$\hat{v}=\underset{\boldsymbol{v}}{\arg\min}\|\boldsymbol{v}\|_0 \quad \text{s.t.} \quad \boldsymbol{n}=\boldsymbol{\Omega v} \tag{10.8}$$

② 信号 $\boldsymbol{s}$ 无法在 $\boldsymbol{\Omega}$ 上获得稀疏的投影，即式(10.9)的优化问题的解是非稀疏的：

$$\hat{\alpha}=\underset{\boldsymbol{\alpha}}{\arg\min}\|\boldsymbol{\alpha}\|_0 \quad \text{s.t.} \quad \boldsymbol{s}=\boldsymbol{\Omega\alpha} \tag{10.9}$$

③ 对于上述条件①和条件②，反之也成立。

在干扰条件下，经过压缩测量后的合成孔径雷达回波信号向量可以以级联的形式表示为

$$y=\boldsymbol{\Phi}(\boldsymbol{\Psi\alpha}+\boldsymbol{\Omega v})+\varepsilon=[\boldsymbol{\Theta}_s\boldsymbol{\Theta}_n]\begin{bmatrix}\boldsymbol{\alpha}\\ \boldsymbol{v}\end{bmatrix}+\varepsilon \tag{10.10}$$

其中，$\boldsymbol{\Phi}$ 为压缩测量矩阵，$\boldsymbol{\Theta}_s=\boldsymbol{\Phi\Psi}$ 和 $\boldsymbol{\Theta}_n=\boldsymbol{\Phi\Omega}$ 分别为用于信号与干扰重构的感知矩阵。

从联合优化的角度，合成孔径雷达稀疏成像干扰抑制问题就是对式(10.10)中观测

信号 $\boldsymbol{y}$ 进行形态分解的过程，具体可以描述为

$$\min \|\boldsymbol{\alpha}\|_0 + \|\boldsymbol{v}\|_0 \quad \text{s.t.} \quad \|\boldsymbol{y} - \boldsymbol{\Theta}_s\boldsymbol{\alpha} - \boldsymbol{\Theta}_n\boldsymbol{v}\|_2^2 < \delta \tag{10.11}$$

其中，$\|\cdot\|_0$ 表示 L_0 范数，$\delta > 0$ 为任意常数。

对式(10.11)中的优化模型进行求解要求每一个信号分量在各自的字典上具有严格的稀疏性，但对于一般性的结构化干扰来说，$\boldsymbol{n}$ 在 $\boldsymbol{\Omega}$ 上的投影 $\boldsymbol{v}$ 并非都是严格稀疏的，还可能呈现块状聚集稀疏特征。此外，合成孔径雷达观测场景也经常出现聚集分布的目标，回波信号也可能具有这种结构化特点。

根据 10.3.1 小节中的定义 10.2，假设存在结构化变换矩阵 $\boldsymbol{T}_s$ 和 $\boldsymbol{T}_n$，使得信号投影系数和干扰投影系数满足

$$\|\boldsymbol{V}\|_{2,0} = K_n, \quad \|\boldsymbol{A}\|_{2,0} = K_s$$

其中，$\boldsymbol{A} = \text{unvec}(\boldsymbol{T}_s\boldsymbol{\alpha})$ 和 $\boldsymbol{V} = \text{unvec}(\boldsymbol{T}_n\boldsymbol{v})$ 分别为由分块向量 $\boldsymbol{T}_s\boldsymbol{\alpha}$ 与 $\boldsymbol{T}_n\boldsymbol{v}$ 构成的矩阵，unvec(·)表示矩阵化算子，则可以将式(10.11)中的形态分解过程推广至结构化形式，即

$$\min \|\boldsymbol{A}\|_{2,0} + \|\boldsymbol{V}\|_{2,0} \quad \text{s.t.} \quad \|y - \boldsymbol{\Theta}_s\boldsymbol{\alpha} - \boldsymbol{\Theta}_n\boldsymbol{v}\|_2^2 < \delta$$

其中，$\|\cdot\|_{2,0}$ 表示矩阵中具有非零 L_2 范数列的个数。

10.3.2.2 基于交替 L_1/L_2 正则最小化的合成孔径雷达稀疏成像干扰抑制算法

1. 算法原理

若干扰和信号在各自超完备字典上满足一般的稀疏性要求，则由于式(10.11)中 L_0 范数求解过程是一个非确定多项式难题，因此一般将它松弛为

$$\{\hat{\alpha}, \hat{v}\} = \underset{\boldsymbol{\alpha}, v}{\arg\min} \lambda_1 \|\boldsymbol{\alpha}\|_1 + \lambda_2 \|\boldsymbol{v}\|_1 + \|\boldsymbol{y} - \boldsymbol{\Theta}_s\boldsymbol{\alpha} - \boldsymbol{\Theta}_n\boldsymbol{v}\|_2^2 \tag{10.12}$$

其中，$\|\cdot\|_1$ 表示 L_1 范数；λ_1 和 λ_2 为正则参数，用于调整信号和干扰的稀疏性权重。

在凸优化框架中，通常将式(10.12)的问题转化为 L_1 正则最小化来求解，即

$$\min_u f(u) + \lambda \|u\|_1 \tag{10.13}$$

其中，目标函数 $f:\mathbf{R}^N \to \mathbf{R}$ 为任意凸函数。特别地，当 $f(\boldsymbol{u})$ 为正则线性回归函数时，式(10.13)变为经典的基追踪优化问题，即

$$\min_{\boldsymbol{u}} \frac{1}{2} \|\boldsymbol{y} - \boldsymbol{\Theta}\boldsymbol{u}\|_2^2 + \lambda \|\boldsymbol{u}\|_1 \tag{10.14}$$

其中，正则参数 λ 用于平衡误差项与稀疏性的权重。

式(10.12)中信号和干扰两种不同分量的联合优化可以认为是一种分布式多问题求解过程，交替方向乘子法(ADMM)是这种分布式优化问题的一种简单高效的求解算法，可以将全局问题拆分成多个局部子问题进行联合估计[203]。此外，该算法能够同时利用对偶上升(dual ascent)法的可分解性与增广拉格朗日(augmented lagrangian)法的快速收敛性，有效松弛优化过程对目标函数凸性和有界性的要求。

(1) L_1/L_2 块正则约束

若干扰和信号在各自超完备字典上满足结构化稀疏性，则对式(10.14)做进一步推

广，通过对 L_1 正则项加以结构化稀疏约束，可以得到

$$\min_{u} \frac{1}{2} \| \boldsymbol{y} - \boldsymbol{\Theta u} \|_2^2 + \lambda \| \boldsymbol{Tu} \|_1 \tag{10.15}$$

其中，$\boldsymbol{T}$ 表示结构化变换矩阵，通常为分块对角形式。当 $\boldsymbol{T}$ 为单位矩阵 $\boldsymbol{I}$ 时，该模型可以退化为一般的基追踪形式。假设 $\boldsymbol{T}$ 由 g 个 $d_i \times d_i$ 单位对角矩阵构成，即

$$\boldsymbol{T} = \begin{bmatrix} \boldsymbol{T}_1 & & \\ & \ddots & \\ & & \boldsymbol{T}_g \end{bmatrix}$$

其中，$\boldsymbol{T}_i = \mathrm{diag}(d_i)$，则有

$$\boldsymbol{Tu} = [\boldsymbol{u}_1, \boldsymbol{u}_2, \cdots, \boldsymbol{u}_g]^{\mathrm{T}}$$

其中，$\boldsymbol{u}_i = [u_{i,1}, u_{i,2}, \cdots, u_{i,d_i}]^{\mathrm{T}}$。在此条件下，式(10.15)可以描述为一种加入 L_1/L_2 块正则约束的优化重构问题，即

$$\hat{u} = \arg\min_{u} \frac{1}{2} \| \boldsymbol{y} - \boldsymbol{\Theta}_{\mathrm{n}} \boldsymbol{u} \|_2^2 + \lambda \sum_{i=1}^{g} w_i \| \boldsymbol{u}_i \|_2$$

其中，w_i 为第 i 个块正则参数，一般设置为 $\sqrt{d_i}$。

(2) 交替优化更新

当目标函数具有可分解性时，即 $\boldsymbol{\Theta} = [\boldsymbol{\Theta}_{\mathrm{s}} \boldsymbol{\Theta}_{\mathrm{n}}]$，$\boldsymbol{u} = [\boldsymbol{\alpha v}]^{\mathrm{T}}$，则可以通过并行优化每一个子目标函数来得到式(10.12)的最优解。因此，合成孔径雷达稀疏成像的信号和干扰的分离重构过程可以分解为如下两个并行子问题[204]，即

① 信号优化重构子问题：

$$\hat{\alpha} = \arg\min_{\alpha} \frac{1}{2} \| \boldsymbol{y} - \boldsymbol{\Theta}_{\mathrm{s}} \boldsymbol{\alpha} \|_2^2 + \lambda \sum_{i=1}^{g} w_i \| \boldsymbol{\alpha}_i \|_2$$

② 干扰优化重构子问题：

$$\hat{v} = \arg\min_{\boldsymbol{v}} \frac{1}{2} \| \boldsymbol{y} - \boldsymbol{\Theta}_{\mathrm{n}} \boldsymbol{v} \|_2^2 + \lambda \sum_{i=1}^{g} w_i \| \boldsymbol{v}_i \|_2$$

其中，$0 < \lambda < 1$ 为正则系数，用于平衡重构误差与稀疏性之间的权重。交替优化算法的核心思想是在原始向量 $\boldsymbol{\alpha}$ 和 $\boldsymbol{v}$ 中分裂出一个新的向量 $\boldsymbol{\beta}$，并与构建的对偶向量 $\boldsymbol{u}$ 一同交替更新。

在信号优化重构子问题中，在第 k 次迭代更新为

$$\begin{cases} \boldsymbol{\alpha}^{k+1} = (\boldsymbol{\Theta}_{\mathrm{s}}^{\mathrm{H}} \boldsymbol{\Theta}_{\mathrm{s}} + \rho \boldsymbol{T}_{\mathrm{s}}^{\mathrm{H}} \boldsymbol{T}_{\mathrm{s}})^{-1} [\boldsymbol{\Theta}_{\mathrm{s}}^{\mathrm{H}} \boldsymbol{y} + \rho \boldsymbol{T}_{\mathrm{s}}^{\mathrm{H}} (\boldsymbol{\beta}_{\alpha}^{k} - \boldsymbol{u}_{\alpha}^{k})] \\ \boldsymbol{\beta}_{\alpha}^{k+1} = \arg\min\limits_{\boldsymbol{\beta}_{\alpha}} (\lambda \| \beta_{\alpha} \|_1 + (\rho/2) \| (\boldsymbol{T}_{\mathrm{s}} \boldsymbol{\alpha})^{k+1} - \boldsymbol{\beta}_{\alpha} + \boldsymbol{u}_{\alpha}^{k} \|_2^2) \\ \boldsymbol{u}_{\alpha}^{k+1} = \boldsymbol{u}_{\alpha}^{k} + (\boldsymbol{T}_{\mathrm{s}} \boldsymbol{\alpha})^{k+1} - \boldsymbol{\beta}_{\alpha}^{k+1} \end{cases} \tag{10.16}$$

其中，$\rho > 0$ 为惩罚参数。

在 $\boldsymbol{\beta}_{\alpha}$ 的更新过程中，由于 L_1 范数具有不可微性，因此可利用次微分得到其软阈值(soft thresholding)形式的近似闭合解，即

$$\boldsymbol{\beta}_{\alpha}^{k+1} = \boldsymbol{S}_{\lambda/\rho} [(\boldsymbol{T}_{\mathrm{s}} \boldsymbol{\alpha})^{k+1} + \boldsymbol{u}_{\alpha}^{k}]$$

其中，$\boldsymbol{S}_\kappa(\kappa=\lambda/\rho)$为软阈值算子。当 $\boldsymbol{T}_s$ 不是单位对角矩阵时，可利用块软阈值(block soft threshold)算子 $\boldsymbol{S}'_\kappa$ 进行近似求解，具体可以描述为

$$\begin{cases}\boldsymbol{S}_\kappa(\boldsymbol{c})=(c-\kappa)_+-(-c-\kappa)_+\\ \boldsymbol{S}'_\kappa(\boldsymbol{c})=(1-\kappa/\|\boldsymbol{c}\|_2)_+\boldsymbol{c}\end{cases}$$

其中，$(c)_+=\max(\boldsymbol{0},\boldsymbol{c})$，$\boldsymbol{S}'_\kappa(\boldsymbol{0})=\boldsymbol{0}$。

同理，在干扰优化重构子问题中，在第 k 次迭代更新为

$$\begin{cases}\boldsymbol{v}^{k+1}=(\boldsymbol{\Theta}_n^{\mathrm{H}}\boldsymbol{\Theta}_n+\rho\boldsymbol{T}_n^{\mathrm{H}}\boldsymbol{T}_n)^{-1}\left[\boldsymbol{\Theta}_n^{\mathrm{H}}\boldsymbol{y}+\rho\boldsymbol{T}_n^{\mathrm{H}}(\boldsymbol{\beta}_v^k-\boldsymbol{u}_v^k)\right]\\ \boldsymbol{\beta}_v^{k+1}=\boldsymbol{S}'_{\lambda/\rho}\left[(\boldsymbol{T}_n\boldsymbol{v})^{k+1}+\boldsymbol{u}_v^k\right]\\ \boldsymbol{u}_v^{k+1}=\boldsymbol{u}_v^k+(\boldsymbol{T}_n\boldsymbol{v})^{k+1}-\boldsymbol{\beta}_v^{k+1}\end{cases}\tag{10.17}$$

2. 干扰抑制步骤与流程

图 10.8 给出了基于交替 L_1/L_2 正则干扰抑制算法的具体步骤。

基于交替 L_1/L_2 正则最小化的合成孔径雷达稀疏成像干扰抑制算法：

输入：合成孔径雷达回波信号 $\boldsymbol{x}$，测量矩阵 $\boldsymbol{\Phi}$，信号字典 $\boldsymbol{\Psi}$，干扰字典 $\boldsymbol{\Omega}$；

输出：信号和干扰各自表征系数 $\hat{\boldsymbol{\alpha}}$ 和 $\hat{\boldsymbol{v}}$；

初始化：迭代次数 $t=0$，$\boldsymbol{\alpha}=\boldsymbol{v}=\boldsymbol{\beta}_\alpha=\boldsymbol{\beta}_v=\boldsymbol{u}_\alpha=\boldsymbol{u}_v=\boldsymbol{0}$，设置块长度 d，

分块个数 g，块正则参数 $\boldsymbol{w}$，重构误差阈值 T_e，最大迭代次数 N_{iter}；

(1) 获取压缩测量信号 $\boldsymbol{y}=\boldsymbol{\Phi x}$；

(2) 分别构建信号和干扰的感知矩阵 $\boldsymbol{\Theta}_s=\boldsymbol{\Phi\Psi}$ 和 $\boldsymbol{\Theta}_n=\boldsymbol{\Phi\Omega}$；

(3) 根据式(10.16)，对 $\boldsymbol{\alpha}$、$\boldsymbol{\beta}_\alpha$ 和 $\boldsymbol{u}_\alpha$ 进行迭代更新；

(4) 根据式(10.17)，对 $\boldsymbol{v}$、$\boldsymbol{\beta}_v$ 和 $\boldsymbol{u}_v$ 进行迭代更新；

(5) 获取重构残差向量 $\boldsymbol{r}^t=\boldsymbol{y}^t-\boldsymbol{\Theta}_s\alpha-\boldsymbol{\Theta}_n\boldsymbol{v}$；

(6) 若 $t\geqslant N_{\text{iter}}$ 或 $\|\boldsymbol{r}^t\|_2<T_e$，则继续；否则，$\boldsymbol{y}^t=\boldsymbol{r}^t$，$t=t+1$，返回步骤(2)；

(7) 获得最终的表征系数 $\hat{\boldsymbol{\alpha}}=\boldsymbol{\alpha}^t$，$\hat{\boldsymbol{v}}=\boldsymbol{v}^t$。

图 10.8 基于交替 L_1/L_2 正则最小化的合成孔径雷达稀疏成像干扰抑制算法步骤

3. 仿真实验与分析

为验证基于交替 L_1/L_2 正则最小化的合成孔径雷达稀疏成像干扰抑制算法步骤算法在形态成分分析框架下对合成孔径雷达稀疏成像结构化干扰抑制的有效性，选择稀疏度和块稀疏度分别为 5、10 的窄带复正弦干扰作为典型频域稀疏与块稀疏干扰抑制对象展开仿真分析。两种类型干扰的频域稀疏示意图如图 10.9 所示，仿真环境如表 10.1 所列。

表 10.1 稀疏成像结构化干扰抑制仿真环境

名 称	规 格
仿真平台	Matlab 2018b
操作系统	Windows 7(64 bit)
处理器	Intel Core i7-4770 3.4 GHz
安装内存	16 GB

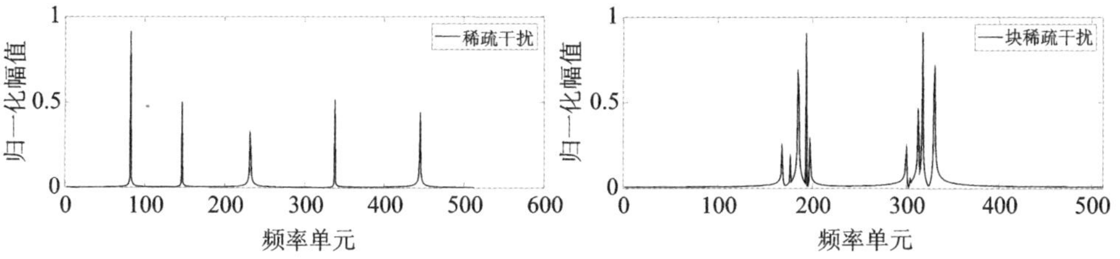

图 10.9 复正弦干扰频域稀疏示意图

在仿真实验中,按照表10.2中的参数生成512×512距离-方位回波信号矩阵,在每一个方位向上,根据成像场景范围内LFM波形参数构建信号距离时延字典,选择标准傅里叶正交基作为干扰字典。

表 10.2 合成孔径雷达回波生成仿真参数

几何信号参数	参数值	几何信号参数	参数值
平台高度	3 km	载波频率	3 GHz
俯仰角	45°	信号带宽	100 MHz
场景范围	256 m×256 m	信号脉宽	1 μs
平台速度	150 m/s	过采样率	1.2
散射点数	348	脉冲重复频率	125 Hz

(1) 仿真实验1:字典选择在形态成分分析模型中的有效性验证

如前所述,基于形态成分分析的合成孔径雷达稀疏成像干扰抑制模型要求目标与干扰信号在各自的字典上具备稀疏或结构化稀疏分布的特征,同时彼此之间不能相互稀疏表征,因此在进行干扰抑制之前利用每一次迭代后的归一化残差(normalized residual,NR)来检验回波中各信号分量在这两种字典上的稀疏性与互斥性。归一化残差具体定义为[205]

$$r_n=\frac{\|\boldsymbol{r}^{(t)}\|_2}{\|\boldsymbol{r}^{(0)}\|_2}$$

其中,$\boldsymbol{r}^{(0)}$、$\boldsymbol{r}^{(t)}$分别为初始残差向量和第t次迭代后的残差向量。

图10.10给出了合成孔径雷达回波中目标信号和干扰在不同字典上的归一化残差收敛曲线,迭代次数设置为$t=50$,初始归一化残差设置为$\boldsymbol{r}^{(0)}=\boldsymbol{y}$。可以看出,目标信号在信号时延字典上能够迅速收敛,而在干扰傅里叶字典上收敛速度较慢;复正弦干扰能够在干扰傅里叶字典上迅速收敛,但在信号时延字典上具有较差的收敛性能。因此,两种字典的选择在形态成份分析模型中是可行且有效的。

(2) 仿真实验2:合成孔径雷达稀疏成像干扰抑制结果

图10.11给出了在信噪比为30 dB且无干扰条件下,压缩比分别为1、1/2和1/4时由348个散射点仿真生成的飞机目标的构建结果,重构算法采用经典的L_1正则最小化算法。可以看出,当压缩比降到1/2时成像质量仍然很高;当压缩比降到1/4时,

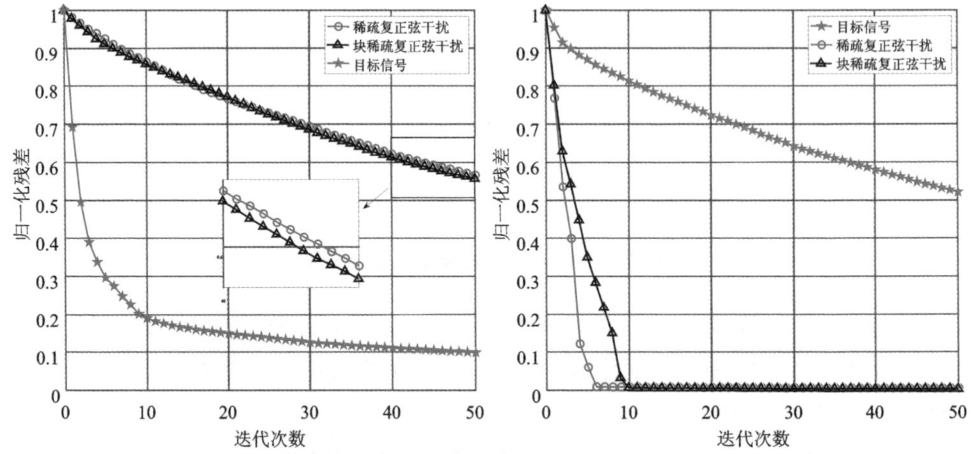

(a) 信号时延字典　　(b) 干扰傅里叶字典

图 10.10　不同信号分量在不同字典上的归一化残差收敛曲线

由重构误差生成的散射点增多,成像质量下降。

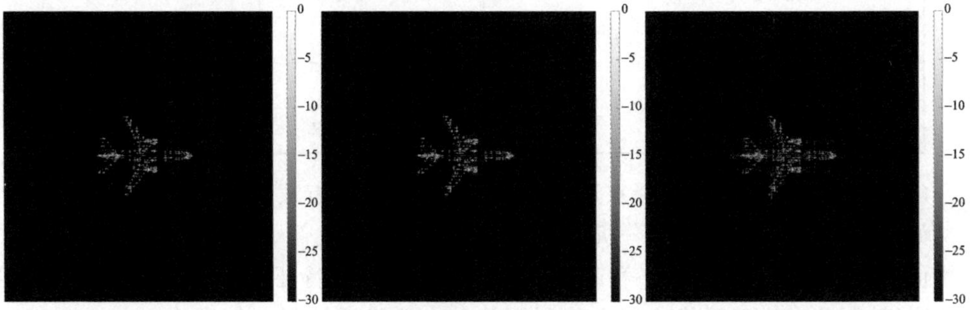
(a) 压缩比为1　　(b) 压缩比为1/2　　(c) 压缩比为1/4

图 10.11　不同压缩比下的稀疏成像结果

图 10.12 给出了在峰值信噪比为 30 dB、干信比为 15 dB、压缩比为 1/2、不同类型复正弦干扰条件下合成孔径雷达稀疏成像干扰抑制结果。从合成孔径雷达图像直观效果上看,不同稀疏度的复正弦干扰对合成孔径雷达稀疏成像影响的差异性较大,块稀疏复正弦干扰对合成孔径雷达图像的压制效果更明显。在较强稀疏性条件下,L_1 正则最小化算法的成像效果略优于基于交替 L_1/L_2 正则最小化的合成孔径雷达稀疏成像干扰抑制算法;随着稀疏性逐渐减弱,基于交替 L_1/L_2 正则最小化的合成孔径雷达稀疏成像干扰抑制算法中结构化约束的优势逐渐体现出来,相反,L_1 正则最小化算法并没有利用块结构信息,重构图像效果下滑严重。

表 10.3 给出了复正弦干扰下合成孔径雷达稀疏成像质量统计结果。可以看出,对于具有较强稀疏性的复正弦干扰,两种算法重构图像质量指标的统计结果接近,L_1 正则最小化算法表现更优。而对于块稀疏复正弦干扰,经两种算法处理后的图像质量均有所提高,但经基于交替 L_1/L_2 正则最小化的合成孔径雷达稀疏成像干扰抑制算法处

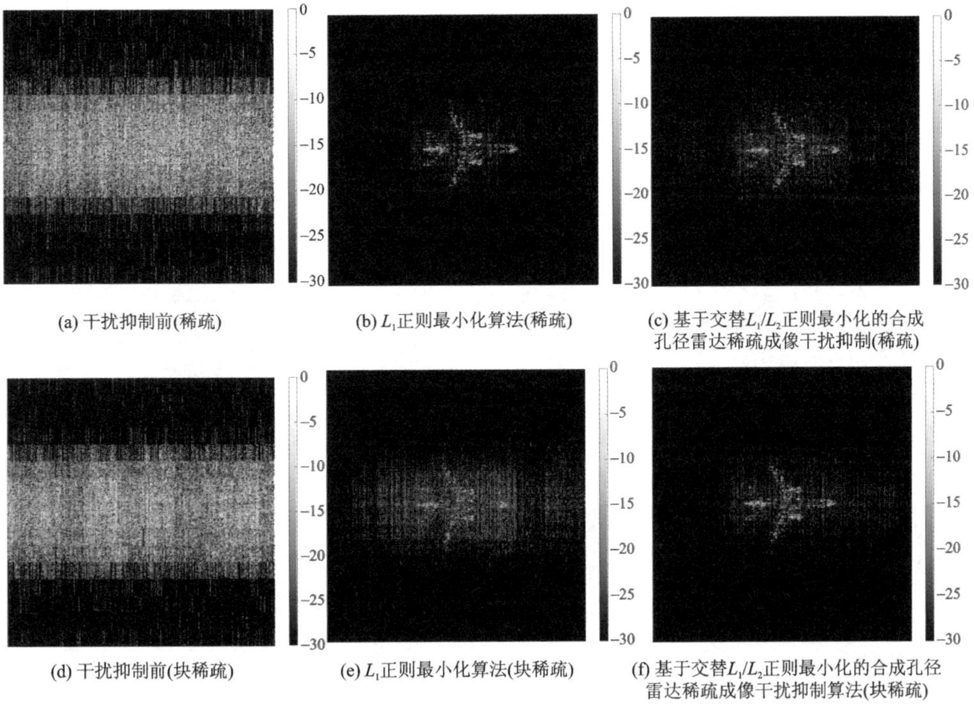
(a) 干扰抑制前(稀疏)
(b) L_1正则最小化算法(稀疏)
(c) 基于交替L_1/L_2正则最小化的合成孔径雷达稀疏成像干扰抑制(稀疏)
(d) 干扰抑制前(块稀疏)
(e) L_1正则最小化算法(块稀疏)
(f) 基于交替L_1/L_2正则最小化的合成孔径雷达稀疏成像干扰抑制算法(块稀疏)

图 10.12 不同类型复正弦干扰下合成孔径雷达稀疏成像干扰抑制结果
(峰值信噪比=30 dB,干信比=15 dB,压缩比=1/2)

理后的图像质量相对更高,这说明该算法对干扰稀疏性的鲁棒性较好。

表 10.3 复正弦干扰下合成孔径雷达稀疏成像质量统计结果

图像类型	等效视数	图像熵	空间频率	峰值信噪比/dB
原始图像	1.110	2.514	11.302	25.054
干扰抑制前图像(稀疏干扰)	2.839	6.204	36.876	11.793
L_1 正则最小化算法重构图像(稀疏干扰)	1.352	3.377	8.086	24.209
基于交替 L_1/L_2 正则最小化的合成孔径雷达稀疏成像干扰抑制算法重构图像(稀疏干扰)	1.458	3.590	8.248	23.077
干扰抑制前图像(块稀疏干扰)	3.032	6.256	39.132	12.113
L_1 正则最小化算法重构图像(块稀疏干扰)	2.396	4.833	15.497	15.508
基于交替 L_1/L_2 正则最小化的合成孔径雷达稀疏成像干扰抑制算法重构图像(块稀疏干扰)	1.812	4.291	13.166	18.328

(3) 仿真实验 3:实测数据验证

为进一步验证基于交替 L_1/L_2 正则最小化的合成孔径雷达稀疏成像干扰抑制算法在合成孔径雷达稀疏成像干扰抑制中的有效性,利用实际的合成孔径雷达回波数据进行仿真,信号带宽为 82.5 MHz。图 10.13 给出了无干扰条件下合成孔径雷达实测数据的传统 RD 成像和稀疏成像结果。舰船目标区域的方位(纵轴)与距离(横轴)单元范围分别为 12 201～12 712 和 5 401～5 912,以便与之前的仿真结果进行比较。可以看出,传统 RD 成像结果具有较明显的旁瓣,成像质量一般;而稀疏成像结果更加精细化,并且在欠定采样条件下的成像质量具有一定的鲁棒性。

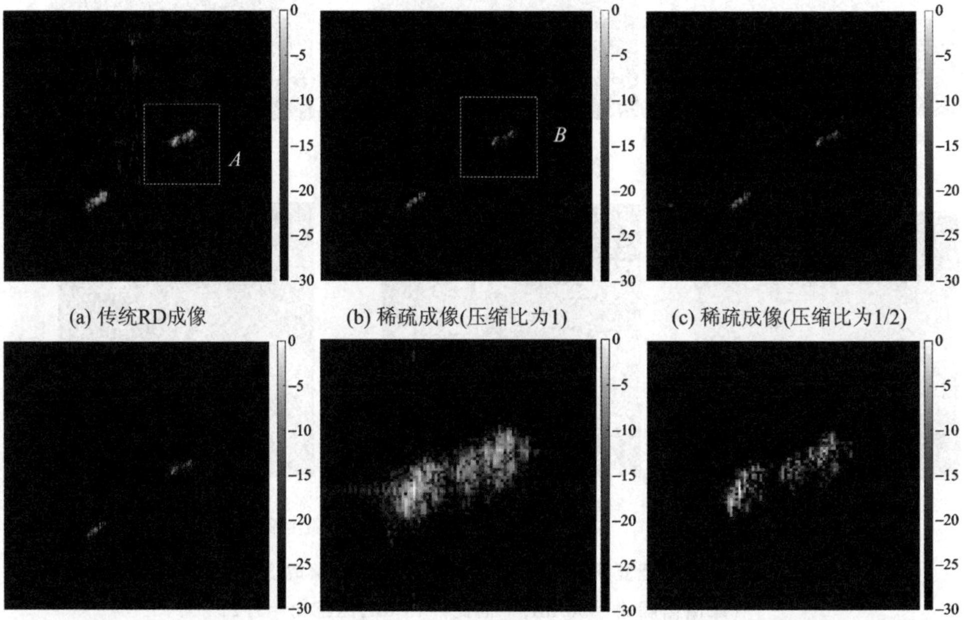

(a) 传统RD成像　(b) 稀疏成像(压缩比为1)　(c) 稀疏成像(压缩比为1/2)

(d) 稀疏成像(压缩比为1/4)　(e) 图(a)中虚线框A放大效果　(f) 图(b)中虚线框B放大效果

图 10.13　无干扰条件下合成孔径雷达实测数据的传统 RD 成像与稀疏成像结果

在第 12 301～12 600 方位的合成孔径雷达实测回波数据中加入稀疏度和块稀疏度分别为 5、10 的复正弦干扰,并利用 L_1 正则最小化算法和算法进行干扰抑制处理。

图 10.14 和表 10.4 分别给出了不同算法处理前后的成像结果与图像质量统计结果。可以看出,在干扰抑制前,舰船目标淹没在干扰中无法辨识,经过 L_1 正则最小化算法和基于交替 L_1/L_2 正则最小化的合成孔径雷达稀疏成像干扰抑制算法处理后的合成孔径雷达稀疏成像质量均得到了明显的提高,目标清晰可见。在稀疏复正弦干扰下两种算法性能接近,L_1 正则最小化算法略微更优。在块稀疏干扰下,基于交替 L_1/L_2 正则最小化的合成孔径雷达稀疏成像干扰抑制算法明显优于 L_1 正则最小化算法,在等效视数、图像熵、空间频率和峰值信噪比上平均改善了 6.64%、6.40%、15.61%与 6.06%。

表 10.4　实测数据稀疏成像结构化干扰抑制图像质量统计结果

图像类型	等效视数	图像熵	空间频率	峰值信噪比/dB
原始图像	1.103	1.649	3.099	27.348
干扰抑制前图像(稀疏干扰)	2.499	5.207	17.581	12.960
L_1 正则最小化算法算构图像(稀疏干扰)	1.743	3.170	4.505	20.937

续表 10.4

图像类型	等效视数	图像熵	空间频率	峰值信噪比/dB
基于交替 L_1/L_2 正则最小化的合成孔径雷达稀疏成像干扰抑制重构图像(稀疏干扰)	1.787	3.163	4.249	20.875
干扰抑制前图像(块稀疏干扰)	2.473	5.802	27.412	12.907
L_1 正则最小化算法重构图像(块稀疏干扰)	2.180	3.867	6.549	17.121
基于交替 L_1/L_2 正则最小化的合成孔径雷达稀疏成像干扰抑制重构图像(块稀疏干扰)	1.944	3.417	4.877	19.246

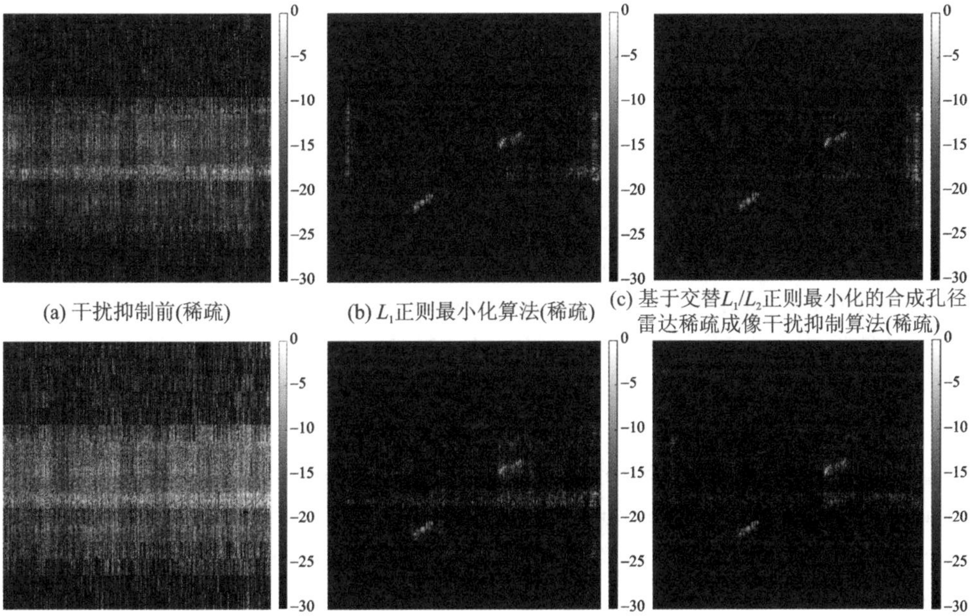

(a) 干扰抑制前(稀疏)　(b) L_1正则最小化算法(稀疏)　(c) 基于交替L_1/L_2正则最小化的合成孔径雷达稀疏成像干扰抑制算法(稀疏)

(d) 干扰抑制前(稀疏)　(e) L_1正则最小化算法(块稀疏)　(f) 基于交替L_1/L_2正则最小化的合成孔径雷达稀疏成像干扰抑制算法(块稀疏)

图 10.14　实测数据合成孔径雷达稀疏成像干扰抑制结果

参考文献

[1] KISHNER S,FLYNN D,COX C,et al. Reconnaissance payloads for responsive space[C]//proceedrgs of the 4th responsive space conference. Los Angeles,CA: 2006:24-27.

[2] 陈世平. 高分辨率卫星遥感数据传输技术发展的若干问题[J]. 空间电子技术,2003(3): 1-5.

[3] DONOHO D L. Compressed sensing[J]. IEEE transaltions on information theory,2006,52(4): 1289-1306.

[4] CANDES E J, TAO T. Decoding by linear programming[J]. IEEE transaltions on information theory,2005,51(12):4203-4215.

[5] CANDES E J, ROMBERG J,TAO T. Robust uncertainty princ iples: exact signal reconstruction from highly incomplete frequency information [J]. IEEE transeltions on information theory,2006,52(2): 489-509.

[6] GABOR D. Theory of communication[J]. Journal institrte of electrical engineers,1946,93:429-457.

[7] CTFEICHTINGER H, Strohmer T. Gabor analysis and algorithms: theory and applications[M]. Boston:Birkhauser,1997.

[8] NAWAB S H, EQUATIERI T. Short-time Fourier transform[C]// Advanced topics in signal processing,1987,289-337.

[9] MALLAT S. A wavelet tour of signal processing[M]. 2nd ed. San Diego: Academic Press,1998.

[10] 成礼智,王红霞,罗永. 小波的理论与应用[M]. 北京:科学出版社,2009.

[11] CANDES E J. Ridgelets: theory and applications[D]. Stanford: Stanford University,1998.

[12] CANDES E J, DONOHO D L. Curvelets[R], 1999.

[13] DONOHO D L. Wedgelets: nearly minimax estimation of edges[R], 1997.

[14] DO M N, VETTERLI M. The contourlet transform: an efficient directional multiresolution image representation[J]. IEEE transaction on image processing, 2005,14(12): 2091-2106.

[15] PENNEC E L, MALLAT S. Non linear image approximation with bandelets [R],2003.

[16] VELISAVLJEVIC V,BEFERULL-LOZANO B, VETTERLI M, et al. Direc-

tionlets: anisotropic multi-directional representation with separable filtering[J]. IEEE transactions on image processing,2006,15(7): 1916-1933.

[17] LU Y M, DO M N. Multi dimensional directional filter banks and surfacelets [J]. IEEE transactions on image processing,2007,16(4): 918-931.

[18] MALLAT S, ZHANG Z. Matching pursuits with time-frequency dictionaries [J]. IEEE transaltions on signal processing,1993,41(12): 3397-3415.

[19] STARCK J L, FADILI M J, MURTAGH F. The undecimated wavelet decomposition and its application[J]. IEEE transactions on image processing,2007,16 (2):297-309.

[20] PORTILLA J, STRELA V, WAINWRIGHT M, et al. Image denoising using scale mixtures of Gaussians in the wavelet domain[J]. IEEE transactions on image processing,2003,12(11): 1338-1351.

[21] MEYER F G, AVE RBUCH A, STROMBERG J O. Fast adaptive wavelet packet image compression[J]. IEEE transactions on image processing,2000,9 (5): 792-800.

[22] PEYRE G, MALLAT S. Surface compression with geometric bandelets[J]. ACM transactions on graphics,2005,24(3): 601-608.

[23] OLSHAUSEN B A, FIELD D J. Sparse coding with an over complete basis set: a strategy employed by V1[J]. Vision research,1997,37(23): 3311-3325.

[24] LEWICKI M S, SEJNOWSKI T J. Learning over complete representations[J]. Neural computation,2000,12: 337-365.

[25] ENGAN K, AASE S O, HAKON-HUSOY J H. Method of optimal directions for frame design[C]// IEEE international conference on acoustics, speech, and signal processing,1999,5: 2443-2446.

[26] MURRAY J F, KREUTZ-DELGADO K. An improved focuss-based learning algorithm for solving sparse linear inverse problems[C]// IEEE Interational Conference on signals, systems and computers,2001,41: 19-53.

[27] CANDES E J, ROMBERG J, TAO T. Stable signal recovery from incomplete and inaccurate measurements[J]. Communications on pure and applied mathematics,2006,59(8): 1207-1223.

[28] GILBERT A C, GUHA S, INDYK P, et al. Near-optimal sparse Fourier representations via sampling[C]// Proceedings of the 34th annual ACM symposium on theory of computing. Quebec, Canada: ACM Press,2006:152-161.

[29] TSAIG Y, DONOHO D L. Extensions of compressed sensing[J]. Signal processing,2006,86(3): 549-571.

[30] DONOHO D L. For most large underdetermined systems of linear equations, the minimal L1 norm solution is also the sparsest solution[J]. Communications

on pure and applied mathematics,2006,59(6): 797-829.

[31] BAJWA W U, HAUPT J D, RAZ G M,et al. Toeplitz-structured compressed sensing matrices[C]//Proceedings of the IEEE workshop on statistical signal processing. Washington D. C. ,USA: IEEE,2007: 294-298.

[32] RONALD A D. Deterministic constructions of compressed sensing matrices[J] Journal of complexity,2007: 918-925.

[33] 李小波. 基于压缩感知的测量矩阵研究[D]. 北京:北京交通大学,2010.

[34] 李浩. 用于压缩感知的确定性测量矩阵研究[D]. 北京:北京交通大学,2011.

[35] SHEIKH M, MILENKOVIC O, BARANIUK R. Designing compressive sensing DNA microarrays[C]// IEEE workshop on computational advances in multi-sensor adaptive processing (CANSAP). St. Thomas, U. S. Virgin Islands, 2007: 141-144.

[36] SHEIKH M,MILENKOVIC O, BARANIUK R. Compressed sensing DNA microarrays[R], 2007.

[37] TROPP J A, GILBERT A C. Signal recovery from random measurements via orthogonal matching pursuit[J]. IEEE transaltions on information theory,2007, 53(12): 4655-4666.

[38] DONOHO D L, TSAIG Y, DRORI I,et al. Sparse solution of underdetermined linear equations by stagewise orthogonal matching pursuit[J]. IEEE transactions on information theory,2012,58(2): 1094-1121.

[39] NEEDELL D, VERSHYNIN R. Uniform uncertainty principle and signal recovery from via regularized orthogonal matching pursuit[J]. Foundations of computational mathematics, 2008,9(3): 317-334.

[40] NEEDELL D, TROPP J A. CoSaMP: iterative signal recovery from incomplete and inaccurate samples[J]. Applied and computational harmonic analysis,2009, 26(3): 301-321.

[41] REBOLLO-NEIRA L, LOWE D. Optimized orthogonal matching pursuit approach[J]. IEEE signal processing letters, 2002,9(4):137-140.

[42] THONG T D, L G,NAM N,et al. Sparsity adaptive matching pursuit algorithm for practical compressed sensing[C]// Asilomar conference on signals,systems, and computers. california,2008: 581-587.

[43] LA C, DO M N. Signal reconstruction using sparse tree representation[C]// Proceedings of SPIE the international society for optical. San Diego,CA,United States, 2005,5914: 1-11.

[44] BARANIUK R. Alecture on compressive sensing[J]. IEEE signal processing magazine, 2007,24(4): 118-121.

[45] CHEN S S, DONOHO D L, SAUNDERS M A. Atomic decomposition by basis

pursuit[J]. SIAM Journal on scientific computing,1998,20(1): 33-61.

[46] KIM S, KOH K, LUSTIG M,et al. An interior point method for large-scale l1 regularized least squares[J]. IEEE journal of selected topics in signal processing,2007,1(4): 606-617.

[47] FIQUEIREDO M, NOWAK R, WRIGHT S. Gradient projection for sparse reconstruction: application to compressed sensing and other inverse problems[J]. IEEE journal of selected topics in signal processing,2007,1(4): 586-598.

[48] KINGSBURY N G. Complex wavelets for shift invariant analysis and filtering of signals[J]. Journal of applied and computational harmonic analysis, 2001, 10(3): 234-253.

[49] HERRITY K K, GILBERT A C, TROPP J A. Sparse approximation via iterative thresholding[C]// Proceedings of the IEEE international conference on acoustics,speech and signal processing. Washington D. C. ,USA: IEEE,2006: 624-627.

[50] DUARTE M F, DAVENPORT M A, TAKHAR D, et al. Single-pixel imaging via compressive sampling[J]. IEEE signal processing magazine,2008,25(2): 83-91.

[51] MARCIA R F, WILLETT R M. Compressive coded aperture super-resolution image reconstruction[C]// Proc eodings of the IEEE international conference on acoustics,speech and signal processing. 2008: 833-836.

[52] WILLETT R M, MARCIA R F, NICHOLS J M. Compressed sensing for practical optical imaging systems: a tutorial[J]. Optical engineering, 2011, 50(7):072601.

[53] ROBUCCI R, CHIU L K, GRAY J, et al. Compressive sensing on a CMOS separable transform image sensor[J]. Proceedings of the IEEE,2010,98(6): 1089-1101.

[54] GEHM M E, JOHN R, BRADY D J, etal. Single-shot compressive spectral imaging with a dual-disperser architecture[J]. Optics express, 2007, 15(21): 14013-14027.

[55] WAGADARIKAR A, JOHN R, WILLETT R, et al. Single disperser design for coded aperture snapshot spectral imaging[J]. Applied optics,2008,47(10): B44-B51.

[56] ÇETIN M,KARL W C. Feature-enhanced synthetic aperture radar Image formation based on nonquadratic regularization[J]. IEEE transactions on image processing,2001,10(4): 623-631.

[57] 张冰尘,洪文,吴一戎. 稀疏微波成像应用[M]. 北京:科学出版社,2018.

[58] 杨俊刚,黄晓涛,金添. 压缩感知雷达成像[M]. 北京:科学出版社,2014.

[59] ÇETIN M,KARL W C,CASTANON D A. Feature enhancement and ATR performance using nonquadratic optimization-based SAR imaging[J]. IEEE transactions on aerospace and electronics systems,2003,39(4):1375-1395.
[60] BARANIUK R, STEEGHS P. Compressive radar imaging[C]// Proceedings of IEEE 2007 radar conference. 2007: 128-133.
[61] STOJANOVIC I, KARL W, CETIN M. Compressed sensing of mono-static and multi-static SAR[C]//SPIE defense and security symposium,algorithms for synthetic aperture radar imagery XVI. Orlando,FL,2009.
[62] ENDER J H G. On compressive sensing applied to radar[J]. Signal processing, 2010,90(5): 1402-1414.
[63] 高磊,宿绍莹,陈曾平. 宽带雷达 Chirp 回波的正交稀疏表示及其在压缩感知中的应用[J]. 电子与信息学报,2011,33(11): 2720-2726.
[64] YANG L,ZHOU J,XIAO H. Super-resolution radar imaging using fast continuous compressed sensing[J]. Electronics letters,2015,51(24): 2034-2045.
[65] YANG L,ZHOU J X,HU L,et al. A perturbation based approach for compressed sensing radar imaging[J]. IEEE antennas and wireless propagation letters,2016,16(99):87-90.
[66] XU G,XING M D,XIA X G,et al. Sparse regularization of interferometric phase and magnitude for InSAR image formation based on Bayesian representation[J]. IEEE transactions on geoscience and remote sensing,2015,53(4): 2123-2136.
[67] YANG D,LIAO G S,ZHU S Q. SAR imaging with undersampled data via matrix completion[J]. IEEE geoscience and remote sensing letters,2014,11(9): 1539-1543.
[68] ZHANG B C,HONG W,WU Y R. Sparse microwave imaging: principles and applications[J]. Science China information sciences,2012,55(8): 1722-1754.
[69] ZENG J S,FANG J,XU Z B. Sparse SAR imaging based on $L_{1/2}$ regularization [J]. Science China information sciences,2012,55(8): 1755-1775.
[70] FANG J,XU Z,ZHANG B,et al. Fast compressed sensing SAR imaging based on approximated observation[J]. IEEE journal of selected topics in applied earth observations and remote sensing,2014,7(1): 352-363.
[71] ZHANG B C,ZHANG Z,JIANG C L,et al. System design and first airborne experiment of sparse microwave imaging radar: initial results[J]. Science China information sciences,2015,58(6): 1-10.
[72] BI H,ZHANG B,ZHU X X,et al. Azimuth-range decouple-based L_1 regularization method for wide ScanSAR imaging via extended chirp scaling[J]. Journal of applied remote sensing,2017,11(1): 015007.
[73] BI H,ZHANG B,ZHU X X,et al. Extended chirp scaling-baseband azimuth

scaling-based azimuth-range decouple L1 regularization for TOPS SAR imaging via CAMP[J]. IEEE transactions on geoscience and remote sensing, 2017, 55(7): 3748-3763.

[74] WANG Y H,LIU H W,JIU B. PolSAR coherency matrix decomposition based on constrained sparse representation[J]. IEEE geoscience and remote sensing letters,2014,52(9):5906-5922.

[75] LI X,LIANG L,GUO H,et al. Compressive sensing for multibaseline polarimetric SAR tomography of forest areas[J]. IEEE transactions on geoscience and remote sensing,2015,54(1): 153-166.

[76] CHEN Y J,ZHANG Q,LUO Y,et al. Measurement matrix optimization for ISAR sparse imaging based on genetic algorithm[J]. IEEE geoscience and remote sensing letters,2016,13(12): 1875-1879.

[77] ZHANG W,HOORFAR A. A generalized approach for SAR and MIMO radar imaging of building interior targets with compressive sensing[J]. IEEE antennas and wireless propagation letters,2015,14: 1052-1055.

[78] GURBUZ A C,MCCLELLAN J H,SCOTT W R. A compressive sensing data acquisition and imaging method for stepped frequency GPRs[J]. IEEE transactions on signal processing,2009,57(7): 2640-2650.

[79] HUANG Q,QU L,WU B,et al. UWB through-wall imaging based on compressive sensing[J]. IEEE transactions on geoscience and remote sensing,2010,48(3): 1408-1415.

[80] PRUNTE L. Removing moving target artifacts and reducing noise in SAR images using off-grid compressed sensing[C]// 12th European conference on synthetic aperture radar(EUSAR). Aachen: VDE,2018: 231-236.

[81] CEVHER V, SANKARANARAYANAN A, DUARTE M F, et al. Compressive sensing for background subtraction[J]. Computer vision: lecture notes in computer science, 2008,3503(2008):155-168.

[82] WAKIN M,LASKA J,DUARTE M, et al. An architecture for compressive imaging[C]// Proceedings of IEEE international conference on image processing. washingtonD. C. ,USA: IEEE,2006: 1273-1276.

[83] STANKOVIC V, STANKOVIC L, CHENG S. Compressive video sampling [C]// Proceedings of the european signal processing conference. Lausanne, Switzerland,2008.

[84] MARCIA R F, WILLETT R M. Compressive coded aperture video reconstruction[C]// Proceedings of the European Signal Processing Conference. Lausanne. Switzerland,2008.

[85] GAN L. Block compressed sensing of natural images[C]// Proceedings of the

15th International conference on digital signal processing. Washington D. C. , USA: IEEE,2007.

[86] KIROLOS S,LASKA J,WAKIN M,et al. Analog-to-information conversion via random demodulation[C]// Proceedings of the IEEE dallas circuits and systems workshop. Washington D. C. ,USA: IEEE,2006: 71-74.

[87] RAGHEB T, KIROLOS S, LASKA J,et al. Implementation models for analog-to-information conversion via random sampling[C]// Proceedings of the 50th midwest symposium on circuits and systems. Washington D. C. ,USA: IEEE, 2007: 325-328.

[88] LASKA J, KIROLOS S, MASSOUD Y,et al. Random sampling for analog-to-information conversion of wideband signals[C]// Proceedings of the IEEE dallas/CAS workshop on design,applications,integration and software. Washington D. C. ,USA: IEEE,2006: 119-122.

[89] SHEIKH M, SARVOTHAM S, MILENKOVIC O, et al. DNA array decoding from nonlinear measurements by belief propagation[C]// Proceedings of the 14th workshop on statistical signal processing. Washington D. C. ,USA: IEEE, 2007: 215-219.

[90] LUSTIG M, DONOHO D L, PAULY J M. Sparse MRI: the application of compressed sensing for rapid MR imaging[J]. Magnetic resonance in medicine, 2007,58(6): 1182-1195.

[91] HAUPT J, NOWAK R. Compressive sampling for signal detection[C]// Proceedings of the IEEE international conference on acoustics, speech and signal processing. Washington D. C. ,USA: IEEE,2007: 1509-1512.

[92] DAVENPORT M, WAKIN M, BARANIUK R. Detection and estimation with compressive measurements[R]. Department of Electrical Engineering,Rice University,USA,2006.

[93] HAUPT J,CASTRO R, NOWAK R,et al. Compressive sampling for signal classication[C]// Proceedings of the fortieth asilomar conference on the signals, systems and computers. Washington D. C. ,USA: IEEE,2006: 1430-1434.

[94] BAJWA W, HAUPT J, SAYEED A,et al. Compressive wireless sensing[C]// Proceedings of the international conference on information processing in sensor networks. Washington D. C. ,USA: IEEE,2006: 134-142.

[95] TAUBOCK G, HLAWATSCH F. A compressed sensing technique for OFDM channel estimation in mobile environments: exploiting channel sparsity for reducing pilots[C]// Proceedings of the IEEE international conference on acoustics, speech, and signal processing. Washington D. C. , USA: IEEE, 2008: 2885-2888.

[96] BAJWA W, HAUPT JARVIS, NOWAK R. Compressed channel sensing[C]// Proceedings of conference on information sciences and systems. Washington D. C. ,USA: IEEE,2008: 5-10.

[97] HENNENFENT G, HER RMANN F J. Simply denoise: wavefield reconstruction via jittered undersampling[J]. Geophysics, 2008,73(3): 19-28.

[98] BRACEWELL R. The Fourier transform and its application[M]. New York: McGraw Hill,1965.

[99] AHMED N, NATARAJAN T, RAO K R. Discrete cosine transform[J]. IEEE transactions on computers,1974,23(1): 90-93.

[100] DAUBECHIES I. Ten lectures on wavelets[M]. Philadelphia:SIAM,1992.

[101] DUHAMEL E, VETTERLI M. Fast Fourier transforms:a tutorial review and a state of the art[J]. Signal processing,1990,19(4): 259-299.

[102] LEE B G. A new algorithm to compute the discrete cosine transform[J]. IEEE transactions on acoustics, speech and signal processing, 1984, 32 (12): 1243-1245.

[103] HOU H S. A fast recursive algorithm for computing the discrete cosine transform[J]. IEEE transactions on acoustics,speech and signal processing,1987, 35(10): 1445-1461.

[104] CHAN S C,HO K L. A new two-dimensional fast cosine transform algorithm [J]. IEEE transactions on signal processing,1991,39(2): 481-485.

[105] WU H, PAOLONI E J. A two-dimensional fast cosine transform algorithm based on Hou'S approach[J]. IEEE transactions on signal processing,1991, 39(2): 544-546.

[106] ARGUELLO F, ZAPATA E L. Fast cosine transform based on the successive doublingmethod[J]. Electronics letters,1990,26(20): 1616-1618.

[107] BRITANAK R. On the discrete cosine transform computation[J]. Signal processing,1994,40(2): 184-194.

[108] HAAR A. The theory of orthogonal function systerms[J]. Mathematische annalen,1910(69): 331-371.

[109] SWELDENS W. The lifting scheme: A new philosophy in biorthogonal wavelet constructions[C]// Proceeding. of SPIE Wavelet applications in signal and image processing III. San Diego, CA, USA, 1995,2569(6):68-79.

[110] SWELDENS W. The lifting scheme: construction of second generation wavelets[J]. SIAM Journal on mathematical analysis,1997,29(2):511-546.

[111] DAUBECHIES I, SWELDENS W. Factoring wavelet transforms into lifting steps[J]. Journal of Fourier analysis and applications,1998,4(3):245-267.

[112] CANDES E J. Monoscale Ridgelets for the representation of images with edges

[R]. USA: Department of Statistics,Stanford University,1999.

[113] DO M N, VETTERLI M. The finite ridgdet transform for image representation[J]. IEEE transaction on image processing,2003,12(1):16-28.

[114] DONOHO D L. Orthonormal ridgelets and linear singularities[J]. SIAM Journal on mathematical analysis,2000,31(5):1062-1099.

[115] DONOHO D L, DUNCAN M R. Digital curvelet transform: strategy,implementation and experiments[J]. Proceeding of SPIE,2000,4056: 12-29.

[116] STARCK J L, CANDES E J, DONOHO D L. The curvelet transform for image denoising [J]. IEEE transactions on image processing, 2002, 11 (6): 670-684.

[117] STARCK J L, MURTAGH F, CANDES E J, et al. Gray and color image contrast enhancement by the curvelet transform[J]. IEEE trans on image processing,2003,12(6): 706-717.

[118] CANDES E J, DONOHO D L. New tight frames of curvelets and optimal representation of objects with C2 sigularities[J]. Communication on pure and applied mathematic,2004,57(2): 219-266.

[119] CANDES E J, DEMANET L, DONOHO D L, et al. Fast discrete curvelet transforms[J]. Multiscale modeling simulation,2006,5(3): 861-899.

[120] DO, M N, VETTERLI M. Contourlets: a new directional multiresolution image representation[C]// Proceedings of internatiwnal Conferece on image processing. Rochester, USA:IEEE, 2002: 497-501.

[121] DO M N. Contourlets and sparse image expansions[C]// SPIE wavelets: application in signal and image processing. 2003,5207: 560-570.

[122] PO D D Y, DO M N. Directional multiscale modeling of images using the contourlet transform [J]. IEEE transactions on image processing, 2006, 15 (6): 1610-1620.

[123] PENNEC E L, MALLAT S. Sparse geometric image representations with bandelets[J]. IEEE transaction on image processing,2005,14(4): 423-438.

[124] PEYRE G,MALLAT S. Discrete bandelets with geometric orthogonal filters [C]// Proceedings of international on imegeprocessing. Los Alamitos, USA: IEEE computer society,2005:65-68.

[125] ROMBERG J, WAKIN M, BARANIUK R. Multiscale Wedgelet image analysis: fast decompositions and modeling[J]. IEEE,ICIP,2002(3):585-588.

[126] FRANCOIS G M, COIFMAN R R. Directional image compression with breshlets[C]// Proceedings of the IEEE SP international symposium on time-frequency and time-scale analysis. 1996: 189-192.

[127] DAVID L D, HUO X M, Beamlets and multiscale image analysis, multi-scale

and multi-resolution methods[C]// Computational science and engineering. New York: Springer, 2002,20:149-196.

[128] DAVID L D, HUO X M. Beamlet pyramids: a new form of multiresolution analysis,suited for extracting lines, curves, and objects from very noisy image data[J]. Proceedings of spie the international soliety for optical, 2000,4119: 434-444.

[129] VELISAVLJEVIC V. Directionlets: anisotropic multi-directional representation with separable filtering[D]. Lausanne,Switzerland: EPFL,2005.

[130] LU Y, DO M N. 3-D directional filter banks and surfacelets[C]// Conference on wavelet, 2005.

[131] AHARON M,ELAD M,BRUCKSTEIN A. K-SVD:an algorithm for designing overcomplete dictionaries for sparse representation[J]. IEEE transeltions on signal processing,2006,54(11): 4311-4323.

[132] BARANIUK R, DAVENPORT M, DEVORE R, et al. A simple proof of the restricted isometry property for random matrices[J]. Constructive approximation,2008,28(3):253-263.

[133] 张贤达. 矩阵分析与应用[M]. 北京:清华大学出版社,2009.

[134] BOTTCHER A. Orthogonal symmetric toeplitz matrices[J]. Complex analysis and operator theory,2008,2(2): 285-298.

[135] LI K,LING C,GAN L. Statistical restricted isometry property of orthogonal symmetric Toeplitz matrices[C]// IEEE information theory workshop. 2009: 183-187.

[136] LI K, GAN L, LING C. Orthogonal symmetric Toeplitz matrices for compressed sensing: statistical isometry property[EB/OL]. http://arxiv. org/abs/1012. 5947. pdf.

[137] GOLAY M. Complementary series[J]. IEEE tramsaltions on information theory,1961,7(2): 82-87.

[138] SEBERT F, ZOU Y M, YING L. Toeplitz block matrices in compressed sensing and their applications in imaging[C]// Proceedings of the 5th international conference on information technology and application in biomedicine. Washington D. C. , USA:IEEE, 2008: 47-50.

[139] SEBERT F, YING L,ZOU Y M. Toeplitz block matrices in compressed sensing[EB/OL] http://arXiv:0803. 0755v1.

[140] 徐欣,于红旗,易凡,等. 基于 FPGA 的嵌入式系统设计[M]. 北京:机械工业出版社,2005.

[141] NEEDELL D, VERSHYNIN R. Signal recovery from incomplete and inaccurate measurements via regularized orthogonal matching pursuit[J]. IEEE Jour-

nal of selected topics in signal processing, 2010,4(2): 310-316.

[142] BLUMENSATH T, DAVIES M E. Normalised iterative hard thresholding: guaranteed stability and performance[J]. IEEE Journal of selected topics in signal processing,2010,4(2): 298-309.

[143] Qiu K, DOGANDZIC A. ECME thresholding methods for sparse signal reconstruction[EB/OL]. http://arXiv,NO. 1004.4880v3.

[144] BLUMENSATH T, DAVIES M E. Iterative thresholding for sparse approximations[J]. Journal of fourier analysis and applications, 2008,14(5): 629-654.

[145] FORNASIER M, RAUHUT H. Iterative thresholding algorithm[J]. Applied and computational harmonic analysis, 2008,25(2): 187-208.

[146] OSHER S, BURGER M, GOLDFARB D, et al. An iterated regularization method for total variation-based image restoration[J]. SIAM Journal on multiscale modeling and simulation,2005,4(2):460-489.

[147] GOLDSTEIN T, OSHER S. The split bregman method for l1 regularized problems[J]. SIAM Journal on imaging sciences,2009,2(2): 323-343.

[148] YIN W, OSHER S, GOLDFARB D,et al. Bregman iterative algorithms for l1-minimization with applications to compressed sensing[J]. SIAM Journal on imaging sciences,2008,1(1): 143-168.

[149] FIGUEIREDO M, NOWAK R. An EM algorithm for wavelet-based image restoration[J]. IEEE transactions on image processing,2003,12(8): 906-916.

[150] 张洪鑫,张健,吴丽莹. 液晶空间光调制器用于光学测量的研究[J]. 红外与激光工程,2008,37(增刊 1):39-42.

[151] 刘吉英. 压缩感知理论及在成像中的应用[D]. 长沙:国防科技大学,2010.

[152] PORTNOY A D, PITSIANIS N P, BRADY D J, et al. Thin digital imaging system using focal plane coding[J]. Computational imaging IV,2006(6065): 108-115.

[153] VOELZ D. Computational fourier optics: a matlab tutorial[M]. Washington: SPIE Press,2010.

[154] LITWILLER D. CCD vs. CMOS: facts and fiction[J]. Photonics spectra, 2001,35(1): 154-158.

[155] 尤政,李涛. CMOS 图像传感器在空间技术中的应用[J]. 光学技术,2002, 28(1):31-35.

[156] COIFMAN R, GESHWIND F, MEYER Y. Noiselets[J]. Applied and computational harmonic analysis,2001,10(1): 27-44.

[157] TROPP J A. Greed is good: algorithmic results for sparse approximation[J]. IEEE transactions on information theory,2004,50(10): 2231-2342.

[158] CHAWLA R, BANDYOPADHYAY A, SRINIVASAN V,et al. A 531nW/

MHz, 128 × 32 current-mode programmable analog vector-matrix multiplier with over two decades of linearity[C]// IEEE custom integrated circuits conference. 2004: 651-654.

[159] CUMMING I G, DETTWILER M. Digital processing of synthetic aperture radar data: algorithms and implementation[M]. Norwood, MA: Artech House, 2004: 225-282.

[160] ULANDER L M H, HELLSTEN H, STENSTROM G. Synthetic aperture radar processing using fast factorized back-Projection[J]. IEEE transactions on aerospace and electronics systems, 2003, 39(3): 760-776.

[161] 吴一戎，洪文，张冰尘，等. 稀疏微波成像研究进展(科普类)[J]. 雷达学报，2014, 3(4): 383-395.

[162] NGUYEN L H, TRAN T, DO T. Sparse models and sparse recovery for ultra-wideband SAR applications[J]. IEEE transactions on aerospace and electronic systems, 2014, 50(2): 940-958.

[163] ABERMAN K, ELDAR Y C. Sub-nyquist SAR via Fourier domain range-doppler processing[J]. IEEE transactions on geoscience and remote sensing, 2017, 55(11): 6228-6244.

[164] SAMADI S, ÇETIN M, MASNADI-SHIRAZI M A. Sparse representation-based synthetic aperture radar imaging[J]. IET radar, sonar & navigation, 2011, 5(2): 182-193.

[165] BU H X, BAI X, TAO R. Compressed sensing SAR imaging based on sparse representation in fractional Fourier domain[J]. Science China information sciences, 2012, 55(8): 1789-1800.

[166] RILLING G, DAVIES M, MULGREW B. Compressed sensing based compression of SAR raw data[C]//Signal processing with adaptive sparse structure pepresentations(SPARS). Saint Malo: HAL, 2009: 1-6.

[167] ALNOSO M T, LOPEZ-DEKKER P, MALLORQUI J. A novel strategy for radar imaging based on compressive sensing[J]. IEEE transactions on geoscience and remote sensing, 2010, 48(12): 4285-4295.

[168] JIANG C L, ZHANG B C, FANG J, et al. Efficientlq regularization algorithm with range-azimuth decoupled for SAR imaging[J]. Electronics letters, 2014, 50(3): 204-205.

[169] DONG X, ZHANG Y. A novel compressive sensing algorithm for SAR imaging [J]. IEEE Journal of selected topics in applied earth observations and remote sensing, 2014, 7(2): 708-720.

[170] STOJANOVIC I, ÇETIN M, KARL W C. Compressed sensing of monostatic and multistatic SAR[J]. IEEE geoscience and remote sensing letters, 2013,

10(6)：1444-1448.

[171] PATEL V M，EASLEY G R，HEALY Jr D M，et al. Compressed synthetic aperture radar[J]. IEEE Journal of selected topics in signal processing，2010，4(2)：244-254.

[172] YANG J，THOMPSON J，HUANG X，et al. Random-frequency SAR imaging based on compressed sensing[J]. IEEE transactions on geoscience and remote sensing，2013，51(2)：983-994.

[173] STOJANOVIC I，KARL W C. Imaging of moving targets with multi-static SAR using an overcomplete dictionary[J]. IEEE Journal of selected topics in signal processing，2010，4(1)：164-176.

[174] 张弓，文方青，陶宇，等. 模拟信息转换器研究进展[J]. 系统工程与电子技术，2015，37(2)：229-238.

[175] MISHALI M，ELDAR Y C，ELRON A J. Xampling：signal acquisition and processing in union of subspaces[J]. IEEE transactions on signal processing，2011，59(10)：4719-4734.

[176] HOU Q K，LIU Y，FAN L J，et al. Compressed sensing digital receiver and orthogonal reconstruction algorithm for wideband ISAR radar[J]. Science China information science，2015，58(2)：1-10.

[177] XI F，CHEN S Y，LIU Z. Quadrature compressive sampling for radar signals [J]. IEEE transactions on signal processing，2014，62(11)：2787-2802.

[178] BIOUCAS-DIAS J，FIGUEIREDO M. Two-step iterative shrinkage/thresholding algorithm for linear inverse problems[J]. IEEE transactions on image processing，2007，16(12)：2980-2991.

[179] WIPF D P，RAO B D. Sparse Bayesianlearning for basis selection[J]. IEEE transactions on signal processing，2004，52(8)：2153-2164.

[180] SHARIFNASSAB A，KHARRATZADEH M，BABAIEZADEH M，et al. How to use real-valued sparse recovery algorithms for complex-valued sparse recovery? [C]//20th European signal processing conference（EUSIPCO）. Bucharest：IEEE，2012：849-853.

[181] YAIR R，ADRIAN S. Compressed imaging with a separable sensing operator [J]. IEEE signal processing letters，2012，21(2)：494-504.

[182] MARCO F D，YUCEDAGA G B. Kronecker compressive sensing[J]. IEEE transactions on image processing，2012，21(2)：494-504.

[183] YANG J G，THOMPSON J，HUANG X T，et al. Segmented reconstruction for compressed sensing SAR imaging[J]. IEEE transactions on geoscience and remote sensing，2013，51(7)：4214-4225.

[184] 向寅，张冰尘，洪文. 基于 Lasso 的稀疏微波成像分块成像原理与方法研究[J].

雷达学报，2013，2(3)：271-277.
[185] 李少东，陈文峰，杨军，等. 一种快速复数线性 Bregman 迭代算法及其在 ISAR 成像中的应用[J]. 中国科学：信息科学，2015，45(9)：1179-1196.
[186] 杨俊刚. 利用稀疏信息的正则化雷达成像理论与方法研究[D]. 长沙：国防科学技术大学，2013：19-27.
[187] POTTER L C，ERTIN E，PARKER J T，et al. Sparsity and compressed sensing in radar imaging[J]. Proceedings of the IEEE，2010，98(6)：1006-1020.
[188] 杨立波，高仕博，胡瑞光，等. 合成孔径雷达相干与非相干干扰性能分析[J]. 系统工程与电子技术，2018，40(11)：2443-2449.
[189] BARANIUK R G，CEVHER V，DUARTE M F，et al. Model-based compressive sensing[J]. IEEE transactions on information theory，2010，56(4)：1982-2001.
[190] ELDAR Y C，MISHALI M. Robust recovery of signals from a structured union of subspaces[J]. IEEE transactions on information theory，2009，55(11)：5302-5316.
[191] STOJNIC M，PARVARESH F，HASSIBI B. On the reconstruction of block-sparse signals with an optimal number of measurements[J]. IEEE transactions on signal processing，2008，57(8)：3075-3085.
[192] ELDAR Y C，KUPPINGER P，BöLCSKEI H. Block-sparse signals：uncertainty relations and efficient recovery[J]. IEEE transactions on signal processing，2010，58(6)：3042-3054.
[193] 贾鑫，叶伟，吴彦鸿，等. 合成孔径雷达对抗技术[J]. 北京：国防工业出版社，2014.
[194] LI G，LIU G，Ye W，et al. RFI mitigation for SAR based on compressed sensing andmorphological component analysis[C]// International Conference on Signal Processing，Communications and Computing. IEEE，2017：1-5.
[195] TAO M，ZHOU F，ZHANG Z. Wideband interference mitigation in high-resolution airborne synthetic aperture radar data[J]. IEEE transactions on geoscience and remote sensing，2016，54(1)：74-87.
[196] 阮航，叶伟，尹灿斌，等. 一种 SAR 宽带噪声干扰抑制的新方法[J]. 现代防御技术，2010，38(6)：151-155.
[197] LI G，YE W，LAO G，et al. Narrowband interference separation for synthetic apertureradar via sensing matrix optimization-based block sparse Bayesian learning[J]. Electronics，2019，8(4)：458.
[198] SHI Y L，ZHU X X，YIN W T，et al. A fast and accurate basis pursuit denosing algorithm with application to super-resolution tomographic SAR[J]. IEEE transactions on geoscience and remote sensing，2018，56(10)：6148-6158.

[199] QUAN X Y,GUO B,LU Y Y,et al. Comparison of several sparse reconstruction algorithms in SAR imaging[C]// IET international radar conference 2015. Hangzhou:IET,2015: 1053.

[200] ROUABAH S,OUARZEDDINE M,SOUISSI B. Compressed sensing application on non-sparse SAR images based on CoSaMP algorithm[C]//2018 international conference on signal,image,version and their applications. Washington D.C.,USA: IEEE,2018: 8660992.

[201] LEI Y,ZHAO L,BI G,et al. SAR ground moving target imaging algorithm based on parametric and dynamic sparse Bayesian learning[J]. IEEE transactions on geoscience and remote sensing,2016,54(4): 2254-2267.

[202] TEMLIOGLU E,ERER I. Clutter removal in ground-pentrating radar images using morphological component analysis[J]. IEEE geoscience and remote sensing letters,2016,13(12): 1802-1806.

[203] BOYD S,PARIKH N,CHU E,et al. Distributed optimization and statistical learning via the alternating direction method of multipliers[J]. Foundations and trends in machine learning,2011,3(1): 1-122.

[204] LIU H,LI D,ZHOU Y,et al. Joint wideband interference suppression and SAR signal recovery based on sparse representations[J]. IEEE geoscience and remote sensing letters,2017,14(9): 1542-1546.

[205] WANG K,YE W,LAO G,et al. Source number estimation algorithm for wideband LFM signal based on compressed sensing[C]//IEEE international conference on signal processing,communication and computing. 2014: 645-648.

[206] 龚海梅,刘大福. 航天红外探测器的发展现状与进展[J]. 红外与激光工程,2008,37(1): 18-24.

[207] CANDES E J, TAO T. Near optimal signal recovery from random projections: universal encoding strategies[J]. IEEE transaltions. on information theory,2006,52(12): 5406-5425.

[208] 王建英,尹忠科,张春梅. 信号与图像的稀疏分解及初步应用[M]. 成都:西南交通大学出版社,2006.

[209] 李恒建,尹忠科,王建英. 基于量子遗传优化算法的图像稀疏分解[J]. 西南交通大学学报,2007,42(1): 19-23.

[210] 张静,方辉,王建英,等. 基于GA和MP的信号稀疏分解算法的改进[J]. 计算机工程与应用,2008,44(29): 79-81.

[211] 刘浩,杨辉,尹忠科,等. 基于MPI并行计算的信号稀疏分解[J]. 计算机工程,2008,34(12):19-21.

[212] 李小燕,尹忠科. 图像1DFFT-MP稀疏分解算法研究[J]. 计算机科学,2010,37(10):246-248.

[213] 张悦庭,孟晓锋,尹忠科,等. 一种 Contourlet 图像块编码算法[J]. 铁道学报,2010,32(4):56-62.

[214] 宋蓓蓓. 图像的多尺度多方向变换及其应用研究[D]. 西安:西安电子科技大学,2008.

[215] 邓承志. 图像稀疏表示理论及其应用研究[D]. 武汉:华中科技大学,2008.

[216] BOYD S, VANDENBERGHE L. Convex optimization[M]. Cambrideg: Cambridge University Press,2004.

[217] SHEWCHUK J R. An introduction to the conjugate gradient method without the agonizing pain[R], 1994.

[218] ROBUCCI R, GRAY J D, ABRAMSON D,et al. A 256×256 separable transform CMOS imager[C]// IEEE international symposium on circuits and system. 2008:1420-1423.

[219] FISHA A, YADID-PECHT O. Circuits at the nanoscale: communications,imaging,and sensing[M]. Boca Raton: CRC Press,2008:458-481.

[220] CANDES E J. Compressive sampling[C]// Proceedings of the international congress of mathematicians. Madrid, Spain, 2006,3(8):1433-1452.

[221] 吴一戎,洪文,张冰尘. 稀疏微波成像导论[M]. 北京: 科学出版社,2018.

[222] 谢晓春,张云华. 基于压缩感知的二维雷达成像算法[J]. 电子与信息学报,2010,35(5):1234-1238.

[223] XIE X C,ZHANG Y H. Higg-resolution imaging of moving train by ground-based radar with compressive sensing[J]. Electronics letters,2010,46(7): 529-531.

[224] 徐建平. 压缩感知算法在雷达成像中的应用[D]. 成都: 电子科技大学,2012.

[225] XU J P,PI Y M,CAO Z J. Bayesian compressive sensing in synthetic aperture radar imaging[J]. IET radar,sonar & navigation,2012,6(1): 2-8.

[226] ELDAR Y C. Sampling theory: beyond bandlimited systems[M]. Cambridge: Cambridge University Press,2014.

[227] DUARTE M F,DAVENPORT M A,WAKIN M B,et al. Sparse signal detection from incoherent projections[C]// Proceedings of IEEE international conference on acoustics, speech and signal processing. Piscataway NJ, USA: IEEE,2006:305-308.

[228] 刘冰,付平,孟升卫. 基于正交匹配追踪的压缩感知信号检测算法[J]. 仪器仪表学报,2010,31(9):1959-1964.

[229] WIMALAJEEWA T,VARSHNEY P K. Cooperative sparsity pattern recovery in distributed networks via distributed-OMP[C]// IEEE Acoustics,Speech and Signal Processing(ICASSP) ,2013 IEEE International Conference on IEEE, 2013: 5288-5292.

[230] LI H Z G, WIMALAJEEWA T, VARSHNEY P K. On the detection of sparse signals with sensor networks based on subspace pursuit[C]// Signal and Information Processing IEEE, 2015: 438-442.

[231] WIMALAJEEWA T, VARSHNEY P K. Sparse signal detection with compressive measurements via partial support set estimation[J]. IEEE transactions on signal and information processing over networks, 2017, 3(1): 46-60.

[232] BARANIUK R, CEVHER V, WAKIN M B. Low-dimensional models for dimensionality reduction and signal recovery: a geometric perspective[J]. Proceedings of IEEE, 2010, 98(6): 959-971.

[233] BARANIUK R G, WAKIN M B. Random projections of smooth manifolds[J]. Foundations of computational mathematics, 2009, 9(1): 51-77.

[234] EFTEKHARI A, WAKIN M B. New analysis of manifold embeddings and signal recovery from compressive measurements[J]. Applied and computational harmonic analysis, 2015, 39(1): 67-109.

[235] MOTA J F C, XAVIER J, PEDRO M Q, et al. Distributed basis pursuit[J]. IEEE transactions on signal processing, 2012, 60(4): 1942-1956.

[236] BECK A, TEBOULLE M. A fast Iterative shrinkage-thresholding algorithm for linear inverse problem[J]. Siam journal on imaging sciences, 2009, 2(1): 183-202.